普通高等学校"十四五"规划机械类专业精品教材

特种加工技术

主　编　龙　雨
副主编　周　俊　周柱坤　魏　伟
　　　　　郭　旺　蒋奥克　李光先

华中科技大学出版社
中国·武汉

内 容 提 要

本书系统地介绍了特种加工技术的原理、特点和规律、应用。全书共分为 13 章。第 1 章为绪论，对特种加工技术的演变进行了简要介绍。第 2～4 章依次介绍了电腐蚀加工、激光加工、电子束与离子束加工。第 5～10 章对前沿热门话题增材制造(3D 打印)进行了充分详细的阐述，其中：第 5 章介绍增材制造各个分类，第 6 章介绍激光选区熔化的数据处理和路径规划软件，第 7 章介绍激光熔覆软件，特别是多轴复杂结构的激光熔覆路径规划软件，第 8 章介绍增材制造模拟拟真，第 9 章介绍激光选区熔化打印质量缺陷检测，第 10 章介绍高速激光熔覆。第 11～13 章分别介绍了超声加工、射流加工、微纳加工。本书每章均配备了一定量的思考题，可扫描每章二维码获取答案。

本书可供从事特种加工技术的科技研究和工程技术人员参阅，也可供高等院校相关专业的本科生和研究生参考学习。

图书在版编目(CIP)数据

特种加工技术/龙雨主编. —武汉：华中科技大学出版社,2022.7
ISBN 978-7-5680-8162-7

Ⅰ.①特…　Ⅱ.①龙…　Ⅲ.①特种加工　Ⅳ.①TG66

中国版本图书馆 CIP 数据核字(2022)第 110081 号

特种加工技术
Tezhong Jiagong Jishu

龙　雨　主编

策划编辑：余伯仲
责任编辑：程　青
封面设计：原色设计
责任监印：周治超
出版发行：华中科技大学出版社(中国·武汉)　　电话：(027)81321913
　　　　　武汉市东湖新技术开发区华工科技园　　邮编：430223
录　　排：武汉市洪山区佳年华文印部
印　　刷：武汉开心印印刷有限公司
开　　本：787mm×1092mm　1/16
印　　张：21.25
字　　数：554 千字
版　　次：2022 年 7 月第 1 版第 1 次印刷
定　　价：59.80 元

前　言

特种加工技术是指不同于机械加工的制造技术,主要包括但不限于:电腐蚀加工、激光加工、电子束和离子束加工、超声加工、射流加工、微纳加工、增材制造等。在我国从制造大国向制造强国转变的征途中,这些工艺技术占据了越来越显著的地位,比如微纳加工主导了当前的半导体制造及集成电路工业,增材制造更被认为是新一代数字化、智能化工业革命的核心技术之一。

有感于已经出版的相关专业教材缺乏激光加工、增材制造及微纳加工的最新进展介绍,为了便于国内特种加工技术科研人员、本科生和研究生了解并学习当前国内外发展状况和最新进展,激发对特种加工技术的兴趣,笔者特地编写了《特种加工技术》一书。本书在介绍各个工艺技术理论的基础上,侧重介绍各工艺的特点、规律及应用。其中特别介绍了广西大学激光智能制造与精密加工研究所科研团队在相关领域的研究成果。

本书由龙雨教授主编。同时参与编写的有:李光先(第 2 章),周俊(第 4 章),郭旺和蒋奥克(第 5 章),周柱坤(第 8 章),魏伟(第 11 章)。祁正伟和黎华平等同学负责全书编辑汇总,汤辉亮、张江兆、赵英健、周城等同学参与了资料的收集整理。在此,对所有参与编写的同事和同学表示感谢!

本书得到了广西大学一流本科专业建设经费和陈远铃老师的大力支持,在此表示感谢。因时间和水平有限,本书难免存在失误不足之处,请各位读者多加指正。

龙　雨

广西南宁

2021 年 11 月 28 日

目　　录

第1章 绪　　论

加工技术历史悠久,内容丰富,它伴随着人类社会发展的脚步,走过了漫长的发展历程。今天,现代加工技术仍不断追求更高的加工质量、更低的加工成本、更高的加工效率和自动化水平,同时,注重环保,努力实现绿色加工,不断走向更高水准。本章内容主要包括:加工技术的发展简史、现代加工技术的地位与分类、加工技术的发展趋势。

1.1　现代加工技术的发展简史

加工技术历史悠久,可以说它伴随着人类的诞生而出现,伴随着人类的进步而发展。人类与猿相分离,是由于人学会了双足行走和用手制造并使用工具;人类社会能够创造今天辉煌的成就,能够享受现代化的生活方式,能够登上月球、探索太空,从根本上讲是由于加工技术获得了重大发展。人类已经从当初只能加工出带刃的石器,发展到今天可以操纵单个原子实现纳米加工。

考古学的证据表明,早在旧石器时代,距今约170万年的我国云南元谋猿人就使用过带刃口的砍砸石器;距今50～60万年的北京猿人,制造和使用了多种带刃的石器,如砍砸器、刮削器和尖状器等,其中刮削器和尖状器上均具有明显的锋利刃部。这些古老的原始工具虽然十分粗糙,但它们是人类早期从事加工活动的有力证据。

到了新石器时代,工具的加工技术有了很大进步,石刀、石斧、石锛、石镰等都已制造得相当精致,刀体比较匀称,刃部锋利实用,而且形式多样,有凸刃、凹刃和圆刃等。此外,人类已经能在石器上打出圆度较高的孔。已经出土的文物表明,当时人类已经能够根据不同的加工对象和需要,制造出形状和用途各异的切削工具。这个时期的切削工具,多为石质和骨质的,加工对象为石头、木头、兽骨等非金属材料。

金属材料的切削加工从青铜器时代开始出现;我国从商代到春秋时期,就已经发展出相当发达的青铜冶炼铸造业。这个时期先后出现了各种青铜工具,如商代的青铜钻,春秋时代的青铜刀、锯、锉等。这些工具的结构和形状已经类似于现代的切削工具,其加工对象已经不限于非金属材料,而包括了金、银、铜等金属材料。后来,由于炼钢技术及淬火等热处理技术的发明,制造坚硬锋利的金属切削工具成为可能。随着金属材料工具的出现,切削加工技术进入了一个新的发展阶段。

和很多其他工程技术一样,加工技术的迅猛发展是从英国工业革命时期开始的。这个时期,由于蒸汽机的出现和纺织工业、采矿工业、军事工业的兴起,新产品的发明和设计如雨后春笋,层出不穷,因此对加工技术不断提出新的更高的要求,从而有力地促进了新的加工方法的诞生,推动了加工技术的快速发展。这时,机械工程也从其他工程中分离出来,逐渐成为一个独立的工程学科。

从18世纪50年代到19世纪末这段时期,加工技术领域取得的主要进展如下:

1770年,英国人拉姆斯登在车床上实现了螺纹车削加工。

1775年,英国人威尔金森制造出了炮管钻孔机,可以加工直径达72 mm的内孔,误差不超过 1 mm。其刀杆有 5 m 长,经过改装成为卧式镗床,可以加工蒸汽机的汽缸并满足精度要求,解决了瓦特蒸汽机研制中汽缸与活塞之间间隙过大的技术难题。

1776 年,英国人瓦特发明的蒸汽机成功地进入厂矿并被使用,汽缸加工难题被攻克。

1780 年,英国人莫里斯制作了现代机床的原型。车床刀架是机械进给的,兼有进给作用的丝杠能变直线运动为旋转运动。莫里斯制作的车床现保存在伦敦科学博物馆。在此之前,工人在腋下夹持刀具进行切削。早期的车床如图 1-1 所示。

图 1-1　早期的车床

1789 年,英国人罗姆福德研究了炮身加工时的切削热和切削功。

1818 年,美国人惠特奈发明了铣床,实现了用单齿铣刀进行铣削加工。

1829 年,苏格兰人内史密斯研制出分度铣床,并于 1836 年又发明了刨床。

1835 年,英国人惠特沃斯设计了由丝杠同时驱动纵向和横向进给的车床。

1847 年,英国在伯明翰成立了机械工程师协会。

1851 年,法国人考克夸尔哈特直接测量了钻削时切除单位体积金属所需的功。

1855 年,美国的罗宾斯和劳伦斯公司制造出转塔车床,可装 8 把刀具,轮流进行 8 道工序的加工。

1867 年,在巴黎举行的世界博览会上,展出了各种各样、品种齐全的金属切削加工机床,标志着金属切削加工技术发展到一个崭新的历史阶段。

1870 年,俄国人基麦曾解释过切削形成过程。

1873 年,德国人哈蒂格发表了有关切削功的表格。

1880 年,美国机械工程师协会成立。

1881 年,英国人马洛克指出,切削过程基本上是在刀具推挤下工件材料发生剪切变形而成为切屑的过程,还强调了刀具前刀面上摩擦作用的重要性。他曾将切屑试样进行抛光、腐蚀并观察,还研究过润滑剂的影响、刀刃锋利性对切削过程的影响及切削过程中引起颤振的原因等。

1887 年,美国人格兰特发明了滚齿机,标志着齿轮加工技术取得了重要进展。

1892 年,美国人诺顿发明了用手柄换挡的变速箱。这是机床变速机构的一次重要变革。这种变速机构很快被应用到各种机床上,为加工参数优化技术的出现奠定了重要基础。

19 世纪末至 20 世纪初,美国人泰勒对金属切削加工的规律、理论和科学管理进行了深入的研究,并在生产实际中获得了显著的经济效益。泰勒对金属切削加工技术的研究和发展做出的突出贡献如下：

(1) 1906 年,他发表了一篇著名的科学论文《论金属切削的技艺》,这篇论文总结了二十余年调查研究和实践的资料。

(2) 1911 年,他发表了《科学管理原理》一书,首创"时间研究"和"动作研究",提倡对工厂的机械加工进行科学管理。泰勒把身体最健壮、技术最灵巧的生产工人进行操作的情景拍成影片,最精确地计算出该工人每一动作所花费的时间,从中剔除掉各种多余动作和浪费的时间,找出时间最省、效率最高的操作方法。据此形成的制度后来被称为"泰勒制"。

(3) 他研究了切削条件和刀具材料对刀具寿命的影响规律,确定出经验公式,据此优化切削条件。他进行了高标准的系统的刀具寿命试验,得出了著名的所谓"泰勒公式"或"泰勒方程",即 $vT^m = A$。泰勒公式是金属切削科学中最重要的经验公式,至今还在应用。

(4) 通过研究发现,刀具的切削温度主导着刀具磨损的速率。

进入 20 世纪,1908 年泰勒发明了齿轮磨床,1910 年万能铣床的机械结构已基本完善,坐标镗床于 1912 年问世。20 世纪初,世界各主要工业国家的机床工业已具有相当规模。由于被称为"机械工业心脏"的机床工业的快速发展,切削加工技术乃至整个机械制造工业都取得了重大进步。

第一次世界大战(1914—1918 年)以后,车削、镗削和铣削等加工技术已经比较广泛地应用在机械制造中,机械化、半自动化装备开始进入生产车间,机械制造实现了工业化规模生产。同时,在生产组织和管理方式上,设计、工艺和生产等功能专业化分工,以制订合理工序和科学工时定额为特征的泰勒管理方式获得广泛应用。从 20 世纪 20 年代末开始,许多工业部门,尤其是国防工业部门对产品的要求逐渐向高精度、高速度、高温、高压、大功率、小型化等方向发展。所使用的材料越来越难以加工,零件的形状也越来越复杂;但精度要求却越来越高,并希望获得更低的表面粗糙度。因此,如果继续沿用原来的机械加工方法,则仅靠单纯提高机床性能和刀具材料性能的途径会导致加工成本显著增加,有时甚至会由于工件材料和结构难以加工而使得加工根本无法进行。于是,人们开始探索机械能以外的电能、化学能、声能、光能、磁能等能量形式在加工中的应用,从而诞生了众多崭新的加工方法。这些加工方法,由于不使用常规刀具对工件材料进行切削加工,而是直接利用能量实现工件材料的去除;因此,为了和已有的金属切削加工有所区别,人们将这类加工统称为非传统加工,或特种加工。

随着特种加工技术的发展,尤其是电加工、光学刻蚀加工等技术的长足发展,硅加工技术开始诞生,从而使得加工技术进入了一个新纪元,逐渐形成了以"高速、高效、精密、微细、自动化、绿色化"为特征的现代加工的技术体系。这期间所取得的主要进展如下:

1929 年,德国人萨洛蒙进行了高速切削模拟试验,并于 1931 年发表了著名的高速切削理论,为高速切削技术的发展奠定了基础。

1929 年,德国人发明了电解加工。

1931 年,法国人发明了电解磨削加工。

1941 年,美国人厄恩斯特和麦钱特进行了大量的基础研究工作,发表了关于金属切削过程力学的重要论文,提出了著名的麦钱特方程,即 $2\varphi + \beta - y_0 = \pi/2$。

1943 年,苏联人发明了放电加工、电火花加工。

1950 年,德国人发明了电子束加工;美国人发明了超声加工和等离子加工。

1952 年,在美国麻省理工学院诞生了第一台数控立式铣床,开创了数控加工的新纪元。

1958 年,美国德州仪器公司和仙童公司各自研制发明了半导体集成电路,加工技术迈入超精密和微细时代。

1959年，诺贝尔奖获得者、量子物理学家理查德·费曼倡导由原子加工零件产品的可能性，纳米加工技术开始萌芽孕育。同年，美国卡耐·特雷克公司成功开发了带有刀具库和自动换刀装置的数控加工中心，实现了工件的一次装夹多工序加工，为柔性加工技术的诞生创造了条件。

1960年，美国休斯研究所的梅曼研制成功了世界上第一台激光器——红宝石激光器。从此，人类掌握了一种全新的光源，并在20世纪70年代迎来了激光加工技术的诞生。

1965年，等离子弧加工技术被发明。

1969年，数控电火花线切割机床被研制成功，电火花线切割加工技术得到了迅速发展。

20世纪70年代，离子束加工、等离子流加工、化学加工、液体喷射加工、磨料喷射加工及挤压研磨加工等新技术相继被发明。

1980年以来，随着计算机和数控技术的发展，电火花成形加工设备及工艺已实现了数控化和自适应控制化。瑞士、日本等国的电火花机床生产商依靠其在精密机械制造领域的雄厚实力，通过两轴、三轴或多轴的数控系统，解决了工艺技术中的定位精度问题；通过高性能、多参数的自适应控制、模糊控制，实现了电火花加工的全自动化。由于电火花成形加工技术的普遍应用，模具加工技术，尤其是用于电子产品的塑料模具加工技术获得了突飞猛进的发展。

1986年，美国的一项专利提出了用激光照射液态光敏树脂分层制作三维实体的快速成形方案，美国3D Systems公司据此于1988年研制出第一台激光快速成形机，为加工技术大家庭增添了新的成员。快速成形加工技术成为CAD/CAM一体化技术的应用典范，它与通常的"减材"（去除）加工技术相对应，成为"增材"加工技术的代表。

1988年，美国政府投资开展大规模"21世纪制造企业战略"研究，扭转了"制造业为夕阳产业"的错误观念，并提出以现代加工工艺技术为内核的"先进制造技术"发展目标，制定并实施了"先进制造技术计划"和"制造技术中心计划"。

1991年，美国白宫科学技术政策办公室发表《美国国家关键技术》报告，重新确立了制造工业的地位。这些举措引发了美国和欧洲国家、日本在制造技术上的新一轮竞争。

1996年，美国制造工程师学会发表了关于绿色制造的第一本蓝皮书 *Green Manufacturing*，引发了绿色加工技术的研究热潮。

2000年，美国政府将纳米技术列入国家发展战略，从此，纳米加工技术在全世界范围内成为热门研究主题。

如今，人类历史已进入21世纪，0.03 μm线宽的半导体加工技术已在实验室中诞生；主轴转速100000 r/min的铣削加工技术已进入应用；进给精度达1 nm的三坐标加工机床已开发成功，实现了真正意义上的纳米切削加工。加工技术正伴随着人类历史前进的脚步，依靠人类的智慧，不断地挑战新的极限。同时，加工技术的发展极大地提高了人类的生活质量，加快了人类的发展速度，拓宽了人类的活动空间，并不断地为人类认识自身、认识宇宙世界提供新的手段。在人类社会充分享受着工业文明所带来的便利的今天，加工技术已成为人类赖以生存和发展的核心基础技术。

加工技术在我国的发展历史虽然悠久，但是在近现代相当长的一段时期内一直处于落后的状态，直到1949年后，我国的加工技术才实现了跨越式发展。

据统计，1947年我国拥有的机床数量不足3万台，仅有少数机床修造厂和工具厂可以自制一些普通车床、刨床、铣床、台钻，以及少量的麻花钻头、丝锥等简单刀具、量具。到了2013

年,全世界机床拥有量约 1400 万台,而我国已拥有各类机床 800 余万台,占 57%,居世界最前列;我国拥有数控机床约 140 万台,占 10%;世界每年机床产量约 100 万台,我国每年生产数控机床约 25 万台,占 25%。

目前,我国已有 200 多种工业产品的产量和出口量居世界第一,有几十种产品的出口量占全世界出口总量的 70% 以上。全世界人民都在享受着物美价廉的中国制造产品,"中国制造"提高了世界人民的生活水平,也成为我国经济高速增长的核心动力。我国可以制造各种先进机床和刀具,能制造冶金、化工、纺织等工业的整套设备,能制造大型及巨型发电机组,能制造巨轮和中型客机,能制造卫星、导弹、先进战斗机、航天装备及所有常规与先进武器。我国已建成了完整的制造工业体系,成为世界上制造业大国。

1.2 现代加工技术的地位与分类

从 1.1 节所介绍的加工技术的发展简史可以看出:

一方面,人类社会在发展中不断发明新的产品、新的材料,对加工技术不断提出新的需求,因而促使新的加工原理和方法不断诞生和成长,使得加工技术持续发展。尤其是人类社会进入 20 世纪以后,现代数学、系统论、控制论和信息论等理论和学科的创建和发展,新材料技术、数控技术、自动化技术和微电子技术的诞生和发展,从根本上改变了加工技术的手工、低效的传统面貌,使之迈向自动、高效的现代化技术体系。

另一方面,由于加工技术的发展,新的加工方法不断涌现,从而在效率、精度、成本等诸多方面都以难以想象的程度拓展了人类开发和制造新产品的能力。今天,人们依托先进的加工技术,以前所未有的速度更新现有的产品,不断创造新的产品,从而极大地丰富了人类社会的物质生活,有力地推动了科学技术的整体发展,加快了人类认识自我和外部世界的进程。

在 20 世纪中叶的美国,曾经有很多学者鼓吹他们已进入"后工业化社会",认为制造工业是"夕阳产业",主张经济重心应由制造工业转向信息、生物等高科技产业和第三产业,结果导致美国在经济上的竞争力明显下降,许多产品的质量和性能落后于日本、德国等其他发达国家。到 20 世纪 80 年代,美国政府开始意识到问题的严重性,于是在 1988 年投资开展了大规模的"21 世纪制造企业战略"研究,提出了"先进制造技术"(advanced manufacturing technology,AMT)的发展目标,制定并实施了"先进制造技术计划"和"制造技术中心计划"。1991 年,在美国白宫科学技术政策办公室发表的《美国国家关键技术》报告中,重新确立了制造工业在国民经济中的地位。

当前,人们已经逐渐认识到,其他学科和工业的快速发展往往是以制造技术的不断发展为前提这样一个事实,如在半导体制造领域,随着加工技术的进步,在单位面积上可以制造出的电子元件数量成百上千倍地增长,集成电路芯片的集成度越来越高,使得计算机及其他电子产品的体积不断减小,而性能却不断提高。在我国航空航天、国防等某些特殊领域,加工制造技术常常成为瓶颈,产品性能在设计上虽然和工业先进国家的相差不大,但是"做不好"的现象时有发生。我国民用产品的加工制造水平和工业发达国家的相比,仍有很大差距。因此,近年来我国政府提出采用信息科学、材料科学、控制科学、管理科学等领域的先进成果对制造工业进行升级改造,积极提升我国加工制造技术的整体水平。尤其在国防工业中,结合我国国防武器装备的研发和生产,已经开始大力加强先进加工技术的研究和开发工作。如今,制造科学在世界上已被广泛认为与信息科学、材料科学、生物科学并列为当今时代的四大支柱学科。

　　2015年5月发布的《中国制造2025》就是促进我国从"制造大国"到"制造强国"转变的一种尝试和努力。努力实现中国制造向中国创造、中国速度向中国质量、中国产品向中国品牌三大转变,使我国到2025年基本实现工业化,迈入制造强国行列。将创新贯穿于制造业发展的始终,以智能制造、绿色制造为主攻方向,用高新技术尤其是"互联网＋"技术改造提升制造业。"中国制造2025"确定了10个重点领域,包括新一代信息技术产业、高档数控机床和机器人、航空航天装备、海洋工程装备及高技术船舶、先进轨道交通装备、节能与新能源汽车、电力装备、农机装备、新材料、生物医药及高性能医疗器械。通过推进十大领域的智能制造和绿色制造,打造中国制造业升级版,将我国打造成世界制造强国。

　　制造工业的基础和核心是制造技术,它由设计技术、加工工艺技术、基础设施及其支撑技术组成。其中,加工工艺技术是制造技术的核心,它由各种加工方法及其制造过程所决定。所谓加工工艺技术是指采用某种工具(包括刀具)或能量流通过变形、去除、连接、改性或增加材料等方式将工件材料制成满足一定设计要求的半成品或成品的过程技术的总称。加工的目的是获得一定的表面几何形状,并具有一定的几何精度,有时还必须保证加工后的表面(或表面层)满足一定的力学、光学、组织、成分等物理方面的要求,尤其在航空航天、国防等特殊领域更是如此。现代加工技术则是指满足"高速、高效、精密、微细、自动化、绿色化"特征中一种以上特征的加工技术。

　　制造工业在长期的实践过程中逐渐形成了一整套的加工技术,有习惯上划分为冷加工的车削、铣削、刨削、磨削、抛光、钻削、拉削、镗削、铰削、攻丝、滚齿、插齿、冲压、滚弯加工等;有习惯上划分为特种加工的电解、电铸、电火花、电化学、电子束、气相沉积、光刻、蚀刻、超声加工、激光加工、快速成形加工等;有习惯上划分为热加工的锻造、铸造、焊接、热处理加工等;还有它们两种或多种的复合。这些技术根据产生的年代及加工原理,有着多种不同的分类方法。

　　习惯上有按照工件在被加工时是否加热对其进行分类的方法,即将加工技术划分为所谓的冷加工和热加工。如切削、铣削等不对工件加热并进行加工的技术被归入冷加工;而将需要对工件进行加热的锻造等热成形技术归入热加工。这种划分方法至今仍有一定的实用意义,但是它未能反映加工技术的全貌,而且伴随着加工技术的发展,冷加工与热加工的界限已经愈来愈难以界定。如属于传统热加工范畴的锻造、轧制等加工技术已发展出冷锻、冷轧等工艺方法,而属于传统冷加工的切削加工技术中也出现了加热辅助切削等。因此,这种冷热分类方法过于粗糙,不够科学、严谨。

　　对于加工技术,还可以按照加工过程中所使用的能量形式对其进行分类。到目前为止,几乎所有的能量形式都已经应用于加工中,如机械能、电能、光能、声能、热能、化学能、生物能等。相应的加工方法被称为机械加工、电加工、光加工、声加工、热加工、化学加工、生物加工等。这些能量形式有单独使用的,也有组合使用的。现代加工技术在发展过程中,往往通过能量形式的组合催生出新的加工方法。因此,这种分类方法有助于理解具体某种加工技术的加工机理,有助于创造新的加工技术。

　　当然,还可以按照加工对象的最终几何形状来对加工技术进行分类,如平面加工、沟槽加工、圆柱面加工、光孔加工、螺纹加工、齿轮加工、非圆曲面(型腔)加工等。这种分类方法从所需加工的几何形状出发,对实际生产中选择具体加工方式有指导意义。但是,它主要适用于去除材料类加工技术的细分类,而不能适用于以变形或增加材料的方式进行加工的技术分类,也不能囊括主要以改变表面物理性能为目的的表面加工技术。

　　20世纪末出现了一种新的加工技术分类方法,即按照被加工工件加工前后材料的增减变化进行分类。用这种分类方法可以将加工技术分为四大类,即去除(或减材)加工、增材加工、变形加工和表面加工。采用不同类的加工方法,工件被加工前后所表现出的特征变化如表 1-1 所示。

表 1-1 不同加工技术的加工特征

加工技术类别	工 件 外 形	工 件 体 积
去除(或减材)加工	变化	减小
增材加工	变化	增大
变形加工	变化	不变
表面加工	不变	不变

这种分类方法可以涵盖所有的加工技术,任何一种具体的加工方法都可以归入其中一类。因此,越来越多的教科书上开始介绍这种分类方法,并试图将已有的加工技术对号入座。该方法全面而形象,具有科学严谨性。不过,它不像能量分类法那样能体现出加工过程的机理本质,而且比较粗略。

还有学者指出,现代加工技术可以按广义和狭义来分,广义的加工概念对应于英语中的"manufacturing"或"working",包括去除(或减材)加工、接合加工、变形加工和表面处理四大类,分别对应于英语中的"material removal manufacturing"(简称"removing"),"material jointing manufacturing"(简称"jointing"),"material forming manufacturing"(简称"forming"),"material treating manufacturing"(简称"treating")。而狭义的加工概念则对应于英语中的"machining",单指去除或减材加工。这样分类基本符合习惯,但是它不能将快速成形技术、表面熔覆技术、气相沉积技术等涵盖进去,不够全面。

由于篇幅等因素制约,本书不涉及材料加工技术范畴的锻造、铸造、焊接、热处理、粉末冶金等内容。本书所涉及的主要内容具体包括:电腐蚀加工、激光加工、增材制造、超声加工、射流加工、微纳加工等。

1.3 现代加工技术的发展趋势

现代加工技术需要关注的核心问题是加工质量、加工成本、加工效率、加工的绿色性及加工的自动化水平,在实际生产中采用何种具体的加工技术必须考虑这些问题,而且往往还要考虑它们之间的协调性。为了以更低的加工成本获得更好的加工质量和更高的加工效率,并节省劳力和保证加工过程中尽可能不对环境产生有害影响,加工技术经历了漫长的发展过程,逐步走向更高水准。

现代加工技术的发展是人们不断追求加工自动化的结果;是人们不断将不同加工方法进行综合、复合的结果;是人们不断挑战加工精度极限、加工对象微小化极限的结果;是人们不断思索与环境和谐相处的结果。

现代加工技术发展到今天,一方面,随着全球化市场经济的发展,各国、区域间的产品竞争不断加剧,因此,围绕新产品研制和批量化生产,为提高企业快速响应市场变化的能力,对加工技术的效率、精度、成本、柔性等已提出越来越高的要求;另一方面,随着人类认识自身、认识自然的步伐不断加快,人类对人与自然和谐发展的认识不断加深,要求加工技术能够更方便地制造出能够进入人体的微小零件与设备,制造出更加廉价的安全载人飞船和太空探索机器,同时保证加工过程的安全、绿色。

现代加工技术的发展趋势已呈现以下几个重要特征：

1. 追求更高的加工精度

高加工精度一直是加工技术孜孜不倦追求的目标。200 多年前，在工业革命时代，去除加工技术的大家族中仅有普通的切削加工，其加工精度最高约为 1 mm；而进入 21 世纪，在工业发达国家，即使对于大批量生产的普通零件，其加工精度也可达到 1 μm。200 年间，普通加工的精度提高了约三个数量级，而精密加工的精度已达到 10 nm 水准，更是提高了约五个数量级。

1983 年，日本的谷口纪男教授在分析研究了诸多精密超精密加工实例的基础上，对精密超精密加工技术的现状进行了归纳总结，并对其发展趋势进行了预测。他把普通、精密与超精密加工技术的过去、现状和未来系统地归纳为图 1-2 所示的三条曲线。

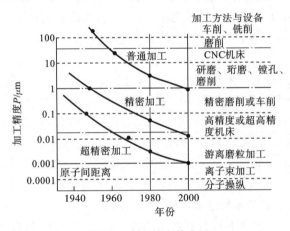

图 1-2　加工技术的发展

20 多年后的今天，精密与超精密加工技术的发展基本上仍遵循图中几条曲线所示的趋势，该图对我们今天讨论精密与超精密加工技术的范畴仍具有重要的参考价值。虽然该图表明，超精密加工的精度将很快达到原子晶格距离这一极限水准，但是，对普通加工来说，精度仍有很大的提高空间，加工精度的进一步提高仍然是加工技术发展的重要趋势特征。

2. 以高速实现高品质高效加工

航空航天工业、轿车工业的迅猛发展，集成电路制造等电子工业的日新月异都迫切要求实现高效率生产，而实现高效率生产首先应实现高效率加工，目前，由于高速主轴技术、直线电机技术、高速控制技术及刀具技术的发展和进步，以加工的高速化实现加工的高品质、高效率已成为切削加工技术发展的重要特征。

特别值得指出的是，进入 20 世纪 90 年代以来，随着电主轴和直线进给电机在机床上成功而广泛的应用，加工机床的主运动和进给运动速度提高了一个数量级。近年来，高速切削加工技术已经在航空航天、汽车、模具等工业领域中获得了极其成功的应用。

在飞机制造业中，为了降低飞机机身的重量，提高飞机的速度、机敏性以及载重能力等性能，目前广泛用整体结构代替传统的组装结构。飞机机身、机翼中的梁等大型零件采用一块整体毛坯件直接去除多余的部分，"掏空"而成。因此，加工余量非常大，最多时需要去除毛坯 95% 以上的部分；同时，加工结构也非常复杂，加工变形问题突出。所以，不仅对加工效率要求非常高，而且对切削力、切削温度要求也很苛刻。目前，为保证在获得高品质的同时获得足够高的加工效率,已广泛采用高速切削加工技术,且加工速度越来越高。例如,美国 Cincinnati 公司以往用于飞机制造的铣床主轴转速为 15000 r/min,现在已经提高到了 40000 r/min,功率从 22 kW 提高到了 40 kW。该公司的 Hyper Mach 铣床已将主轴转速提高到了 60000 r/min,功率达 80 kW。Hyper Mach 铣床采用直线电机,工作行程进给速度最大可达 60 m/min,空行程则达到 100 m/min。由于采用高速的电主轴和高速的直线进给电机,加工时间减少了 50%。高速铣削加工还成功应用于典型薄壁零件——雷达天线的生产制造中,较好地解决了薄壁加工中容易变形的难题。

汽车工业也是高速加工技术的一个重要应用领域,目前很多汽车制造商已采用高速加工中心代替多轴组合机床,不仅可以保证加工质量,提高加工效率,而且还可以提高产品生产的柔性,有利于产品的更新换代。

高速切削加工技术另一个应用得比较成功的领域是模具制造业,尤其是塑料模具业,其所有的先进企业均已采用高速铣削加工技术。同时,直线电机技术在电加工机床上也开始应用,从而大大提高了电加工效率,有力地推动了模具加工技术的发展。

加工速度正在向更快的方向发展,目前正在研制的高速切削加工中心,其主轴转速已达 300000 r/min,直线进给速度达 200 m/min。随着高速切削机床技术、高速刀具技术的发展,以及人们对高速切削机理认识的不断加深,高速切削加工技术的应用一定会越来越广泛。

3. 微细与纳米加工快速发展

从集成电路的诞生算起,微细加工技术的历史还不到半个世纪,可是微细加工技术的发展却表现出惊人的速度。它的发展不仅使集成电路的集成度越来越高,使得微计算机的功能越来越强大,而且满足了人们对许多工业产品功能集成化和外形小型化的不断需求。目前生产的便携式录音机电路所占空间容积仅为 20 世纪 60 年代产品的 1%;光通信机器中激光二极管所需非球面透镜的尺寸仅为 0.1~1 mm,其模具制造必须采用微细加工技术。此外,进入人体的医疗器械和微管道自动检测装置等都需要微型的齿轮、电机、传感器和控制电路,它们的加工制造已逐渐成为现实。

微细加工技术的发展促进了微型机械的系统化,从而催生了微机电系统(micro electro mechanical system,MEMS)技术。在传感器制造中采用 MEMS 技术,将传感器和电路蚀刻在一起,不仅大大减小了其体积,而且可以大幅度降低加工成本。如汽车安全气囊中的传感器,采用 MEMS 技术后可将其成本降低到原来的 40%。

微细加工技术由于其加工对象尺度小到微米级,所加工的尺寸公差及几何公差小至数十纳米,表面粗糙度则低至纳米级,所以它往往兼具微小和超精密加工的特征,和纳米加工正逐渐融合。

如今,人们已在实验室实现了单个原子的搬迁和排列,批量生产的集成电路线宽也已突破 100 nm。另外,纳米材料制备技术不断成熟,纳米进给工作台已具有批量生产能力,纳米切削机床已经诞生。这些技术的发展不仅极大地丰富了纳米加工技术的内涵,而且为纳米加工技术的发展提供了良好的基础。随着现代加工技术的进步,微细加工和纳米加工技术有着广阔的发展前景。

4. 追求加工智能化

随着自动化技术、现代控制技术、计算机技术及人工智能技术的发展,智能化在制造中的应用越来越受到学术界和企业界的重视,智能制造技术与系统的研究已在世界范围内展开。智能加工技术的概念就是在这样的大背景下诞生的。

　　智能加工是一种基于多传感器融合及知识处理理论和技术的加工方式,以满足人们所要求的高效益、低成本、操作简便等需求,解决加工过程中众多不确定性的、要求人工干预才能解决的问题。它的最终目的是由计算机取代或延伸加工过程中人的部分脑力劳动,实现加工过程中决策、监测与控制的自动化。智能加工技术的基本特征可以概括为以下几点:

　　(1) 基于人工知识系统,部分代替人的决策,自动产生零部件的加工方案和初步的加工参数。

　　(2) 具有根据外部传感信号的变化,实时监测加工过程的能力。

　　(3) 具有根据工件形状变化实时优化调整加工参数,使加工系统始终处于最优工作状态的能力。

　　(4) 根据加工状态的监测结果,能对机床故障进行自我诊断、自我排除、自我修复等。

　　(5) 能为操作人员提供人机一体化的智能交互界面。

　　(6) 具有加工经验的自我积累能力,通过加工过程的延续,不断获取加工知识,丰富原有的知识系统。

　　目前,真正的智能加工系统还没有建立起来,但是由于机床熟练操作人员在世界范围内的缺乏,以及工业对加工技术提出的要求越来越高,因此,提高加工的智能化水平势在必行,加工的智能化是现代加工技术发展的必然趋势。

5. 更加注重加工的绿色化

　　加工技术和很多其他科学技术一样,具有"双面刃"特性,即:它一方面极大地提高了人类大量生产物质产品的能力,从而丰富了人类的物质生活;但另一方面却由于大量生产加快了人类向大自然索取资源的速度,又由于产品更新换代的快节奏加快了人类向自然界排放工业垃圾的步伐。另外,在加工过程中,也时有对人体有害的气体释放和噪声产生。例如,在切削加工中冷却液的雾化、汽化,电加工中电解液、电镀液的分解、蒸发,激光加工中有害气体的产生,还有各种加工噪声等都对操作者和环境造成危害。在加工结束之后,还有废液、废渣的排放等环境问题。

　　绿色加工技术的概念已经随着绿色制造理念的提出而出现,它追求在产品的加工过程中,采用先进的少、无污染加工工艺方法,并尽可能地节省资源。它的主要特征表现为节能、低耗和无废排放。

　　节能是指在加工过程中,尽量降低能量损耗。如在切削加工中,可以通过降低切削力来降低切削功率消耗;在一般的去除加工中,应尽量降低去除单位体积材料所需的能量,即材料去除比能。低耗是指在生产过程中通过简化工艺系统组成,节省原材料的消耗。可以通过优化毛坯加工技术、下料技术,以及采用少无屑加工技术、干式加工技术、新型特种加工技术、再制造技术等方法降低材料消耗。

　　另外,应努力实现"无废"加工,即采用先进的加工方法或采取某些特殊措施,使生产过程中产生的废液、废气、废渣、噪声等对环境和操作者有影响或危害的物质尽可能减少或完全消除。

　　现代加工技术必须注重绿色环保,这样才能实现可持续发展,才能最终实现人与自然的真正和谐相处。随着科学技术的发展和人类社会的进步,加工技术的绿色化已经成为必然的要求和趋势。

复习思考题

（1）对于加工技术发展中的重要事件，给你留下深刻印象的有哪些？为什么？

（2）试简述加工技术在人类社会活动中的地位。

（3）现代加工技术可分为哪几类（按照被加工工件加工前后材料的增减变化进行分类）？各自有什么特点？

（4）现代加工技术的核心问题是什么？

（5）试简述实现绿色加工的重要性。

第 2 章　电腐蚀加工技术

　　钛合金、高温合金、碳纤维增强塑料以及各种金属基复合材料因具有优异的物理属性和机械特性而被广泛应用于航空航天工程、车辆工程、生物工程等诸多领域。然而,在上述材料的切削过程中,过高的切削温度以及剧烈的摩擦会显著加速刀具的磨损。例如,采用碳化钨(WC)硬质合金刀具对 Ti-6Al-4V 进行车削,当车削速度超过 120 m/min 时,刀具的寿命只有几分钟。为使切削力与切削温度不至于过高,合理切削速度被限制在约 90 m/min。该速度虽然可以避免刀具过快磨损,但零件的加工效率却受到了明显的限制。

　　为克服上述难加工材料的高强度、高硬度等因素对材料成形所造成的限制,近年来,电腐蚀加工技术被广泛应用以提高零件的加工效率。电腐蚀加工利用电能转化过程中所产生的热效应及化学效应对工件表面材料进行去除。由于加工过程中无须考虑材料的机械属性,且不与工件表面发生物理接触,因而电腐蚀加工可用于加工精密、细小及具有薄壁或其他易变形几何特征的零件。目前,工业中常用的电腐蚀加工方式主要为电火花加工、电化学加工以及等离子体加工等。本章着重对电火花加工和电化学加工进行介绍。

2.1　电火花加工

　　电火花加工(electrical discharge machining,EDM)属于电腐蚀加工的一种,通过在电极与工件之间产生连续的火花对工件表面的材料进行去除。与机械切削不同,电火花加工是一种非接触式加工,因而更适合对难加工材料(如高温合金、硬质合金及聚晶金刚石等)进行成形。

2.1.1　电火花加工材料去除机理

　　电火花加工的原理如图 2-1 所示:工件与电极分别作为阴极与阳极并通电,当工件与电极间的间隙不断减小并达到特定距离时,间隙间的液体介质被击穿形成放电通道(电离化)进而产生火花。在该过程中,放电的微细通道内会瞬时集中大量的热能,使温度达 10000 ℃以上,从而使这一点工件表面局部微量的金属材料立刻熔化、汽化。同时,通道内压力急剧变化,使得熔融的材料爆炸式地飞溅到工作液中,并迅速冷凝形成固体的金属微粒,被工作液带走。这时工件表面便会留下一个微小的凹坑痕迹,而后放电停止,电极与工件间隙的液体介质恢复绝缘状态。在下一次脉冲电压施加时,液体介质在两电极相对接近的另一点处被击穿,产生火花放电,重复上述过程。虽然每个脉冲放电蚀除的工件材料量极少,但高频率的脉冲电压使得每秒可以产生 2000~5000000 次电火花,因此在一定时间内就能蚀除较多的材料。对于电火花加工,一次放电在电极与工件最近的粗糙峰之间产生一个火花;下一次放电则会自动在最近的粗糙峰之间再次产生一个火花,周而复始直到加工结束。

　　图 2-2 详细描述了单个火花蚀除工件材料的微观机理。在火花产生的过程中,数百万的电子以接近光速的速度,通过电解液被击穿而形成的通道对工件表面进行轰击。在这些电子轰击工件表面的同时,大量的热量会被释放从而使工件表面材料熔化、汽化并形成蒸汽云。通常,工件在加工过程中作为阳极(正极),而电极则作为阴极(负极),因此被汽化而形成蒸汽云

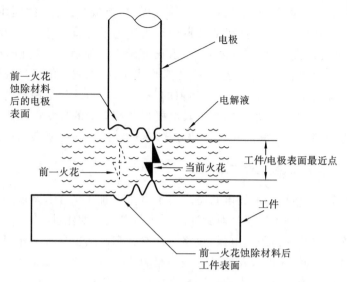

图 2-1　电火花加工原理

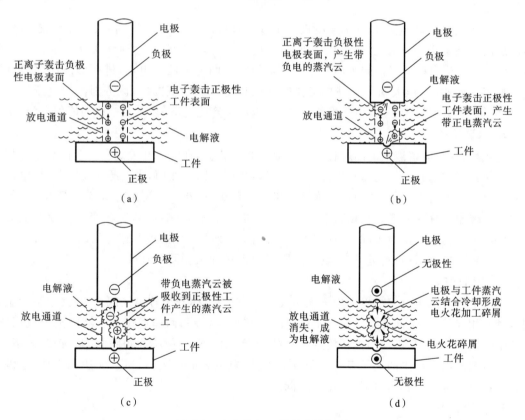

图 2-2　电火花加工材料去除机理

的工件材料同样带正电,并在加工过程中被电极吸引而向其移动。为避免汽化的工件材料附着在电极的表面,需要去除施加在工件与电极上的电压。断电后,电极与工件间形成的微通道断开,其间的电解液因去电离化恢复绝缘状态。同时,熔化和汽化的工件材料因周围电解液的冷却作用而凝固成碎屑,并被工件与电极间流动的电解液带走。在由于电解液电离而产生的电子对工件表面进行轰击的同时,失去电子而产生的正离子由于电极的吸引作用而向电极运动并对其表面进行轰击。因此,在电火花加工的过程中,电极与工件表面会同时失去材料,从而造成电极的损耗。然而,由于正离子的质量远远大于电子的质量,因此在相同的电荷力作用下,正离子的加速状况远慢于电子的,因此,由于正离子轰击而造成的电极表面材料损失远小于工件表面去除的材料,故如前文所述,电极通常作为负极,以避免电极过快损耗。

在保持工具电极与工件之间恒定放电间隙的条件下,一边蚀除工件金属,一边使工具电极不断地向工件进给,最后便可以加工出与工具电极形状相对应的形状。因此,只要改变工具电极的形状和工具电极与工件之间的相对运动方式,就能加工出各种复杂的型面。

2.1.2 电火花加工的工作状态

电火花加工过程中,电极间的放电状态决定了电火花加工的工作状态并直接影响加工效率。电火花加工的工作状态可以通过对脉冲的电压与电流的变化进行测量来表征。单个脉冲(火花)的工作状态可以分为:正常、电弧、短路与开路状态。除正常状态外,其余三种工作状态均为非正常加工状态,会影响电火花加工过程的材料去除率及加工后表面质量。下面以晶体管脉冲电源产生的脉冲为例,对电火花加工过程中的四种工作状态进行分析。

1. 正常状态

电源开关闭合后,电压被施加于电极与工件上,电极与工件同时不断靠近以使电解液电离形成通路。在电极不断靠近的过程中,回路始终处于开路状态,故该电压工业上通常被称为"开路电压"。当电极与工件间距离缩小至一定值时其间电解液会电离,进而形成通路对材料进行加工。此时,电压大幅下降并在工作时间内稳定在一定范围内,该范围内的电压被称为"工作电压"。电解液击穿后,由于形成了通路,因此会产生电流,该电流被称为峰值电流。

2. 电弧状态

电弧状态中,电解液电离的过程与正常放电状态相同,即电源开关闭合后电极与工件相互接近并使其间的电解液电离而对工件表面的材料进行去除。然而,当电源开关断开时,电极与工件间电解液保持电离状态,使得该通路并未因此消失,电压与电流始终保持为工作状态的数值。这一现象被称为电弧。在该状态下,电火花加工由间歇的脉冲状态转变为持续的电弧状态,电极/工件材料被不断去除,加工效率明显提高。然而,电弧并不随时间的变化而改变位置,因此会对同一位置材料进行大量去除,降低该区域加工表面的质量。

3. 短路状态

由于电火花加工过程中极间碎屑无法及时和完全排除,导致碎屑局部堆积;或电极与工件间粗糙峰相互接触,进而使得电极与工件之间直接形成回路,而非通过电解液电离形成回路。在这个过程中,电极与工件间电压接近于0,而电流保持不变,故称为短路状态。该状态下,由于没有电解液电离产生的电子束与质子束对工件/电极表面的轰击,所以无法对工件/电极表面材料进行去除,进而导致材料去除率降低。

4. 开路状态

电火花加工过程中,由于工件材料的不断蚀除,会出现电极与工件之间的间隙过大,使得其间电解液始终无法电离的情况。在此状态下,由于电极与工件间始终未形成通路,故电流为0,从而使得极间电压维持为开路电压,故称为开路状态。与短路状态类似,开路状态下电解液未电离,因而无法对电极/工件表面材料进行去除,材料去除率降低。

电火花的产生需要电极与工件之间有一定间隙,因此在电火花加工初始,电极会相较于其边缘蚀除更多的材料,从而造成一定的尺寸误差,该误差被称为加工间隙。如图 2-3 所示,对电火花成形加工来说,相较于设计尺寸,其沉模的成形尺寸会有增大;对电火花线切割来说,其切割后的成形尺寸相较于设计尺寸会有减小。当零件(特征)尺寸较大时,加工间隙所造成的尺寸变化对零件的影响可以忽略不计;而当零件尺寸较小或对尺寸精度要求较高时,则需要对加工间隙进行考虑。

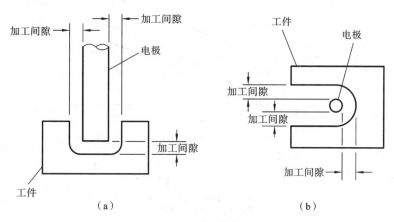

图 2-3 不同电火花工艺加工过程中的加工间隙

(a) 电火花成形;(b) 电火花线切割

电火花加工过程中,加工间隙主要由电解液的介电强度(V/mil)来决定。介电强度表征的是电解液的电离能力,即电极间距离为 1 mil(0.025 mm)时使极间电解液电离所需要的电压。加工间隙可以通过如下公式来计算:

$$介电强度 = \frac{开路电压}{加工间隙} \tag{2-1}$$

以烃类电解液为例,设其介电强度为 200 V/mil,加工过程中开路电压为 100 V,则其加工间隙为

$$\frac{200\ V}{0.025\ mm} = \frac{100\ V}{加工间隙} \tag{2-2}$$

$$加工间隙 = 0.0125\ mm$$

对于相同的电解液,电火花加工所采用的工作时间、工作间隙及工作电流同样对加工间隙有影响。图 2-4 所示为以烃类液体为电解液、石墨/碳钢为电极对时,不同通电/断电时间下加工间隙随电流的变化规律。可以发现,加工间隙可以在较大范围内随着工作电流的增加而递增。此外,随着加工时间的增加,电解液中累积的加工碎屑会逐渐变多,虽然电解液循环系统中的过滤装置会对碎屑进行过滤,但仍有小尺寸碎屑可以穿过过滤装置进入工作的电解液中,从而改变电解液的介电强度,进而造成加工间隙的改变。

2.1.3 脉冲电源

电火花机床的供电总成包括脉冲电源、伺服控制系统、分布式交流电源及电弧保护装置。其中,电源周期性地为工件/电极施加电压,用以击穿电解液并产生火花。由于电火花加工过程中施加于工件与电极之上的为脉冲电压,因此也将电火花机床的电源称为脉冲式直流电源(简称脉冲电源)。工业中常用的脉冲电源有晶体管脉冲电源和 RC 脉冲电源。

1. 晶体管脉冲电源

在电火花机床工作过程中,通过控制直流电源中的开关来调控工件与电极之间的电压,进

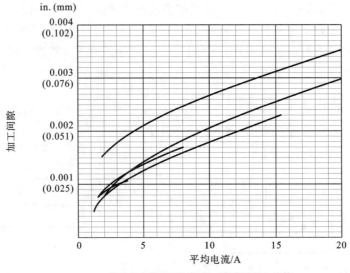

曲线代表采用不同脉宽、脉冲间歇和峰值
电流时所产生的加工间隙
工件：碳钢　电极：石墨

图 2-4　不同加工参数下加工间隙的变化

而对电火花加工过程进行控制。图 2-5 所示为晶体管脉冲电源的结构及工作原理。该脉冲电源由直流电源、电子控制开关、电源开关，以及数个晶体管构成。脉冲电源通过调节电子控制开关的开闭对电极施加脉冲电压。当需要产生火花时，电子控制开关闭合，晶体管导通而使整个回路处于通路状态；当需要熄灭火花时，电子控制开关断开，晶体管断开使得回路回到断开状态。通常电源开关的状态及闭合/断开时间由火花控制器根据数控程序设定，用以确定脉冲宽度与脉冲间歇。工作电流的改变可以通过控制并联晶体管导通的数量来实现。如图 2-5 所示，晶体管 A、B、C 并联在整个回路中，且每个晶体管导通时允许通过的电流为 10 A。当电源开关闭合时，系统的工作电流为 10 A；同时闭合开关 1，则晶体管 A 与晶体管 B 同时导通，此时系统的工作电流为 20 A；与此类似，同时闭合开关 1 与开关 2，系统工作电流为 30 A。由此可知，该电源可输出 30 A 的工作电流。

电火花加工过程中，电火花加工效率由其输出功率决定。该功率可以通过如下公式进行计算：

$$P = U \times I \tag{2-3}$$

式中：P 为输出功率；U 为击穿电压；I 为工作电流。

从式 (2-3) 中可以看出，击穿电压由电解液本身的电离电压决定，且在加工过程中每次产生的火花击穿电压大小相对平均，因此只能通过增大电流来提升电火花加工效率。电火花加工的电流可以分为峰值电流和平均电流。峰值电流为单个脉冲中的最大电流。平均电流则需要考虑脉冲宽度（电源开关的闭合时间）及脉冲间歇（电源开关的断开时间）。在这里，我们首先对工作循环进行定义，其表示方法如下：

$$D_c = \frac{t_{on}}{t_{on} + t_{off}} \tag{2-4}$$

式中：D_c 为工作循环，（％）；t_{on} 为脉冲宽度，简称"脉宽"（开关闭合时间），μs；t_{off} 为脉冲间歇时间（开关断开时间），μs。

接下来，我们可以通过如下公式对平均电流进行计算：

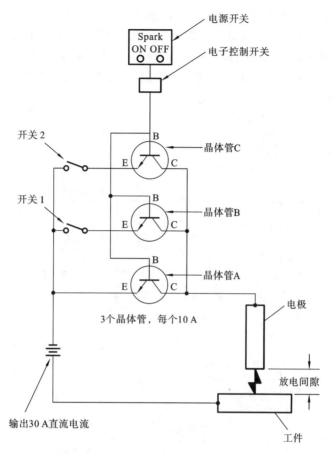

每个晶体管的输出电流为10 A，因此，
晶体管A、B的总电流为20 A，
晶体管A、B、C的总电流为30 A。

图 2-5　晶体管脉冲电源结构及工作原理

$$I_a = I_p \times D_c \tag{2-5}$$

式中：I_a为平均电流，A；I_p为峰值电流，A。

即使采用同样的峰值电流，由于火花的工作时间不同，电火花加工效率也会不同。通过如下公式对单个脉冲所产生的能量 W 进行计算：

$$W = U \times I_p \times t_{on} \tag{2-6}$$

结合工作循环的概念，可以得到单个脉冲在一个工作循环内的功率：

$$P_D = U \times I_p \times \frac{t_{on}}{t_{on} + t_{off}} = U \times I_a \tag{2-7}$$

下面对图 2-6 中两种不同工作状态下的电火花加工效率分别进行计算。

（1）对于图 2-6(a)：

$$P_D = U \times I_p \times \frac{t_{on}}{t_{on} + t_{off}} = U \times 100 \times \frac{60}{60 + 140} = 30U$$

（2）对于图 2-6(b)：

$$P_D = U \times I_p \times \frac{t_{on}}{t_{on} + t_{off}} = U \times 100 \times \frac{180}{180 + 20} = 90U$$

由此可以看出，虽然图 2-6 中的两种加工方式采用了同样的峰值电流，但图 2-6(a)中电火花加工效率仅为图 2-6(b)的 30%。因此,我们将采用图 2-6(a)所示参数特点的电火花加工称为短脉宽加工;图 2-6(b)所示参数特点的电火花加工称为长脉宽加工。工业上,通常采用平均电流对电火花加工过程的材料去除率进行表征。在电火花机床中,通常在主回路上加装电流表来对电火花加工过程中的平均电流进行测量,并以此对电火花加工效率进行评估。

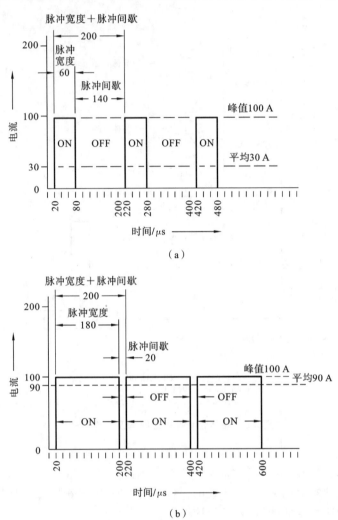

图 2-6　不同工作状态下单个电火花加工效率

(a) 短脉宽加工;(b) 长脉宽加工

2. RC 脉冲电源

RC 脉冲电源由直流电源、电阻和电容构成。其中,直流电源部分与晶体管脉冲电源的直流电源相同;电阻被串联在电源的主回路上,电容器与工件/电极并联。图 2-7 所示为 RC 脉冲电源的工作原理。电流由直流电源的正极流出,通过电阻后,流入电容。随着电容器的不断充电,当电容器两端电压达到电解液的电离点时,电极与工件间形成通路,电容器放电并在电极与工件间产生电火花。在整个过程中,电容器在充电状态下的时间为电源的间歇时间,电容器在放电状态下的时间为电源的工作时间。RC 脉冲电源与晶体管脉冲电源的不同之处在于,RC 脉冲电源产生火花的工作时间与工作间歇时间是由电容的容量与电阻的阻值确定的,而不是由电源开关的开闭时间确定的。在电压及电阻一定的情况下,电容的充电与放电时间可以通过如下公式计算：

$$t_{\mathrm{on\_RC}} = R \times C \times \ln \frac{E}{E - V_{\mathrm{t}}} \tag{2-8}$$

$$t_{\mathrm{off\_RC}} = R \times C \times \ln \frac{E}{V_{\mathrm{t}}} \tag{2-9}$$

式中：$t_{\mathrm{on\_RC}}$ 为工作时间（充电时间），s；$t_{\mathrm{off\_RC}}$ 为间歇时间（放电时间），s；C 为电容，F；R 为 RC 脉冲电源电阻，Ω；E 为电容器充电极限；V_{t} 为电容器两端电压。

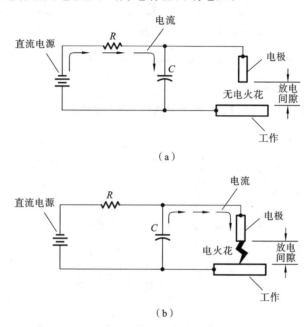

图 2-7 RC 脉冲电源工作原理

(a) 电容器充电过程；(b) 电容器放电过程，电火花产生

由式(2-8)和式(2-9)可以发现，在电阻和电容一定的情况下，工作/间歇时间与电容电压呈对数关系。图 2-8 所示为 RC 脉冲电源工作过程中电流的变化。对于单个脉冲，其充电时间明显大于放电时间，这是由 RC 电路的充放电特性决定的。一般地，可以通过改变电阻阻值与电容容量来对该类型电源的工作/间歇时间进行调控。如图 2-9 所示，电源电路通过开关接入不同阻值的电阻及不同容量的电容来对 RC 电路的充放电特性进行调整，进而改变电火花加工过程的工作/间歇时间。

3. 两种电源的比较

相比于 RC 脉冲电源，晶体管脉冲电源可应用于绝大部分的电火花加工场景中。其工作/间歇时间根据由计算机控制的电源开关的闭合与断开连续变化，因此可以实现多种参数的组合。同时，晶体管脉冲电源可以通过增加/减少接入回路中晶体管的数量对工作电流进行控制。然而，RC 脉冲电源对工作/间歇时间的调控仅可通过改变接入电路中的电阻和电容来实现，对工作时间的控制效率较低。同时，RC 脉冲电源的最大工作电流一般为 15 A，远小于晶体管脉冲电源的工作电流。因此，当加工过程中需要采用较小的电流，或对加工表面的表面粗糙度要求及尺寸精度要求较高（如小孔径电火花钻削）时，通常采用 RC 脉冲电源。

工件表面过于粗糙会使得局部电极、工件间隙过大，在某些时段回路会处于开路状态而造成火花缺失。对于晶体管脉冲电源与 RC 脉冲电源，当回路处于图 2-10 所示的异常状态时，

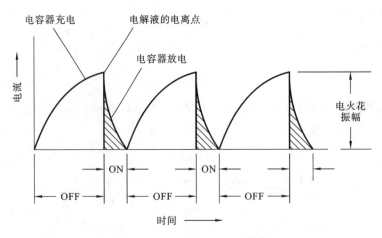

图 2-8 *RC* 脉冲电源工作电流变化

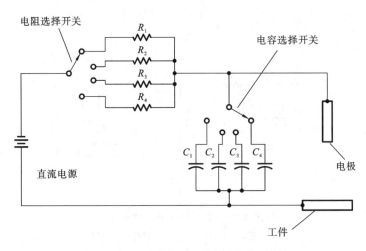

图 2-9 *RC* 脉冲电源工作/间歇时间调控

其电流的表征有所不同。对于晶体管脉冲电源,当火花缺失时,电路处于开路状态,故在该状态期间内回路电流为 0;对于 *RC* 脉冲电源,在火花缺失状态下,虽然工件与电极间处于开路状态,但由于电容器的存在直流电源会不断地对其进行充电,故回路在该状态期间仍处于导通状态。

2.1.4 电极

根据电火花加工的原理,工件与电极(electrode)组成彼此极性相反的电极对。在工业生产过程中,以电极的极性为整个加工过程的极性,如"阴极加工"代表电极极性为阴性,而工件则为极性相反的电极。不同的电火花加工类型,其电极形状也各不相同。对于电火花成形加工,电极的形状通常为待加工零件几何特征的倒模;电火花线切割的电极为金属丝;电火花磨削加工的电极则为边缘形状与直径各不相同的盘状电极。

1. 电极损耗

根据前文所述的电火花加工过程中材料的去除机理可知,电极同样会受到不同程度的消耗。对于每一次火花放电,当电极作为阴极时,其表面会遭受阳离子"轰击";当电极作为阳极时,其表面会遭受电子轰击。离子轰击电极表面的过程中会产生大量的热,并伴随着部分电极材料的蒸发,进而去除少量电极材料。这个过程被称为电极损耗。如图 2-11 所示,电极损耗

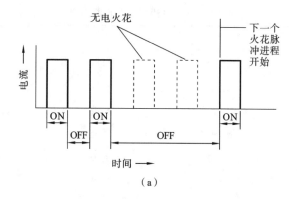

（a）

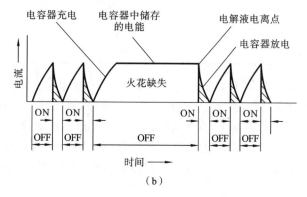

（b）

图 2-10　不同电源火花缺失时工作电流状态
（a）晶体管脉冲电源；（b）*RC* 脉冲电源

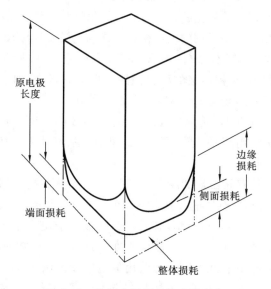

图 2-11　不同电极损耗的表示方法

可以分为边缘损耗、侧面损耗、端面损耗，以及整体损耗。其中，边缘损耗是衡量电火花成形加工过程中电极损耗的主要指标；当电极的侧面为曲面（如棒状电极）时，侧面损耗则为衡量电极损耗的主要指标。电极及工件的材质会对电极损耗产生影响。表 2-1 列出了采用方形电极（直角边缘）通过电火花成形加工方法加工 25 mm 厚板材时的电极损耗。

表 2-1　不同电极材料的电极损耗

电极材质	工件材质	极性	电极损耗/mm
黄铜	钢	阴极	38.1
黄铜	碳化钨合金	阴极	101.6
纯铜	钢	阳极	2.54
纯铜	钢	阴极	25.4
纯铜	碳化钨合金	阴极	15.24
铜钨合金	钢	阳极	10.16
铜钨合金	碳化钨合金	阴极	17.78
石墨	钢	阳极	0.254
石墨	钢	阴极	10.16

对于线切割加工,由于加工过程中电极表面仅侧面参与工作,只有"一半"电极丝表面处于工作状态,因而在评估电极损耗时无法应用图 2-11 所示的评估指标。然而,长期使用电极丝的同一位置进行线切割会导致电极丝表面氧化、工件元素沉积,进而降低导电性;同时,多次使用电极丝的同一位置进行切割会降低电极丝的拉伸强度并致使电极丝拉断。因此,在进行一次线切割后,通常要改变电极丝的切割位置,以避免电极丝在同一位置过度损耗。

2. 电极材料

电火花加工中通常采用导电性优良的导体作为电极材料。同时,电极材料也应具备高熔点、易成形及低成本等特点。以电火花成形加工为例,下面介绍一些常用的电极材料。

(1) 纯铜。纯铜呈玫瑰红色,氧化后表面会形成氧化膜并呈紫色,故通常被称为紫铜。其具有优异的导电性和耐损耗性,是最常用的电极材料。紫铜电极通常与 RC 脉冲电源配合使用。

(2) 黄铜。黄铜通常是铜锌合金(一般含 33%(质量分数)的锌元素),表面呈现金黄色。在电火花加工钢材的过程中,黄铜电极的耐损耗性表现良好,但在加工硬质合金(WC)的过程中有较大损耗。黄铜电极不适合与 RC 脉冲电源配合使用。

(3) 铜钨合金。通常由 70%(质量分数)的钨元素与 30%(质量分数)的铜元素配比制成,具有优秀的耐损耗性,通常用于加工硬质合金。然而,由该材料制成的电极不易通过切削成形。

(4) 石墨。石墨电极具有易塑形的特点,同时具有优秀的耐损耗性。根据构成电极的石墨颗粒尺寸大小($1 \sim 100\ \mu m$),石墨电极具有不同的致密性,致密性高的石墨电极可用于精加工。然而,石墨在高温状态下会直接升华,其升华温度接近于硬质合金的熔点(2000 ℃以上),因此石墨电极不适用于加工硬质合金。石墨电极亦不适合与 RC 脉冲电源配合使用。

上述材质部分亦可用于制备线切割过程所用的电极丝。例如,同为"铜电极"材料,黄铜比紫铜更适合作为线切割的电极丝材料。虽然紫铜有着优异的导电性和耐磨损性,但以紫铜为材质的电极丝偏"软",难以在长时间的线切割过程中保持张紧。相比之下,黄铜电极有不同的硬度:软丝、1/2 硬丝及硬丝,可适应不同的工况。其中,软丝在切割角度超过 7°时使用;硬丝具有保持张紧及抗抖动能力强等特点;1/2 硬丝具有"记忆性",即弯曲的电极丝在抽离线轴时具有回复成直线的性能,可以实现自动穿丝。除此之外,电极丝可以通过镀锌来提高其性能。锌电极的耐磨损性较差,故很少用作电火花成形加工的电极。然而,在线切割过程中,锌镀层可以为电极丝的线芯提供一定程度的热阻隔（"heat-shield"barrier）。在离子轰击电极丝表面时，高温会使得锌镀层材料沸腾并汽化，该过程吸收了部分本应传递至线芯的热量，进而减少了线芯的损耗。

3. 无损耗加工

在满足特定条件时，电火花加工过程可以实现电极的"无损耗"，具体包括以下条件：需采用紫铜或石墨电极；电极极性为阳极；工件材料为钢材；通电时间较长；电解液在电极间的流速较低；非电容电源。该加工过程通过使被去除的工件材料沉积在电极上，可实现无损耗加工（no-wear machining）。当电极作为阳极时，电极表面会遭受电子轰击。在这个过程中，汽化的阴极材料（工件）会向电极表面移动并最终沉积在电极表面。采用较长的通电时间是为了增加工件表面材料的汽化量；而降低电极间电解液的流速则是为了减小汽化的工件材料的冷却，使其尽可能多地沉积在电极表面上。在这种加工过程中，需要对通电/断电时间进行调整，这是电容电源无法实现的。因此，无损耗加工通常采用晶体管脉冲电源作为电火花机床的供电设备。从表 2-1 中也可以发现，当采用纯铜或石墨为阳极时，电极的边缘损耗是所有工况中最小的。加工后，铜电极表面呈现黑色，而石墨电极表面呈现银灰色。

无损耗加工在加工三维型腔时，具有一次成形且不需清理电极的优势。需要注意的是，无损耗加工的电极需要根据工件最终的几何尺寸调整其外形尺寸，以便给工件预留精加工等表面处理的余量。同时，由于工件为阴极，其材料去除率相较于工件为阳极时要小很多。因此，加工过程中需要采用长通电时间/短断电时间的参数，以提高材料去除率。

2.1.5　电解液

电解液（dielectric fluid）是一种充斥于工件与电极间、起到绝缘作用的流体。在电火花加工过程中，通过不断对电极与工件间施加电压，使电解液电离从而产生火花。在电火花成形加工过程中，工件与电极全部浸没于电解液中；而对于电火花线切割及电火花磨削，则由电解液流实现对工件与电极的工作位的浸没。

1. 电解液的功能

总的来说，电解液在电火花加工过程中主要有冷却、促进切屑形成和排屑的作用。

（1）电解液可以对工件/电极及其周边环境进行冷却。

在电火花加工过程中，由电子及正离子轰击而产生的热量除了用于去除工件及电极表面材料外，一部分热量会沿工件与电极表面向其内部材料传导。大量的热在工件与电极内部累积，使得工件与电极温度急剧升高。电解液的存在可以有效降低工件与电极的温度，使工件与电极的温度仅为"温热"。然而，电解液带走热量的同时流体自身温度会升高，对一些工况来说，需要对电解液进行降温。例如，在使用去离子水为电解液进行电火花线切割或采用较大电流的电火花成形加工过程中，通常需要对电解液进行降温，使水温维持在室温（通常为 20 ℃）。

（2）促进碎屑的形成。

电火花加工过程中会产生大量的热能，使得电极与工件表面的材料汽化而形成蒸汽云。由于电解液的存在，蒸汽云可以快速冷却而凝固为碎屑。

（3）促进电极与工件间的排屑。

电火花加工过程中产生的碎屑如不及时于电极与工件间排除，会造成异常放电的情况（如短路），进而影响电火花加工效率及加工后的表面质量。流动的电解液可以对电极与工件间的碎屑进行排屑。对电火花成形加工过程来说,通常需要在电极与工件的间隙附近加装喷嘴,利用喷嘴喷出的高速液流进行排屑;而对于电火花线切割加工和电火花磨削,加工过程中电解液始终以喷流的形式工作,可以及时排屑。

2. 常用电解液的成分

目前,电解液的主要种类为烃类液体和去离子水,如图 2-12 所示。烃类液体是一种裂解汽油后的产物。其在电火花加工过程中具有很好的热稳定性,即其在电极与工件间被击穿而形成高温电离通道时,通道周边的液体仍具有绝缘性质。因此,烃类液体常被用于电极与工件需要被淹没的加工场景中(如电火花成形加工)。

(a)　　　　　　　　　　　　　　　　　(b)

图 2-12　常用电解液

(a) 烃类液体;(b) 去离子水

去离子水因其包含一些杂质,绝缘性能会发生改变,因而在其电离过程中通道周边的去离子水可能具有导电性。而这也使得去离子水的电离点不稳定,进而影响电火花生成的稳定性。因此,去离子水不能作为电火花成形加工过程中的电解液。然而,对于电火花线切割过程,在大部分加工场景中工件与电极丝不需浸没于电解液中。在电火花线切割工作过程中,由于电解液的高速喷射,电极丝与工件的工作区域被局部浸没并电离。因此,去离子水通常在电火花线切割过程中被用作电解液。长期工作的电解液中会含有大量的碎屑,使得电解液具有局部导电性。在电火花机床中,可以通过循环与过滤系统来去除电解液中的杂质。

3. 电解液的电离

如前文所述,当被施加电压的电极与工件之间不断靠近时,其间的电解液会电离并产生火花放电。使电解液电离的电压被称为"电离点",其值由电解液的介电强度来决定。通常,烃类电解液的介电强度为 170 V/mil,即当电极与工件间的距离缩短至 1 mil(约为 0.025 mm)时,工件/电极间的瞬间电压达到 170 V,可以使其间的电解液电离。一般地,开路电压的范围为100~300 V;工作电压的范围为 20~50 V。

当电源开关和电子控制开关闭合时,晶体管导通并允许工件/电极间的电解液电离后产生的电流通过。此时回路在开关闭合的时间(脉冲宽度)内会处于以下两种状态:① 由于电解液尚未电离,回路仍处于开路状态,极间电压仍为开路电压,如图 2-13(a)所示;② 电解液电离,回路导通,极间电压下降至工作电压,如图 2-13(b)所示。造成状态①的原因通常为电极/工件间隙过大,因此,在进行电火花加工前,要对电极间距离进行合理设置。

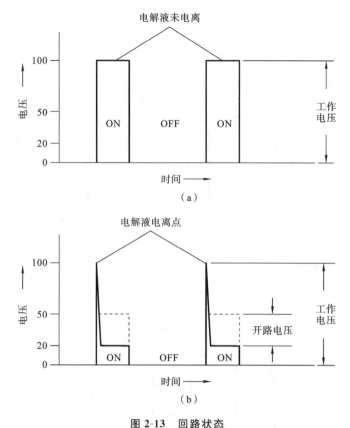

图 2-13　回路状态

(a) 电解液未电离时极间电压波形图；(b) 电解液电离状态下极间电压波形图

当电极、工件之间的电压与距离均满足电解液电离条件时，电解液的电离可能发生在任意时段。因此，电极与工件间通路的形成并非都在开关闭合时，电流的产生可能相较于施加的电压有不同程度的滞后，即电源开关闭合的时间（time-on）与脉冲宽度有所不同。如图 2-14 所示的两种情况：图 2-14(a)为开关闭合后极间电解液马上电离形成通路；图 2-14(b)为电流相较于施加电压有延迟的情况。为此，工业上通常采用"等时加工"，即通过分析电解液的介电性质对电火花加工过程的参数进行调整，使每个电火花工作的时长相等，进而保证加工效率和加工后的表面质量。

2.1.6　电火花加工工艺

工业中常见的电火花加工方式包括电火花成形（die-sink EDM）、电火花线切割（wire-cut EDM，WEDM）、电火花微钻孔（microhole EDM drilling）及电火花磨削（electrical discharge grinding，EDG）。其中，电火花成形主要用于沉模加工（如模具加工），电火花线切割用于轮廓切割，这两种电火花加工方式是电火花加工在工业中的主要应用方式；电火花微钻孔用于对小尺寸孔进行加工，而电火花磨削则对复杂曲面进行精加工（如刀具刃磨等）。

1. 电火花成形

作为最经典的电火花加工方式，电火花成形加工是在液体介质中进行的。机床的自动进给调节装置使工件和工具电极之间保持适当的放电间隙，当在工具电极和工件之间施加很强的脉冲电压（达到间隙中介质的击穿电压）时，介质绝缘强度最低处会被击穿。由于放电区域

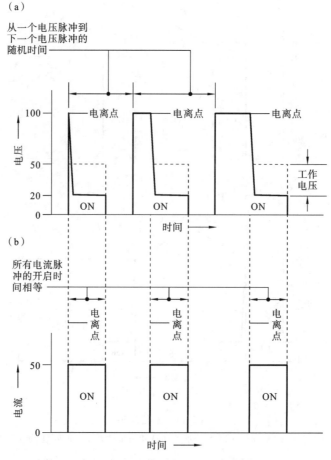

图 2-14　电压与电流的不同情况
(a) 电压波形；(b) 电流波形

很小，放电时间极短，因此火花能量高度集中，放电区的瞬时温度高达 10000～12000 ℃，工件表面和工具电极表面的金属局部熔化，甚至汽化蒸发。局部熔化和汽化的金属在爆炸力的作用下被抛入工作液中，并冷却为金属小颗粒，然后被工作液迅速冲离工作区，从而使工件表面形成一个微小的凹坑。一次放电后，介质的绝缘强度恢复等待下一次放电。如此反复，使工件表面材料不断被蚀除，并在工件上复制出工具电极的形状，从而达到成形加工的目的。电火花成形加工如图 2-15 所示。

2. 电火花线切割

电火花线切割是通过金属线电极与工件之间产生的电火花对工件进行切割。在加工过程中，金属线电极沿 Z 轴方向做（单向或往复）进给运动；工件被固定在工作台上，并由工作台带动相对于金属线电极在 X、Y 方向上做进给运动，实现对工件的切割。与电火花成形加工不同，线切割不需将工件浸没在电解液中，通常采用喷头对切割位置喷射电解液使电极与工件间隙间充满电解液。线切割过程中采用的电解液一般为去离子水，用以减小电极损耗并防止电解液被点燃。在电极丝切入工件后，电极丝的侧面（0°～180°）与工件表面产生电火花。电火花切割过程如图 2-16 所示。

电火花线切割机按走丝速度可分为高速往复走丝电火花线切割机（俗称"快走丝"）、低速

图 2-15　电火花成形加工

图 2-16　电火花线切割过程

单向走丝电火花线切割机(俗称"慢走丝")和立式回转电火花线切割机三类。

慢走丝线切割是指电极丝以低于 0.2 mm/s 的进给速度对工件进行切割,加工效率根据电源的不同可达 100 mm²/s 至 350 mm²/s。慢走丝线切割通常以铜线为电极丝,电极丝直径为 0.02~0.03 mm;工件材料涵盖了钢材、高温合金,以及硬质合金等难切削材料;切割精度可达 0.001 mm,表面粗糙度可达 Ra 120 nm,切割表面质量可接近磨削水平。慢走丝线切割具有工作平稳、均匀、抖动小、加工精度高、表面质量好等优点。由于慢走丝加工过程采取线电极连续供丝的方式,即线电极在运动过程中完成加工,因此即使线电极发生损耗,也能连续地予以补充,故能提高零件加工精度。同时,由于慢走丝线切割过程中电极丝的抖动较小,因此加工后工件的圆度误差、直线误差和尺寸误差相较快走丝线切割低。在加工高精度零件中,慢走丝线切割技术得到了广泛应用。

快走丝线切割是我国首创的线切割方式。在该工艺中,走丝速度可达 6~12 mm/s,切割厚度可超过 1 m,极大地提升了线切割的加工效率。然而,与慢走丝线切割机床相比,快走丝线切割机床在切割精度及表面粗糙度等关键技术指标上还存在较大差距。由于快走丝线切割机床不能对电极丝实施恒定张力控制,故电极丝抖动大,在加工过程中易断丝;同时,电极丝往复使用,会造成电极丝损耗,使得加工精度和表面质量降低。针对这些差距,21世纪初,国内有数家快走丝线切割机生产企业实现了在高速走丝机上的多次切割加工(该类机床俗称为"中走丝")。所谓"中走丝"并非指走丝速度介于高速与低速之间,而是指复合走丝线切割,其走丝原理是在粗加工时采用8～12 mm/s的高速走丝,精加工时采用1～3 mm/s的低速走丝,这样工作相对平稳、抖动小,并可通过多次切割减少材料变形及钼丝损耗带来的误差,使加工质量相对提高,加工质量可介于高速走丝与低速走丝之间。因而可以说,所谓的"中走丝",实际上是快走丝线切割借鉴了一些慢走丝线切割的加工工艺技术。

立式回转电火花线切割的特点与传统的高速走丝和低速走丝电火花线切割加工均有不同,首先是电极丝的运动方式比两种传统的电火花线切割加工多了一个回转运动;其次,电极丝走丝速度介于高速走丝和低速走丝之间,速度为1～2 mm/s。由于加工过程中电极丝增加了旋转运动,所以立式回转电火花线切割机与其他类型线切割机相比,最大的区别在于走丝系统。立式回转电火花线切割机的走丝系统由走丝端和放丝端两套结构完全相同的结构组成,实现了电极丝的高速旋转和低速走丝的复合运动。两套主轴头之间的区域为有效加工区域。除走丝系统外,机床其他组成部分与快走丝线切割机相同。

3. 电火花磨削

电火花磨削作为电火花加工的一种衍生加工方式而被广泛应用于超硬材料工件表面的精细加工,尤其对于硬质合金和聚晶金刚石的磨削,可以达到较高的加工效率与表面质量。电火花磨削过程如图2-17所示。其中,工件被固定在工作轴上,该轴可沿 X、Y、Z 三轴做直线进给运动,同时工件可绕 X 轴旋转;盘状电极被固定在主轴上,该主轴可使盘状电极绕主轴自转或绕 Z 轴旋转,因此电火花磨削通常用于多轴加工(如刀具刃磨)。加工过程中,工件不断接近旋转的电极,并通过击穿电解液放电去除工件表面不同区域的材料。

图 2-17　电火花磨削过程

电火花磨削的主要应用场景为超硬刀具的刃磨。相比于传统的金刚石砂轮刃磨方式,电火花刃磨不需考虑工件材料超高的硬度(聚晶金刚石硬度可高达 10000 HV)即可对刀具表面材料进行快速去除,大大提高了该类刀具的生产效率。通常,电火花刃磨所采用的电极为盘状铜镍电极。在加工过程中,旋转的铜镍电极可以避免同一位置电极材料的过度损耗,保证了加工后刀具表面的精度和质量。电解液为烃类液体,且采用喷射的形式对工件/电极工作区域进行覆盖,结合电极的旋转可以有效去除工件与电极之间的碎屑。通常,电火花刃磨分为粗磨与精磨:粗磨主要用于快速蚀除材料,通常采用较大的电流、较长的工作时间及较短的工作间隙,工件通常作为阳极;精磨则用于提高加工后表面质量,故其加工参数的选择与粗加工的相反,采用小电流、短工作时间、长工作间隙,且工件通常作为阴极。

在电火花刃磨工艺中,通常要考虑以下几点:

(1) 加工参数的选择。过大的加工电流会引起加工表面的灼伤,同时会造成热应力的累积,增大残余应力;而小的加工电流则影响材料去除率。因此,需要根据工件材料的属性合理安排电流的大小及工作/间歇时间的长短。

(2) 电解液喷流的位置。加工过程中需要使电解液喷流完全且时刻浸没工件与电极间的工作位置。烃类液体属于易燃物,若加工过程中产生的电火花接触空气,则将点燃其周边的电解液造成火灾。

(3) 加工效率的保证。需要根据加工材料选择适当的电极转速,以避免电弧、断路现象的产生。电极的转向与转速对电解液的排屑功能有影响,需要采用合理的转向与转速,以保证有效的排屑功能。此外,需要定期对电极表面的材料进行清除。以刃磨聚晶金刚石刀具为例,在长时间的加工过程中,电极外表面会出现大量的黑色沉积层,影响加工的放电效率,需要通过切削对该沉积层进行去除以确保电火花刃磨的正常工作。

4. 电火花微钻孔

电火花微钻孔用于对孔径为 $0.003 \sim 0.012$ in($0.076 \sim 0.304$ mm)的微小孔洞进行加工,其加工过程与电火花成形加工及电火花线切割均有类似之处。电火花微钻孔过程中通过电极端面与工件表面产生的电火花对工件材料进行去除;电火花微钻孔的电极为线电极,且采用去离子水作为电解液。然而,电火花微钻孔机床的设计理念与电火花成形机床和电火花线切割机床的有所不同。因其需要在保证微孔尺寸精度条件下对大量微孔进行高效加工,故加工过程中电极的损耗及工件/电极的快速装卸是电火花微钻孔机床需主要考虑的因素。

电火花微钻孔通常采用 RC 脉冲电源,其输出峰值电流约为 2 A,加工间隙约为 0.013 mm。电火花微钻孔机床全部采用计算机辅助实现对电极进给位置、进给速度和进给补偿的控制。由于电火花微钻孔电极丝直径较小且工作面始终为电极的端面,因此加工过程中电极的端面损耗较为严重,需要根据电极的损耗对其进给进行补偿以确保加工精度及加工效率。电火花微钻孔机床可以自动对损耗的电极端面位置进行补偿。机器会先对电极端面的位置进行校准,即将电极收回至预设位置并不断朝工件缓慢进给,当电极触碰工件表面而电压产生变化时机器将记录此时的进给量并以此计算电极的端面损耗。

电火花微钻孔通常采用钨丝作为电极,该电极具有一定的刚度和良好的耐磨损性能。加工过程中采用的电解液为去离子水,可与电火花线切割过程中所用的去离子水通用。然而,由于电火花微钻孔所需要的电解液流量很小,约为每秒 $1 \sim 2$ 滴,故所采用的去离子水不需循环系统过滤,使用后即排除。

与传统微钻孔相比,电火花微钻孔有以下优势:

(1) 不需考虑工件硬度,只要工件为导体就可对其进行加工;

(2) 孔洞的入口与出口处无毛刺;

（3）加工过程中可自动对工件进行装夹与卸载,加工效率高。

电火花微钻孔过程如图 2-18 所示。

图 2-18　电火花微钻孔过程

2.2　电化学加工

电化学加工(electrochemical machining)是通过化学反应去除工件材料或在其上镀覆金属材料等的特种加工方法。电化学加工的基本原理如图 2-19 所示,将两片金属分别连接电源的正极与负极,并插入任何导电的溶液($NaCl$ 溶液)中。金属导线和溶液是两类性质不同的导体。金属导线是靠自由电子在外电场作用下按一定方向移动而导电的电子导体,或称第一类导体。导电溶液是靠溶液中的正、负离子移动而导电的离子导体,或称第二类导体。$NaCl$ 溶液中含有正离子 Na^+ 和负离子 Cl^-,还有少量的 H^+ 和 OH^-。两类导体构成通路时,在金属片(电极)和溶液的界面上,必定会发生交换电子的化学反应。如果所接的是直流电源,则溶液中的离子将做定向移动,正离子移向阴极,在阴极上得到电子而发生还原反应。负离子移向阳极,在阳极表面失掉电子而发生氧化反应(也可能是阳极金属原子失掉电子而成为正离子,进入溶液)。溶液中正、负离子的定向移动称为电荷迁移。在阴、阳电极表面发生的得失电子的

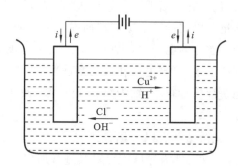

图 2-19　电化学加工基本原理

化学反应称为电化学反应。以这种电化学反应为基础对金属进行加工(包括电解和镀覆)的方法就是电化学加工。

以钢在 NaCl 水溶液中的电解加工为例,加工过程中电极发生的化学反应包括阳极反应和阴极反应。

(1) 阳极反应化学方程式如下:

$$Fe-2e\rightarrow Fe^{2+} \tag{2-10}$$

$$Fe-3e\rightarrow Fe^{3+} \tag{2-11}$$

$$4OH^--4e\rightarrow O_2\uparrow+2H_2O \tag{2-12}$$

$$2Cl^--2e\rightarrow Cl_2\uparrow \tag{2-13}$$

$$Fe^{2+}+2OH^-\rightarrow Fe(OH)_2\downarrow(墨绿色的絮状物) \tag{2-14}$$

$$4Fe(OH)_2+2H_2O+O_2\rightarrow 4Fe(OH)_3\downarrow(黄褐色沉淀) \tag{2-15}$$

(2) 阴极反应按可能性为:

$$2H^++2e\rightarrow H_2\uparrow \tag{2-16}$$

$$Na^++e\rightarrow Na\downarrow \tag{2-17}$$

按照电极反应的基本原理,电极电位最正的粒子将首先在阴极发生反应。因此,在阴极上只会析出氢气,而不可能沉淀出钠。在电解加工过程中,由于水的分解消耗,电解液的浓度逐渐变大,而电解液中的 Cl^- 和 Na^+ 仅起导电作用,本身并不消耗,因此对于 NaCl 电解液,只要过滤干净,适当添加水分,其就可长期使用。

与电火花加工的特点相似,电解加工不受材料本身机械属性(如强度和硬度)的限制,可对具有高强度、高硬度和高韧度的难加工金属进行快速成形加工,而且加工中无切削力和切削热的作用,故电解加工通常可用于加工具有薄壁特征或其他易变形几何特征的工件。电解加工可通过一次进给运动直接对复杂型面和型腔进行成形,根据工件材料的不同,电极的进给速度范围为 $0.3\sim15$ mm/min。与电火花加工相比,电解加工的材料去除率更高,通常为电火花加工的 $5\sim10$ 倍;电解加工过程中,工具阴极材料本身不参与电极反应,其表面仅发生析氢反应,且工具材料又是耐腐蚀性良好的不锈钢或黄铜等,所以除产生火花短路等特殊情况外,工具阴极基本上没有损耗,可长期使用。目前电化学加工已成为一种不可缺少的加工方法,主要有电解加工、电解磨削、电化学抛光、电镀、电铸、电刻蚀和电解冶炼等。

不同加工方法对比如表 2-2 所示。

表 2-2　不同加工方法对比

加 工 方 法	电火花加工	电化学加工
材料去除机理	热过程	电化学过程
电极磨损	严重(熔化)	轻微(腐蚀)
流通介质	绝缘体	导体
电压大小/V	$50\sim380$	$10\sim25$
电流类别	脉冲电流	连续/脉冲电流

2.2.1　电解加工

与电火花成形类似,电解加工将工件及其倒模作为电极对,并利用金属在电解液中产生阳极溶解的原理实现金属零件的成形加工,如图 2-20 所示。加工过程中,工件接电源正极(阳极),具有特定形状的工具接负极(阴极),工具电极向工件缓慢靠近,并使两极之间保持较小的间隙(为 0.02~0.7 mm)。在工件与工具之间施加一定电压,阳极工件的金属被逐渐电解蚀除,电解产物被高速(5~50 m/s)的电解液带走,直至工件表面与工具表面形状基本相似为止。

在刚开始加工时,工件毛坯的形状与工具电极的不一致,如图 2-21(a)所示,阴、阳两极间的间隙差别较大。这时,间隙大处的电流密度小,金属溶解速度慢,间隙小处的电流密度大,金属溶解速度快。随着工具电极的不断进给,两极之间各处的间隙会趋于一致,阳极表面的形状也就逐渐地与阴极表面的形状相吻合,如图 2-21(b)所示,最终完全吻合。图 2-21 中的细竖线表示通过阳极(工件)和阴极(工具)间的电流,细竖线的疏密程度表示电流密度的大小。加工开始时,工件阳极与工具阴极的形状不同,工件表面上的各点与工具表面的距离不等,因而各点的电流密度不等。阳极与阴极距离较近的地方通过的电流密度较大,电解液的流速较高,阳极溶解的速度也就较快,而距离较远的地方,电流密度就小,阳极溶解速度就慢。由于工具相对工件不断靠近,工件表面上各点以不同的溶解速度溶解,电解产物不断被电解液冲走,直至工件表面形成与工具表面基本相似的形状为止。

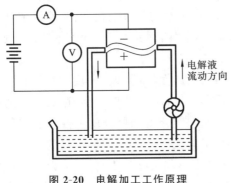

图 2-20　电解加工工作原理

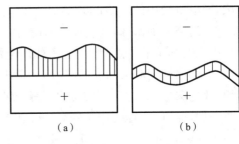

图 2-21　电解加工成形原理

(a) 初始;(b) 稳定

2.2.2　电解液

电解液是电解加工的工作液,对电解加工的各项工艺指标有很大影响。与电火花加工的电解液完全相反,电化学加工中使用的电解液具有很强的导电性,其导电性直接影响工件表面材料的蚀除速度。这就要求电解质在溶液中有较高的溶解度和离解度。例如 NaCl 在水溶液中几乎能完全离解为 Na^+ 和 Cl^-,并能与水中的 H^+ 和 OH^- 共存。同时,电解液中的金属阳离子不应在阴极上发生放电反应而沉积到阴极工具上,以免工具形状尺寸改变,因此在选用的电解液中所含金属阳离子必须具有较低的标准电极电位,如 Na^+、K^+ 等活泼金属离子。另外,还需要电解液性能稳定、操作安全、对设备的腐蚀性小,以及价格便宜。电解液可分为中性盐溶液、酸性溶液、碱性溶液三大类。中性盐溶液的腐蚀性小,使用时较安全,故应用最普遍。最常用的有 NaCl、$NaNO_3$ 和 $NaClO_3$ 三种电解液。在电解液中使用添加剂是改善其性能的重要途径。例如,为了减少 NaCl 电解液的散蚀能力,可加入少量磷酸盐等缓冲剂,使阳极表面产生钝化性抑制膜,以提高成形精度。$NaNO_3$ 电解液虽有成形精度高的优点,但其生产率低,可添加少量 NaCl,使其加工精度及生产率均较高。为改善加工表面质量,可添加络合剂或光亮剂等,如 NaF,可降低加工后的表面粗糙度。为减轻电解液的腐蚀性,可添加缓蚀剂等,不同工作液对加工精度的影响如图 2-22 所示。

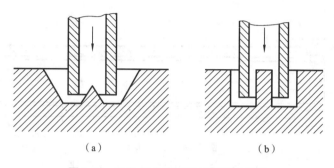

图 2-22   不同工作液对加工精度的影响

(a) 无添加剂;(b)有添加剂

为保证电解加工的效率与加工后表面的精度,电解液应有足够的流速和流量。流速一般在 10 m/s 以上,这样才能保证把电解产物和热量带走,电流密度越大,流速也越大,流速的调整可以通过调整泵的出水压力实现。电解液的流向如图 2-23 所示,有正向、反向和横向三种情况。正向流动可以提供很大的压力,不需要密封装置,但流出的电解液无法控制,加工精度和表面质量较差;反向流动电解液先从型孔流入,需要密封装置,可以通过控制背压来控制流速和流量;横向流动电解液从一侧流入、另一侧流出,不能加工较深的型腔。加工间隙中电解液分布对加工质量也有很大影响。通常要使流场流线疏密一致,避免产生死水区。不同流向、同样的加工形状条件下,流场布局也有所不同。出口形状通常有窄槽和孔两种,一般在加工型腔时采用窄槽,在电解液供应不足时增加供液孔来改善流线形状,圆孔、花键、枪腔等圆筒状零件的加工多采用喷液孔的方式供液。

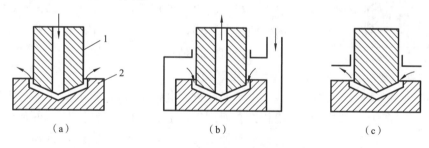

图 2-23   电解液的流向

(a) 正向流向;(b) 反向流向;(c) 横向流向

1—模具;2—工件

2.2.3   电化学加工工艺

除电解加工外,常见的电化学加工工艺还包括电解深孔加工、电解磨削及电铸加工。

1. 电解深孔加工

对于深径比大于 5 的深孔,用传统切削加工方法加工时,刀具磨损严重,表面质量差,加工效率低。目前采用电解加工方法加工直径为 4 mm、深 2000 mm 和直径为 100 mm、深 8000 mm 的深孔,加工精度高,表面粗糙度低,生产率高。图 2-24 所示为扩孔加工。电解深孔加工按工具阴极的运动方式可分为固定式和移动式两种。电解深孔加工有以下优点:设备简单,只需一套夹具来保持阴极与工件的同心位置及起导电和引进电解液的作用;由于整个加工面同时电解,故生产率高;操作简单。但是,阴极要比工件长一些,所需电源的功率较大。

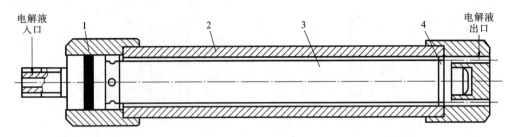

图 2-24　扩孔加工

1—绝缘定位套;2—工件;3—工具;4—密封垫圈

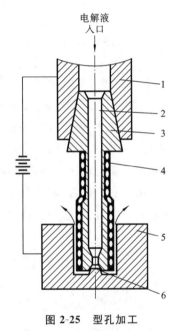

图 2-25　型孔加工

1—主轴;2—电解液通道;3—工件;
4—绝缘层;5—加工端面;6—电解液出口

对于非圆孔,如四边形、六边形等多边形孔,以及椭圆、半圆等异形孔,无论是通孔还是盲孔,都不便采用常规的机械加工方法加工。而采用电解加工方法,就很容易实现,既能保证型孔的形状和精度,又能满足生产率的要求。型孔的加工一般采用端面进给的方式,如图 2-25 所示。为了避免孔壁锥度,可将阴极工具侧面绝缘。绝缘层与阴极要黏结牢固,以防止电解液的冲刷力将绝缘层冲坏。常用的绝缘材料是环氧树脂,室温固化、热固化和环氧粉末类型的环氧树脂均可。国外也有用合成橡胶做绝缘层的。对于绝缘层的厚度,工作部分取 0.15~0.2 mm,非工作部分取 0.3~0.5 mm。当电解液采用正向流动方式时,绝缘层与阴极工具刃边的间隙必须大于 0.25 mm;否则,刃边的间隙过小,电解液排出阻力大,容易造成底部间隙突然扩大,这种现象随加工深度的增加而突出。

2. 电解磨削

电解磨削也称电解研磨,是将电解作用与机械磨削作用相结合而进行加工的复合加工,如图 2-26 所示。电解磨削比电解加工具有更高的加工精度,可得到更小的表面粗糙度,比机械磨削有更高的生产效率。电解磨削由于集中了电解加工和机械磨削的优点,生产中经常被用来磨削一些高硬度材料的零件,如各种硬质合金刀具、量具、挤压拉丝模等,以及采用普通磨削方法难以加工的小孔、深孔、薄壁筒、细长杆件等。高硬度、脆性、韧度材料的内孔、深(小)孔及套筒薄壁,也可以采用电解珩磨工艺方案,进行粗珩、精珩或抛光。

电解磨削的基本原理如图 2-27 所示。电解磨削所用的阴极工具是含有磨粒的导电砂轮。电解磨削过程中,金属主要靠电化学作用被腐蚀下来,导电砂轮起磨去电解产物——阳极钝化膜和平整工件表面的作用。导电砂轮 1 与直流电源的阴极相连,被加工工件 3(硬质合金车刀)接阳极,它在一定的压力下与导电砂轮相接触,在加工区域中送入电解液,在电解和机械磨削的双重作用下,车刀的后刀面很快被磨光。电流由工件通过电解液而流向砂轮形成通路,于是工件(阳极)表面的金属在电流和电解液的作用下发生电解作用(电化学腐蚀),被氧化成为一层极薄的氧化物或氢氧化物薄膜(阳极薄膜)。但阳极薄膜迅速被导电砂轮上的磨粒刮除,

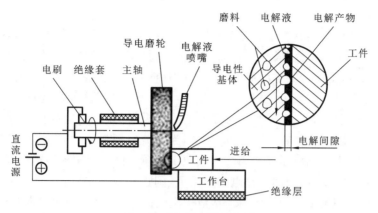

图 2-26 电解磨削示意图

在阳极工件上又露出新的金属表面并继续被电解。这样电解作用和刮除薄膜的磨削作用交替发生,工件被连续加工,直至达到一定的尺寸精度和表面粗糙度为止。

电解磨削具有如下特点:

(1) 加工范围广、加工效率高。由于电解作用和工程材料的力学性能关系不大,因此,只要选择合适的电解液,电解磨削就可以用来加工任何高硬度、高韧度的金属材料。加工硬质合金时,与普通的金刚石砂轮磨削相比,电解磨削的加工效率要高 3～5 倍。对于不锈钢、钛合金等难加工材料的大平面精密磨抛,可以采用电解研磨方案。

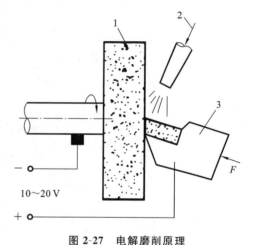

图 2-27 电解磨削原理
1—导电砂轮;2—电解液喷嘴;3—工件

(2) 工件的加工精度和表面质量高。由于砂轮只起刮除阳极薄膜的作用,磨削力和磨削热都很小,不会产生磨削裂纹和烧伤现象,因而能提高加工表面质量和加工精度,一般表面粗糙度 Rz 值可低于 0.16 mm。研磨过程中,磨料既可固定于研磨材料(如无纺布、羊毛毡等)上,也可游离于研磨材料与加工表面之间。在阴极(工具电极)的带动下,磨粒在工件表面运动,在去除钝化膜的同时形成复杂的网纹,达到较低的表面粗糙度。目前电解研磨是大型不锈钢平板件镜面抛光的高效手段。

(3) 砂轮的磨损量小。普通刃磨时,用碳化硅砂轮磨削硬质合金,其磨损量为硬质合金的 4～6 倍,电解磨削时磨损量仅为硬质合金磨损量的 50%～100%;与普通金刚石砂轮磨削相比,采用电解磨削加工不仅磨削效率比单纯用金刚石砂轮高 2～3 倍,而且电解磨削砂轮的损耗速度仅为普通金刚石砂轮磨削的 1/10～1/5,能大大降低金刚石砂轮成本,一个金刚石导电砂轮可用 5～6 年。

(4) 对机床、工具的腐蚀相对较小。由于电解磨削是靠砂轮磨粒来刮除具有一定硬度和黏度的阳极钝化膜的,因此电解液中不能含有活化能力很强的活性离子,一般使用以腐蚀能力较弱的 $NaNO_3$ 和 $NaNO_2$ 等为主的电解液,以提高电解成形精度,并有利于机床、工具的防锈、防蚀。

3. 电铸加工

电铸又称阴极沉积，是利用金属电沉积原理制取产品的一种特种加工技术。由于电铸过程中，最小材料添加单元是极其微小的金属离子，因而电铸技术具有很高的制造精度，被普遍认为在精密、复杂、微纳结构零件的成形制造中占有重要的地位，是当前先进制造技术的重要组成部分，目前它已在航空航天、模具、电子、通信等领域获得诸多重要应用。

电铸加工的原理如图 2-28 所示。用可导电的原模做阴极，用电铸材料（如紫铜）做阳极，用电铸材料的金属盐（如硫酸铜）溶液做电铸液，当直流电源接通时，电铸液中的金属离子（正离子）在阴极（工件）上得到电子还原为金属沉积于芯模表面。与阳极溶解过程相反，阴极沉积是利用电解质溶液中的金属正离子在电场作用下，到达阴极并得到电子，发生还原反应，变成原子而镀覆、沉积到阴极上。由于电解质溶液中金属离子被消耗，因而常常要求阳极的材料与电解质溶液的金属离子一致，并且能发生阳极溶解的氧化反应而变成离子补充到电解质溶液中，否则，需定时向电解质溶液中补充溶质。

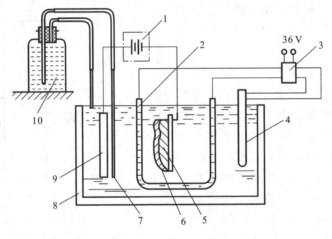

图 2-28 电铸加工原理
1—直流电源；2—加热管；3—恒温装置；4—温度计；5—原模；
6—电铸层；7—玻璃管；8—镀槽；9—阳极；10—蒸馏水瓶

电铸工艺按原型材料可分为金属原模电铸工艺和非金属原模电铸工艺两类。由于金属具有良好的加工性能和良好的导电性能，可以获得很小的表面粗糙度，甚至可以抛光至镜面，而且在其表面获得电沉积金属层比较方便，故金属原模成为电铸加工中常用的原模，常用的金属材料有铜及其合金、不锈钢，以及铝及其合金等。但是对于复杂的制品，采用金属制作原模所费的工夫不亚于人工开金属模，而且从成本、加工周期、精细程度等各个方面来看，采用非金属制作原模比采用金属制作原模方便。因此，非金属材料如各种树脂、石膏、石蜡、塑料等也是制造电铸原模的主流材料。金属原模与非金属原模在电铸过程中并没有什么区别，其主要区别在于电铸原模的前处理阶段有所不同，金属原模前处理阶段主要需进行脱模处理，非金属原模主要进行导电化处理。图 2-29 所示为电铸工艺流程。

电铸加工优点如下：电铸是一种精密的金属零件制造技术，能获得用其他制造方法难以达到的复制精度；电铸产生的铸件可以成为其他制造方法所需要的原模，并且表面精度极高；电铸加工过程对原模无任何损伤，所以原模可永久性重复使用，而且用同一原模生产的电铸件重复精度极高，故亦可提高加工后表面的精度；将石膏、石蜡、环氧树脂等作为原模材料，可把复杂零件的内表面复制为外表面，或把外表面复制为内表面，然后再电铸复制。电铸加工也有如

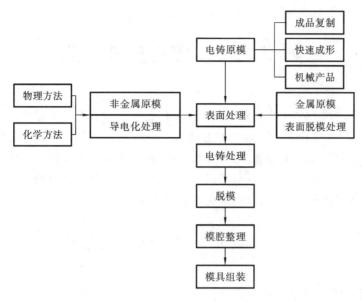

图 2-29　电铸工艺流程

下缺点：由于电流密度过大易出现沉积金属结晶粗大、强度低等现象，故一般每小时电铸金属层厚度仅为 0.02～0.5 mm，生产效率低；原模制造技术要求高，有时脱模存在一定的难度；电铸层厚度不均匀，且厚度较薄，仅为 4～8 mm；电铸层一般具有较大的应力，所以大型电铸件变形显著，且不易承受大的冲击载荷。

复习思考题

（1）简述电火花加工相较于传统切削加工过程的优点。

（2）简述电火花加工的材料去除机理。

（3）请列举电火花加工过程中的火花状态，并简述各非正常状态对电火花加工过程的影响。

（4）什么是电火花加工过程中的电极损耗？如何实现电火花的无损耗加工？

（5）请列举电火花加工过程中常用的电解液，并简述其选用依据。

（6）述电火花线切割工艺中快走丝、慢走丝的工艺特点。

（7）简述电化学加工的材料去除机理。

（8）简述电火花加工与电化学加工的异同。

（9）请列举常用电化学加工工艺及其特点。

第3章 激光加工

激光技术是 20 世纪 60 年代初发展起来的一门技术。随着大功率激光器的出现并用于材料加工,一种崭新的加工方法——激光加工(laser beam machining,LBM)逐步形成。激光加工可以用于打孔、切割,以及电子器件的微调、焊接、热处理和激光存储等工作。激光加工不需要加工工具,加工速度快,表面变形小,可以加工各种材料,而且容易进行自动化控制。它已在生产实践中越来越多地显示出优越性,很受人们的重视。

3.1 激光与激光加工概述

3.1.1 激光的产生原理

1. 光的物理概念及原子的发光过程

1)光的物理概念

光究竟是什么?直到近代,人们才认识到光既具有波动性,又具有微粒性,也就是说,光具有波粒二象性。

根据光的电磁学说,可以认为光实质上是波长在一定范围内的电磁波,它和声波类似,同样也有波长 λ、频率 ν、波速 c(在真空中,$c=3\times10^{10}$ cm/s$=3\times10^8$ m/s,即每秒 30 万千米),它们三者之间的关系为

$$\lambda=\frac{c}{\nu} \tag{3-1}$$

如果把所有的电磁波按波长和频率依次排列,就可以得到电磁波波谱图(见图 3-1)。

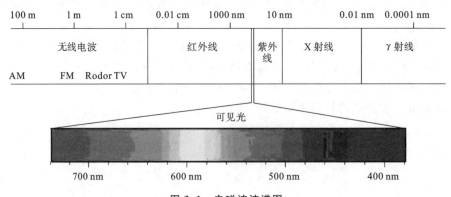

图 3-1 电磁波波谱图

人们能够看见的光称为可见光,它的波长为 0.4~0.76 μm。可见光根据波长长短不同可分为红、橙、黄、绿、青、蓝、紫七种。波长大于 0.76 μm 的称为红外光或红外线,小于 0.4 μm 的称为紫外光或紫外线。

根据光的量子学说,又可以认为光是一种具有一定能量的、以光速运动的粒子流,这种具有一定能量的粒子就称为光子。不同频率的光对应不同能量的光子,光子的能量与光的频率

成正比,即

$$E = h\nu \tag{3-2}$$

式中:E 为光子能量;ν 为光的频率;h 为普朗克常数。

对应于波长为 0.4 μm 的紫光的光子能量等于 4.96×10^{-17} J;对应于波长为 0.7 μm 的红光的光子能量等于 2.84×10^{-17} J。一束光的强弱与这束光所含的光子数有关。对同一频率的光来说,所含的光子数多,其表现为强;反之,表现为弱。

2)原子的发光

原子由原子核和绕原子核转动的电子组成。原子的内能就是电子绕原子核转动的动能和电子被原子核吸引的位能之和。如果由于外界的作用,电子与原子核的距离增大或缩小,则原子的内能也随之增大或缩小。电子只有在最靠近原子核的轨道上运动才是最稳定的,人们把这时原子所处的能级状态称为基态。当外界传给原子一定的能量(例如加热或用光照射原子)时,原子的内能增加,外层电子的轨道半径扩大,其被激发到高能级,称为激发态或高能态。图3-2 所示为氢原子的能级,图中最低的能级称为基态,其余等都称为激发态。

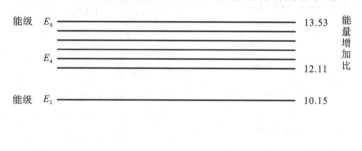

图 3-2　氢原子的能级

被激发到高能级的原子一般是很不稳定的,它总是力图回到能量较低的能级。原子从高能级回落到低能级的过程称为跃迁。

在基态时,原子可以长时间地存在,而处在激发态的各种高能级的原子停留的时间(称为寿命)一般都较短,常在 0.01 μs 左右。但有些高能级或次高能级的原子或离子却有较长的寿命,这种原子或离子寿命较长的较高能级称为亚稳态能级。激光器中的氖原子、二氧化碳分子,以及固体激光材料中的铬离子、钕离子等都具有亚稳态能级,这些亚稳态能级的存在是形成激光的重要条件。

当原子从高能级跃迁回低能级或基态时,常常会以光子的形式辐射出光能量,所放出光的频率 ν 与高能级能量 E_n 和低能级能量 E_1 之差有如下关系:

$$\nu = \frac{E_n - E_1}{h} \tag{3-3}$$

式中:h 为普朗克常数。

原子从高能级自发地跃迁到低能级而发光的过程称为自发辐射,日光灯、氖灯等光源都是由于自发辐射而发光的。由于各个受激原子自发跃迁返回基态时在时序上不一致,辐射出来的光子方向也较杂乱,射向四面八方,加上它们的激光能级很多,自发辐射出来的光的频率和波长大小不一,所以光的单色性很差,方向性也很差,光能很难集中。

物质的发光,除自发辐射外,还存在受激辐射。当一束光入射到具有大量激发态原子的系统中时,若这束光的频率 ν 与 $\dfrac{E_2-E_1}{h}$ 很接近,则处在激发态的原子在这束光的照射下会跃迁回较低能级,同时发出一束光,这束光与入射光有着完全相同的特性,它们的频率、相位、传播方向、偏振方向都是完全一致的。因此可以认为它们是一模一样的,相当于把入射光放大了,这样的发光过程称为受激辐射。

2. 激光的产生

某些具有亚稳态能级结构的物质,在一定外来光子能量激发的条件下,会吸收光能,使处在较高能级(亚稳态)的原子(或粒子)数目大于处于低能级(基态)的原子数目,这种现象称为粒子数反转。在粒子数反转的状态下,如果有一束光照射该物质,而光的能量又恰好等于这两个能级相对应的能量差,这时就能产生受激辐射,输出大量的光能。

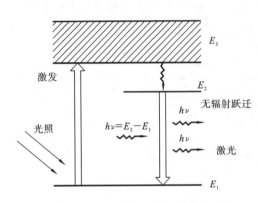

图3-3　粒子数反转的建立和激光形成

例如人工晶体红宝石的基本成分是氧化铝,其中掺有质量分数为 0.05% 的氧化铬,正铬离子镶嵌在氧化铝的晶体中,能发射激光的是正铬离子。当脉冲氙灯照射红宝石时,处于基态的铬离子被大量激发到激发态,由于激发态的铬离子的寿命很短,激发态的铬离子又很快地跃迁到寿命较长的亚稳态。如果照射光足够强,就能够在千分之三秒时间内,把半数以上的原子激发到激发态,并转移到亚稳态,从而在亚稳态和基态之间实现粒子数反转,如图3-3所示。这时当有频率为 $\nu=\dfrac{E_2-E_1}{h}$ 的光子去照射刺激它时,就可以产生从亚稳态到基态的受激辐射跃迁,出现雪崩式连锁反应,发出频率 $\nu=\dfrac{E_2-E_1}{h}$ 的单色性好的光,这就是激光(小光能激发出强激光)。

3.1.2　激光的特性

激光也是一种光,它具有一般光的共性(如光的反射、折射、绕射以及光的干涉等),也有它的特性。

普通光源的发光以自发辐射为主,基本上是无秩序地、相互独立地产生光发射的,发出的光波的方向、相位和偏振状态都是不同的。激光则不同,它的光发射以受激辐射为主,因而发光物质基本上是有组织地、相互关联地产生光发射的,发出的光波具有相同的频率、方向、偏振状态和严格的相位关系。正是这样,激光才具有亮度高,单色性、相干性和方向性好的特点。下面分别进行论述。

1. 亮度高

所谓亮度是指光源在单位面积上某一方向的单位立体角内发射的光功率。从表3-1中可以看出,一台红宝石固体脉冲激光器的亮度约是高压脉冲氙灯的370亿倍,是太阳表面亮度的200多亿倍,所以激光的亮度特别高。

激光的亮度和能量密度之所以如此高,原因在于激光可以实现在空间和时间上的亮度和能量的集中。

表 3-1　光源亮度比较

光源	亮度/sb[①]	光源	亮度/sb[①]
蜡烛	约 0.5	太阳	约 $1.65×10^5$
电灯	约 470	高压脉冲氙灯	约 10^5
炭弧灯	约 9000	红宝石固体脉冲激光器	约 $3.7×10^{15}$
超高压水银灯	约 $1.2×10^5$		

注：① 1 sb(熙提)＝10^4 cd/m²。

就光能在空间上的集中而论，如果能将分散在180°立体角范围内的光能全部压缩到0.18°立体角范围内，则在不增加总发射功率的情况下，发光体在单位立体角内的发射功率就可提高100万倍，即其亮度可提高100万倍。

就光能在时间上的集中而论，如果把 1 s 时间内所发出的光压缩在亚毫秒数量级的时间内发射，形成短脉冲，则在总功率不变的情况下，瞬时脉冲功率又可以提高几个数量级，从而大大提高激光的亮度。

2. 单色性好

在光学领域中，单色是指光的波长（或者频率）为一个确定的数值。实际上严格的单色光是不存在的，波长为 $λ_0$ 的单色光是指中心波长为 $λ_0$、谱线宽度为 $Δλ$ 的一个光谱范围。$Δλ$ 称为该单色光的谱线宽度，是衡量单色性好坏的尺度，$Δλ$ 越小，单色性就越好。

在激光出现以前，单色性最好的光源要算氪灯，它发出的单色光波长 $λ_0$ 是 605.7 nm，在低温条件下，$Δλ$ 只有 0.00047 nm。自激光出现后，光源的单色性有了很大的飞跃，单纵模稳频激光的谱线宽度可以小于 10^{-8} nm，单色性比氪灯发出的光提高了上万倍。

3. 相干性好

光源的相干性可以用相干时间或相干长度来量度。相干时间是指光源先后发出的两束光能够产生干涉现象的最大时间间隔。在这个最大的时间间隔内光所走的路程（光程）就是相干长度，它与光源的单色性密切有关，即

$$L=\frac{λ_0^2}{Δλ} \tag{3-4}$$

式中：L 为相干长度；$λ_0$ 为光源的中心波长；$Δλ$ 为光源的谱线宽度。

这就是说，单色性越好，$Δλ$ 越小，相干长度就越大，光源的相干性就越好。普通光源发出的光的波长范围较宽，而激光为单一波长的，它与普通光源相比，谱线宽度窄了几个数量级。某些单色性很好的激光器所发出的光，采取适当措施以后，其相干长度可达到几十千米。而单色性很好的氪灯所发出的光，相干长度仅为 78 cm，用它进行干涉测量时最大可测长度只有38.5 cm，其他光源的相干长度就更小了。

4. 方向性好

光束的方向性是用光束的发散角来表征的。普通光源由于各个发光中心是独立发光的，而且各具有不同的方向，因此发射的光束是很发散的。即使加上聚光系统，要使光束的发散角小于 0.1 sr，仍是十分困难的。激光则不同，它的各个发光中心是互相关联地定向发射的，所以可以把激光束压缩在很小的立体角内，发散角甚至可以小到 $0.1×10^{-3}$ sr 左右。

3.1.3　激光加工的原理和特点

激光加工是一种重要的高能束加工方法，是工件在光热效应下产生高温熔融及其与冲击

波的综合作用过程。它利用激光高强度、高亮度、方向性好、单色性好的特性,通过一系列的光学系统,将激光聚焦成平行度很高的微细光束(直径几微米至几十微米),以获得极高的功率密度($10^8 \sim 10^{10}$ W/cm²),将其照射到材料上,并在极短的时间内(千分之几秒甚至更短)使光能转变为热能,从而使被照部位迅速升温,材料发生熔化、汽化、金相组织变化以及产生相当大的热应力,达到加热和去除材料的目的。激光加工时,为了实现各种加工要求(例如切割),激光束与工件表面需要做相对运动,同时光斑尺寸、功率以及能量要求可调。

激光加工的特点是:

(1)聚焦后,激光的功率密度可高达 $10^8 \sim 10^{10}$ W/cm²,光能转化为热能,可以熔化、汽化任何材料。例如,耐热合金、陶瓷、石英、金刚石等硬脆材料都能加工。

(2)激光光斑的大小可以聚焦到微米级,输出功率可以调节,因此可用于精密微细加工。

(3)加工所用的工具是激光束,是非接触加工,所以没有明显的机械力,没有工具损耗问题。加工速度快,热影响区小,容易实现加工过程的自动化。还能通过透明体进行加工,如对真空管内部进行焊接加工等。

(4)和电子束加工等相比,激光加工装置比较简单,不要求有复杂的抽真空装置。

(5)激光加工是一种瞬时、局部熔化与汽化的热加工,影响因素很多,因此,精微加工时,精度尤其是重复精度和表面精度不易保证,必须进行反复试验,寻找合理的参数,才能满足一定的加工要求。由于光的反射作用,对于表面光滑或透明的材料,加工前必须预先进行色化或打毛处理,使更多的光能能被吸收并转化为热能用于加工。

(6)对于加工中产生的金属气体及火星等飞溅物,要注意及时通风抽走,操作者应戴防护眼镜。

3.2　激光加工的基本设备

3.2.1　激光加工设备的组成

激光加工的基本设备包括激光器、电源、光学系统及机械系统四大部分。

(1)激光器:它是激光加工的核心设备,是受激辐射的光放大器,用于把电能转化成光能,产生激光束。

(2)电源:它为激光器提供所需要的能量及控制功能。

(3)光学系统:它包括激光聚焦系统和观察瞄准系统,后者能观察和调整激光束的焦点位置,并将加工位置显示在投影仪上。

(4)机械系统:它主要包括床身、能在三坐标范围内移动的工作台及机电控制系统等。随着电子技术的发展,目前已采用计算机来控制工作台的移动,实现了激光加工的数控操作。

3.2.2　激光加工常用的激光器

激光器一般由增益介质(激活介质)、光学共振腔(谐振腔)和激励能源(泵浦源)三部分组成。泵浦源为激光器的光源,谐振腔为泵浦源与增益介质之间的回路,激活介质指可将光放大的工作物质。在工作状态下激活介质吸收激励能源提供的能量,经光学共振腔振荡选模输出激光。

激光器的种类很多,分类的方式也有很多,目前常见的分类方式有:

(1) 按照增益介质的不同,激光器可分为固体、气体和半导体激光器等;

(2) 按输出波长,可分为红外激光器、可见光激光器、紫外激光器等;

(3) 根据运转方式的不同,可将激光器分为连续激光器和脉冲激光器;

(4) 根据功率大小的不同,可将激光器分为大功率激光器和小功率激光器。

常用激光器的主要性能特点如表 3-2 所示。

表 3-2 常用激光器的主要性能特点

激光器类型	Nd:YAG 激光器	CO_2 激光器	光纤激光器	半导体激光	碟片激光器
激光器波长/μm	1.0~1.1	10.6	1.0~1.1	0.9~1.0	1.0~1.1
光电转换效率	3%~5%	10%	35%~40%	70%~80%	30%
输出功率/kW	1~3	1~20	0.5~20	0.5~10	1~20
光束聚焦程度/(mm·mrad)	15	6	<2.5	10	<2.5
聚焦性能	光束发散角大,不易获得单模式,聚焦后光斑较大,功率密度低	光束发散角较小,易获得基模,聚焦后光斑小,功率密度高	光束发散角小,聚焦后光斑小,单模和多模光束质量好,峰值功率高,功率密度高	光束发散角较大,聚焦后光斑较大,光斑均匀性好	光束发散角小,聚焦后光斑小,功率密度高
可加工材料类型	可加工铜、铝	不可加工高反材料	可加工高反材料	可加工高反材料	可加工高反材料
金属吸收率	35%	12%	35%	35%	35%
维护周期	300 h	1000~2000 h	不需维护	不需维护	不需维护
相对运行成本	较高	较高	较低	一般	较高

早期激光加工用激光器主要是大功率 CO_2 气体激光器和灯泵浦固体 YAG 激光器,目前激光器主要是向提高激光功率的方向发展,但当激光功率达到一定要求后,激光器的光束质量不容忽视,故激光器的发展随之转移到提高光束质量上来。人们接连研发出了半导体激光器、光纤激光器(fiber laser)和碟片激光器,使激光材料加工、医疗、航空航天、汽车制造等领域取得了飞速的发展。

与传统的 CO_2 激光器、YAG 固体激光器相比,半导体激光器具有很明显的技术优势,如体积小、重量轻、效率高、能耗小、寿命长等,并且金属对半导体激光的吸收率高。随着半导体激光技术的不断发展,以半导体激光器为基础的其他固体激光器,如光纤激光器、直接输出光纤半导体激光器及碟片激光器等的发展也十分迅速。其中,光纤激光器发展较快。光纤激光器一般用光纤光栅作为谐振腔,泵浦光从合束器耦合进入增益光纤,在包层内多次反射穿过掺杂纤芯,选择合适的光纤长度和掺杂离子浓度可以实现对泵浦光的充分吸收,造成激光激活介质的粒子布局反转,这样就可以实现光放大。为了获得单一和单色性好的受激辐射光,需要在激活介质两端安放相互平行的反射面(即光学共振腔),在满足一定条件时激光器就可以发出激光。光纤激光器具有巨大的市场价值和应用前景,被誉为"第三代激光器"。

根据激光输出时域特性的不同,可将光纤激光器分为脉冲光纤激光器和连续光纤激光器。其中连续光纤激光器可以在较长一段时间内连续输出激光,工作稳定、热效应高;特别适用于金属材料的连续高速切割、焊接、表面热处理、激光熔覆等宏观加工。

3.3 激光安全防护及标准

3.3.1 激光的危险性

在激光发展的初期人们就已认识到激光的危险性。随着激光技术应用的飞速发展,特别是各种大功率、大能量、不同波长的激光器在激光加工中的广泛应用,人们充分认识到了激光束的危险性。采取适当的安全措施,确保人员和设备的安全是推广激光加工技术的关键之一。激光的危险性主要来自两方面:光危害和非光危害。

1. 激光的危害

激光的高强度使它会与生物组织产生比较剧烈的光化学、光热、光波电磁场、声等交互作用,从而对生物组织造成严重的伤害。生物组织吸收了激光能量后温度会突然上升,这就是热效应。热效应损伤的程度是由曝光时间、激光波长、能量密度、曝光面积以及组织的类型共同决定的。声效应是由激光诱导的冲击波产生的。冲击波在组织中传播时局部组织会汽化,最终导致组织产生一些不可逆转的伤害。激光还具有光化学效应,诱发细胞内的化学物质发生改变,从而对生物组织产生伤害。

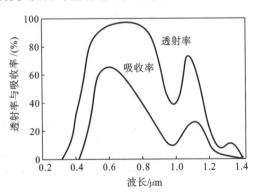

图 3-4 人眼透射率和视网膜吸收率
与入射激光波长的关系

(1) 对人眼眼球的损伤:眼球是很精细的光能接收器,它是由不同屈光介质和光感受器组成的极灵敏的光学系统。人眼不同部分有不同的透射率与吸收率。如图 3-4 所示,人眼角膜能透过的光辐射主要在 $0.3 \sim 2.5~\mu m$ 波段范围内,而波长小于 $0.3~\mu m$ 和大于 $2.5~\mu m$ 的光辐射将被吸收,均不能透过角膜。一般来说,在 $0.4 \sim 1.4~\mu m$ 波段,晶体透射率较高,在 80% 以上,其两侧波段的光很少能透过晶体。玻璃体也可透过 $0.4 \sim 1.4~\mu m$ 的光辐射。

目前,常用的激光振荡从波长 $0.2~\mu m$ 的紫外线开始,包括可见光、近红外线、中红外线和远红外线。由于人眼的各部分对不同波长光辐射的透射与吸收不同,因此人眼的损伤部位与损伤程度也不同。一般来说,紫外线与远红外线在一定剂量范围内主要损伤角膜,可见光与近红外线波段的激光主要损伤视网膜,超过一定剂量范围各波段激光可同时损伤角膜、晶体与视网膜,并可造成其他屈光介质的损伤。

总之,人眼球前部组织对紫外线与红外线激光辐射比较敏感,在激光的照射下很容易产生白内障;激光对视网膜的损伤则主要是由于可见激光(如红宝石、氩离子、氦离子、氦氖、氦镉与倍频钕激光等)与红外线激光(如钕激光等)均能透过眼屈光介质到达视网膜,其透射率为 $42\% \sim 88\%$,视网膜与脉络膜有效吸收率在 $5.4\% \sim 65\%$ 之间。其中倍频钕激光器发射的激光波长为 $0.53~\mu m$,十分接近血红蛋白的吸收峰,因此,倍频钕激光容易被视网膜与脉络膜吸收。可造成眼底损伤的能量很低，只要很少的能量就可以产生较严重的损害，将视网膜局部破坏，成为永久性伤害。

（2）对皮肤的损伤：虽然人的皮肤比眼睛对激光辐照具有更好的耐受度，但高强度的激光对人的皮肤也易造成损伤。可见光（400～700 nm）和红外光谱（700～1060 nm）范围内的激光辐射可使皮肤出现轻度细斑，继而发展成水疱；在极短脉冲、高峰值大功率激光辐照后，表面吸收力较强的组织可发生炭化，而不出现红斑。

皮肤可分为两层：最外层的是表皮，内层是真皮。一般而言，位于皮下层的黑色素粒是皮肤中主要的吸光体。黑色素粒对可见光、近紫外线和红外线的反射比有明显的差异，人体皮肤颜色对反射比也有很大的影响。反射比是在一定条件下反射的辐射功率与入射的辐射功率之比。皮肤对波长约为 3 μm 的远红外激光的吸收发生在表层；对于波长为 0.69 μm 的激光，不同肤色的人，反射比可以在 0.35～0.57 之间变化；对于波长短于 0.3 μm 的红外线，皮肤的反射比大约为 0.05，几乎全部吸收。太阳的短紫外线（100～315 nm）的低水平慢性照射能够加速皮肤的老化，还能引起几种皮肤癌。极强激光的辐射可造成皮肤的色素沉着、溃疡、瘢痕和皮下组织损伤。虽然人们对激光辐射的潜在效应和累积效应还缺少充分的研究，然而一些边缘的研究表明，在特殊条件下，人体组织的小区域可能对反复的局部照射较敏感，从而使最轻反应的照射剂量改变，在低剂量照射时组织的反应可能非常严重。因此使用强激光加工时，有必要避免漫反射光、散射光对人员的照射，以防出现长期照射带来的慢性损伤。

2. 非光危害

激光器除了直接与生物组织产生作用造成损伤外，还可能通过空化气泡、毒性物质、电离辐射和电击对人体产生伤害。

（1）电危害：大多数激光设备使用高压（>1 kV），具有电击危险。安装激光仪器时，人员可能接触暴露的电源、电线等。激光器中的高压供电电源和大的电容器也有可能造成电危害。

（2）化学危害：某些激光器（如染料激光器、化学激光器）使用的材料（如溴气、氯气、氟气和一氧化碳等）含有毒性物质；一些塑料光纤在切削时会产生苯和氰化物等污染物；石英光纤切削时会产生熔融石英；激光轰击材料组织时会产生烟雾，这些物质都会对人体造成危害。

（3）间接辐射危害：高压电源、放电灯和等离子体管都能产生间接辐射，包括 X 射线、紫外线、可见光、红外线、微波和射频等。当在靶物质中聚焦了很高的激光能量时，就会产生等离子体，这也是间接辐射的一个重要来源。

（4）其他危害：低温冷却剂危害、重金属危害、应用激光器中压缩气体的危害、失火和噪声等。由于使用激光器时潜在的危害较多，因此应当给予家用的激光设备更多的关注并且进行专门的检查。

3.3.2　激光防护

1. 激光防护的主要指标

激光器的非光危害大多可以借助适当的装置及措施加以防范和避免。因此，激光的主要危害还是来自激光束本身。激光防护镜包括防护目镜、面罩、用特殊滤光物质或反射镀膜技术做成的专业眼罩，眼罩可以保护眼睛不受激光的物理伤害和化学伤害。激光防护包括以下主要技术指标。

（1）防护带宽：带宽是防护材料的一个重要参数，表示该种材料所能对抗的光谱带宽。滤光镜的带宽通常是以半功率点处的带宽来规定的，它直接影响到滤光镜的使用特性。

（2）光学密度：光学密度是指防护材料对激光辐射能量的衰减程度，常用 OD 表示：

$$OD = \lg(1/T_\lambda) = \lg(I_i/I_t) \tag{3-5}$$

式中：T_λ 为防护材料对波长为 λ 的入射激光的透过率；I_i 为入射到防护材料的激光强度；I_t 为透过防护材料的激光强度。

式（3-5）表明，如果滤光镜的光学密度为 3，则其能够使激光的强度减弱到原来的 $1/10^3$；如果光学密度为 6，则其可使光强度减弱到原来的 $1/10^6$。两个滤光镜叠加在一起使用，它们对各种波长的光学密度大约是两个滤光镜各自光学密度之和。滤光镜的另一技术指标是可见光透过率。对于防护镜，要求它的可见光透过率要足够高，以减少眼睛的疲劳现象。现国内一些厂家已制出可见光透过率高于 40% 的激光防护镜。成都西南技术物理研究所已研制出可见光透过率高于 60% 的各类激光防护镜；对于大多数军用的滤光镜，可见光透过率应不低于 80%，而飞行员使用的防护镜对透过率的要求更高。

（3）响应时间：响应时间是指从激光照射在防护材料上至防护材料起到防护作用的时间。防护材料的响应时间越短越好。

（4）破坏阈值：破坏阈值是防护材料可承受的最大激光能量密度或功率密度。这个指标直接决定了防护材料对激光的防护能力。

（5）光谱透射率：光谱透射率必须用峰值透射率和平均透射率两个值来确定。吸收型滤光镜有较高的平均透射率，但光学密度较低，而反射型滤光镜通常平均透射率低，但有较高的光学密度。反射型滤光镜的主要优点是可以增加光谱通带上的平均透射率。

（6）防护角：防护角是指对入射激光能达到安全防护的视角范围。激光防护所采用的方法可分为：基于线性光学原理的滤光镜技术，它包括吸收型滤光镜、反射型滤光镜以及吸收反射型滤光镜、相干滤光镜、皱褶式滤光镜、全息滤光镜等；基于非线性光学原理的有光学开关型滤光镜、自聚焦/自散焦限幅器、热透镜限幅器和光折射限幅器等。

2. 激光防护的通用操作规则

（1）绝对不能直视激光光束，尤其是原光束，也不能直视反射镜反射的激光束。操作激光时，一定要将具有镜面反射能力的物体放置到合适的位置或者干脆搬走。

（2）为了避免人眼瞳孔充分扩张，减少对眼睛的伤害，应该在照明良好的情况下操作激光器。同时接触激光源的人员一定要戴激光防护镜。

（3）不要对近目标或实验室墙壁发射激光。

（4）不能佩戴珠宝首饰，因为激光可能通过珠宝产生反射，对眼睛或皮肤造成伤害。

（5）如果怀疑激光器存在潜在危险，则一定要停止工作，然后立即让激光安全工作者进行检查。

（6）每一种激光器和激光设备都应该为操作者提供最大的安全保护措施。

3.4　激光去除加工

3.4.1　激光打孔

利用激光几乎可在任何材料上打微型小孔。激光打孔工艺目前已应用于火箭发动机和柴油机的燃料喷嘴加工、化学纤维喷丝板打孔、钟表及仪器中的宝石轴承打孔、金刚石拉丝模加工等方面。

1. 激光打孔的原理

激光打孔基于激光与被加工材料相互作用引起物态变化形成的热物理效应,以及各种能量变化所产生的综合效应。影响这些变化的主要因素是激光的波长、能量密度、光束发散角、聚焦状态和被加工材料本身的物理特性等参数。激光打孔属于激光去除类加工,也被称为蒸发加工。激光打孔原理如图3-5 所示。

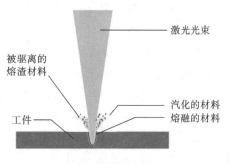

图 3-5　激光打孔原理

激光打孔的过程如下:聚焦的高能量光束照射在工件上,使被加工材料表面激光焦点部位的温度迅速上升,瞬间可达上万摄氏度。当温度升至接近于使材料蒸发的高温时,激光开始对材料进行去除加工,此时,固态金属发生强烈的相变,最先出现液相金属,进而产生待蒸发的气相金属;随着温度的不断上升,金属蒸气携带着液相物质以极高的速度从液相底部猛烈地喷溅出来,大约有 4/5 的液相物质被高压金属蒸气携带从加工区内排出,从而完成打孔过程。在这一过程中,金属蒸气仅在光照脉冲开始 $10^{-10} \sim 10^{-8}$ s 内就形成了,而用于激光打孔的脉冲宽度均大于 10^{-4} s。当金属材料形成蒸气喷射时,其对光通量的吸收特性将会产生很大影响。由于金属蒸气对光的吸收比固态金属对光的吸收要强烈得多,因此这时光通量几乎全部被用来使金属升温,金属材料将继续被强烈地加热。而且由于用于去除材料的光通量远比热扩散的光通量要大得多,金属蒸气流的温度及发光亮度都显著提高。因此,在相变区域(通常为圆窝形)的中心底部将形成非常强烈的喷射中心,蒸气喷射的状况表现为:开始是在较大的立体角范围内向外喷射,随后逐渐聚拢,形成稍有扩散的喷射流。此时相变的产生极为迅速,横向熔融区尚未扩大,液态金属就已被金属蒸气“全部”携带喷出。激光光通量几乎完全用于沿轴向逐渐深入材料内部,去除内部的金属材料。由于光通量总是具有一定能量的,因此横向尺寸由最初的喇叭口形大小逐渐收敛到一定值后,便会达到稳定不变的状态。这种状态一直维持到激光脉冲即将结束,这时激光光强开始迅速减弱,已熔化尚未被排出的液相材料会重新凝聚在孔壁上,形成再铸层。由于再铸层的厚度、残留状态及分布情况等都是无规则的,因此,其对激光打孔的精度和重复性都会产生一定影响。一般来讲,再铸层的形态取决于材料的性质和激光脉冲波形的尾缘形状,尾缘越陡,再铸层越少。

2. 激光打孔的特点

激光打孔与机械钻孔、电火花加工等其他加工方法相比,具有以下显著特点。

(1)激光打孔不受材料的硬度、刚度、强度和脆性等性能限制。

只要选择和调整好激光器的类型及激光束的波长、脉冲宽度、功率密度、光束发散角、聚焦状态等参数,满足被加工材料对激光的吸收率及材料本身热物理特性的要求,激光就可以在几乎所有硬、脆或软等性质的材料上进行正常的打孔加工。通过激光打孔既可以加工导电的金属材料,也能加工用其他加工方法难以加工的某些非金属材料;既可以在硬度最高的金刚石上加工,也能在硬度非常低、弹性很高的橡胶、塑料、尼龙等材料上加工;而且可以加工出孔形精细的微型孔,不产生任何烧伤、变形等破坏痕迹,这是其他加工方法都难以做到的。

(2)激光打孔速度快、效率高、精度高,非常适合进行数量多、密度高的多孔和群孔加工。

由于在激光打孔时,激光束的功率密度高达 $10^5 \sim 10^7$ W/mm²,利用具有这样高功率密度的激光束只需对被加工材料照射 $10^{-3} \sim 10^{-5}$ s 就有明显的激光去除材料的现象产生,因此激光打孔的速度极快。如果将高效能激光器与高精度机床和计算机数控系统相结合,控制激光头和承载被加工工件的工作台的精确运行,不仅能实现单孔的高速加工,而且还可以连续、高效地加工出孔径小、数量多、密度高的群孔。

在不同形式工件上进行单孔加工,激光打孔比电火花加工和机械钻孔的加工效率高 $10 \sim 1000$ 倍。而利用激光进行群孔加工,孔的密度比电火花加工和机械加工高 $1 \sim 3$ 个数量级。在航天航空领域,利用激光打群孔是一种必不可少的加工方式,在许多重要部件上需要加工数以万计的孔,有的部件需加工孔数甚至高达 50 多万个,对于这类群孔加工,除了激光打孔,用其他加工方法都是很难实现的。图 3-6 所示为激光打孔的加工实例。

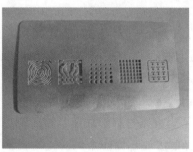

图 3-6   激光打孔的加工实例

(3)激光打孔可以获得很大的深径比。

深径比是衡量小孔加工难易程度的一项重要指标。对于机械加工或电火花加工,一般深径比超过 10:1 的小孔属于难加工孔。对于激光打孔,只要合理地利用选模、调 Q 等技术,提高激光光束的质量就可以容易地获得高质量、大深径比的小孔。

(4)激光打孔可以在难加工材料上加工出与其平面倾斜 $6° \sim 90°$ 的斜向小孔。

对于这类斜向小孔,无论是接触式的机械钻孔,还是非接触式的电火花打孔都是极为困难的,主要是因为钻头或电极无法入钻。当钻头在加工与平面不垂直、倾斜角为 $6°$ 以上的孔时,由于是单刃切削,钻头两边受力不均,会产生打滑现象,故难以入钻甚至会造成钻头折断;电火花加工虽然属于非接触式加工,但在加工斜面时火花放电产生的斜向力会使电极颤抖,同样无法正常加工。而激光打孔不存在上述困难,可在倾斜面上特别是大角度倾斜面上成功加工小孔是激光打孔的一大特点。

(5)激光打孔没有工具损耗。

由于激光加工的特殊性,在加工过程中不需要加工工具,或者说加工工具仅为具有很高能量密度的一束光,故不存在工具损耗、损坏或需要更换等问题,因此激光打孔减少了类似钻头折断、电极损耗或因更换工具而影响加工效率和精度的麻烦,从而降低了加工成本,减少了辅助工时,使加工更加精确、简便、快捷。

3.4.2   激光切割

1. 激光切割的原理

激光切割是将激光束聚焦成很小的光斑(光斑直径小于 ϕ 0.1 mm),在光束焦点处获得超过 10 W/mm² 的功率密度,所产生的能量足以使在焦点处材料的热量大大超过被材料反射、传导或扩散而损耗的部分,由此引起激光照射点处材料的温度急剧上升,并在瞬间达到汽化温度,使材料蒸发,形成孔洞。激光切割以此为起始点,根据被加工工件的形状要求,令激光束与工件按一定运行轨迹做相对运动,形成切缝。在激光切割过程中加工系统还应设置必要的辅助气体吹除装置,以便将切缝处产生的熔渣排除。图 3-7 所示为激光切割示意图。

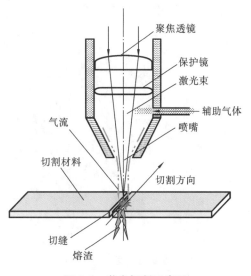

图 3-7 激光切割示意图

2. 激光切割的特点

与其他传统切割方法相比,激光切割有很多优点,现将其概括如下。

(1)切割缝隙窄,具有良好的切割精度。激光光束聚焦光斑直径小,能量高度集中,切缝宽度只有 0.1 mm 左右,可节省原材料。通过调节激光参数能用激光光束加工出不切透的窄槽。

(2)切割速度快,热影响区小。由于激光光束能量高度集中,在切割过程中,完成切割的激光光束照射时间很短,因而被切割材料发生的热畸变程度极低。

(3)激光切割面质量好,切缝边缘垂直,切边光滑,不用修整就可以直接进行焊接。

(4)由于激光切割是以不接触的形式进行加工的,因此,切边没有机械应力,不产生剪切毛刺和切屑,切割石棉、玻璃纤维等材料时产生的尘埃也极少。

(5)激光切割是用一束高能量密度、亮度极强的光作用于被切割材料上而进行加工的,因此不存在刀具损耗和接触能量损耗等,不需要更换刀具,只要根据被切割材料种类,选择激光器的类型,并正确调整激光工艺参数,就能进行有效的切割加工。

(6)激光切割可以容易地切割既硬又脆的材料,如玻璃、陶瓷、PCD复合片和半导体等;也能切割既软又有弹性的材料,如塑料、橡胶等。

(7)光束运行无惯性,可以进行高速激光切割,且切割不受方向限制,并可在工件的任何部位随时启动开始切割或急停结束加工。

(8)利用激光的特性,能实现多工位操作,容易实现数控自动化。

(9)切割噪声低。与其他切割方法相比,激光切割具有很大的优越性,尤其在常规方法不便切割的地方,激光切割更是一种无可替代的有效方法,虽然在某些场合(如切割较厚钢板),存在性能价格比偏高的问题,但随着激光系统质量不断提高和激光加工设备价格逐渐降低,激光切割的应用范围将更加广泛。

3. 激光切割的应用

激光可切割各种材料,既可切割金属,也可切割非金属;既可切割无机物,也可切割皮革之类的有机物。可代替锯切割木材,代替剪刀切割布料、纸张,还能完成无法进行机械接触的工作,如从电子管外部切断内部的灯丝。由于激光切割几乎不产生机械冲击和压力,故适用于玻璃、陶瓷和半导体等硬脆性材料的切割。另外,激光切割光斑小、切缝窄,便于实现自动化,因此更适用于细小零部件的精密切割。图 3-8 所示为激光切割的加工实例。

图 3-8　激光切割的加工实例

3.4.3　激光打标

1. 激光打标的特点

激光打标是非接触式加工,可在任何异形表面标刻,工件不会变形也不会产生应力,适用于金属、塑料、玻璃、陶瓷、木材、皮革等各种材料;能标记条形码、数字、字符、图案等;标记清晰、永久、美观,并能有效防伪。激光打标的标记线宽可小于 12 μm,线的深度可小于 10 μm,可以对毫米级的小型零件进行表面标记。激光打标能方便地利用计算机进行图形和轨迹自动控制,具有标刻速度快、运行成本低、无污染等特点,可显著提高被标刻产品的档次。

2. 激光打标的方法

激光打标的方法可分为点阵式激光打标法、掩模式激光打标法和振镜式激光打标法三种。

1) 点阵式激光打标法

使用一台或几台小型激光器同时发射光脉冲,经反射镜和聚焦透镜后使一个或多个激光脉冲在工件表面上烧蚀出形状均匀而细小的凹坑(凹坑的直径一般为 $\phi 15$ μm),激光打出的标记字符和图案都是由多个小圆凹坑点构成的。一般竖向笔画最多为七个点,横向笔画最多为五个点,形成 7×5 的阵列。

2) 掩模式激光打标法

掩模式激光打标系统的结构是由 TEA CO_2 激光器和掩模版组成的。掩模版用耐高温金属薄板等材料制成,利用镂空、机械刻制或照相腐蚀等方法在掩模版上挖出字符、条形码或图案,激光束经准直后呈平行光,射向掩模版,激光束从掩模版挖空的缝隙处透出,形成字符,蚀成标记。图 3-9 所示为掩模式激光打标法原理。

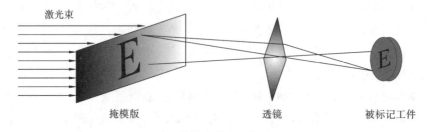

图 3-9　掩模式激光打标法原理

3）振镜式激光打标法

振镜式激光打标系统的结构主要由调 Q YAG 激光器、高速振镜系统、计算机控制系统等部分组成。利用计算机控制系统控制高速振镜系统沿 X-Y 轴扫描，在某个确定的面上标刻出数字、文字、图形等。图 3-10 所示为振镜式激光打标法原理。

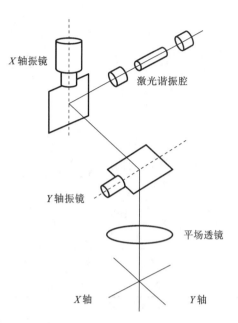

图 3-10　振镜式激光打标法原理

3. 激光打标的工艺方法

目前，激光打标法应用较多的是波长为 1.06 μm 的 $Nd:YAG$ 激光器和波长为 10.6 μm 的 CO_2 激光器，这两种激光器可用于不同材料的打标，并且能产生不同颜色的标记，如用 CO_2 激光可在 PVC 材料上出出金色标记，而用 $Nd:YAG$ 激光可打出黑色标记。当用于金属材料打标时，由于不同的金属材料存在着反射率的差异，其对光束的吸收情况不同，因此即使应用的激光器功率足够高，光的耦合效率也差别很大，况且，功率密度的增加会使标记边缘热效应加剧，带来负面影响。一般对光束吸收好的金属材料，可得到较好的标记质量。普通玻璃可完全透过可见光，对 1.06 μm 波段的光的吸收率较差，对紫外光波段的光的吸收率最好，虽然用 10.6 μm 的 CO_2 激光也可进行标记，但质量一般。大多数有机材料较易吸收紫外光波段，适合使用准分子激光器进行打标。

表 3-3 给出了用所产生激光的功率为 50 W、波长为 1.06 μm 的 $Nd:YAG$ 激光器对不同材料进行标记的质量。

表 3-3　$Nd:YAG$ 激光器对不同材料进行标记的质量

材　　　料		标记质量	材　　　料		标记质量
铝	阳极化	很好	印制电路板	裸板	好
	光面	好		镀层纤维板	好
	黑色氧化	很好		感光纤维板	差
	打光	好	塑料	ABS	很好
	铸铝	好		聚丙烯	好
	电铸	好		环氧树脂	好
	油漆铝	很好			
铜	黄铜	好	聚碳酸酯塑料		很好
	涂漆铜	好	有机玻璃		好
	青铜	好	三聚氰胺（密胺）		差
	裸铜	差	尼龙		好
	镀镍铜	好	PES		很好
	铸铁青铜	好	酚醛树脂		好

材　料		标记质量	材　料	标记质量
钢	碳钢	很好	钛	很好
	铸钢	好	聚碳酸酯	很好
	镀铬钢	好	聚苯硫醚(Ryton)	差
	银镍钢	很好	特氟龙(Teflon)	差
	弹簧钢	好	橡胶	差
	抛光不锈钢	很好	木	差
	不锈钢	很好	碳素树脂	好
	合金钢	好	陶瓷(裸面、镀金、涂漆)	好
金		差	玻璃	差
银		好	可伐合金	好

3.5　激　光　焊　接

　　激光焊接是激光加工技术的重要应用之一。传导型激光焊接与深穿透激光焊接相同,需将高强度激光束直接辐射至材料表面,通过激光与材料的相互作用,使材料局部熔化而实现焊接。早期的应用均采用脉冲固体激光器,进行小型零件的点焊和缝焊,焊接方式属于传导型焊接,即激光辐照加热工件表面,产生的热量通过热传导向内部传递。高功率 CO_2 及 Nd:YAG 激光器的出现,开辟了激光焊接的新领域,获得了以小孔效应为理论基础的深熔焊接,在机械、汽车、钢铁等行业获得了日益广泛的应用。

　　材料吸收强激光束的热是高速进行的,材料表面迅速被加热至熔点温度,材料在激光辐射作用下熔化是激光焊接的基本过程。激光焊接的应用领域之所以扩展迅速,是由于它能在其作用区域内,以不同的脉冲宽度和脉冲重复频率进行连续脉冲辐射,并且定域加热和控制光通量密度的分布均相对容易。

3.5.1　激光热传导焊接

1. 激光热传导焊接基本原理

　　材料在激光辐射作用下熔化是激光焊接的基本过程。将高强度的激光束辐射至金属表面,通过激光与金属的相互作用使金属熔化,从而实现焊接。在激光与材料的相互作用过程中,同样会出现光的反射、吸收、热传导及物质的传导过程,只是在热传导型激光焊接中,辐射至材料表面的功率密度较低,光能量只能被表层吸收,不产生非线性效应或小孔效应。光的穿透深度 ΔZ 可用式(3-6)表示:

$$\Delta Z = \frac{1}{A} \ln \frac{I}{I_0} \tag{3-6}$$

式中:ΔZ 为光的穿透深度;A 为材料对激光的吸收系数,对于大多数金属,吸收系数为 $10^5 \sim 10^6/cm$;I_0 为材料表面吸收的光强;I 为光入射至 ΔZ 处的光强。

　　由此可见,当光穿透微米数量级后,入射光强 I 已趋于零,因此,材料内部加热是通过热传导方式进行的。

2. 工艺参数的选择

1）功率密度

功率密度是激光加工最关键的参数之一，图 3-11 给出了两种不同功率密度下，金属表层温度及底层温度随时间的变化曲线，采用较高的功率密度，在几毫秒时间范围内，金属表层可加热至沸点温度，即发生汽化，因此，高功率密度对材料去除加工，如打孔、雕刻、切割等有利，采用较低的功率密度，表层达到沸点温度需数毫秒，并在表层汽化前，底层温度就到达熔点，易形成良好的熔融焊接。在传导型激光焊接中，功率密度的范围为 $10^4 \sim 10^6$ W/cm²。

2）脉冲波形及脉冲宽度

不同的激光脉冲波形，对焊接会产生不同的影响。采用有前端尖峰脉冲的波形，可使金属表面温度迅速上升到熔点，使金属对激光的反射率降低。这种波形适用于高反射率金属，如有色金属（图 3-12 中曲线 1），对反射率比较低的金属，如某些黑色金属（图 3-12 中曲线 2），则要求激光波形比较平坦，对于脉冲重复频率较高的缝焊，采用前端尖峰脉冲会产生飞溅和孔洞，影响焊接质量。因此对于不同材料，针对不同状态选择合适的激光波形尤为重要。图 3-12 给出了到达沸点时，在一个激光脉冲周期内金属反射率 R 的变化曲线。由图 3-12 可知，脉冲开始时，强度很高的激光束入射到金属材料的表面，大部分的激光能量被反射，当温度逐渐上升到熔点时，反射率迅速下降（由 a 点到 b 点），随着温度的继续升高反射率再次迅速下降（由 b 点到 c 点）。

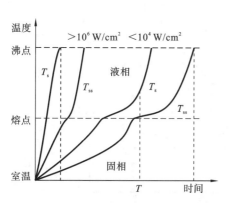

图 3-11 不同功率密度下金属表层温度及底层温度随时间的变化曲线

T_s—表层温度；T_{ss}—底层温度

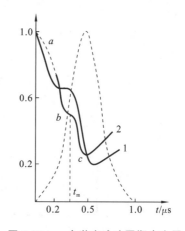

图 3-12 一个激光脉冲周期内金属反射率 R 的变化曲线

脉冲宽度的设定取决于焊接所需熔化深度以及热影响区等。一般来讲，需获得的熔深越大，脉冲宽度应越大。对于同一种金属，熔深相同时，脉冲宽度小，则所需功率密度高、激光参数可焊范围窄、热效率高；脉冲宽度大，则所需功率密度低、激光参数可焊范围大、热效率低。

3）离焦量

激光焦点处的光斑最小，能量密度最大。激光焦点处光斑中心的功率密度过高，易造成汽化成孔；与激光焦点有一定距离的各平面上，功率密度分布相对均匀。因此，激光焊接通常需要一定的离焦量。

按几何光学理论，当正、负离焦量相等时，所对应平面上的功率密度近似相同，但实际所获得的熔池形状不同。当负离焦时，材料内部功率密度比表面的还高，易形成更强的熔化汽化,使光能向材料更深处传递,因此可获得更大的熔深,这与熔池的形成过程有关。实践表明,激光加热 $50 \sim 200 \ \mu s$ 后,材料开始熔化,形成液相金属,出现部分汽化,形成高压气体,并以极高的速度喷射,发出耀眼的白光。与此同时,高浓度气体使液相金属运动至熔池边缘,在熔池中心形成凹陷。所以在实际应用中,当要求熔深较大时,采用负离焦;焊接材料时,宜用正离焦。

3.5.2 激光深熔焊

1. 深熔焊理论

激光深熔焊的本质特征为存在小孔效应的焊接。当激光光斑功率足够大时,材料表面在激光束的照射下迅速升温,其表面温度在极短的时间内升高至沸点,使材料熔化和汽化,形成小孔。这个充满蒸气的小孔犹如一个黑体,几乎全部吸收了入射光束能量,孔腔内平衡温度达 $25000 \ ℃$ 左右。热量从这个高温孔腔外壁传递出来,使包围着这个孔腔四周的金属熔化。

图 3-13 所示是存在小孔效应的深熔焊示意图。当材料满足可焊性基本要求时,就会形成局部焊接区。当光束在工件上移动或工件在光束下行进时,就会形成连续焊接。也就是说,小孔和围着孔壁的熔融金属随着前导光束的运动向前移动,熔融金属充填着小孔移开后留下的空隙并随之冷凝,就形成了焊缝。深熔焊的激光束可深入材料内部,因而可得到较大深径比(12:1)的焊缝。

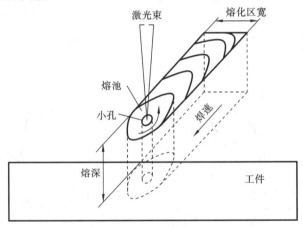

图 3-13 存在小孔效应的深熔焊示意图

在深熔焊过程中,工件对激光的吸收取决于小孔和等离子体效应。一般来说,工件表面的等离子体云对焊接过程有害,它可吸收部分激光,使激光有效能量减少,并使光束波前畸变,导致光斑扩散,使表面熔化区扩大。等离子云的形成(金属蒸气被电离程度)与温度有关,激光器输出功率过大会导致功率密度过高,被焊工件表面温度高,从而使过多的蒸气形成等离子云。当小孔上方形成稀薄的等离子云时,吸收和聚焦条件会改变,对入射光束实际上起到屏蔽作用,从而影响焊接过程继续向材料深部进行。预防措施主要有两种途径:一种是使用保护气体吹散激光与工件作用点反冲出的金属蒸气;另一种是使用可抑制蒸气电离的保护气体,从根本上阻止等离子云的形成。

2. 深熔焊的主要影响因素

1)激光功率密度

进行深熔焊的前提是聚焦激光光斑有足够高的功率密度($>10^6 \ \mathrm{W/cm^2}$),因而激光功率密度对焊缝形成有决定性的影响。激光功率同时控制熔透深度与焊接速度。一般来说,对于一定直径的激光束,熔深随着激光功率的增加而增加,焊接速度随着激光功率的增加而加快。高功率和大的焊接速度可以有效防止焊缝中气体的聚集,有利于防止在焊接区域形成聚集气体的不稳定焊接截面。

激光功率存在一个临界值,达不到这个值时熔深会急剧减小。由于焊接速度不同,这个功率临界值在 0.8 kW 左右,一旦达到这一临界值,熔池会激烈沸腾。另外,由于金属蒸气的作用力,熔池内会形成小孔,正是这个小孔导致了深熔焊。

焦斑功率密度不仅与激光功率成正比,还与激光束和聚焦光路的参数有关。采用非稳定腔,输出 TEM_{01} 模激光,其横向放大率 M 对焦斑功率密度有显著的影响。M 值越大,则聚焦光斑的中央亮斑能量聚集得越多,功率密度越高,越有利于深熔焊。

2) 材料本性

材料对光能量的吸收决定了激光深熔焊的效率,影响材料对激光的吸收率的因素有两个。一是材料电阻率,经过对不同材料抛光表面的吸收率的测量发现,材料对激光的吸收率与电阻率的平方根成正比,而电阻率又随温度的变化而变化;材料吸收光束能量后的效应取决于材料的热特性,包括热导率、热扩散率、熔点、汽化温度、比热容和潜热。例如,熔点高的金属由于消耗的热能大,远不如熔点低且热导率也低的金属容易焊接。二是材料的表面状态对光束吸收率有较重要影响,因而对焊接效果产生明显影响。材料一旦熔化乃至汽化,它对光束的吸收率将急剧增加。材料经过不同的表面处理(如表面涂层或生成氧化膜),其表面性能有了变化,从而影响材料对激光的吸收率。

3) 保护气体

激光焊接中采用保护气体的作用有两点:一是排除空气,保护工件表面不受氧化;二是抑制高功率激光焊产生的等离子体。

通过增加电子、离子和中性原子三体的碰撞来增加电子的复合速度,可降低等离子体中的电子密度。中性原子越轻,碰撞频率越高。复合速度越高。氦气最轻且电离能量高,作为保护气体有最好的抑制等离子体效果,但氦气很贵,通常采用氩气或氮气作为保护气体。

利用保护气体的流动,可将金属蒸气和光致等离子体从激光光路中吹出。保护气体是通过焊炬喷嘴以一定压力射出到达工件表面的,只要保护气体可驱使金属蒸气从光束聚焦区强制移开,不管使用什么类型的保护气体,都可增加熔深。

4) 焊接速度

深熔焊时,焊接熔深与焊接速度成反比,在一定激光功率下,提高焊接速度,线能量(单位长度焊缝输入能量)下降,熔深减小,因此适当降低焊接速度可加大熔深。但速度过低又会导致材料过度熔化、工件焊穿的现象。所以,对于一定激光功率和一定厚度的特定材料都有一个合适的焊接速度范围,在此速度范围内可获得最大的熔深。

5) 焦点位置

深熔焊时,为了保持足够的功率密度,焦点位置至关重要。焦点与工件表面相对位置的变化直接影响焊缝宽度与深度。只有焦点位于工件表面内合适的位置,所得焊缝才能呈平行断面并获得最大熔深。

6) 工件接头装配间隙

在深熔焊时,如果接头装配间隙宽度超过光斑尺寸,则无法焊接。但接头装配间隙过小,有时在工艺上会产生对接板重叠、熔合困难等不良后果。接头装配间隙对薄板焊接尤为重要，间隙过大极易焊穿。慢速焊接可弥补一些因装配间隙过大而带来的焊缝缺陷，而高速焊接时焊缝较窄，对装配间隙的要求更为严格。

3. 深熔焊的接头形式与质量

大多数激光焊不用填充焊丝，这意味着所有填充料均来自被焊材料，因此，焊接接头装配设计非常重要。最常见的激光焊接接头有对接、搭接两种形式。为保持足够的焊接速度和良好的焊接质量，不论是对接还是搭接，装配间隙都不应太大，间隙过大会使焊接速度降低，被焊材料损耗大，还可能导致焊接失败；焊接面的清洁程度也会影响焊接效果；为保证精确定位，还应配有合适的夹具以紧固焊件。

1）对接

对接为熔透型焊接，材料不需加工坡口，可直接采用平直的剪切边。两工件的装配间隙应小于板厚的 15%，工件的直线度和平面度应小于板厚的 25%，以保证激光束漂移。横向直线度保持在 1/2 聚焦光斑直径范围内。焊接时应夹紧工件。

当激光束瞄准，通过两工件接合处时，熔化区形状趋向于形成连接材料所必需的最小容积，这就导致了工件变形和热输入最小，并可获得最高的焊接速度（比搭接高 5%～10%）。

对接接头的精确性是影响焊接质量的因素之一，激光束必须瞄准接头，其直径一般是焊缝宽的 1/4，因为通常激光焊缝宽是 0.25～0.50 mm。焊接接头应精确装配，要求使用精良、重复性好的工夹具。

2）搭接

搭接接头间隙允许比对接的稍大一些，但空气间隙严重地限制了熔深和焊接速度，应采用压紧的方法，使间隙小于板厚的 25%。深熔焊接的特征通常是表层吸收的热比底层的多，所以焊接不同厚度的工件时，应将薄件焊接在厚件上。

对于搭接接头，要考虑两个要点：第一，连接时焊缝宽度是接头的主要结构要素，是搭接的主要技术要求；第二，熔化区主要由上层材料组成，这一点很重要。例如，当将低碳钢薄板焊接在高碳钢工件上时，搭接接头为低碳钢成分，这样可以减少裂纹倾向。

3.5.3　蓝光激光焊接

激光焊接是利用热源熔化金属实现焊接的，可以用常规方法焊接的大多数工程合金都可以进行激光焊接，包括碳钢、不锈钢、镍、钛等材料，但是铜、铝等有色金属对红外激光的反射率高达 95% 以上，使用红外激光对有色金属进行加工的成形质量较差，效率低。近年来，随着蓝光激光器的开发，研究工作者对有色金属的蓝光加工进行了初步尝试。研究表明，铜金属的蓝光加工效果明显好于红外激光的。

目前，国内外机构先后开发了多款蓝光激光器，并在材料加工中得到了应用。2017 年，大阪大学研制了一套蓝光激光器，64 个激光二极管的设计总功率为 256 W，但实际输出功率为 250 W，激光器的输出效率为 97.7%。NUBURU 公司于 2017 年推出的 AO-150 激光模块由 4 个 OSRAM 蓝色激光二极管多模封装（PLPM4 450）组成，输出功率可超过 1200 W，输出波长为 447 nm，具有大于 30% 的光电转换效率。在 2017—2019 年，Laserline 公司不断改进蓝光激光设备，到 2019 年激光器的功率已经能够达到 1000 W。国内研发机构和激光企业近两年也开始关注蓝光激光器，2020 年凯普林光电和联赢激光都推出了国内自主研发的功率高达 1 kW 级蓝光激光器。

　　最能体现蓝光激光器在焊接领域应用优势的是铜合金等相对于红外激光具有高反射率的材料的焊接。铜合金广泛应用于电机、电池、工业电子等高导热和高导电需求领域。图 3-14 所示是 1 mm 厚的铜 110 合金板采用 NUBURU 蓝光激光器进行焊接的截面图。通过对焊接工艺过程进行优化，在激光功率为 600 W、光斑直径为 200 μm、焊接速度为 1.1 m/min 的条件下，成功地在匙孔模式下开展焊接，消除了焊接过程中的飞溅，获得了无缺陷的焊缝。和传统的红外激光焊接结果相比，所需的激光功率显著降低，焊接质量明显改善。

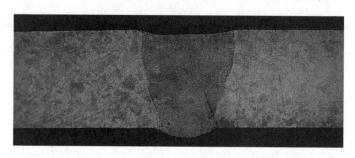

图 3-14　1 mm 厚的铜 110 合金板的蓝光激光焊缝

　　蓝光激光不仅在铜、金和铝等高反射率材料的成形中具有巨大的优势，也同样可以应用于钢等传统材料的焊接。多层箔片和厚板的搭接结构在新能源电池领域具有广泛的应用，也是激光焊接中最具挑战的工况之一。2020 年，英国 Warwick 大学的 Das 等人采用 NUBURU 500 W 蓝光激光开展 20 层 25 号不锈钢箔片和 250 μm 厚不锈钢片的焊接，研究了焊接速度对接头特征的影响规律（见图 3-15），获得了焊接工艺窗口，证明了蓝光激光应用于不锈钢箔片焊接的可行性。

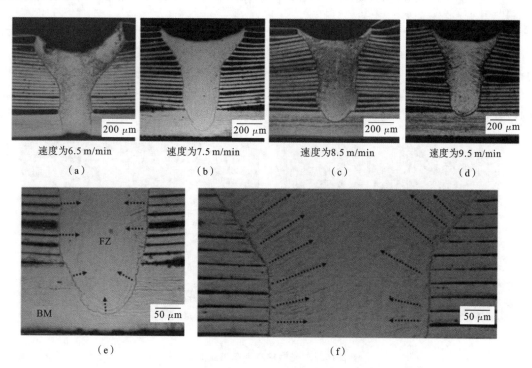

图 3-15　500 W 蓝光激光应用于多层不锈钢薄片与基板的焊接

3.5.4 激光焊接应用

由于激光焊接比常规焊接方法具有更高的功率密度,容易实现深窄焊缝,使焊件精度和强度更高,提高了焊接质量,散光可通过光纤传输实现远程焊接,配上机器人可实现柔性自动化焊接生产,因此,激光焊接近十几年发展迅速,被广泛应用于汽车、电子、钢铁、航天航空、船舶制造等行业,表 3-4 列出了部分应用实例。

表 3-4　激光焊接的部分应用实例

应用行业	实　　例
航空	发动机壳体、燃烧室、流体管道、机翼隔架、电磁阀等
航天	火箭壳体、导弹外壳与骨架、陀螺仪等
造船	舰船钢板拼焊
石化	滤油装置多层网板
电子仪表	集成电路内引线、显像管电子枪、仪表游丝、光导纤维等
机械	精密弹簧、针式打印机零件、热电偶、电液伺服阀等
钢铁	焊接厚度为 0.2～0.8 mm、宽度为 0.5～1.8 mm 的硅钢与不锈钢,焊接速度为 1～10 m/mim
汽车	汽车底架、传动装置、齿轮、蓄电池阳极板、点火器中轴和拨板组合件等
医疗器械	心脏起搏器所用的锂碘电池等
食品	食品罐(用激光焊接代替传统的锡焊或电阻高频焊,具有无毒、焊接速度快、节省材料以及接头美观、性能优良等特点)

近年来,我国汽车行业发展很快。目前,激光焊接生产线已大规模出现在汽车制造业,成为汽车制造业突出的成就之一,从车顶、车身及覆盖件、侧框、齿轮及传动部件、发动机上传感器等大多数钢板组合件,到铝合金车身骨架、塑料件等方面都应用了激光焊接技术,大大提高了焊接质量和生产效率,如图 3-16 所示。

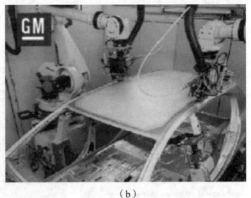

（a）   （b）

图 3-16　激光焊接在汽车工业的应用

（a）车门激光焊接；（b）顶盖和侧围激光焊接；（c）车架激光焊接；（d）后续激光焊接

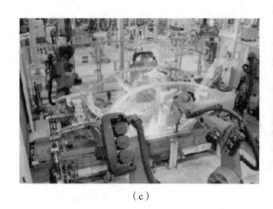

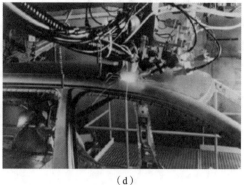

（c）　　　　　　　　　　　（d）

续图 3-16

3.6　激光表面改性技术

近十几年来，随着大功率激光器件研究的深入，特别是大功率 CO_2 激光技术的迅速发展，材料的激光表面改性技术也得到长足的进步。激光表面改性技术是采用大功率密度的激光，以非接触的方式对金属表面进行表面处理，在材料的表面形成一定厚度的处理层，从而改变材料表面的结构，获得理想的性能。激光材料表面处理可以显著地提高材料的硬度、强度、耐磨性、耐蚀性等一系列性能，从而大大地延长产品的使用寿命和降低成本。激光表面改性技术在实际的应用中所显示的独特的优越性，使其在工业生产中得到了广泛的应用。

3.6.1　激光表面改性的特点

激光表面改性技术与常规的材料表面处理技术相比有着自己独特的优势，其主要特点如下。

1. 加热快，具有很强的自淬火作用

用于材料表面改性的激光束一般能量密度都很高，聚焦性好，其功率密度可以集中到 10^6 W/cm^2 以上，能在 $0.001 \sim 0.01$ s 内将材料的表面温度加热到 1000 ℃ 以上。当激光束离开加热区后，因热传导作用，周围冷的基体金属对加热区起到冷却剂的作用而获得自淬火效果，冷却速度可达 10 ℃/s 以上。激光自淬火可以使金属材料获得比感应淬火、炉中加热冷却淬火时要细得多的组织结构，因而具有更高的表面性能，硬度比常规淬火时提高 15%～20%，铸铁经自淬火后耐磨性可提高 3～4 倍。

2. 材料变形小，表面光洁，不用后续加工

激光加热时热量聚焦于材料表面，加热快而自淬火，无大量余热排放，因此材料应力应变小，材料表面氧化及脱碳作用较小，工件变形小，处理后表面光洁，可省去处理后校形及精加工工序而直接投入使用，具有很高的经济价值。

3. 可以实现形状复杂的零件的局部表面处理

许多零件需要的耐热、耐蚀、耐腐的工作表面仅局限于某一局部区域，如轴类零件的耐磨损表面限于颈部。而一般的热处理方法难以做到局部处理，只好整体处理，所以合金用量大，限制了许多性能优良的贵重金属（如钴、铬、钨等）的应用。激光合金化可做到局部表面涂敷合金化，可在廉价的基材（如铸铁、低碳钢等）上生产高性能的合金化表面。

4. 激光表面改性通用性强

对于感应、火焰加热难以实现的深窄沟槽、拐角、盲孔、深孔、齿轮牙等表面的处理,可以用激光表面处理的手段达到。而且,激光有一定的聚焦深度,离焦量在适当范围内时功率密度相差不大,可以处理不规则或不平整表面。

5. 无污染,安全可靠,热源干净

不需加热或冷却介质,无环境污染,安全保护也较容易。

6. 操作简单,效率高

激光有良好的距离能量传输性能,激光器不一定要靠近工件,更适用于自动控制的高效流水线生产。

3.6.2 激光表面改性的分类

根据激光加热和处理工艺方法的特征,激光表面改性方法的种类很多,图 3-17 列出了典型的几种。

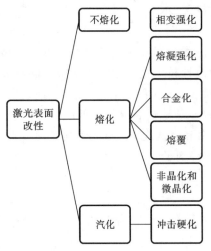

图 3-17 材料激光表面改性方法分类

1. 相变强化

激光相变强化会使金属的表面产生极高的温度梯度和极快的冷却速度,使金属表面形成两个区域:相变强化区和热影响区(或回火区)。各区域的层深及组织形态与金属材料的成分及温度分布曲线的斜率有关。激光相变强化的基体组织与普通淬火组织相同,为马氏体、碳化物、残余奥氏体,但是由于激光相变是在很短的时间内完成的,加热区的温度梯度很大,因此组织非常不均匀,包括奥氏体的不均匀性、珠光体的不均匀性(即共析钢的不均匀性)。激光相变的极大过热度使相变驱动力较大,使奥氏体中的形核数目增多,短时间内完成相变又使相变形核的临界半径很小,既可在原晶界的亚晶界形核,也可在相界面和其他晶体缺陷处形核。同时,瞬时加热后的快速冷却使超细晶奥氏体来不及长大,因而超细的晶粒度和相变组织是激光相变的必然产物,并且这些组织中保留着大量的缺陷。激光相变强化后的马氏体组织形态一般为极细的板条马氏体和孪晶马氏体。其中,板条马氏体比常规热处理的多,这种马氏体组织中的位错密度相当高,且随着功率密度的增加,平均位错密度也增加,晶格边界的位错密度可达 $10^{11} \sim 10^{12}/cm^2$,在熔融区和基体之间的过渡区位错密度约为 $10^9/cm^2$,这种马氏体片为位错胞状亚结构。因此,细小的组织、高度弥散分布的碳化物和大量存在的位错是材料发生激光快速加热相变时的组织特征。

目前,国内外学者对激光相变强化的机理尚未取得统一认识。有人认为激光相变强化是晶体缺陷密度增大和亚晶细化的结果;也有人认为除马氏体细化外,激光淬火获得高碳的奥氏体-马氏体复合组织是造成激光相变强化的重要因素。激光相变强化的各种强化因素对硬度的作用如表 3-5 所示。

2. 熔凝强化

激光熔凝过程是一个熔化、结晶的过程,其结晶过程完全符合快速熔凝的基本理论,可以生成很多非平衡组织,包括过饱和固溶体、新的非平衡相和非晶相。激光熔凝强化的组织特征

表 3-5　各种强化因素对硬度的作用的定量估算

材料	硬度/HV	强化因素对硬度增值的影响/HV					
高速钢 W6Mo5Cr4V2	原：863 淬火后：1178	点阵 畸变	特殊 碳化物	细化 晶粒	位错 密度	成分 不均匀	未溶 碳化物
		257	87	41	−70	0	0

在三个区域即熔化区、相变强化区及热影响区中存在。与相变强化相同，快速加热、高速冷却极易使冷却时的固/液界面出现非平衡现象，使熔化的金属（高温组织）来不及发生相变而被保留下来，或者得到极细的结晶组织。

在固态下不存在相变的材料（如铝合金等）无法通过相变强化手段来达到强化的效果，一般采用激光熔凝的方法进行强化，主要依靠固溶强化和冷作硬化来提高强度。如铝-硅系合金（铸造铝合金）一般采用激光重熔硬化处理进行强化，强化效果十分显著。这主要与铸造铝合金中硅的含量有很大关系，亚共晶铝硅合金经激光重熔后硬度可以提高 20%～30%，耐磨性可以提高一倍；而共晶铝硅合金的硬度可以提高 50%～100%；过共晶铝硅合金的硬度可以增加一倍以上。从组织角度来讲，一方面，激光重熔处理可以使铝枝晶共晶组织得到显著细化，另一方面，激光照射后快速冷却，使 α-Al 固溶体中 Si 的溶解度大幅度提高，这两方面的因素共同作用，可使铝硅合金硬度和耐磨性提高。

3. 合金化

合金化是利用高能密度的激光束可快速加热熔化金属的特性，使基材表面与根据需要添加的合金元素同时快速熔化、混合，从而形成厚度为 10～1000 μm 的表面合金层。熔化层在凝固时获得的冷却速度（10^5～10^8 ℃/s）相当于急冷淬火技术所能达到的冷却速度，且熔化层液体中存在着扩散作用和表面张力效应等物理现象，使材料表面仅在很短的时间（50～20 ms）内就形成了具有要求深度和化学成分的表面合金层，其某些性能高于基体，从而达到表面改性的目的。

利用激光表面合金化工艺可以在一些表面性能差、价格便宜的基体金属表面得到耐腐蚀、耐磨损、耐高温的表面合金，进而取代昂贵的整体合金，从而大幅度降低成本。另外，还可以制造出在性能上与传统冶金方法根本不同的表面合金。在汽车工业方面，激光表面合金化工艺有着广泛的应用前景，它可以改善工件表面的耐磨损、耐腐蚀、耐高温等性能，延长在各种恶劣工作条件下工作的汽车零部件，如轴承、轴承保持架、汽缸、衬套、活塞环、凸轮、心轴、阀门和传动构件等的使用寿命，从而提高汽车整体的使用性能。

4. 熔覆

激光熔覆也称激光涂覆或激光包覆，它是材料表面改性技术的一种重要方法，通过在基材表面添加熔覆材料，利用高能量密度激光束将不同成分、性能的合金与基材表层快速熔化，从而在基材表面形成与基材具有完全不同成分和性能的合金层。激光熔覆层因含有不同体积分数的硬质陶瓷颗粒而具有良好的结合强度和高硬度，在提高材料的耐磨损能力方面显示了优越性。具体内容详见高速激光熔覆章节。

激光表面熔覆与激光表面合金化的不同在于，激光表面合金化是使添加的合金元素完全和基体表面混合，而激光熔覆是预覆层全部熔化而基体表面微熔，预覆层的成分基本不变，只是在基材结合处稀释。这两种工艺为在各类材料上生成与母材结合良好的高性能（或特殊性能)的表层提供了有效途径。

5. 非晶化和微晶化

在大功率密度($10 \sim 10^8$ W/cm²)的激光束快速照射下,基体表面产生一层薄薄的熔化层。由于基体温度低,在熔化层和基体之间产生很大的温度梯度,熔化层的冷却速度达 10^6 ℃/s 以上,在厚度约 10 μm 的表面层内形成类似玻璃状的非晶态组织或微晶组织,即形成一层釉面,使金属表面具有高度的耐磨性和耐蚀性。

6. 冲击硬化

冲击硬化指利用高能密度($\geqslant 10^8$ W/cm²)的激光束在极短时间($10^{-7} \sim 10^{-6}$ s)内照射金属表面,被照射的金属升华汽化从而急剧膨胀,产生的应力冲击波使金属显微组织晶格破碎,形成位错网络,从而提高材料的强度、耐疲劳等性能。

以上几种激光强化技术的共同理论基础都是激光与材料的作用规律,它们的区别主要表现为作用于材料的激光能量密度的不同,如表 3-6 所示。

表 3-6 各种激光强化工艺的特点

工 艺 方 法	功率密度/(W/cm²)	冷却速度/(℃/s)	作用时间/s	作用区深度/mm
相变强化	$10^4 \sim 10^5$	$10^4 \sim 10^6$	$0.01 \sim 1$	$0.2 \sim 1.0$
熔凝强化	$10^5 \sim 10^7$	$10^4 \sim 10^6$	$0.01 \sim 1$	$0.2 \sim 2.0$
合金化	$10^4 \sim 10^6$	$10^4 \sim 10^6$	$0.01 \sim 1$	$0.2 \sim 2.0$
熔覆	$10^4 \sim 10^6$	$10^4 \sim 10^6$	$0.01 \sim 1$	$0.2 \sim 1.0$
非晶化和微晶化	$10^6 \sim 10^{10}$	$10^6 \sim 10^{10}$	$10^{-7} \sim 10^{-6}$	$0.01 \sim 0.10$
冲击硬化	$10^9 \sim 10^{12}$	$10^4 \sim 10^6$	$10^{-7} \sim 10^{-6}$	$0.02 \sim 0.2$

3.6.3 复合表面改性技术

激光表面改性技术可以较方便地与其他改性技术相结合,而形成一种新的复合表面改性技术。这种复合表面改性技术可以充分发挥激光表面改性技术与传统表面改性技术各自的优势,弥补甚至消除单一技术的局限性,给材料的表面改性赋予新的含义并展现了美好的市场前景。

1. 两种表面改性技术复合

两种表面改性技术复合是目前应用较多的复合表面改性技术,它主要用于解决采用单一表面改性技术无法解决的问题。例如,对于一些形状复杂的黑色金属零件,如果采用整体淬火来提高强度将导致工件的变形,而如果首先采用激光表面改性技术,提高工件次表面的强度,然后再进行普通渗碳处理,这样就可以达到既减少变形,又提高工件强度的目的;对于一些有色金属,由于其不耐磨、易腐蚀,如果采用单一表面改性技术,则很容易造成基体塑性变形,从而极大地削弱改性层(硬化层)的结合强度及其对基体的黏着力,使改性表面层塌陷并脱落,形成磨粒,最终导致工件失效。如果首先采用激光合金化增加基体负载能力,再复合一层所需的硬化层,这样就可以提高工件的耐磨性或耐腐蚀性,减少变形。

表 3-7 列出了 38CrMoAl 钢在不同处理后的材料硬化层深度及表面硬度对比。其复合处理采用的是 2 kW 横流 CO_2 激光器,光斑直径为 5 mm,扫描速度为 12.5 mm/s。为了增加表

面对激光的吸收率,使用 SiO_2 涂料作为黑化剂;材料的氮化温度为 510 ℃,时间为 20 h。

表 3-7　38CrMoAl 钢在不同处理后的材料硬化层深度及表面硬度对比

工　艺	氮化	激　光　处　理			激光淬火＋氮化			氮化＋激光淬火		
输出功率/W	—	600	800	1000	600	800	1000	600	800	1000
表面硬度/HV	600	600	650	750	481	885	640	795	820	700
硬化层深度/mm	0.2	0.3	0.6	0.8	0.22	0.33	0.38	0.68	0.85	0.95

由表 3-7 中的数据可以看出,先氮化后激光复合处理的材料的表面硬度明显比纯激光处理和纯氮化处理的高,硬化层深度也明显更大。在两种复合方式之间,先激光淬火后氮化处理的材料表面硬化层深度明显小于先氮化后激光处理的。究其原因,是由于激光淬火和氮化具有两种不同的强化机制。激光淬火强化是马氏体细晶强化,而氮化是氮化物第二相强化机制。在激光淬火＋氮化复合处理中,在激光处理后材料表层形成淬火马氏体组织,由于体积膨胀,在材料的表面将形成几百兆帕的压应力,该压应力在随后的氮化处理中将阻止氮原子的扩散,使材料表面氮浓度和氮化层深度达不到理想的结果,影响了复合处理的效果。

图 3-18 是 38CrMoAl 钢在氮化处理、氮化＋激光复合处理后的金相组织。38CrMoAl 钢在原始处理状态下的组织为具有马氏体特征的回火索氏体,经氮化处理后,沿着硬化层深度由表及里依次形成 $\varepsilon \rightarrow \varepsilon + \gamma' \rightarrow \gamma \rightarrow \alpha N \rightarrow \alpha$ 相。表面的相为 $Fe_{2 \sim 3} N$ 的固溶体,晶体结构为密排六方,脆性较大,但耐腐蚀性较好。随着表面氮浓度向里扩散,将逐渐形成 γ' 相以 $Fe_4 N$ 为基的固溶体,晶体结构为面心立方,脆性较小,强度较高,为主要氮化强化区。氮化处理后再进行激光处理,材料表面的氮浓度降低,ε 相向芯部扩展,并逐渐分解为 γ' 相,表层硬度降低,而硬化层深度增加,有助于氮化层性能的提高。

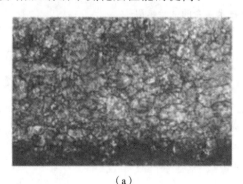 

（a）　　　　　　　　　　　　　　　　　（b）

图 3-18　38CrMoAl 钢金相组织

（a）氮化处理；（b）氮化＋激光复合处理

近年来复合表面改性技术发展迅速,取得不少研究成果,如表 3-8 所示。

表 3-8　两种表面改性技术复合试验结果

基体材料	复合表面改性工艺	试　验　结　果
碳钢或合金钢	① 精加工后进行激光相变强化; ② 进行气体渗氮处理	提高工件表层的峰值硬度,增大渗氮处理的有效层深
低碳钢	① 等离子喷涂 WC-17Co; ② CO_2 激光熔化处理	提高工件在高温(800 ℃)下承受热冲击及磨粒磨损的能力

续表

基体材料	复合表面改性工艺	试验结果
45 钢	① 激光淬火； ② 激光冲击硬化处理	提高表面硬度，细化表层组织，增强耐磨性，改变残余应力状态
40Cr	① 激光淬火； ② 激光冲击硬化	提高硬度，极大改善耐磨性
碳钢	① 等离子喷涂 Al_2O_3、TiO； ② CO_2 激光重熔	组织致密，消除了气孔，预热后可减少开裂
1% 钛合金	激光表面改性＋离子渗氮	硬度从单纯渗氮处理的 645 HV 提高到 790 HV
Ti 合金	激光气相沉积 TiN 及 Ti(C、N)复合膜层	激光处理 TiN 层深 $1\sim3~\mu m$，离子渗氮后达到 10 μm，硬度达到 2750 HV

2. 两种以上表面改性技术复合

有些工况比较复杂的工件，在进行了两种表面改性技术处理后，其性能依然难以满足实际需要，在这种情况下，还必须进行表面处理，从而出现了多种表面改性技术复合技术。钛合金在经过物理气相沉积(PVD)TiN＋离子渗氮或扩散铜表面改性后，表面耐磨性得到了很大的提高，但经复合改性后的耐磨层的厚度也仅仅为 10 μm，当工件达到临界接触应力时，由于基体塑性变形，改性层的结合强度及其对基体的黏着力被削弱了，使改性表面层塌陷，脱落形成磨粒，最后导致工件失效。为了避免这种情况的发生，在物理气相沉积和离子渗氮处理前，先进行高能束氮的合金化(增强基体承载能力)。表 3-9 列出了多种表面改性技术复合的几个试验。

表 3-9　多种表面改性技术复合的试验结果

材料	复合表面改性工艺	试验结果
钛合金	① 物理气相沉积 TiN； ② 高能束(激光束)氮的合金化； ③ 离子渗氮	1 μm 厚的 TiN，2100 HV；5 μm 厚的 TiN，1400 HV；4 μm 厚富氮的 α-Ti，1070 HV；1000 μm 厚富氮的 α-Ti，800 HV
Al-Si 合金	① 电子束 Si、Ni 合金化； ② 二次合金化； ③ 物理气相沉积 Cu、Ni、Cr	成分以含 Si 的颗粒或金属间化合物($NiAl_3$)为主；$w(Si)=40\%$，硬度大于 220 HV；$w(Si)=20\%$，硬度大于 300 HV，基体硬度最高为 140 HV

3.7　激光快速成形

激光快速成形(laser rapid prototyping，LRP)技术是以激光为加工能源，直接利用三维模型快速生产零部件的先进制造技术，是快速成形(rapid prototyping，RP)技术的重要组成部分，集成了计算机辅助设计(CAD)技术、计算机辅助制造(CAM)技术、计算机数控(CNC)技术、激光技术和材料科学技术等领域的成果。

1. 快速成形原理

与传统的制造技术(如减材制造、变形制造等)不同，快速成形技术是一种基于材料累加原理的增材制造技术。其基于数字离散-堆积的思想(见图 3-19),采用 CAD 造型,用分层软件使计算机三维实体模型在高度方向离散化,即形成一系列具有一定厚度、一定形状的薄片单元,再通过计算机控制,不断地把材料按照已确定路径添加到未完成的制件上,采用聚合、黏结和烧结等物理、化学手段,按照离散后的数据有选择地在特定的区域固化或黏结材料,从而形成零件实体的一个层面,并逐层堆积,生成对应 CAD 原型的三维实体。

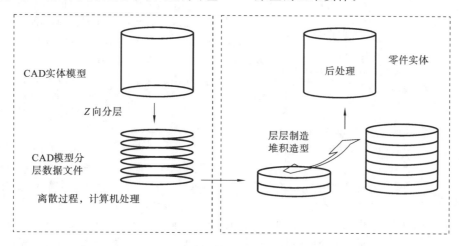

图 3-19　快速成形技术制造原理

　　由于激光加工具有适应性强、加工精度高、加工质量好、加工效率高等优点,多数快速成形技术均以激光为能量源,实现材料聚合、黏结和烧结的物理及化学变化,因此,在快速成形技术的发展初期,其也被称为激光快速成形技术。

2. 激光快速成形特点

　　(1)制造速度快。从产品 CAD 模型或从实体反求获得数据到制成原型,一般只需要几小时到几十小时,特别适用于新产品的研制。

　　(2)自由成形制造。可自由地制造不同材料复合的任意复杂形状的原型和零件,而不需使用工具、模具,且不受零件形状复杂程度的限制。

　　(3)制造过程高度柔性。由于整个制造过程基于计算机的信息,因此,仅需改变零件的 CAD 模型或反求数据结构模型,重新调整和设置参数即可快速生产出不同形状的原型或零件。

　　(4)加工适应性强,可选材料广泛。根据成形方法的不同,可采用树脂类、塑料类、纸类、石蜡类原料,也可采用复合材料、金属材料,或陶瓷材料的粉末、丝、块等,也可采用涂覆黏结剂的颗粒、板、薄膜等材料。

　　(5)采用非接触方式加工,产品残余应力小,加工过程中无刀具磨损,无切割、噪声和振动,节能省材,绿色环保。

3. 激光快速成形工艺及应用

　　几种典型激光快速成形技术的特点及用途如表 3-10 所示,其中,激光选区烧结(selected laser sintering,SLS)工艺是利用粉末状材料成形的。加工过程中,使用铺粉装置将材料粉末均匀铺洒在已成形零件表面形成粉末薄层;使用激光器,根据每层的图元信息选择性地在粉末薄层上扫描;材料粉末在高强度的激光照射下熔化烧结在一起并黏结在下层已成形材料上,得到零件截面,未被照射熔化的粉末则作为零件的支撑体;完成一层烧结后,工作缸下降一个层厚,开始下一层铺粉和烧结;如此反复,逐层加工并层层连接,最后去掉未烧结的松散的粉末,获得原型制件。SLS 工作原理如图 3-20 所示。

表 3-10　　几种典型激光快速成形技术的特点及用途

项　　目	光固化成形(SLA)	激光选区烧结(SLS)	分层实体制造(LOM)
优点	(1) 成形速度快,成形精度和表面质量高; (2) 适合制作小件及精细件	(1) 有直接金属型的概念,可直接得到塑料、蜡或金属件; (2) 材料利用率高,成形速度快	(1) 成形精度较高; (2) 只需对轮廓线进行切割,制作效率高,适合成形大型实体件; (3) 制成的样件有木质制品的硬度,可进行一定的切制等后加工处理
缺点	(1) 成形后要进一步固化处理; (2) 光敏树脂固化后较脆,易断裂,可加工性不好; (3) 工作温度不能超过100 ℃,成形件易受潮膨胀,抗腐蚀能力差	(1) 成形件强度和表面质量差,精度低; (2) 后处理工艺复杂; (3) 后处理中难以保证制件的尺寸精度	(1) 不适合制作薄壁制件; (2) 制件表面比较粗糙,有明显的台阶纹,成形后要进行打磨等后处理工艺; (3) 易受潮膨胀,成形后必须尽快进行表面防潮等后处理; (4) 制件强度较差,缺乏弹性
设备购置费用	价格昂贵	价格昂贵	价格中等
维护和日常使用费用	激光器有损耗,光敏树脂价格昂贵	激光器有损耗,材料利用率高,原材料便宜	激光器有损耗,能量利用率低
应用领域	复杂、高精度零件	铸造件设计	实心体大件
适合行业	快速成形服务中心	铸造行业	铸造行业

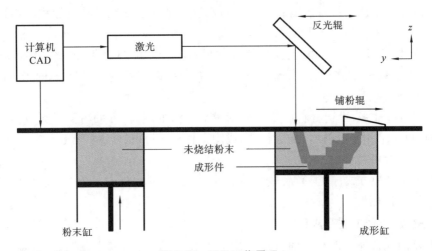

图 3-20　SLS 工作原理

　　激光选区烧结是目前直接获得金属件最成功的快速成形技术。最具代表性的 SLS 技术是美国 3D Systems 公司采用的将金属粉末和有机黏结剂混合后的粉末烧结技术和德国 EOS 公司采用的由多种熔点不同的金属粉末组成的混合粉末烧结技术。北京隆源公司、北方恒利公司以及华中科技大学等也开展了类似的研究。3D Systems 公司对烧结件进行浸渗及热等静压、液相烧结、高温烧结等后处理工艺,得到了性能符合要求的金属零件。2003 年它们推出的金属粉末 LaserFormA6 的成形件不仅具有较高的强度、表面精度,而且还具有较高的成形率和优良的加工性能。EOS 公司采用金属混合粉末进行成形,低熔点的组元首先成形且润湿高熔点粉末,由液相烧结机制将这些高熔点的金属粉末黏结在一起。EOS 公司主要金属粉末材料 DirectSteel 20-V1 的最小层厚已经降低到小于 20 μm,致密度达 98%,因此可以制造出精度很高的金属零件。图 3-21 所示为 SLS 工艺产品实例。

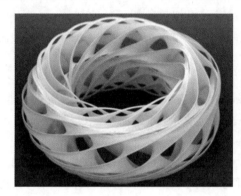

图 3-21 SLS 工艺产品实例

3.8 激光复合加工技术

激光加工技术作为一种先进的特种加工技术,存在很多优势(包括非接触、加工灵活、微区加工等),但不可避免地存在自身的缺点,如在焊接时激光能量转换和利用率低,容易使焊接区域产生气孔、疏松和裂纹;微细切割时激光易造成热影响区偏大,切缝质量不能令人满意,特别是对高反射率、高热导率材料的加工。激光复合加工技术是激光技术与其他加工技术相结合的技术,它们发挥各自的优势,扬长避短,共同完成某一单项技术无法完成的工作。复合加工技术已成为未来加工技术的发展趋势,具有美好的前景。下面就几种激光复合加工技术进行简单的介绍。

3.8.1 激光辅助切削技术

激光辅助切削(LAT)技术是美国南加州大学 Stephen M. Copley 和 Michael Bass 等人于 20 世纪 80 年代最早提出的,用于金属切削加工。它应用激光将金属工件局部加热,以改善其车削加工性,因此是加热车削的一种新的形式。典型的 LAT 装置如图 3-22 所示。

在激光辅助切削中,激光束经可转动的反射镜 M_1 反射,沿着与车床主轴回转轴线平行的方向射向床鞍上的反射镜 M_2,再经 X 向横滑鞍上的反射镜 M_3 及邻近工件的反射镜 M_4,最后聚焦于工件,聚焦点始终位于车刀切削刃上方 δ 处,局部加热位于切屑形成区的剪切面上的材料。

激光辅助切削加工主要有以下两种方式。

1. 加热软化法

聚焦的、能量密度很高的激光束照射到切削刀具前方的被切削材料上,使之受热软化,然

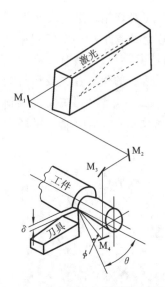

图 3-22　激光辅助切削装置示意图

后用切削刀具将其切除。

2. 打孔法

其基本原理是用脉冲激光在切削刀具前面的被加工材料上先打出一系列的小孔,然后用切削刀具沿着打出的孔将被加工材料切除。用激光打小孔相当于先把被加工材料剥离了一部分,而切削刀具则完成剩余部分的切除工作,这时工件的切削表面是不连续的,因而可减小切削力。

激光加热的优点是可加热剪切面处的材料,而对刀刃或刀具前面上的切屑的热影响很小,因而不会使刀具加热而降低耐用度。

激光局部加热的作用如下。

(1)获得流线型的连续切屑,减小形成积屑瘤的可能性,从而改善被加工表面的质量(如表面粗糙度、残余应力和微观缺陷等)。

(2)降低切削力。温度升高会使材料的屈服应力明显减小,导致切削力减小,使工件的弹性变形减小,从而既有利于保证加工精度,又能提高刀具的耐用度,并有利于提高难切削材料的金属切除率和降低加工成本。例如,用 5 kW 的 CO_2 激光器辅助加工高强度的 30NiCrMo16-6 钢和 WCrCo 合金,可使切削力降低 70%,刀具磨损减少 90%,切削速度的提高会使金属切除率增加 2 倍。

目前,激光辅助切削技术主要应用于难加工材料的加工,如 Al_2O_3 颗粒增强铝基复合材料、陶瓷材料(SiC、Zr_2O_3、莫来石陶瓷)等。

激光辅助修整砂轮是激光辅助加工的一个新的应用领域,Zhang 和 Shin 采用 CO_2 激光辅助修整陶瓷结合剂 CBN 砂轮(见图 3-23),在金刚石修整器接触砂轮前,用激光加热砂轮表面,使材料软化或熔化,这样可减小砂轮表面的温度梯度及热损伤,有利于金刚石修整器去除磨粒或结合剂材料。通过选择适当的激光功率密度和加热时间就可以实现整形和修锐,且修整力和修整工具磨损率显著降低。

图 3-23　激光辅助修整 CBN 砂轮

3.8.2　激光辅助电镀技术

激光辅助电镀(简称激光镀)技术是在 20 世纪 80 年代初由 IBM 公司首先开始研究的一门新兴的表面处理新技术,近几年来已取得了长足的进步,已从单一的提高镀速发展到研究其在电子微组装中的应用。激光镀具有高空间分辨率(最小线宽小于 0.2 μm),可在非电子材料(陶瓷、微晶玻璃、硅等材料)上涂覆各种功能性金属线,也可以借助 CAD 技术实现制作各种图形及连线,已引起国内外工业界的广泛重视。

激光镀技术又可称为激光辅助金属沉积技术(laser-assisted metal deposition technology),它主要包括激光辅助电沉积(laser enhanced electrode-position)、激光诱导化学沉积(laser-induced metal deposition in electrolyte)、激光辅助化学气相沉积(LCVD/LPVD)等几种。

在激光辅助电沉积时,激光对金属电沉积的影响非常明显,在正常的电镀情况下,激光可以显著提高金属的沉积速度。将激光照射在与激光束横截面面积相当的阴极表面上,可使金属的电沉积速度提高三个数量级以上,另外,即使不加槽电压,直接将激光照射到浸泡在电解液中的某些半导体材料或有机物上,在激光照射的区域,也可以实现金属的沉积。激光诱导化学沉积可以用于微电子电路和元器件上,可以在 Si、GaAs 等半导体上选择性电镀 Pt、Au、Pb_2、Ni 等金属与合金。激光辅助真空气相沉积一般应用于激光气相化学沉积薄膜,它具有过程低温、特殊选择性沉积及不破坏样片等优点,在微电子领域得到应用。当改变脉冲频率、脉冲能量、基片温度以及基片与靶之间的距离时,就可以在基体表面得到不同的晶粒结构、晶粒形态以及镀层厚度。

3.8.3　激光与步冲复合技术

激光与步冲技术的结合使工件的雕刻打标、切割及冲压工序可在同一台机床同时完成,极大地提高了生产效率。采用激光切割+冲压的组合机床,其中大的框架结构由冲压完成,小的精细结构由激光切割完成,这样,大幅度降低了模具制造的复杂程度,并充分利用了激光切割精密与柔性的特点,特别是在一些模具的框架结构相近的条件下,只需开一副冲模,余下的可由激光切割来完成,从而使模具的制造周期和制造成本大幅度下降。图 3-24 所示是型号为 TRUMATIC 6000 的激光和步冲复合机床。该设备装配有新型的旋转冲头,能达到 900 次/min 的冲速和 2800 次/min 的雕刻打标速度。凭借高功率的激光器和进一步优化的激光切割工艺,TRUMATIC 6000 激光和步冲复合机床在提高生产效率方面取得了又一次飞跃。

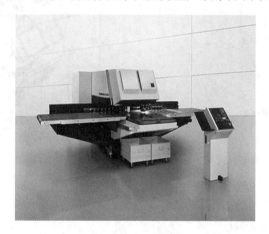

图 3-24　TRUMATIC 6000 激光和步冲复合机床

3.8.4　激光复合焊接技术

激光焊接的优点和缺点都比较明显,为了保留激光焊接的优势,消除或减少其缺点,可利用其他热源的加热特性来改善激光焊接的条件,从而出现了一些利用其他热源与散光进行复合焊接的工艺,主要有激光与电弧、激光与等离子弧、激光与感应热源复合焊接以及双激光束焊接等。

1. 激光与电弧复合焊接

激光深熔焊接时,在熔池的上方会产生等离子体云,等离子体云的屏蔽效应(对激光的吸收和散射)将导致激光焊接能量的利用率明显降低,极大地影响激光焊接的效果,并且等离子体云对激光的吸收率与正负离子密度的乘积成正比。在激光束附近引入电弧,将使电子密度显著降低,等离子体云得到稀释,减少对激光的消耗,提高工件对激光的吸收率。另外,工件对激光的吸收率随温度的升高而增大,电弧对焊接母材接口进行预热,接口温度升高,也使激光的吸收率进一步提高。同时,激光束对电弧有聚焦、引导作用,使电弧的稳定性和效率提高。激光与电弧复合技术既减少了等离子体云的屏蔽,同时又稳定了电弧,提高了焊接效率。

激光焊接的热作用区和影响区较小,焊接端面接口容易出现错位和焊接不连续现象,在随后的快速冷却、凝固中,很容易产生裂纹和气孔。而在激光与电弧复合焊接时,由于电弧的热作用区、热影响区较大,可降低对接口精度的要求,减少错位和焊接不连续现象,同时,电弧加热的温度梯度较小,冷却、凝固过程较缓慢,有利于气体的排除,降低内应力,减少或消除气孔和裂纹。由于电弧焊接容易使用添加剂,可以填充间隙,因此采用激光与电弧复合焊接的方法能减少或消除焊缝的凹陷。

激光与电弧复合焊接主要包括两种:激光与氩弧焊(TIG)或气体保护焊(MIG)的复合焊接。日本三菱重工研制了 Nd:YAG 激光与电弧同轴复合焊接系统,其原理如图 3-25 所示,同轴焊接工作台如图 3-26 所示。

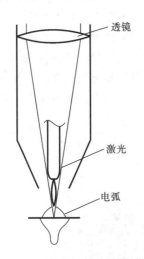

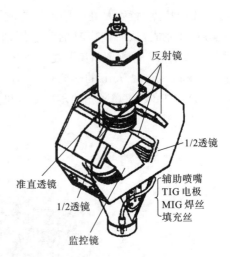

图 3-25　Nd:YAG 激光与电弧同轴复合焊接原理　　　图 3-26　同轴焊接工作台

激光与 TIG 复合焊接的特点如下。

(1) 由于电弧增强激光的作用,激光器所需的功率明显降低。

(2) 可实现薄件的高速焊接。

(3) 可增加焊接熔深,改善焊缝成形,获得优质焊接接头。

(4) 可降低母材焊接端面接口精度要求。

例如:在 TIG 电弧的电流为 90 A、焊接速度 2 m/min 的条件下,0.8 kW CO_2 激光焊机的焊接能力相当于 5 kW CO_2 激光焊机的;5 kW CO_2 激光束与 300 A 的 TIG 电弧复合,焊接速度为 0.5~5 m/min 时,获得的熔深是单独使用 5 kW CO_2 激光束焊接时的 1.3~1.6 倍。

激光与 MIG 复合焊接具有激光与 TIG 复合焊接的所有特点,并且它能够通过添加合金元素、调整焊缝金属成分的方法来消除焊缝凹陷。日本东芝公司用 6 kW CO_2 激光与 7.5 kW MIG 电弧复合焊接,可以焊透 16 mm 厚的不锈钢板,焊接速度为 700 mm/min,焊缝的质量达到 RT1 级(JIS Z3106)。

2. 激光与等离子弧复合焊接

激光与等离子弧复合焊接的原理和激光与电弧复合焊接的相似。等离子弧的作用与电弧的相类似：在复合焊接时，等离子弧使热作用区扩大，预热作用使工件的温度升高，提高了工件对激光的吸收率；焊接时提供大量的能量，使总的单位面积热输入增加，另外，激光也对等离子弧有稳定、导向和聚焦的作用，使等离子弧向激光的热作用区集聚。但在激光与电弧复合焊接时，电弧稀释光致等离子体云的效果随着电弧电流的增大而减弱，而激光与等离子弧复合焊接时，等离子体是热源，它吸收激光光子能量并向工件传递，反而使激光能量利用率提高。在激光与电弧复合焊接中，由于反复采用高频引弧，起弧过程中电弧的稳定性相对较差，电弧的方向性和刚性也不理想；同时，钨极端头处于高温金属蒸气中，容易受到污染，造成电弧的稳定性下降。而在激光与等离子弧复合焊接过程中，只有起弧时才需要高频高压电流，等离子弧稳定，电极不暴露在金属蒸气中，避免了激光与电弧复合焊接时出现的诸多问题。并且等离子弧较电弧具有更高的能量密度，可以使激光和等离子弧复合焊接法在焊接厚板时获得较高的焊接速度。激光和等离子弧复合焊接法比激光与电弧复合焊接法具有更加诱人的前景。

在激光与等离子弧复合焊接装置中，激光束与等离子弧可以同轴，也可以不同轴，但等离子弧一般指向工件表面激光光斑位置。同激光与电弧复合焊接一样，这种工艺除用于焊接一般材料外，比较适用于焊接高反射率、高热导率的材料。

英国考文垂大学采用 400 W 功率的激光器和 60 A 的等离子弧对碳钢、不锈钢、铝合金和钛合金等金属材料进行焊接，均获得了良好的焊接结果。焊接薄板时，在相同的熔深条件下，激光与等离子弧复合焊接的速度是激光焊接的 2～3 倍，允许对接母材端面间隙可达材料厚度的 25%～30%。

3. 激光与感应热源复合焊接

激光与感应热源复合焊接方法是：首先采用高频感应热源对工件进行预热，在将工件预热到一定温度后，再用激光对工件进行焊接。如果工件不经预热而直接采用激光焊接，则热影响区很高的温度梯度和过快的冷却速度将使气体不易排除而形成气孔，导致内应力大，使薄的工件容易变形，钢的微观组织中沿着原来的奥氏体晶界出现魏氏体等有害组织，近表面处产生穿过马氏体晶粒的深裂纹。与不预热的工件相比，在感应热源预热后，工件焊接部位周围较大区域初始温度较高，使焊接时热影响区的温度梯度下降，工件冷却速度降低，这样可以明显改善焊接后的微观组织，提高焊缝强度，消除裂纹；同时，由于较慢的冷却、凝固过程有利于气体的排除和内应力的减小，故利用感应热源对工件预热可以有效地减小内应力和消除气孔，防止薄壁工件变形。这种工艺要求工件材料能被感应热源加热，而加热工件的感应圈对工件形状有所限制，比较适用于管状或棒状工件的焊接。

图 3-27 所示为日本住友金属工业（株式会社）钢铁技术研究所的激光与高频感应复合焊接不锈钢管装置。该装置先用高频热源预热钢管，然后用激光进行焊接。在焊接直径为 34 mm、厚度为 3 mm 的 SUS304 不锈钢管时，高频感应圈将钢管预热到 554 ℃，焊接速度是无预热激光焊接的 3 倍，并且焊接接头的质量良好。

4. 双激光束复合焊接

在激光焊接过程中，等离子体云的屏蔽作用不仅会使工件对激光的吸收率减小，而且会使焊接过程不稳定。如果在较大熔深的小孔形成后减小激光的功率密度，则激光对金属蒸气的作用必然减小，等离子体云就能减少

图 3-27　激光与高频感应复合
焊接不锈钢管装置

或消失,而此时已经形成的较大熔深的小孔对激光的吸收能力增加,能量足够保证焊缝金属的熔合。因此,应采用一束峰值功率较高的脉冲激光和一束连续激光,或者两束脉冲宽度、脉冲重复频率和峰值功率有较大差异的脉冲激光对工件进行复合焊接。在焊接过程中,两束激光共同作用于工件焊接处,在形成较大熔深的小孔后,停止一束激光的照射,这样可以使等离子体云减

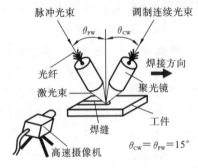

图 3-28　双激光束复合焊接

少或消失,提高工件对激光能量的吸收率,以继续加大焊接熔深,提高焊接效率。

Narikiyo 等使用两束 Nd:YAG 激光对 304 不锈钢板(厚度 10 mm)进行复合焊接,其中一束为峰值功率较高的脉冲激光,另一束为调制矩形波的连续激光,如图 3-28 所示。在平均功率为 2.9 kW 和焊接速度为 5 mm/s 的条件下,获得的最大熔深为 7.3 mm。研究结果表明:采用较高峰值功率的脉冲激光和连续激光进行复合焊接时,在形成较大熔深的小孔后,较高峰值功率的脉冲激光停止照射,激光照射的功率密度减小,使工件上方的等离子体云减少甚至消失,较高峰值功率的脉冲激光的辅助作用能够加大焊接熔深,提高焊接能力和激光能量利用率,同时改善焊接的稳定性。

3.8.5　激光与电火花复合加工技术

精密电子零件模具与高压喷嘴都开始大量采用超高硬度的硬质合金及聚晶金刚石烧结体,对这些超硬材料的大深径比深孔和窄槽的加工已成为加工的难点,单一的加工手段已经很难得到突破。日本的桥川制作所进行了激光与电火花复合精密微细加工系统的开发,目前该系统仍处于研究阶段,但是它也展示了未来电加工与激光加工的方向。

1. 激光与电火花复合精密微细加工系统

激光与电火花复合精密微细加工系统概念图如图 3-29 所示。该系统首先利用激光在工件上加工贯穿的预孔,为电火花加工创造良好的排屑条件,然后再进行电火花精加工,采用这种两步加工方法,可实现高效率加工大深径比的深孔。

2. 激光器的选择

通过对比灯泡激发式的脉冲 Nd:YAG 激光与 Q 开关 Nd:YAG 激光对超微粒硬质合金(1 mm 厚)的穿孔效果,考虑到 Q 开关 Nd:YAG 激光具有更短的脉冲宽度和更高的激光功率密度,在加工硬质合金时可以得到更高的质量,因此在激光与电火花复合精密微细加工系统中采用了 Q 开关 Nd:YAG 激光器。

3. 电火花加工系统

为了控制不断变化的放电状态,达到精密微细加工的目的,该系统采用了直线电机驱动的电火花加工机床。直线电机驱动的电火花机床具有如下特点。

(1) 避免了机械滞后、偏移、间隙方面的影响。

(2) 利用伺服进给的高响应性可始终控制极间状态保持最佳,进行稳定加工,从而提高加工速度,尤其是对于极间状态很容易恶化的微细加工和精加工,这种效果更显著。

(3) 直线电机驱动可实现前所未有的高速抬刀动作(36 m/min),增强了排屑的作用。

(4) 由于大幅度提高了极间距离的优化控制和伺服反馈响应特性,因此显著提高了最佳加工条件下的加工特性。

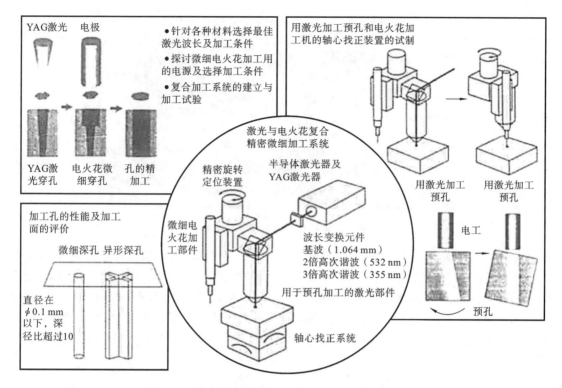

图 3-29 激光与电火花复合精密微细加工系统概念图

直线电机驱动方式的这些特点使得能在用直线电机驱动的电火花成形机床上制成很长的成形电极。例如：$\phi 0.1$ mm 的电极，圆柱部分的极限长度能达到 9.0 mm（长径比为 90）。在更微细领域，当电极的成形直径为 $\phi 0.04$ mm 时，其长度可达 3.0 mm（长径比为 75，圆柱部分为 2.0 mm（长径比是 50））。

3.8.6 激光与机器人复合加工技术

激光技术与机器人技术都是近年来市场上的关键技术和经济增长的热点。激光技术和机器人技术相结合将大大地扩展它们的应用市场。激光与机器人复合加工技术最先在汽车行业得到大量应用。在汽车工业中，人们一直将机器人技术与激光技术结合在一起，进行三维汽车零部件生产加工，例如在大众汽车公司 V 级高尔夫轿车中，圆周体车架的焊缝采用激光焊接。目前激光与机器人复合加工技术已经在焊接、切割、打标等工业领域得到应用，并且商业设备也比较成熟。图 3-30 所示是 ABB 公司生产的激光加工机器人。

激光器大都安装在激光加工机器人的手臂处。考虑机器人的大小及手臂操作的灵活性，安装在机器人手臂上的气体或固体激光器的大小和质量（几十千克）受到限制，激光器的功率（几百瓦）也相对较小，这使激光加工机器人的应用受到限制，激光切割机器人最初只能完成对塑料的加工。在保证机器人的灵活性的基础上，开发更高功率、更多种类的激光机器人成为研究的重点，并且已取得了可喜的成果。

Fanuc 公司开发的 RV6L-CO_2 激光机器人将激光系统安装在 2 轴上，该机器人的手腕可以 700 (°)/s 的速度旋转，可承担 400 kg 的激光设备，激光功率达到 2 kW，激光射线能直接在机器人的手臂内生成，利用该机器人可以实现金属材料和玻璃材料的切割以及特厚的塑料材料的切割。

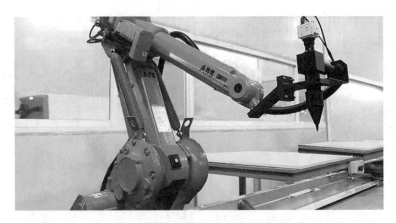

图 3-30　ABB 公司生产的激光加工机器人

近年来,光纤激光技术与数字控制技术得到快速发展。光纤激光器具有散热面积大、光束质量好、体积小巧等优点,同体积庞大的气体激光器和固体激光器相比具有明显的优势。安装光纤激光器的大功率三维激光切割机器人已应用于不锈钢、碳钢、合金钢、硅钢、镀锌钢板、镍钛合金、铬镍铁合金、铝、铝合金、钛合金、铜等金属材料的精密切制,在航空航天、汽车轮船、广告制作、家用电器、医疗器械、五金、装饰、金属对外加工等各个制造行业发挥了越来越重要的作用。

3.9　激光微细加工

由于激光束可以聚焦到很小的尺寸,激光加工的热作用区很小,可以精确控制加工范围和深度,因此特别适用于微细加工。按照加工材料的尺寸大小和加工精度的要求,可以将目前的激光加工技术分为以下三个层次。

(1) 大型工件的激光加工技术,以厚板(>1 mm)为主要加工对象,其加工尺寸一般在毫米级或亚毫米级。

(2) 激光精密加工技术,以薄板($0.1\sim1.0$ mm)为主要加工对象,其加工尺寸一般在 10 μm 左右。

(3) 激光微细加工技术,以各种薄膜(厚度在 100 μm 以下)为主要加工对象,其加工尺寸一般在 10 μm 以下甚至亚微米级。

在上述三类激光加工中:大型工件的激光加工技术已经日趋成熟,在工业中应用广泛;激光微细加工技术,如激光切割、微调、激光精密刻蚀、激光直写技术等也已在工业中得到了较为广泛的应用。与传统的加工方法相比(见表 3-11),激光微细加工之所以有如此广泛的应用前景和生命力,是与其自身的特点分不开的,其主要特点如下。

表 3-11　常用微细加工技术特点比较

加 工 方 法	加 工 原 理	主 要 特 点	精度	设备投资
电火花 (EDM)	电、热能熔化、汽化材料	适用于各种材料的加工,但精密加工时要求电极很细,对设备的要求很高	工具电极直接影响加工精度,$\phi0.1$ mm 以下的电极制备很难	中等

加工方法	加工原理	主 要 特 点	精度	设备投资
超声加工 （USM）	声、机械能切蚀材料	适用于脆性材料的加工，机床结构简单，加工效率低	工具尺寸和磨料的粗细影响精度	低
电解加工 （ECM）	电化学能使离子转移	加工范围广，生产效率高，加工精度低，易造成环境污染	加工精度低于电火花加工的	高
光化学加工 （PCM）	光、化学能腐蚀材料	适合复杂形状的刻蚀（印制电路板）；加工复杂，周期长，加工精度受刻蚀因子限制	缝隙宽度必须大于1倍板厚	中等
等离子弧加工 （PAM）	电、热能熔化、汽化材料	加工速度快，能量集中，加工精度较低	—	低
激光加工 （LBM）	光、热能熔化、汽化材料	适用于各种固体材料的加工，热影响区小，加工速度快	缝宽或孔径可以小于 30 μm	高

（1）对材料造成的热损伤低，质量高、精度高。

（2）属于非接触加工，没有机械力，十分适合用于微小的零部件。

（3）操作简单、加工速度快、经济效益高。

（4）激光独有的特性使得激光微细加工具有极好的重复精度。

（5）加工的对象范围广，可用于加工多种材料。

激光微细加工技术的发展离不开激光器的发展，许多不同类型脉冲激光器现已广泛应用于微细加工，这些激光器的波长范围已从红外波段扩展到深紫外波段，脉冲持续时间从毫秒到飞秒，脉冲重复频率从单个脉冲到几十千赫。本节从目前研究和应用较多的几种激光微细加工技术出发，讨论激光微细加工技术的原理及发展应用等。

3.9.1 飞秒激光加工

激光对任何材料加工的效果通常都表现为材料结构得到一定的修复、调整或去除。这个过程起始于激光能量向材料中的沉积。在激光能量向加工材料沉积的过程中，不同的空间、时间分布将决定最终的加工结果。依据加工的激光脉冲宽度的长短，可将脉冲激光分为长脉冲激光和短脉冲激光。在加工材料方面，这两种脉冲激光最大的区别在于机制完全不同：长脉冲激光加工材料的过程表现为明显的热熔过程，热力学过程占据了主导地位；而短脉冲激光的加工过程则表现为非热熔过程，加工过程中材料的表面不会出现熔化区。

1. 长脉冲激光的加工（脉冲持续时间 $\tau_p > 10$ ps）

材料在长脉冲激光的照射下，通过入射光子-受激电子-声子转化的方式吸收能量，材料通过固态-液态-气态的三相热熔过程实现材料的加工。在这一过程中，由于热传导的影响，热能向周围环境扩散，最终造成作用区域边缘状态的严重热影响和热损伤。随着激光脉冲宽度的减小，热影响和热损伤的区域将减小，程度将降低。另外，激光脉冲的持续时间较长，使其相应的峰值功率降低，从而使电子的受激过程只能依赖单个入射光子的共振吸收，因此无法加工相对透明的介质材料，加工范围受到材料的光吸收特性的严格限制。

长脉冲激光加工具有明显的热力学特征，热扩散成为影响材料加工效果的主要因素。热扩散会降低激光加工时的精度和质量，给激光加工过程，特别是激光微加工带来很多不利的影响。它的影响主要表现在以下几方面。

（1）随着加工过程中的热扩散，激光照射区域的热量不断被扩散，使激光的加工效率降低。

（2）热扩散的存在降低了激光微加工的精度。由于激光照射区域的热量不断通过扩散向周围散失，激光加工的热影响区不断扩大，导致材料的熔融范围要大于激光聚焦区域，因此很难实现非常精细的加工。

（3）随着激光照射区域的热量不断扩散，激光聚焦点的温度也逐渐降低，使材料加工时出现明显的熔融-沸腾-汽化过程，并且会经历较明显的沸腾状态，如图 3-31 所示。事实上，材料的剧烈沸腾很容易造成熔融区域内液滴的飞溅，其中有些液滴会相当大，这样很容易在材料的表面形成许多颗粒碎片，导致材料受污染。洒落的液滴由于具有相当大的剩余能量，冷却凝固后，与材料表面具有很强的结合力，清除这些熔渣污染物一般非常困难。

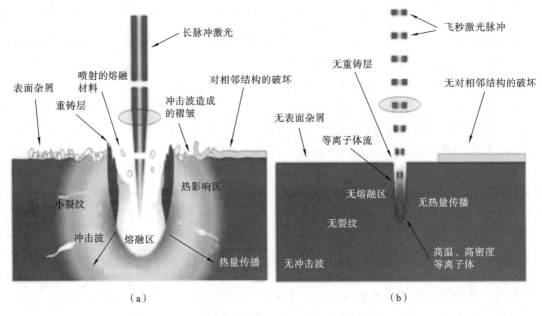

图 3-31　长脉冲激光和飞秒脉冲激光加工过程示意图
(a) 长脉冲激光加工过程；(b) 飞秒脉冲激光加工过程

（4）热扩散会影响激光照射区域附近的一大片区域，一般把此影响区域称为"热影响区"（HZA）。由于热影响区在随后的冷却过程中存在热量和组织的梯度变化，很容易造成材料的内应力和缺陷（空洞、位错等），从而使热影响区内及附近形成微观或宏观裂纹。在随后的使用中，这些裂纹会不断扩展和延伸，严重时裂纹将贯穿整个材料，导致器件的永久破坏。同时，热影响区的组织将重新形核和生长，熔化凝固后会形成新的组织层，它与原有材料有着不同的物理化学结构，与基体材料表现出不同的力学性能，并且力学性能一般比较差，必须予以清除。

激光加工过程中热扩散给材料的加工带来的质量和精度的下降，阻碍了其在微细材料加工中的应用，因此如何有效减少和消除热扩散对材料激光加工的不利影响成为激光微细加工的一个关键性问题。

2. 飞秒激光脉冲加工（脉冲持续时间 $\tau_\text{p} < 10$ ps）

飞秒激光的脉冲宽度远小于热扩散时间及材料中的电子-声子耦合的时间，因此在激光整个持续照射时间内，仅需考虑电子吸收入射光子的激发和储能过程，而电子温度通过辐射声子的降低以及热扩散过程完全可以忽略。激光与物质的作用实际上主要表现为电子受激吸收和储存能量的过程,在根本上避免了能量的转移、转化以及热能的存在和热扩散造成的影响。因此当激光脉冲入射时,物质吸收光子所产生的能量将在仅有几纳米厚的吸收层迅速积聚,在瞬间生成的温度将远远高于材料的熔化温度,甚至汽化温度,使材料直接从固态转变为气态,在材料的激光照射表面形成高密度、超热、高压的等离子体状态,实现激光的非热熔性加工。

飞秒激光由于脉冲持续时间很短,远小于材料中受激电子通过转移、转化等形式而释放能量的时间,加工过程的热扩散完全可以不考虑,从而避免了热扩散给激光加工带来的精度、质量下降的不利影响。同时,由于飞秒激光的脉冲峰值功率非常高,能量只有几十毫焦耳的激光集中在几十飞秒的时间内,峰值功率可达到太瓦($1\ \text{TW} = 10^{12}\ \text{W}$)。把 1 TW 的光会聚成 10 μm 直径的光斑,其聚光强度可以达到 $10^{18}\ \text{W/cm}^2$,换算成电场强度为 $2 \times 10^{12}\ \text{V/m}$,是氢原子中感应电场强度($5 \times 10^{11}\ \text{V/m}$)的几倍。此时,传统线性共振吸收机制已经不适用于电子受激发的动力学过程,取而代之的非线性过程在飞秒激光加工中起着主导作用。总之,飞秒激光与材料的热扩散速度相比,能更快地在激光照射部位注入能量,即使是热扩散速度较快的金属材料的加工精度也能提高。而且,通过多光子吸收,还能处理非线性吸收禁带宽的材料。

飞秒激光以其独特的超短脉冲持续时间和超高峰值功率在各种材料的超精细、高质量加工方面展现了极其美好的应用前景,它完全打破了传统激光加工的极限,在机械、电子、医疗方面等多个领域已经得到了非常广泛的应用。

3.9.2 激光诱导原子层加工技术

原子层加工技术主要包括原子层外延生长、原子层刻蚀和原子层掺杂等技术,它的意义不仅在于其加工精度可以达到原子量级,更为重要的是利用这一技术可以制备出人为设计的新型半导体材料,以及新型量子器件。激光诱导原子层加工技术的主要特点如下。

(1) 由于有自动终止机构,因此加工精度可精确控制在原子量级。

(2) 可利用激光波长、功率乃至多束激光进行选择性加工。

(3) 由于纵向和横向的高可控性,人为设计新材料和新器件在技术上得到实现。

(4) 与等离子体加工等相比,不但减少了高能粒子带来的晶体损伤,而且使加工过程进一步低温化。

激光诱导原子层加工技术涉及应用物理、电子学、表面结晶物理和化学等各学科领域,受到高度重视。本小节对激光诱导原子层外延生长、原子层刻蚀及原子层掺杂等技术进行简要介绍。

1. 原子层外延生长

原子层外延生长(atomic layer epitaxy, ALE)是利用衬底只吸收原料气体一个分子层的性质,实现每个供气周期只生长一个原子层。原子层外延生长技术在 1987 年首先在 II～VI 族化合物半导体上得到实现,现在原子层外延生长技术是发展最为成熟的加工技术。

激光 GaAs 原子层外延生长主要利用了三乙基镓(TEG)或三甲基镓(TMG)光照时在 As 面上的分解速度较在 Ga 面上的分解速度高 100 多倍的特性,或者可以说 TEG 或 TMG 只有在 As 面上才能产生光分解,在 Ga 表面上出现终止反应的特性。GaAs 原子层外延生长的研究工作发展十分迅速,不仅在方法和机理方面成果显著,而且在器件的实际应用方面也取得了进展,如利用激光原子层外延生长制成了 AlGaAs/GaAs QW 激光器和 InGaP/GaAs 量子点激光器等。

原子层外延生长方法绝非仅能用于Ⅱ-Ⅵ族和Ⅳ-Ⅴ族化合物。目前对 Si、SiC、金刚石以及超导薄膜等原子外延生长的研究也非常活跃,同时这些研究结果又为相关材料研究反馈了更新和更有价值的信息。

2. 原子层刻蚀

对于反应刻蚀技术,在刻蚀过程中,刻蚀速度通常与反应气体的流量是成正比的,可以进行连续不断的刻蚀,因此利用时间和反应气体流量控制单原子层刻蚀几乎是不可能的。但对于原子层刻蚀技术,由于自动终止机构的存在,其具有与原子层外延生长技术相类似的特征,能够实现单原子层的刻蚀。

假设反应气体只被单原子层吸附,而被吸附表面原子只有在电子、光子或离子照射下方能反应并解脱,这就是原子层刻蚀的本质。激光原子层刻蚀可分为如下四个阶段:反应气体在衬底表面的吸附;反应气体被排空,只在衬底表面残留单层反应气体分子;在激光光子照射后,衬底表面发生化学反应;原子脱离,反应生成物被排除。经过这四个过程,即完成了单原子层或单分子层刻蚀的一个周期。

3. 原子层掺杂

激光诱导掺杂特别是准分子激光掺杂,主要特点是高表面浓度、浅掺杂深度,即 δ 掺杂。原子层掺杂技术与原子层外延生长技术有机结合,使单原子层掺杂具有十分重要的实际意义,比如在能带偏移工程中,有人提出在 Si 和 Ge 交界面掺入Ⅲ族或Ⅴ族元素,这种杂质在原子层中的引入,能够使陡直的界面处出现自由电荷,从而产生电子阻挡层,于是就可以通过掺杂浓度来控制带偏移。反过来这种带偏移工程的实现也为我们提供了一个人工改性的手段,再次开拓了量子阱材料的选择范围。

3.9.3　激光制备纳米材料

纳米材料在性能上具有普通材料所不能比拟的优越性,在工业、医学、航空航天等领域都得到了广泛的应用。纳米材料主要包括零维的纳米粒子(粒度在 $1\sim100$ nm)、一维的纳米纤维(直径在 $1\sim100$ nm,长度大于几微米)、二维的纳米薄膜(厚度为纳米级或由纳米晶构成)和三维的纳米固体(由纳米晶构成)。制备纳米材料的方法主要有高能球磨法、溶胶凝胶法、离子溅射法、分子束外延法、水热法以及激光法等。与其他纳米材料的制备方法相比,采用激光法制备的纳米粉体具有颗粒小、粒径分布范围窄、无严重团聚、纯度高等优点,是一种较为理想的纳米制备方法。激光制备纳米材料的方法主要有激光诱导化学气相沉积法、激光烧蚀法、激光诱导液-固界面反应法等。

1. 激光制备纳米材料的特点

激光作为一种受激辐射的特殊光源,具有良好的相干性、方向性、稳定性和高能量密度,在制备纳米粉体和薄膜方面具有以下几个特点。

(1)可以制备出高质量的纳米粉体,制备的纳米粉体具有颗粒小、形状规则、粒径分布范围窄、无严重团聚、无黏结、纯度高、表面光洁等特点。

(2)反应时间短,加热温度高,冷却速度快,造成加工区域与环境的温度梯度很大,这种"冷淬"的效果将抑制形核晶粒的生长,易制备纳米量级的微粒。

(3)激光光束直径小,作用区域面积小,反应区可与反应器壁隔离。无壁反应避免了由反应壁造成的污染,因而采用激光可制得高纯纳米粉体。

（4）激光器与反应室相分离，制备过程操作简便，各种工艺参数易控制，并且产物不会对激光产生污染。

（5）适用范围广。激光制备纳米材料在普通金属、非金属以及氮化物、碳化物、氧化物和复合材料中已经得到了广泛的应用，激光的高能量密度在难熔材料的纳米化中更显示出巨大的优越性。

2. 激光诱导化学气相沉积法

化学气相沉积技术是目前材料制备技术中比较常用的技术，与常规的化学气相沉积技术相比，激光诱导化学气相沉积（LCVD）技术在材料制备中具有加工精细化、低温生长、损伤小及选择性生长等优点，因此激光诱导化学气相沉积技术在纳米粉体和薄膜制备、集成电路制造等领域具有广阔的应用前景。

根据激光在气相沉积过程中所起的作用的不同，可以将 LCVD 技术分为光 LCVD 技术和热 LCVD 技术两种，它们的反应机理不同。光 LCVD 技术制备纳米材料是利用反应气体分子（光敏分子）对特定波长激光的共振吸收，诱导反应气体分子发生激光热解、激光离解（如紫外光解、红外多光子离解）、激光光敏化和激光诱导化学反应，在一定工艺条件（激光功率密度、反应池压力、反应气体配比、流速和反应温度等）下，反应生成物形核和生长，通过控制形核与生长过程，即可获得纳米粒子或薄膜。光 LCVD 原理与常规的 CVD 的主要区别在于激光参与了源分子的化学分解反应，反应区附近极陡的温度梯度可得到精确控制，能够制备出组分可控、粒度可控的超微粒子。

热 LCVD 的原理是：基体吸收激光的能量后，表面形成一定的温度场，反应气体流经基体表面发生化学反应，在基体表面沉积形成薄膜。热 LCVD 沉积过程是一个急热急冷的过程，在激光照射使基材发生固态相变时，快速加热造成大量形核，随后快速冷却，过冷度急剧增大，使形核密度增大；同时，快速冷却使晶界的迁移率降低，反应时间缩短，可以形成细小的纳米晶粒。

3. 激光烧蚀法

激光烧蚀法（LAD）是将作为原料的靶材置于真空或充满氩气等保护气体的反应室中，靶材表面经激光照射后，吸收光子能量迅速升温、蒸发，成为气态。气态物质可以直接冷凝沉积形成纳米微粒，也可以在激光作用下分解后再形成纳米微粒。若反应室中有反应气体，则蒸发物可与反应气体发生化学反应，经过形核、生长、冷凝后得到复合化合物的纳米粉体。激光烧蚀法是一个蒸发、分解、合成、冷凝的过程。激光烧蚀法同激光诱导化学气相沉积法相比，其生产率更高，使用范围更广，并可合成更为细小的纳米粉体。由于激光的特殊作用，激光烧蚀法可制得在平衡态下不能得到的新相。

在激光烧蚀法中，靶材（固体材料）一般都放置于真空或保护气体中，随着对材料性能的新的要求，人们开始尝试激光烧蚀液-固界面。激光诱导液-固界面反应法与诱导固体-真空（气体）界面法的原理相似，只是反应或保护环境由真空或气体变为液体。首先，激光与液-固界面相互作用，形成一个烧蚀区，随后在烧蚀区及附近形成正负粒子、原子、分子以及由其他粒子组成的等离子体。处于高温、高压、高密度、绝缘膨胀态的等离子体开始四处扩散，利用粒子间的相互作用和液体的束缚作用，在液-固界面附近形成纳米粉体。液体的作用促进了等离子体的重新形核、生长。此方法在制备那些只有在极端条件下才能制备的亚稳态纳米晶方面具有很大的优越性。为拓宽激光在纳米粉体制备中的应用，可采用激光-感应复合加热法制备纳米粉体，在激光作用之前，先将靶材用高频感应加热熔化并达到较高温度，再引入激光作用于靶体。

这样可使靶体对激光的吸收能力大为加强,有利于提高激光的利用率,并可使靶区附近产生很大的温度和压力梯度,有利于提高粉末产率并降低粉体的平均粒径,故这种复合加热方法既具有感应加热制粉的优点,又兼有激光制粉的优点。

3.9.4 脉冲激光沉积技术

随着现代科学技术的发展,薄膜科学已成为近年来迅速发展的科学领域之一,而功能薄膜是薄膜研究的主要方面,它在微电子、光电子、宽禁带Ⅱ～Ⅳ族半导体材料、超导材料等领域具有十分广泛的应用。

长期以来,人们发展了真空蒸发沉积、磁控溅射沉积、粒子束溅射沉积、金属有机物化学气相沉积(MOCVD)、溶胶-凝胶和分子束外延(MBE)等制膜技术。上述技术各有特色和使用范围,也存在各自的局限性,不能满足薄膜研究发展及多种薄膜制备的需要。脉冲激光沉积(PLD)技术是各种制备薄膜技术中最简单、使用范围最广、沉积速率最高的。PLD技术不断发展,已经可以沉积类金刚石薄膜、高温超导薄膜、各种氮化物薄膜、复杂的多组分氧化物薄膜、铁电薄膜、非线性波导薄膜、合成纳米晶量子点薄膜等。

1. 脉冲激光沉积技术的原理

脉冲激光沉积是将准分子脉冲激光器所产生的高功率脉冲激光束聚焦作用于靶材的表面,使靶材的表面产生高温及熔蚀,进而形成高温高压等离子体($T \geqslant 10^4$ K),等离子体定向局部膨胀发射并在衬底上沉积而形成薄膜。在脉冲激光沉积过程中,采用的准分子激光器的脉冲宽度一般为20 ns左右,功率密度可达$10^8 \sim 10^9$ W/cm²。在强脉冲激光作用下靶材物质的聚集态迅速发生变化,成为新状态而跃出,到达基体表面凝结成薄膜。

2. 脉冲激光沉积技术的特点

目前已经形成了几种比较常用的薄膜制备技术,如物理气相沉积(PVD)、化学气相沉积(CVD)、溶胶-凝胶(Sol-Gel)等。PLD技术作为PVD技术的一个新的分支,以其良好的适应性和较高的沉积速率成为最有发展潜力的薄膜制备技术之一。其与溅射和蒸镀技术的比较如表3-12所示。

表3-12 PLD技术与溅射和蒸镀技术的比较

方法	原理	主要特点	沉积速率	使用范围
磁控溅射	利用与溅射腔中电场成一定角度的磁场来控制溅射过程中二次电子与气体的碰撞,从而提高工作气体的电离度	可以制备多层简单物质的薄膜,一般膜层较薄(数百纳米或1 μm左右),由于会产生靶中毒现象,对提高沉积速率有很大限制,属于低压(100～400 V)溅射	较高;受沉积时的功率限制,约为100～700 nm/min	单质或简单化合物
射频溅射	利用射频激励工作气体电离,产生的正离子在射频电场的作用下与靶材碰撞达到溅射的目的	基本解决了靶材中毒的现象但同时也降低了沉积速率	同磁控溅射(随射频电压而定)	单质或简单化合物
热蒸镀	通过加热的方法将靶材加热到其沸点以上从而达到蒸镀的目的	对热源和容器有特殊的要求,对沉积材料也有限制	低,约2 nm/s或更小的量级	熔点(沸点)不是很高的金属或合金材料

方法	原　理	主 要 特 点	沉 积 速 率	使用范围
电子束蒸镀	采用电子枪发射的电子束轰击靶材达到蒸镀的目的	属于点加热方式,对容器没有限制,但电子枪有污染的问题	同热蒸镀	金属或合金材料
PLD	利用激光束与靶材相互作用所产生的等离子体在基片上沉积成膜	能在较低的温度下沉积复杂成分的薄膜和多层复合膜;过程易于控制;不易沉积大面积的均匀薄膜	高,瞬时速率可达到 1000 m/s	各种薄膜材料(包括部分有机材料)

脉冲激光沉积技术具有如下优点。

(1) 具有保持成分的特点,可制备和靶材成分一致的多元化合物薄膜。

(2) 可蒸镀金属、半导体、陶瓷材料等无机难熔材料。

(3) 易在较低温度下原位生长取向一致的织构和外延单晶膜。

(4) 多靶装置灵活,有利于多层膜和超晶格薄膜的生长。

(5) PLD 技术具有极高的能量和高的化学活性,能够沉积高质量的纳米薄膜,离子动能高,具有显著增强二维生长和显著抑制三维生长的作用,促进薄膜的生长沿二维展开,因而能获得连续的极细薄膜而不形成分离核岛。

(6) 使用范围广,沉积速率高。

目前,人们正在探讨 PLD 技术对更多新材料的适用性。

作为一种新生的沉积技术,脉冲激光沉积技术同样存在需要解决的问题。

(1) 对于相当多的材料,沉积的薄膜中有熔融小颗粒或靶材碎片,这是在激光引起的爆炸过程中喷溅出来的,这些颗粒的存在大大降低了薄膜的质量。这是迫切需要解决的关键问题。

(2) 限于目前商品激光器的输出能量,尚未有试验证明激光法用于大面积沉积的可行性,但这在原理上是可能的。

(3) 平均沉积速率较慢,随沉积材料不同,对于 1000 mm^2 左右的沉积面积,每小时的沉积厚度约在几百纳米到 1 μm 范围内。

鉴于激光薄膜制备设备的成本和沉积规模,目前该技术只适用于微电子技术、传感器技术、光学技术等高技术领域及新材料薄膜的开发研制。随着大功率激光器技术的进展,其生产性应用是完全可能的。

3. 脉冲激光沉积技术的发展方向

鉴于 PLD 技术的诸多优点,人们不断研究和拓展其沉积薄膜材料的种类,目前以 PLD 技术为基础而衍生的薄膜制备技术几乎能够沉积现有的各种薄膜材料,现在,该技术的商业化使用目标已被提上日程。

1) 超快脉冲激光沉积技术

超快脉冲激光沉积(ultra-fast PLD)技术即采用皮秒或飞秒脉冲激光沉积薄膜的技术。在前面已较详细介绍了飞秒激光加工技术的原理和特点,在这里不再赘述。目前,已知超快 PLD 技术有三个特点:可采用较低的单脉冲能量来抑制大颗粒的产生;脉冲重复频率足够高,可以快速扫过多个靶材得到复杂组分的连续薄膜,制膜效率较高;沉积速率是传统 PLD 技术的 100 倍左右。

目前,在超导领域,已经利用飞秒脉冲激光制备薄膜的技术进行了数百种超导体制备的测试,初步研究表明,利用飞秒激光能沉积出较纳秒脉冲激光光滑性更好、膜基结合力更强、外延取向性更强的薄膜。此外,在超快脉冲激光与固体交互作用方面仍有许多尚不为人们理解的有趣现象,有待人们去研究解释,以加速脉冲激光沉积薄膜技术的实用化进程。

2) 脉冲激光真空弧沉积技术

脉冲激光真空弧(pulsed laser vacuum arc)沉积技术是脉冲激光沉积和真空弧沉积技术相结合而形成的,它综合了激光的可控制性和真空弧的高效率的优点,是一种高效、稳定的薄膜制备技术。其主要原理如图 3-32 所示。在高真空环境下,在靶材和电极之间施加一个高电压,靶材表面材料在脉冲激光的照射下吸收光子能量后蒸发成气态,在电极和靶材之间引发一个脉冲电弧。该电弧作为二次激发源使靶材表面材料再次激发,从而使基体表面形成所需的薄膜。在阴极的电弧燃烧点充分发展成随机的运动之前,通过预先设计的脉冲电路切断电弧。电弧的寿命和阴极在燃烧点附近的燃烧区域的大小,取决于由外部电流供给形成的脉冲的持续时间。通过移动靶材或移动激光束,可以实现激光在整个靶材表面扫描。该方法具有很高的脉冲重复频率和很高的脉冲电流,可以实现很高的沉积速率,同时可以实现大面积、规模化的薄膜制备,以及一些具有复杂结构的高精度多层膜的沉积。该技术在一些试验研究和实际应用中已经展现出独特优势,尤其是在一些硬质薄膜和固体润滑材料薄膜的制备方面将有十分广泛的应用,是一种具有广泛应用前景的技术。

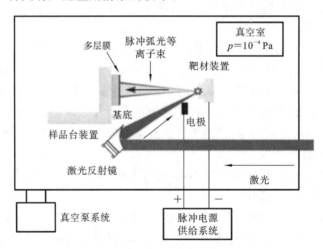

图 3-32　脉冲激光真空弧沉积原理

人们利用脉冲激光真空弧沉积技术成功制备了从类金刚石、类石墨到类玻璃态等不同类型的碳膜,该技术已经在钻头、切削刀具、柄式铣刀、粗切滚刀和球形环液流开关等方面得到了应用;并且在利用该技术制备多层膜及各种金属和合金薄膜时,其可控制性好,阴极靶材表面的激发均匀且有效,适用于复杂和高精度多层膜的沉积。自 Ti/TiC 多层膜后,该技术在 Al_2C、Ti_2C、Fe_2Ti、Al_2Cu_2Fe 等纳米级多层、单层膜上的试验都取得了成功,制得的多层膜与膜基结合很好,单层膜光滑致密。

3) 双光束脉冲激光沉积技术

双光束脉冲激光沉积(DBPLD)技术是采用两个激光器或对一束激光分光的方法得到两束激光,同时轰击两个不同的靶材,并控制两束激光的聚焦功率密度,从而制备厚度、化学组分可设计的理想梯度功能薄膜。该技术可以加快金属掺杂薄膜、复杂化合物薄膜等新材料的开发速度,其装置如图 3-33 所示。

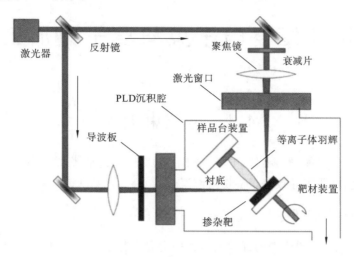

图 3-33　DBPLD 装置

　　1997 年日本首先采用 DBPLD 技术在玻璃上制备出组分渐变的 Bi-Te 薄膜。他们采用的方法是将一束光分为两束,同时轰击 Bi 和 Te 靶,制得的薄膜表面上 10 mm 距离内组分分布为 Bi:Te=(1:1.1)~(1:1.5),电热系数约为 170 μV/K,阻抗系数约为 2×10^{-3} $\Omega\cdot$ cm。该研究为把 DBPLD 技术应用到梯度电热材料的设计中做了有意义的探索。新加坡的 Ong 等用DBPLD技术同时对 YBCO 和 Ag 靶进行作用,通过精确控制两束光的强度,实现了设想的原位掺杂,在膜上首次观察到 150 μm 的长柱状 Ag 结构,这对制备常规超导体和金属超导约瑟夫森结(Josephson 结)有实用意义。

复习思考题

　　(1) 试简述激光的产生原理。
　　(2) 激光的特性有哪些?
　　(3) 试简述激光加工的原理和特点。
　　(4) 激光加工的基本设备包括哪些?
　　(5) 激光加工常用的激光器有哪些? 试分类简述。
　　(6) 试简述激光打孔主要的影响因素。
　　(7) 试简述激光切割的基本原理。
　　(8) 激光焊接的优点有哪些?
　　(9) 试举出几种激光快速成形技术,并进行比较。

第4章　电子束与离子束加工

4.1　电子束加工

根据利用的电子束能量的高低,电子束加工可用于热处理、焊接、打孔和制孔、表面处理、蚀刻、电子束光刻(电子束导致分子链切断或聚合)。

4.1.1　电子束的产生

在高真空条件下,电子枪中的灯丝加热到一定温度时会放射出电子,这些电子轰击加热的阴极表面,使其发射出电子。发射的电子在外加电场的作用下聚集成能量密度很高的电子束。

电子枪是获得电子束的装置。最简单的电子枪只有阴极和阳极,被称为二级枪。为显著聚焦和控制电子束,韦内尔特发明了偏压杯(或 Wehnelt 圆柱电极)。偏压杯与阴极和阳极组成了普遍使用的三级枪,如图 4-1 所示。其中,阴极是产生电子束的电子源。电子束加工设备中,通常采用热阴极作为电子源。在外电场的作用下,被加热到很高温度的金属或某些化合物会发射电子,即热电子发射。用发射电流密度 J_e(A/cm^2)来表征阴极发射电子的能力,理论推导方程(理查森-杜什曼方程)为

$$J_e = AT^2 \exp[-e\varphi_0/(\kappa T)] \tag{4-1}$$

式中:A 为常数,单位为 A/(cm^2 · K^2);T 为阴极温度,单位为 K;$e\varphi_0$ 为逸出功,单位为 eV;κ 为玻尔兹曼常数,即 8.6×10^{-5} eV/K。目前,在动态真空系统的电子光学仪器和装置内,一般采用金属钨和硼化镧阴极。

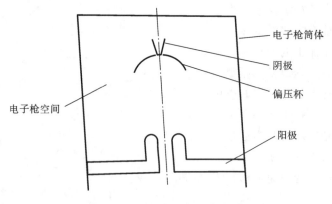

图 4-1　灯丝、偏压杯和电子束

偏压杯也被称为控制极或栅极。偏压杯与阴极距离较近,相对阳极加负电压,控制发射电子的大小。阳极加正电压,用于加速电子,并将电子按一定的分布形式引出发射系统,因此也被称为加速极或引出极。

场致电子发射是应用较多的另一种电子发射形式。它不需要给发射体内的电子提供额外的能量,而是靠外加电场来压抑发射体的表面势垒,使表面势垒的高度降低、宽度变窄,这样发

射体内的大量电子由于隧道效应会穿透表面势垒逸出形成场致电子发射。

场致电子发射时,随外加电场的增强,发射体的表面势垒的高度越来越低、宽度越来越窄,从发射体表面逸出的电子越来越多,这样场致发射电流越来越大。Fowler-Nordheim 利用量子理论研究场致发射现象,推导出温度为 0 K 的光滑金属表面的场致发射电流密度公式:

$$J(0) = A \frac{\varepsilon^2}{e\varphi_0 t^2(y)} \exp\left[\frac{-B(e\varphi_0)^{3/2}}{\varepsilon}\theta(y)\right] \qquad (4\text{-}2)$$

式中:$e\varphi_0$ 为金属逸出功,单位为 eV;$J(0)$ 为电流密度,单位为 A/cm^2;ε 为表面场强,单位为 V/cm;$t(y)$ 和 $\theta(y)$ 为 Nordheim 椭圆函数;A 和 B 为常数。

根据对 Fowler-Nordheim 方程的讨论,可以发现场致发射电流密度主要由发射体表面的局域电场和发射体自身的功函数决定。对 Fowler-Nordheim 方程做简单的对数数学处理变换,可以得到:

$$\ln\left(\frac{J(0)}{\varepsilon^2}\right) = \ln\left(\frac{A}{e\varphi_0 t^2(y)}\right) - \frac{B(e\varphi_0)^{3/2}}{\varepsilon}\theta(y) \qquad (4\text{-}3)$$

可见 $\ln\left(\frac{J(0)}{\varepsilon^2}\right)$ 和 $\frac{1}{\varepsilon}$ 之间是线性关系,据此可绘制著名的 Fowler-Nordheim 曲线。由此,可得到场致发射的一个判断标准:如果试验测得的 Fowler-Nordheim 曲线是线性关系曲线,则可说明该发射电流是由电子的隧道效应产生的场致电子发射电流。

在场致发射试验中,阴极材料的场致发射性能测试内容主要包括开启场强、阈值场强、电流密度-电场强度曲线、Fowler-Nordheim 曲线和场致发射电流稳定性等指标。在场致发射性能测试中经常涉及的参数及含义主要包括如下几个。

1. 开启场强

开启场强指阴极材料中开始稳定发射一定量电子时对应的外加电场强度,如图 4-2 所示。图 4-2 中 A 点所对应的横坐标即为开启场强,文献中一般将其定义为场致发射电流密度达到 10 μA/cm^2 时对应的电场强度。开启场强的大小反映了材料在外加电场时发射电子的难易程度,开启场强越小,表明材料中的电子越容易发射,所需工作电压越低。

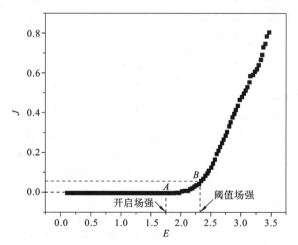

图 4-2　场致发射电流密度与电场强度的关系曲线

2. 阈值场强

阈值场强指当电场强度增大至一定程度时,电流密度突然发生实质性变化所对应的电场强度,图 4-2 中 B 点所对应的横坐标即为阈值场强。文献中一般将其定义为场致发射电流密度达到 1 mA/cm² 时所对应的电场强度。

3. 电流密度

场致发射电流密度是指由阴极发射的电子形成的电流与有效发射面积之间的比值。材料的场致发射电流密度大小反映了材料发射电子的能力,电流密度的值越大,表明材料的单位面积电子发射能力越强,场致发射性能越好。

4. 场致发射电流稳定性

材料场致发射性能的稳定性直接反映在场致发射电流随时间的变化波动上,一般受场致发射环境的真空度、材料自身的物理化学性质和发射电流大小的影响。随着测试时间的延长,场致发射电流越稳定,表明材料的场致发射性能的稳定性和可靠性越好。

场致发射阴极是场致发射电子器件的关键,而其核心是制作场致发射阴极所需的材料,其性能直接决定了器件的场致发射性能。实际应用中,场致发射阴极材料除了要求较低电压、较大场致发射电流密度和良好的场致发射稳定性外,还应易于大规模、低成本生产。

20 世纪 60 年代末期,Spindt 成功制备了 Mo 锥尖场致发射阵列阴极,即 Spindt 型阴极;以 Mo、Nb、Pd、Ir 和 Pt 等金属材料为微尖材料的 Spindt 型阴极机械性能好、熔点高,具有较好的化学稳定性,但存在加工过程复杂、成本高、环境要求高等缺点。因此,人们开始研究新型材料的 Spindt 型阴极。例如,以功函数与金属的类似且易于和传统微电子工艺相兼容的 Si 为微尖材料的发射体应运而生。然而,采用微纳加工技术制作硅微尖阴极,涉及精密的光刻、刻蚀和薄膜沉积技术,器件制作难度大、成本高,难以实现规范化、产业化加工,极大地限制了其应用和发展。

随着人们对纳米材料研究的深入,一些低维纳米材料显示出优异的场致发射性能。金刚石薄膜、类金刚石薄膜、碳纳米管和石墨烯等新材料因制备工艺简单而获得广泛的研究,促进了场致发射材料和器件的发展。

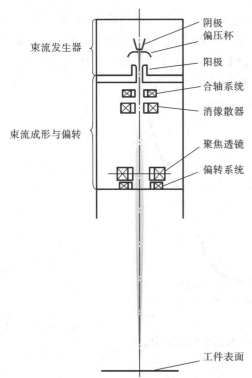

束流发生器

阴极偏压杯
阳极
合轴系统
消像散器

束流成形与偏转

聚焦透镜
偏转系统

工件表面

图 4-3 电子束的聚焦和偏转

4.1.2 电子束的聚焦和偏转

图 4-3 所示为带线圈系统的电子枪,在阳极下方存在聚焦和偏转系统,它们通过电磁场与带负电荷的粒子产生相互作用,使电子束聚焦成形和偏转。由上述可知,电子束加工的基本结构包括电子枪、真空系统、聚焦系统、偏转系统和稳压电源。其中,真空系统的作用是保证获得具有极小光斑直径和无惯性控制的高能量密度的电子;稳压电源的作用是维持电子束聚焦及阴极的发射强度的恒定。

电子枪的旋转对称电磁场具有聚焦成像的电子光学性能,因此,我们把能形成旋转对称电场、磁场或复合电磁场的电子光学系统中的电磁场系统称为电子透镜。电子透镜包含静电透镜和磁透镜两大类。电子透镜的基本参量由场的性质决定。

　　图 4-4 所示为一个由简单的通电短线圈构成的电磁透镜;磁感应强度 **B** 由电流方向决定。图 4-5 所示是电磁透镜聚焦原理示意图。电磁透镜造成一种轴对称不均匀分布的磁场,磁力线围绕导线呈环状,磁力线上任意一点的磁感应强度 **B** 都可分解成平行于透镜主轴的分量 B_z 和垂直于主轴的分量 B_r。速度为 v,平行于透镜主轴的电子进入透镜磁场时,位于透镜上半部 Ⅰ 点的电子受到垂直分量 B_r 的作用,使电子受到切向力。根据左手法则,电子所受的切向力 F_t 的方向如图 4-5 所示。F_t 使电子获得切向速

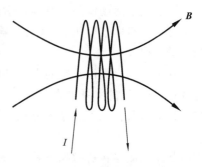

图 4-4　通电短线圈构成的电磁透镜

度 v_t,v_t 和 B_z 分量叉乘,形成另一个向透镜主轴靠近的径向力 F_r,使电子向主轴偏转。平行入射到磁场中的电子到达不同的位置,都得到使电子做圆周运动的切向速度 v_t,同时都具有使电子趋向轴上一点的轴向速度 v_r。当电子穿过线圈运动到透镜的下半部 Ⅱ 点位置时,B_r 的方向改变了 180°,F_t 随之反向,但 F_t 的反向只使得 v_t 变小,而不能改变其方向;因此,穿过线圈的电子仍然向主轴靠近。电子的运动方向是原来平行于主轴的直线运动、圆周运动和轴向运动的合运动方向,整体轨迹呈圆锥螺旋状,电子最终落到电磁透镜的轴上,完成电子的磁聚焦。

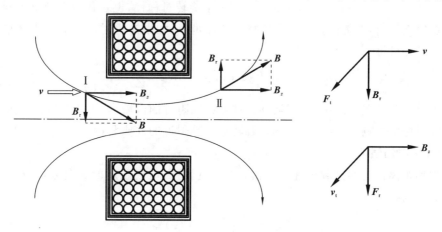

图 4-5　电磁透镜的聚焦原理

　　一束平行于主轴的入射电子束通过电磁透镜时被聚焦在轴线上一点,这一点被称为焦点。电磁透镜的聚焦过程可用牛顿成像公式来说明,如图 4-6 所示。

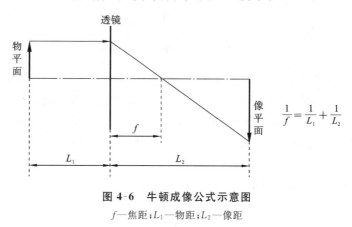

$$\frac{1}{f} = \frac{1}{L_1} + \frac{1}{L_2}$$

图 4-6　牛顿成像公式示意图

f—焦距;L_1—物距;L_2—像距

　　一般电子运动仅限于对称轴附近的区域。为了研究系统的旁轴光学性质和像差,即研究旁轴区内场对电子聚焦、成像的影响,必须了解场的性质和特点及带电粒子在给定的电磁场中的运动规律。

　　在电磁场空间没有空间电荷和空间电流时,由麦克斯韦方程组可知 $\boldsymbol{E}$ 为无旋场,$\boldsymbol{B}$ 为无源场;$\boldsymbol{E}$ 与电势的关系可表示为 $\boldsymbol{E}=-\nabla V$,且磁感应强度与矢量磁位函数可表示为 $\boldsymbol{B}=\nabla\times\boldsymbol{A}$,将上述关系式代入麦克斯韦方程组可得

$$\nabla^2 V=0 \quad \nabla^2 \boldsymbol{A}=0 \tag{4-4}$$

即电势函数满足拉普拉斯方程,静磁场中矢量磁位函数 $\boldsymbol{A}$ 满足二阶偏微分方程。

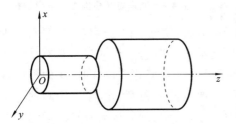

图 4-7　旋转对称静电场

　　如果电极系统针对某一轴旋转对称,则该系统所形成的静电场为旋转对称静电场,如图 4-7 所示。

　　在旋转对称静电场的情形下,选择圆柱坐标系 (z,r,θ),且使 z 轴与旋转对称轴重合。$\nabla^2 V=0$ 在圆柱坐标系 (z,r,θ) 中的形式为

$$\frac{\partial^2 V}{\partial z^2}+\frac{1}{r}\frac{\partial}{\partial r}\left(r\frac{\partial V}{\partial r}\right)+\frac{1}{r^2}\frac{\partial^2 V}{\partial \theta^2}=0 \tag{4-5}$$

　　由于旋转对称性,电位函数与 θ、r 的符号无关;在无奇异点的空间内,电势函数及其各阶微分连续可导;如果知道对称轴上电势分布 $\phi(z)$,则由数学理论推导可得

$$V(z,r)=\phi(z)-\frac{1}{4}\phi''(z)\,r^2+\frac{1}{64}\phi^{(4)}(z)\,r^4+\cdots=\sum_{n=0}^{\infty}\frac{(-1)^n\phi^{(2n)}(z)}{(n!)^2}\left(\frac{r}{2}\right)^{2n} \tag{4-6}$$

　　在电子束加工装置系统中,电子运动仅在对称轴附近的区域内,为研究对称轴附近的场对电子轨迹和成像的影响,必须要了解场在旋转对称轴附近的性质和特点。

1. 近轴区电场强度

　　离对称轴距离很近的区域被称为近轴区。在近轴区,电场强度的轴向分量 (E_z) 和径向分量 (E_r) 可表示为

$$E_z=-\frac{\partial V}{\partial z}=-\phi'(z) \tag{4-7}$$

$$E_r=-\frac{\partial V}{\partial r}=\frac{1}{2}\phi''(z)r \tag{4-8}$$

所以,作用在电子上的电场力(轴向力 F_z 和径向力 F_r)为

$$F_z=e\phi'(z) \tag{4-9}$$

$$F_r=-\frac{e}{2}\phi''(z)r \tag{4-10}$$

　　由此可知,电子所受的径向力与 r 及 $\phi''(z)$ 成正比,且受力方向由 $\phi''(z)$ 的正负号决定。若 $\phi''(z)\geqslant 0$,则径向力 F_r 为负,与 r 方向相反,电子所受的径向力指向对称轴,电子受到会聚作用;反之,若 $\phi''(z)\leqslant 0$,则电子所受的径向力是离轴的,电子受到发散作用;而且,r 越大,离轴越远,电子受到的会聚或发散力越大。电子所受的轴向力 F_z 与 $\phi'(z)$ 成正比,仅使电子在轴向做加速或减速运动。

　　另外,由式(4-7)和式(4-10)得

$$F_r=\frac{e}{2}E_z'r \tag{4-11}$$

由此可见,径向力的产生是由于轴向电场强度的变化,即轴上电位分布具有非线性变化时,才出现径向电场强度,产生径向力。所以,只有非均匀旋转对称静电场才具有使电子束聚焦成像的能力。因此,旋转对称电场的非均匀性,即轴上电位二次微分不为零,这是静电透镜(具有使电子束会聚或发散作用的电子光学系统)的本质所在。

2. 在对称轴附近的等位面的形状

在旋转对称的情况下,要知道对称轴附近的等位面情况,只需了解子午面(通过物点和光轴的截面)上对称轴附近等位线形状即可。为此,在对称轴上任选一点 z_0 来讨论 $V(z,r)=\phi(z)$ 值的等位线在对称轴附近的形状。取电位函数式(4-6)的前两项得

$$V(z,r)=\phi(z)-\frac{1}{4}\phi''(z)r^2 \qquad (4\text{-}12)$$

将 $\phi(z)$ 在 $z=z_0$ 点附近用泰勒级数展开,得

$$\phi(z)=\phi(z_0)+\phi'(z_0)(z-z_0)+\frac{1}{2}\phi''(z_0)(z-z_0)^2+\cdots \qquad (4\text{-}13)$$

再由式(4-13)求 $\phi(z)$ 的各阶导数,代入式(4-12)中,得到 $z=z_0$ 附近电位分布的级数表达式:

$$V(z,r)=\phi(z_0)-\phi'(z_0)(z-z_0)+\frac{1}{2}\phi''(z_0)\left[(z-z_0)^2-\frac{r^2}{2}\right]+\cdots \qquad (4\text{-}14)$$

式(4-14)表明,能用轴上电位分布 $\phi(z_0)$ 及其各阶导数来表达某一平面中的场分布 $V(z_0,r)$,而且还能表达围绕着 $(z_0,0)$ 点邻域中的场分布 $V(z,r)$。

现在讨论轴上某点 $(z=z_0,r=0)$ 的等位面的形状。在该等位面上,电位值为 $\phi(z_0)$,即

$$V(z_0,r)=V(z_0,0)=\phi(z_0) \qquad (4\text{-}15)$$

根据式(4-14),在 $z=z_0$ 点附近的等位线方程为

$$(z-z_0)\phi'(z_0)+\frac{(z-z_0)^2}{2}\phi''(z_0)-\frac{r^2}{4}\phi''(z_0)=0 \qquad (4\text{-}16)$$

整理后可得

$$2\left[(z-z_0)+\frac{\phi'(z_0)}{\phi''(z_0)}\right]^2-r^2=2\left[\frac{\phi'(z_0)}{\phi''(z_0)}\right]^2 \qquad (4\text{-}17)$$

式(4-17)为 $r\text{-}z$ 子午面上的双曲线方程。因为 z_0 是任选的,所以旋转对称轴上任一点附近的等位面近似地都是旋转双曲面。

以上讨论的是当 $\phi'(z_0)\neq0$ 的情况。现在来讨论在轴上 $z=z_0$ 处电位为极值,即轴上的场强分量 E_z 和 E_r 均为零的情况,即 $\phi'(z_0)=0$ 而 $\phi''(z_0)\neq0$,这时等位线有特殊的分布图形。式(4-17)简化为

$$r^2-2(z-z_0)^2=0 \quad 或 \quad r=\pm\sqrt{2}(z-z_0) \qquad (4\text{-}18)$$

由此可见,在电位极值点附近,$r\text{-}z$ 子午面上的等位线退化为两条相交的直线。所以在此极值点附近等位面形状为旋转对称圆锥面,其与 z 轴形成的张角为 $\arctan\sqrt{2}=54°$,如图4-8所示,等位面在极值点附近的空间分布为鞍形分布,电位极值点($z=z_0$)称为鞍点。

3. 静电磁场中带电粒子的运动

按照近代物理学理论,电子具有波粒二象性。它的波动性表现为它的运动与一种波动过程相联系,其德布罗意波长 λ 为

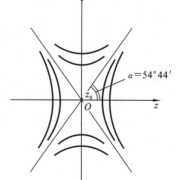

图 4-8　极值点附近的等位线

$$\lambda = \frac{h}{m_0 v} \tag{4-19}$$

式中：m_0 为电子的静止质量；v 为电子的速度；h 为普朗克常数。在本书所讨论的多数情况中，电子速度都远小于光速，因此认为电子的质量是不变的。

电子在电场中所受的作用力 $\boldsymbol{F}_e$ 为

$$\boldsymbol{F}_e = -e\boldsymbol{E} \tag{4-20}$$

式中：e 取绝对值，负号表示电子所受的电场力 $\boldsymbol{F}_e$ 与电场强度 $\boldsymbol{E}$ 的方向相反；$\boldsymbol{E}$ 的方向是电位的负梯度方向，故力 $\boldsymbol{F}_e$ 的方向是沿着电位增加的方向的。

磁场对荷电粒子的作用与电场根本不同，它只对运动着的电荷产生作用。磁场对运动电子作用的洛伦兹力，在国际单位制中表示为

$$\boldsymbol{F}_{\mathrm{m}} = -e(\boldsymbol{v} \times \boldsymbol{B}) \tag{4-21}$$

由式（4-21）可知，力 $\boldsymbol{F}_{\mathrm{m}}$ 的方向始终垂直于电子速度 $\boldsymbol{v}$ 的方向，磁场只能改变电子的运动方向，不能改变电子的速度大小，即磁场不能改变电子的能量，只能使电子的轨迹弯曲。

所以，运动速度为 $\boldsymbol{v}$ 的电子，在电场、磁场同时存在的复合电磁场中所受的作用力为

$$\boldsymbol{F} = \boldsymbol{F}_e + \boldsymbol{F}_{\mathrm{m}} = -e\boldsymbol{E} - e(\boldsymbol{v} \times \boldsymbol{B}) \tag{4-22}$$

其运动方程的矢量形式为

$$\boldsymbol{F} = \frac{\mathrm{d}}{\mathrm{d}t}(m\boldsymbol{v}) = -e\boldsymbol{E} - e(\boldsymbol{v} \times \boldsymbol{B}) \tag{4-23}$$

在非相对论的情况下，$m = m_0$（为简单起见，下面用 m 表示电子的静止质量）。式（4-23）可改写为

$$\boldsymbol{F} = m\frac{\mathrm{d}\boldsymbol{v}}{\mathrm{d}t} = m\boldsymbol{a} = m\frac{\mathrm{d}^2\boldsymbol{r}}{\mathrm{d}t^2} = -e\boldsymbol{E} - e(\boldsymbol{v} \times \boldsymbol{B}) \tag{4-24}$$

式中：$\boldsymbol{r}$ 为电子运动的矢径。

知道了电子所在场的分布（$\boldsymbol{E}$、$\boldsymbol{B}$ 的具体形式）以及电子运动的初始条件，原则上，可由运动方程式（4-24）求解电子运动轨迹。

在运动方程的矢量形式式（4-23）两端乘以 $\boldsymbol{v}$，作标量积，则得

$$\frac{\mathrm{d}}{\mathrm{d}t}\left(\frac{mv^2}{2}\right) = -e\boldsymbol{E} \cdot \boldsymbol{v} \tag{4-25}$$

考虑到电场与电位的关系，式（4-25）可写为

$$\frac{\mathrm{d}}{\mathrm{d}t}\left(\frac{mv^2}{2}\right) = -e(E_x v_x + E_y v_y + E_z v_z) = e\left(\frac{\partial V}{\partial x} \cdot \frac{\mathrm{d}x}{\mathrm{d}t} + \frac{\partial V}{\partial y} \cdot \frac{\mathrm{d}y}{\mathrm{d}t} + \frac{\partial V}{\partial z} \cdot \frac{\mathrm{d}z}{\mathrm{d}t}\right) = e\frac{\mathrm{d}V}{\mathrm{d}t}$$

积分后得

$$\frac{1}{2}mv^2 - eV = 常数 \tag{4-26}$$

由此可见，当电子在静电场和静磁场中运动时，电子的动能和位能之和保持不变，也就是说，电子动能的增加意味着位能的减少。

若发射电子的阴极的电位为零，即 $V_1 = 0$，电子初速度 $v_1 = v_0$，则电子在电位为 V 处的动能为

$$\frac{1}{2}mv^2 = \frac{1}{2}mv_0^2 + eV \tag{4-27}$$

式中：$\frac{1}{2}mv_0^2$ 为电子的初始能量，可以用等效电位 V_0 来表示，即

$$\frac{1}{2}mv_0^2 = eV_0 \tag{4-28}$$

式中：eV_0 是以电子伏特表示的电子初始能量的等效位能；V_0 的意义相当于静止的阴极电子获得发射能量所要求的加速电位，称为初电位。将式(4-28)代入式(4-27)得

$$\frac{1}{2}mv^2 = e(V+V_0) = e\varphi^* \tag{4-29}$$

式中：φ^* 为规范化电位，表示选择电子动能为零的地方作为电位的零点，这样可直接利用 φ^* 表示电子的动能。除特别指明外，本书均采用规范化单位。

4. 电子运动轨迹方程

有时采用式(4-24)研究电子运动规律很烦琐。选择某一独立的空间变量为参变量，利用能量守恒定律消去时间因子，从而得出电子运动轨迹方程的方法(电动力学方法)更方便；为便于清楚了解利用电动力学方法推导轨迹方程的过程，先讨论纯电场的情况，然后再讨论含有磁场的复合场情况。

静电场中直角坐标系下的电子运动轨迹方程为

$$\begin{cases} m\ddot{x} = e\dfrac{\partial V}{\partial x} \\[2mm] m\ddot{y} = e\dfrac{\partial V}{\partial y} \\[2mm] m\ddot{z} = e\dfrac{\partial V}{\partial z} \end{cases} \tag{4-30}$$

式中：点号表示对时间 t 求微分，将以上三式依次乘以 $\dot{x}$、$\dot{y}$ 和 $\dot{z}$，然后相加，得

$$m(\dot{x}\ddot{x} + \dot{y}\ddot{y} + \dot{z}\ddot{z}) = e\left(\frac{\partial V}{\partial x}\dot{x} + \frac{\partial V}{\partial y}\dot{y} + \frac{\partial V}{\partial z}\dot{z}\right)$$

将上式对时间积分一次，可得

$$\frac{1}{2}m(\dot{x}^2 + \dot{y}^2 + \dot{z}^2) = eV + C_{常数} \tag{4-31}$$

这就是能量守恒定律。在规范化电位下，上述积分常数项为零，则

$$\frac{1}{2}m(\dot{x}^2 + \dot{y}^2 + \dot{z}^2) = eV$$

选择 z 作为独立变量，则上式可改写为

$$\frac{1}{2}m\dot{z}^2(1 + x'^2 + y'^2) = eV$$

或

$$\dot{z} = \sqrt{2\eta V}(1 + x'^2 + y'^2)^{-0.5} \tag{4-32}$$

式中：$\eta = \dfrac{e}{m}$；$x' = \dfrac{\mathrm{d}x}{\mathrm{d}z}$；$y' = \dfrac{\mathrm{d}y}{\mathrm{d}z}$。由式(4-30)和式(4-32)可推导得到轨迹方程为

$$\begin{cases} \dfrac{2\sqrt{V}}{\sqrt{1+x'^2+y'^2}}\dfrac{\mathrm{d}}{\mathrm{d}z}\left(\dfrac{\sqrt{V}}{\sqrt{1+x'^2+y'^2}}x'\right) - \dfrac{\partial V}{\partial x} = 0 \\[4mm] \dfrac{2\sqrt{V}}{\sqrt{1+x'^2+y'^2}}\dfrac{\mathrm{d}}{\mathrm{d}z}\left(\dfrac{\sqrt{V}}{\sqrt{1+x'^2+y'^2}}y'\right) - \dfrac{\partial V}{\partial y} = 0 \end{cases} \tag{4-33}$$

式(4-33)就是电子在任意静电场中以直角坐标系表示的普遍轨迹方程。复合电磁场中电子的运动轨迹方程推导过程与电子在任意静电场中以直角坐标系表示的轨迹方程的推导过

程类似,故直接给出任意复合电磁场中以直角坐标系表示的普遍轨迹方程:

$$\begin{cases} \dfrac{d}{dz}\left(\dfrac{\sqrt{V}}{\sqrt{1+x'^2+y'^2}}x'\right) - \dfrac{\sqrt{1+x'^2+y'^2}}{2\sqrt{V}}\dfrac{\partial V}{\partial x} + \sqrt{\dfrac{\eta}{2}}(y'B_z - B_y) = 0 \\ \dfrac{d}{dz}\left(\dfrac{\sqrt{V}}{\sqrt{1+x'^2+y'^2}}y'\right) - \dfrac{\sqrt{1+x'^2+y'^2}}{2\sqrt{V}}\dfrac{\partial V}{\partial y} + \sqrt{\dfrac{\eta}{2}}(B_x - x'B_z) = 0 \end{cases} \tag{4-34}$$

5. 旋转对称电磁场中电子近轴轨迹方程

旋转对称的电磁场可用来形成电子图像,在理想的情况下,整个平面上的物将被聚焦成像于另一平面。但这种理想聚焦成像性质是利用旁轴轨迹方程得出的;而旁轴轨迹方程只适用于旁轴区的小斜率轨迹。在实际的电子光学仪器中,若被成像的物的尺寸较大或整个电子束有较大的束角,其轨迹斜率较大或超出旁轴区,则旁轴条件不满足,像将变得模糊或像与物不再几何相似,这时聚焦成像的误差叫作几何像差。

4.1.3 电子束的特点和应用

由上述电子束的加工原理,可知电子束加工的特点如下:

(1) 由于电子束能够极其细微地聚焦,甚至能聚焦到 $0.1~\mu m$,因此加工面积和切缝可以很小,是一种精密微细的加工方法。

(2) 电子束能量密度很高,可使照射部分的温度超过材料的熔化和汽化温度,主要以瞬间蒸发的方式去除材料,是一种非接触式加工。工件不受机械力作用,不产生宏观应力和变形。

(3) 电子束的能量密度高,因而加工生产效率很高。

(4) 可以通过磁场或电场对电子束的强度、位置、聚焦等进行直接控制,所以整个加工过程便于实现自动化。

(5) 由于电子束加工是在真空中进行的,因而污染小,加工表面不会氧化,特别适用于加工易氧化的金属及合金材料。

(6) 电子束加工需要一整套专用设备和真空系统,价格较贵,生产应用有一定的局限性。

电子束加工按功率密度和能量注入时间的不同,可用于塑料聚合、打孔、表面热处理、焊接、切割及刻蚀等。

电子束聚合(electron beam polymerization)是用电子束照射单体引起聚合反应。电子束辐照物质时,分子吸收能量发生电离(或电子受激跃迁)而被活化,随后产生自由基、正离子或负离子,进而引发单体聚合。与传统的热或光聚合相比,电子束聚合不需要溶剂或引发剂,且在常温或低温下短时间内即可完成。低能电子束聚合可广泛用于涂料固化及材料表面加工,特别适用于食品和药品的包装领域。

根据类型和主要参数,电子束加工工艺的近期发展情况如表 4-1 所示。

1. 电子束刻蚀

自 20 世纪发生半导体革命以来,降低硅集成电路线宽的竞赛促使光刻行业取得了惊人的进展。从在晶片上直接写入像素开始,电子束加工被推荐用于更高分辨率的图形绘制系统。电子束光刻(EBL)技术被广泛应用于尖端器件。连续的电子束加工系统可以自由扫描表面,将高能电子穿透到无掩模的电子感应膜中。电子分散在特定的区域,增加热量,去除电阻材料。EBL 的特征方程可以表示为

$$T \times I = D \times A \tag{4-35}$$

其中:T 为曝光时间;I 为束流;D 为总剂量;A 为曝光面积。式(4-35)简单表示了 EBL 的输入能量与处理时间成反比例关系。

表 4-1　各种电子束加工工艺的详细情况

工艺	年份	方法	材料	电子束能量	长宽比或深度	分辨率或光束大小
立体刻蚀	2010	热场发射	聚甲基丙烯酸甲酯（PMMA），剥离抗蚀剂（LOR），双层聚合物	100 keV	—	<10 nm
	2013	色差	氢硅氧烷聚合物（HSQ）	200 keV	10～20 nm	2～5 nm
	2014	全水基	PMMA	100～125 keV	1∶1～2∶1	5～30 nm
	2015	Elphy 量子	PMMA	30 keV	4∶1	6 nm
	2016	基于扫描电子显微镜（SEM）	HAR SU-8 光刻胶	100 keV	7.14∶1	700 nm
钻孔	2011	基于投射电子显微镜（TEM）	Si_3N_4	200～300 keV	40 nm	3～20 nm
	2012	Pro-beam AG	钢	800～850 keV	500 μm	80～153 nm
	2016	基于 TEM	ZnO，GaN	300 keV	40 nm	～5 nm
焊接	2011	连续扫描焊接	Ti-6Al-4V	60 keV	6 mm	1.9～3.0 nm
	2013	摆动焊接	AZ31B，AZ61B，AZ91D 合金	110～120 keV	11 mm	～0.5 nm
	2014	对接焊接	06Cr19Ni10 钢	60 keV	3 mm	～1 nm
	2015	电子束分区热处理	CA6NM 钢	42 keV	45 mm	～1 mm

由于束流的限制，一般认为 50 keV（130 nm，长宽比为 1∶4）为最佳能量。高的束流能量会导致低效的大电流，从而导致电阻过大和晶圆发热。此外，对于分辨率较高的直接写入过程，需要考虑邻近性和空间电荷效应。最近，随着 EBL 系统的改进，人们发现使用高能量（200 keV）可以制备出尺寸小于 10 nm 的器件。

为了克服固有的扫描速度慢等问题，许多研究者研究了具有更高效率的电子束加工技术，开发出带有放大掩模的 SCALPEL（电子束散射角限制投影光刻）系统和可连续级运动的 PREVAIL（变轴浸没透镜缩小投影曝光）系统。这些电子投影光刻系统可以以每次 1000 万像素的速度照射一个目标。另一种发展起来的下一代光刻技术是"M×M"（多轴光束系统），它使用了数百个独立的空白光束。

2. 电子束钻孔

在微钻削加工中，对高分辨率和深穿透性能（高达 25∶1 的长宽比）的需求使得电子束钻孔成为一种突出的加工解决方案。自 20 世纪 50 年代初电子束钻孔应用在珠宝手表中以来，电子束钻孔技术已经比较先进，发展了单脉冲射孔和多脉冲钻井两种不同的工艺。多脉冲钻井又细分为打击钻和跨越钻。电子束脉冲材料去除过程可用简单的能量守恒定律来描述：

$$E_e = V_a I t_p = k_e m_r \tag{4-36}$$
$$h_e = 4m_r/(\pi d_b^2) = 4E_e/(k_e \pi d_b^2) \tag{4-37}$$
$$n_e = h/h_e = hk_e \pi d_b^2/(4E_e) \tag{4-38}$$

式中：E_e 为束流能量；V_a 为加速电压；I 为电流；t_p 为脉冲持续时间；k_e 为与能量转换效率和热力学性质有关的常数；m_r 为移除的材料体积；d_b 为与基板接触的电子束的直径；单个脉冲的预估穿透深度 h_e 由式(4-37)确定，脉冲个数(n_e)可根据所需孔深(h)与 h_e 的比值由式(4-38)计算得出。

在钻孔过程中采用电子束可能会提高生产效率。首先，电子束加工不需要机床与基板接触。其次，与其他非传统加工方法(如电火花加工(EDM)和电化学加工(ECM))不同，电子束加工允许钻削和切割各种材料，从硬金属到软聚合物，通过熔化和蒸发，而无须考虑表面硬度和电导率。此外，与激光加工相比，材料的去除速率要快得多。电子束加工的偏转和脉冲振荡易于控制(很少超过 104 Hz；普通脉冲持续时间为 0.05～100 ms)，可实现高精度的自动化生产。其已应用于极高速微孔钻井系统(直径小于 100 μm，100000 孔/秒)等。

3. 电子束焊接

电子束焊接(EBW)已被用于汽车、航空和电力工程行业的各种应用。在实际应用中，电子束焊接与激光束焊接都被建议在金属连接中取代传统的焊接，包括钨极惰性气体保护焊(TIG)、熔化极惰性气体保护焊(MIG)和等离子焊接。然而，激光束焊接研究表明，激光光束系统相对容易受到材料和环境条件的影响；此外，激光束的最大热传递速率远低于电子束的。为了适当地应用电子束焊接工艺，必须针对特定工艺和工作材料选择和控制焊接参数：加速电压、束流、焊接速度、聚焦电流和枪到工件的距离。否则，有可能引起过多的光束集中，在基材中产生过剩的热量，从而产生焊接缺陷，如根部气孔、飞溅和表面粗糙；此外，能量不足可能导致不能得到适当的纵向焊缝，称为"锁孔"。与其他焊接工艺相比，这是非常明显的。

电子束焊接过程的换热机理可表示为

$$E = (\eta^* / 4.2)(V_a I \psi / v_w) \tag{4-39}$$

其中：η^* 为能量转换效率；$V_a I$ 为电子枪的功率；ψ 和 v_w 分别表示聚焦光束尺寸和焊接速度。

根据电子束的特点，电子束焊接光束功率为 1～300 kW，可以实现高速窄焊缝和小畸变热影响区。然而，EBW 在非真空环境和磁性材料中的应用受到限制。为此，研究者通过电子束焊接，以提升焊接材料的力学性能(如韧性、耐腐蚀性，特别是硬度)为目的进行了一些探索。部分异种金属的电子束焊接加工可行性得到验证，证明该工艺具有实现高质量异种金属接头的潜力。研究人员还从熔合区特征、晶粒组织、织构演变和效率等方面研究了纯镁和镁合金的电子束焊接策略。Muthupandi 等人提出了双相不锈钢(SS)的连接工艺，并在焊接金属中引入了镍和氮。Wang 等研究了不同电子束焊接扫描方式对 Ti-6Al-4V 合金接头组织和力学性能的影响。值得指出的是，电子束焊接技术作为一种预热方法，与其他电子束技术相结合以实现其加工优势的可行性也得到了验证。

4. 电子束辅助制造技术

随着人们对微纳米制造技术的需求不断增加，基于电子束辅助的混合制造技术越来越受到人们的关注。在将电子束与传统处理结合使用方面，有一些值得注意的尝试。Kim 等人提出了一种由电子束辅助的混合型 AISI 304 不锈钢掩模去毛刺工艺。他们在去毛刺过程中使用了磨料去毛刺和大脉冲电子束辐照。

电子束也被用于增材制造(AM)。一般来说，电子束辅助增材制造工艺分为线材增材制造和粉末增材制造。线材增材制造是使馈电出口附近的一根线材熔化和成形来实现的。这已被用于航空航天和军事工业。选择性电子束熔化技术在粉末调幅中得到应用。在选择性电子束熔化过程中，电子枪熔化微小颗粒，在金属粉末床中进行三维金属制造。这种技术可以实现金属产品的简单原型制作,并自由定制复杂结构,如人工关节和金属海绵。近年来,电子束辅助的混合制造技术得到了广泛的研究,如电子束辅助固化工艺。

4.2　离子束加工

4.2.1　离子束加工的原理、分类和特点

1. 离子束加工的原理和物理基础

离子束加工的原理和电子束加工的类似,也是在真空条件下,使离子源产生的离子束经过加速聚焦,而后撞击到工件表面上。不同的是离子带正电荷,其质量比电子大数千、数万倍,如氩离子的质量是电子的 7.2 万倍,所以当离子加速到较高的速度时,离子束比电子束具有更大的撞击动能,它是靠微观的机械撞击能量,而不是靠动能转化为热能来加工的。

离子束加工的物理基础是离子束射到材料表面时所产生的撞击效应、溅射效应和注入效应。其物理过程可以做如下解释。图 4-9 所示为离子撞击过程。当入射离子碰到工件表面时,撞击原子、分子发生能量交换。分子失去的部分能量被传递给工件表面上的原子、分子,当达到足够的能量时,这些原子、分子便从基体材料中分离出来,产生溅射,其余的能量则转换为材料晶格的振动。入射离子与原子、分子可以产生一次碰撞或多次碰撞并进行能量交换。

2. 离子束加工的分类

离子束加工按照其所利用的物理效应和达到目的的不同,可以分为四类,即利用离子撞击和溅射效应的离子刻蚀、离子溅射沉积和离子镀,以及利用注入效应的离子注入。图 4-10 所示为各类离子束加工的示意图。

(1) 离子刻蚀是用能量为 0.5~5 keV 的氩离子倾斜轰击工件,将工件表面的原子逐个剥离,如图 4-10(a)所示。其实质是一种原子尺度的切削加工,所以又称为离子铣削。这就是近代发展起来的纳米加工工艺。

(2) 离子溅射沉积也是采用能量为 0.5~5 keV 的氩离子,倾斜轰击由某种材料制成的靶,离子将靶材原子击出,垂直沉积在靶材附近的工件上,使工件表面镀上一层薄膜,如图 4-10(b)所示。溅射沉积是一种镀膜工艺。

(3) 离子镀也称为离子溅射辅助沉积,也是用 0.5~5 keV 的氩离子,不同的是在镀膜时,离子束同时轰击靶材和工件表面,如图 4-10(c)所示,目的是增强膜材与工件基材之间的结合力。也可使靶材高温蒸发,同时进行离子撞击镀膜。

(4) 离子注入是采用 5~500 keV 较高能量的离子束,直接垂直轰击被加工材料,由于离子能量相当大,离子就钻进被加工材料的表面层,如图 4-10(d)所示。工件表面层含有注入离子后,化学成分就发生改变,从而使工件表面层的物理、力学和化学性能改变。根据不同的目的选用不同的注入离子,如磷、硼、碳、氮等。

3. 离子束加工的特点

(1) 由于离子束可以通过电子光学系统进行聚焦扫描,离子束轰击材料是逐层去除原子的,离子束流密度及离子能量可以精确控制,因此离子刻蚀可以达到纳米级的加工精度,离子镀可以控制在亚微米级精度,离子注入的深度和浓度也可极精确地控制。因此,离子束加工是所有特种加工方法中最精密、最微细的加工方法,是当代纳米加工技术的基础。

(2) 由于离子束加工是在高真空中进行的,因此污染少,特别适用于易氧化的金属、合金

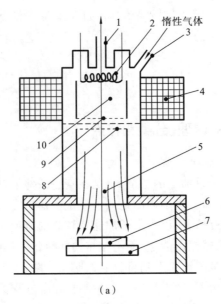

（a）

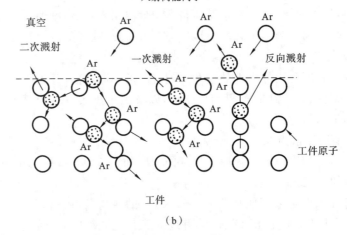

（b）

图 4-9　离子束加工原理及离子撞击过程

（a）离子束加工原理；（b）离子撞击过程

1—真空抽气口；2—灯丝；3—惰性气体注入口；4—电磁线圈；5—离子束流；

6—工件；7—阴极；8—引出电极；9—阳极；10—电离室

材料和高纯度半导体材料的加工。

（3）离子束加工是靠离子轰击材料表面的原子来实现的。其作用过程是一种微观作用，宏观压力小，故加工应力、热变形等极小，加工质量高，适用于对各种材料和低刚度零件进行加工。

（4）离子束加工设备费用高，成本高，加工效率低，因此应用范围受到一定的限制。

4.2.2　离子束加工装置

离子束加工装置与电子束加工装置类似，也包括离子源、真空系统、控制系统和电源等部分。主要的不同部分是离子源。

离子源用于产生离子束流。产生离子束流的基本原理和方法是使原子电离。具体办法是

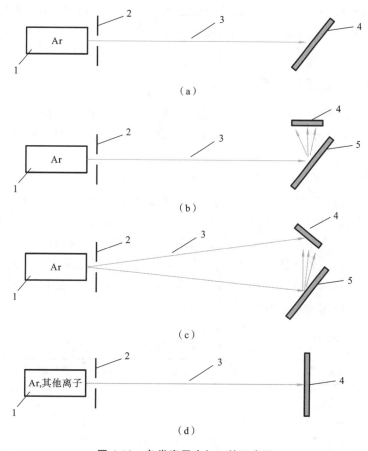

图 4-10　各类离子束加工的示意图

(a) 离子刻蚀；(b) 离子溅射沉积；(c) 离子镀；(d) 离子注入

1—离子源；2—吸极(吸收电子，引出离子)；3—离子束；4—工件；5—靶材

把要电离的气态原子(如氩等惰性气体或金属蒸气)注入电离室，经高频放电、电弧放电、等离子体放电或电子轰击，使气态原子电离为等离子体(即正离子数和电子数相等的混合体)。用一个相对于等离子体具有负电位的电极(吸极)，就可从等离子体中引出正离子束流。根据离子束产生方式和用途的不同，离子源有很多形式，常用的有考夫曼型离子源和双等离子体型离子源。

1. 考夫曼型离子源

考夫曼型离子源的阴极会发射电子并向阳极做加速运动，在这个过程中电子会和放电室内的氩气发生碰撞并产生等离子体，这当中的小部分离子组成离子束，剩余其他离子会在放电室内壁复合。在放电室四周放 4 个相邻且极性相反的磁柱，其目的是利用它所产生的磁场来控制电子运动轨迹，增加电子自由程进而增大电子与氩气的碰撞概率。且由于电子在电场和磁场的共同作用下不做直线运动而做螺旋运动，因此其自由程更大进而增加了放电概率。离子束在运动过程中会经过中和电极，其发射出的电子正好可与离子束中的正离子中和，最终使具有一定能量、沿一个方向的束流对工件进行轰击。

2. 双等离子体型离子源

双等离子体型离子源利用阴极和阳极之间的低气压直流电弧放电，将氩、氪或氙等惰性气体在阳极小孔上方的低真空中(0.1～0.01 Pa)等离子体化。中间电极的电位一般比阳极电位低,它和阳极都用软铁制成,因此在这两个电极之间形成很强的轴向磁场,使电弧放电局限在这中间,在阳极小孔附近产生强聚焦、高密度的等离子体。引出电极将正离子导向阳极小孔以下的高真空区,再通过静电透镜形成密度很高的离子束去轰击工件表面。

4.2.3　离子束加工的应用

离子束加工的应用范围正在日益扩大、不断创新。目前用于改变零件尺寸和表面物理、力学性能的离子束加工有:用于工件去除加工的离子刻蚀加工,用于工件表面涂覆的离子溅射镀膜加工,用于表面改性的离子注入加工等。

1. 刻蚀加工

离子刻蚀是从工件上去除材料,是一个撞击溅射过程。当离子束轰击工件时,入射离子的动能传递到工件表面的原子,传递能量超过原子间的键合力时,原子就从工件表面撞击溅射出来,达到刻蚀的目的。为了避免入射离子与工件材料发生化学反应,必须用惰性元素的离子。氩气的原子序数高,而且价格便宜,所以通常用氩离子进行轰击刻蚀。由于离子直径很小(约十分之几个纳米),可以认为离子刻蚀的过程是逐个原子剥离的,刻蚀的分辨率可达微米甚至亚微米级,但刻蚀速度很低,剥离速度大约为每秒一层到几十层原子。表 4-2 列出了一些材料的典型刻蚀率。

表 4-2　典型刻蚀率

靶材料	刻蚀率/(nm/min)	靶材料	刻蚀率/(nm/min)	靶材料	刻蚀率/(nm/min)
Si	36	Ni	54	Cr	20
As、Ga	260	Al	55	Zr	32
Ag	200	Fe	32	Nb	30
Au	160	Mo	40		
P	120	Ti	10		

注:条件为 1000 eV、1 mA/cm^2。

刻蚀加工时,离子入射能量、束流大小、离子入射到工件上的角度及工作室气压等都能分别调节控制,根据加工需要选择参数。用氩离子轰击被加工表面时,其效率取决于离子能量和入射角。离子能量从 100 eV 增至 1000 eV 时,刻蚀率随之迅速增大,而后增大速率逐渐减慢。离子刻蚀率随入射角 θ 增大而增大,但入射角增大会使表面有效束流减小,一般入射角 $\theta=40°\sim60°$ 时刻蚀率最高。

用离子刻蚀加工陀螺仪空气轴承和动压马达上的沟槽时,分辨率高,精度、重复一致性好。加工非球面透镜时能达到其他方法不能达到的精度。图 4-11 所示为离子束加工非球面透镜的原理,为了达到预定的要求,加工过程中工件不仅要沿自身轴线回转,而且要做摆动运动,摆动角为 θ,可用精确计算值来控制整个加工过程,或利用激光干涉仪在加

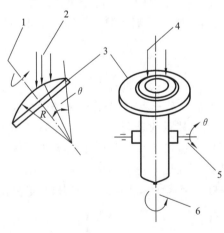

图 4-11　离子束加工非球面透镜的原理
1、6—回转轴;2、4—离子束;3—工件;5—摆动轴

工过程中边测量边控制形成闭环系统。

离子束刻蚀应用的另一个方面是刻蚀高精度的图形,如集成电路、声表面波器件、磁泡器件、光电器件和光集成器件等电子学器件的亚微米图形。

离子束刻蚀系统的优点在于可修复光学掩模(将掩模上多余的铅去除)和直接离子移植(无掩模)。与电子束光刻法相比,尽管抗蚀剂的感光度较高,但由于离子不能像电子那样被有效偏转,因此离子束曝光设备很可能不能解决连续刻蚀系统的通过量问题。

用离子束轰击已被机械磨光的玻璃时,玻璃表面 1 μm 左右被剥离并形成极光滑的表面。用离子束轰击厚度为 0.2 mm 的玻璃,能改变其折射率分布,使之具有偏光作用。玻璃纤维用离子束轰击后,会变为具有不同折射率的光导材料。离子束加工还能使太阳能电池表面具有非反射纹理。

离子束刻蚀还用于致薄材料,如致薄石英晶体振荡器和压电传感器。用于致薄探测器探头时,可以大大提高其灵敏度,如国内已用离子束加工出厚度为 40 μm,并且能够自己支承的高灵敏度探测器探头。可用于致薄样品,进行表面分析,如用离子束刻蚀可以致薄月球岩石样品,将其从 10 μm 致薄到 10 nm。利用离子束刻蚀还能在 10 nm 厚的 Au-Pa 膜上刻出 8 nm 的线条来。

聚焦后的离子束截面较小,可用于刻蚀加工三维微细表面,如图 4-12 所示。

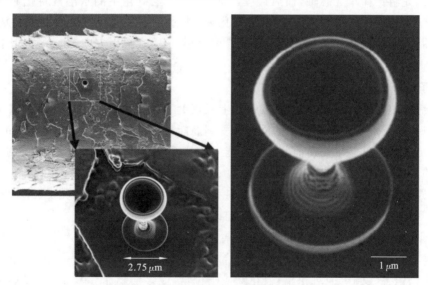

图 4-12 聚焦离子束微细加工实例

2. 溅射镀膜加工

溅射镀膜是基于离子轰击靶材时的溅射效应。离子束在电场或磁场的加速下飞向阴极靶材,阴极表面靶原子溅射至靶材附近的工件表面,形成镀膜。溅射镀膜有三种溅射技术:直流二级溅射、三级溅射和磁控溅射,其区别在于放电方式有所不同。自 20 世纪 70 年代以来磁控溅射镀膜的主要应用领域如下。

1) 硬质膜磁控溅射

在高速钢刀具上用磁控溅射镀氮化钛(TiN)超硬膜,可大大提高刀具的寿命,可以在工业生产中应用。氮化钛可以采用直流溅射方式,因为它是良好的导电材料,但在工业生产中更常用反应溅射。其工艺过程如下:工件经过超声清洗之后,再经过射频溅射清洗,采用合适的溅射电压、电流密度等工艺参数,氮气可以全部与溅射到工件上的钛原子发生化学反应而耗尽,镀膜速率约为 300 nm/min。随着氮化钛中氮含量的增加,镀膜色泽由金属光泽变金黄色,可以用作仿金装饰镀层。

2）固体润滑膜的镀制

在齿轮的齿面和轴承上溅射控制二硫化钼润滑膜,其厚度为 $0.2\sim0.6\ \mu m$,摩擦系数为 0.04。溅射时,采用直流溅射或射频溅射,靶材用二硫化钼粉末压制成形。为保证得到晶态薄膜(此种状态下有润滑作用),必须严格控制工艺参数。如采用射频溅射二硫化钼的工艺参数为:电压为 2.5 kV,真空度为 1 Pa,镀膜速率为 30 nm/min。为了避免得到非晶态薄膜,基片温度应适当高一些,但不能超过 200 ℃。

3）薄壁零件的镀制

难以机械加工的薄壁零件通常可以用电铸方法得到,但在材料的选用方面有很大的局限性,纯金属中的钼、二元合金及多元合金的电铸都比较困难。而用溅射镀膜成形薄壁零件最大的特点是不受材料限制,因此可用该工艺制作多元合金的薄壁零件。

例如某零件是直径为 15 mm 的管件,壁厚为 63.5 μm,材料为十元合金,成分为:Fe-Ni(42%)、Cr(5.4%)、Ti(2.4%)、Al(0.65%)、Si(0.5%)、Mn(0.4%)、Cu(0.05%)、C(0.02%)、S(0.008%)。先将铝棒车成芯轴,而后镀膜。镀膜后,用氢氧化钠的水溶液将铝芯全部溶蚀,即可取下零件。或在不锈钢芯轴表面加以氧化膜,溅射镀膜后,用喷丸方法或者液氮冷却方法使之与芯轴脱离。溅射镀制的薄壁管,其壁厚偏差小于 1%(圆周方向)和 2%(轴向),远低于一般 4% 的偏差要求。

3. 离子镀加工

离子镀是在真空蒸镀和溅射镀膜的基础上发展起来的一种镀膜技术。从广义上讲,离子镀这种真空镀膜技术是膜层在沉积的同时又受到高能粒子束的轰击。这种粒子流的组成可以是离子,也可以是通过能量交换而形成的高能中性粒子。这种轰击使界面和膜层的性能(如膜层对基片的附着力、覆盖情况、膜层状态、密度、内应力等)发生某些变化。由于离子镀的附着力好,因此原来在蒸镀中不能匹配的基片材料和镀料可以用离子镀来实现镀膜,还可以镀出各种氧化物、氮化物和碳化物的膜层。离子镀加工的应用领域如下:

1）耐磨功能膜

为提高刀具、模具或机械零件的使用寿命,可采用离子镀工艺镀上一层耐磨材料,如铬、钨、锆、钽、钛、铝、硅、硼等的氧化物、氮化物或碳化物,或多层膜如 Ti+TiC。试验表明,烧结碳化物刀具镀上 TiC 或 TiN 后,刀具寿命可提高 $2\sim10$ 倍。高速钢刀具镀上 TiC 膜后,使用寿命提高 $3\sim8$ 倍。不锈钢镀上 TiC 膜后,耐磨性为硬铬层的 $7\sim34$ 倍。

2）润滑功能膜

固体润滑膜有很多液体润滑无可比拟的优点,但用浸、喷、刷涂的方法成膜,所得膜层不均匀,附着力差。用离子镀方法可以得到良好的附着润滑膜。国外的一些航空工厂已在喷气发动机的轮毂、涡轮轴支承面和直升机旋翼轴的转动部件上,用离子镀成功地镀制了铬或银等固体润滑膜,既实现了无油润滑,又能防止腐蚀。

3）抗蚀功能膜

离子镀所镀覆的抗蚀膜致密、均匀、附着良好。英国道格拉斯公司对螺栓和螺帽用离子镀镀上保护层,以离子镀铝层代替电镀镍层,可防止高温下剥离。

4）耐热功能膜

利用离子镀可以得到优质的耐热膜,如钨、钼、钽、铌、铁、氧化铝等,用纯离子源离子镀在不锈钢表面镀上一层 Al_2O_3,可提高基体在 980 ℃介质中抗热循环和耐腐蚀的能力。在适当的基体上镀一层 ADT-1 合金(35％～41％铬、10％～12％铝、0.25％钇和少量镍),可得到良好的抗高温氧化和耐腐蚀性能,比氧化铝膜的寿命长 1～3 倍,是钴、铬、铝、钇镀层寿命的 1～3 倍。这种膜可用作航空涡轮叶片型面、榫头和叶冠等部位的保护层。

5）装饰功能膜

由于离子镀所得到的 TiC、TaN、TaC、ZrN、VN 等膜层都具有与黄金相似的色泽,加上良好的耐磨性和耐腐蚀性,人们常将其作为装饰层。手表带、表壳、装饰品、餐具等金黄色镀膜装饰已进入市场。

4. 离子注入加工

离子注入是向工件表面直接注入离子,它不受热力学限制,可以注入任何离子,且注入量可以精确控制。注入的离子是固溶在工件材料中的,质量分数可达 10％～40％,注入深度达 1 μm,甚至更深。

离子注入在半导体方面的应用在国内外都很普遍,它是将硼、磷等杂质离子注入半导体,用以改变导电形式(P 型或 P 型)和制造 PN 结,制造一些通常用热扩散方法难以获得的各种特殊要求的半导体器件。由于离子注入的数量、PN 结的含量、注入的区域都可以精确控制,因此离子注入成为制作半导体器件和大面积集成电路的重要手段。

离子注入在改善金属表面性能方面的应用正在形成一个新兴的领域。它可改变金属表面物理化学性能,制得新的合金,从而改善金属表面的耐腐蚀性、抗疲劳性、润滑性和耐磨性等。表 4-3 所示是将离子注入金属样品后,金属表面性能改变的例子。

表 4-3　离子注入金属样品改变金属表面性能的例子

注入目的	离子种类	能量/keV	剂量/(离子/cm²)
耐腐蚀	B、C、Al、Ar、Cr、Fe、Ni、Zn、Ga、Mo、In、Eu、Ce、Ta、Ir	20～100	$>10^{17}$
耐磨损	B、C、Ne、N、S、Ar、Co、Cu、Kr、Mo、Ag、In、Sn、Pb	20～100	$>10^{17}$
改变摩擦系数	Ar、S、Kr、Mo、Ag、In、Sn、Pb	20～100	$>10^{17}$

利用离子注入对金属表面进行掺杂,是在非平衡状态下进行的,能注入互不相容的杂质而形成一般冶金工艺无法制得的一些新的合金。如将 W 注入低温的 Cu 靶中,可得到 W-Cu 合金等。

离子注入可提高材料的耐腐蚀性。如把 Cr 注入 Cu,可得到一种新的亚稳态的表面相,从而改善耐腐蚀性。离子注入还可改善金属材料的抗氧化性能。

离子注入可改善金属材料的耐磨性。如在低碳钢中注入 N、B、Mo 等,在磨损过程中,表面局部升温形成温度梯度,使注入离子向衬底扩散,同时注入离子又被表面的位错网络限制,不能推移很深。这样在材料磨损过程中,不断在表面形成硬化层,提高了耐磨性。

离子注入还可以提高金属材料的硬度,这是因为注入离子及其凝集物将引起材料晶格畸变、缺陷增多。如在纯铁中注入 B,其显微硬度可提高 20％。将硅注入铁,可形成马氏体结构的强化层。

离子注入可改善金属材料的润滑性能,这是因为离子注入表层后,在相对摩擦过程中,这些被注入的离子起到了润滑作用,延长了材料的使用寿命。如把 C、N 注入碳化钨中,其工作寿命可大大延长。

此外,在光学方面,利用离子注入可以制造光波导。例如对石英玻璃进行离子注入,可增大折射率而形成光波导。离子注入还可用于改善磁泡材料的性能,制造超导材料,如在铌线表面注入锡,可生成表面具有超导性 Nb_3Sn 层的导线。

离子注入的应用范围在不断扩大,随着离子束技术的进步,现在已经可在半真空或非真空条件下进行离子束加工,今后将会开发更多的应用。离子注入金属改性还处于研究阶段,目前生产率还较低,成本较高。对于一般光学元件或机械零件的表面改性,还要经过一个时期的开发研究,才能应用。

复习思考题

(1) 简述电子束加工的基本原理。

(2) 电子束加工与激光加工的区别是什么?

(3) 电子束加工为什么必须在真空条件下进行?

(4) 电子束加工装置主要由哪几部分组成?

(5) 对电子枪中的阴极材料有什么要求?

(6) 如何降低电子束成像中的球差和色差?

(7) 电子束加工装置中的偏压对电子枪性能的影响是什么?

(8) 简述电子束镀膜的基本原理。

(9) 电子束微细加工领域中,抗蚀剂主要起哪两方面的作用?

(10) 利用电子束曝光技术制备曝光图像,大体上需要几个方面的工艺程序?

(11) 简述离子束加工的工艺特点。

第5章 增材制造

不同于传统的等材制造或减材制造,增材制造是采用逐行或逐层固化的策略,利用"加法"来制造三维实体零件的。独特的制造过程使得增材制造具有很多前所未有的优势,例如,可以提供很高的设计自由度、定制化程度、产品尺寸精度,并且可以极大地降低物料成本和时间成本,以及免除加工工具的使用,甚至还有可能从根本上改变产业链中库存的结构。经历了过去二三十年迅速的发展,现如今,增材制造技术已经在航天航空、轨道、汽车、生物、医疗、能源、建筑、教育、艺术等诸多领域有所建树。本章将对七种增材制造技术,以及它们的原理和应用进行介绍。

5.1 增材制造技术简介

增材制造(additive manufacturing,AM)最早被称为快速成形(rapid prototyping),这是因为早期增材制造加工得到的零部件多是用于调试的产品原型或过渡产品,其距离最终产品还相对较远。然而,增材制造技术的高速发展使其目前生产的零部件可以非常接近最终产品,并且,"快速成形"一词不足以形容其加工方式的特性,因此,"增材制造"的称法更为恰当。另外,增材制造也常常被叫作3D打印(3D printing)。

所有的增材制造技术的共同特点是它们都依据CAD模型来进行零件的成形。具体来说,首先构建出产品的三维CAD模型,如图5-1(a)所示的茶杯。而后,选择产品的朝向,如图5-1(a)所示的茶杯直立。因为增材制造的成形基本都是由下至上逐层进行的,所以该直立的茶杯最先成形的部位是杯底,最后是杯口。再然后,综合考虑尺寸精度、成形速率等因素,确定层厚,即每次叠加材料的厚度。如图5-1(b)(c)所示,层厚越大,尺寸精度越差,但因为打印次数减少,所以成形速率高。

图 5-1 茶杯模型

相较于传统加工手段(如铸造、切削、轧制、冲压等),增材制造采用逐行或逐层固化的策略来制造三维立体的产品。图5-2展示了一个3D打印成形的产品的实例,该产品的几何

图 5-2　3D 打印产品

结构复杂,很难通过传统加工手段来实现,可见 3D 打印相比于传统加工手段可以生产更为复杂的几何结构。

对 3D 打印的分类可以有不同的方式,可以以原料的物理状态,也可以以原料的形态来分类。现在比较常见的分类方式是根据 3D 打印过程的工作原理将 3D 打印分为光固化(vat polymerization)、材料喷射(material jetting)、黏合剂喷射(binder jetting)、粉末床熔融(powder bed fusion)、熔融沉积成形(fused deposition modeling)、定向能量沉积(directed energy deposition),以及薄材叠层(sheet lamination)等几个类别。

5.2　光　固　化

从定义上来讲,光固化是指通过光致聚合作用选择性地固化液态光敏聚合物的增材制造工艺。在诸多光固化工艺中,最具代表性的工艺是立体光刻技术(stereo lithography apparatus, SLA)。该技术是最早的 3D 打印技术,由 Charles Hull 于 1984 年申请首个专利,并于 1986 年获得批准,而且自发明以来一直是该领域的主导技术。随着图形形成原理和控制系统等方面新技术的出现与成熟,在制造尺寸、制造精度、制造速度或设备成本方面各自拥有特点的光固化技术,如数字光处理(digital light processing, DLP)、液晶屏(liquid crystal display, LCD)区域选择、连续液相界面生成(continuous liquid interface production, CLIP)等,逐渐从实验室走向消费市场,并且光固化技术的适用范围得以扩展。

5.2.1　工艺原理

通常,3D 打印的过程包括三个步骤:首先,利用计算机建模软件设计三维模型;其次,对三维模型进行切片分层;最后,逐层打印模型。如光固化技术的定义中所述,液态光敏聚合物在特定波长光线照射下可迅速发生聚合反应,从液态变为固态,控制系统根据分层数据信息控制光路对液态光敏树脂的薄层进行精确选择性照射,被照射区域逐渐固化,固化的薄层与下层黏合,成形的部分随升降平台移动,为新一层腾出工作空间,逐层照射直至完成。因此一般的光固化系统至少需要包含如下几个部分:能量光源、光敏聚合物液槽、工件成形升降平台、工件支撑结构。在这个原理的基础上,可根据各个工艺开发出不同的光固化系统。下面讲解几个现今主要的光固化技术的工艺系统。

1. 立体光刻

一般 SLA 打印机使用的光源是位于光敏树脂槽上方、波长为 355 nm 的激光束。激光束从顶部对树脂曝光,激光束扫描时液态树脂凝固。如图 5-3 所示,升降平台浸没在树脂中,初始时,平台的表面与树脂表面之间有单层切片厚度的液体。激光束沿着路径扫描,固化的树脂逐渐填充模型的二维截面。在完成一层的树脂固化后,平台向下移动一层的距离,让液体重新填满表层,为下一层的固化做准备。重复上述的步骤,一层一层地固化,直到产生一个立体的三维物体。每一层的图案的形成由激光束的移动控制。理论上,激光束可以在很大的范围内移动,因此,SLA 打印技术可以打印大尺寸模型。但由于固化速率与激光束的运动密切相关,因此 SLA 的打印速度较低,模型尺寸越大,打印速度越慢。此外,由于这一技术的打印分辨率取决于激光束的大小,因此与其他光固化技术相比,SLA 的分辨率较低。

2. 数字光处理

数字光处理技术是一种基于掩模的面曝光光固化技术。该概念最初是由日本 Nakamoto 和 Yamaguchi 在 1996 年提出。数字光处理技术通过光源一次性将分层后的一整层的打印形状通过掩模整体曝光到光敏树脂表面进行层层固化。使用投影仪作为光源,就和用于教室大屏幕演示的投影仪一样,将物体横截面的图像投影到液态光敏树脂中。而数字光处理的关键,即决定图像的形成和打印精度的核心,是由 Larry Hornback 博士于 1977 年发明的数字微镜装置,或称 DLP 芯片。DLP 芯片可能是迄今为止世界上最先进的光学开关设备,其中包含 200 万个相互连接的微镜阵列,每个微镜大约是人类头发大小的五分之一。当 DLP 芯片与数字视频或图像信号、光源和投影透镜配合时,微镜就可以将全数字图像投影到屏幕或其他表面上。DLP 芯片的微镜切换次数每秒可达数千次,能够反射 1024 像素的灰度阴影,从而可将输入的视频或图像信号转换为丰富的灰度图像。因此,DLP 3D 打印具有较高的打印分辨率,最小打印尺寸可达 50 μm。由于芯片的半导体封装材料不耐紫外光,因此 DLP 3D 打印机的光源采用波长为 405 nm 的 LED 灯光。如图 5-4 所示,DLP 光固化成形时,光敏树脂被投影光束扫描后发生聚合反应,固化成截面轮廓后,升降台托板携零件重新回到树脂液面以上,散去因固化反应产生的热量,然后回到树脂槽底部,再次扫描固化,重复此过程直到整个零件成形。在此过程中,首层曝光时间影响到零件能否稳固附着在基板上;单层曝光时间影响到当前切片与前层切片的固化程度,如果曝光时间不够,在拉起时可能导致零件破损。DLP 3D 打印曝光面积有限,目前可打印尺寸 100 mm×60 mm 至 190 mm×120 mm 的打印件。此外,DLP 3D 打印可以打印小体积、高精度的打印件,这是这一技术的一个显著优点。

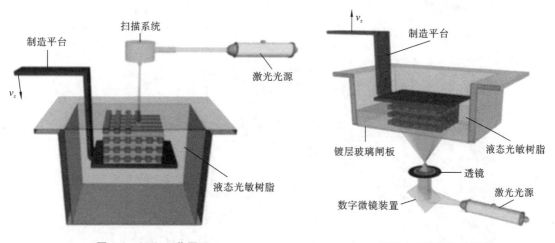

图 5-3 SLA 工艺原理   图 5-4 DLP 工艺原理

3. 液晶屏区域选择(LCD)

在光固化 3D 打印技术中,从 SLA 到 DLP,再到最新的 LCD 3D 打印技术,主要的区别在于光源和成像系统,而控制系统和步进系统差异不大。DLP 和 LCD 3D 打印技术最大的区别是成像系统。在 LCD 3D 打印技术中,成像系统采用的是液晶显示器。当电场作用于液晶时,其分子排列将改变,从而阻止光通过。由于液晶显示技术很先进,因此液晶显示的分辨率非常高。然而,在电场开关过程中,少量液晶分子无法重排,因此会出现轻微的漏光现象,这就造成了 LCD 技术的精度不及 DLP 技术的。LCD 工艺原理如图 5-5 所示。

4. 连续液相界面生成

2015 年 3 月 20 日,由 Carbon 3D 公司研发的连续液相界面生成技术登上 *Science* 杂志封面。该技术的关键是氧渗透膜的发明,它有助于氧渗透膜的连续印刷,以抑制自由基聚合。CLIP 技术是一种先进的 DLP 技术。其工艺原理如图 5-6 所示。CLIP 技术的基本原理并不复杂,树脂槽底部的特殊窗口可以让光和氧气通过,而由于氧气可以阻止光固化反应的发生,在透氧槽底表面产生一层厚度很小(约只有人发丝直径的 1/3)的富氧区域,即所谓"死区"(见图 5-7)或者"阻聚区",这一区域的树脂由于受氧抑制保持液面稳定,从而保证了固化的连续性,紫外光投影使光敏树脂固化的位置不再是在基底上,而是在"死区"上方的树脂液中。这一改变使固化层与基底的剥离由 DLP 技术原有的固-固分离转变为固-液分离,从而大大减小了黏附力,将打印速度提高了数十倍。该技术最重要的优势是,它可以以一种近乎颠覆性的方式

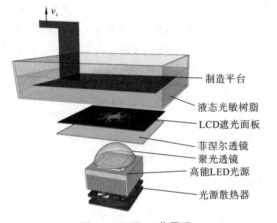

图 5-5　LCD 工艺原理

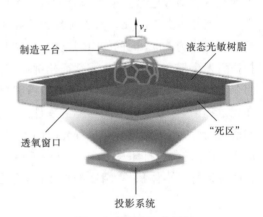

图 5-6　CLIP 工艺原理

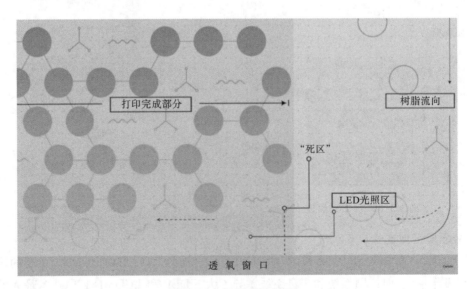

图 5-7　"死区"示意图

生产物体——比 DLP 3D 打印机快 25～100 倍,理论上可高达 1000 倍,且打印分层可以无限精细。之前的 3D 打印需要将 3D 模型分割成许多层,类似于片层的叠加,这导致表面粗糙度的问题无法从原理上消除,而 CLIP 技术的图像投影可以是连续变化的,相当于将成像过程从幻灯片演变成视频,这是对 DLP 投影技术的巨大改进。

5. 面投影微立体光刻技术

面投影微立体光刻(PμSL)技术是基于区域投影触发光聚合的高分辨率 3D 打印技术,适用于制作微尺度的复杂三维结构。Sun 等人在 2005 年首次采用 DMD 作为动态掩模,研制了高分辨率 PμSL 器件。与传统的立体光刻工艺相似,PμSL 以一层一层的方式制造复杂的三维微结构。这些构造层的形状是通过将设计的 CAD 模型与一系列紧密间隔的水平面切片来确定的。通过将切片层的图像以电子格式呈现,掩模图以位图形式动态生成在 DMD 芯片上,照在 DMD 芯片上的光按照所定义的掩模图案塑形,然后,所调制的光通过还原透镜传输。因此,在可固化树脂表面会形成图像以减少特征尺寸。在每一层中,被照亮的区域在一次曝光下同时凝固,而黑暗的区域仍然保持液态。在制备一层后,将基材浸入 UV 固化树脂中,并在现有结构上制备新层,从而依次固化,实现具有微结构的物体的打印。

PμSL 装置示意图如图 5-8 所示。它是许多子系统的集成,所有这些子系统协作,提供精确的曝光和层厚控制。五个主要部件为:数字微镜装置(DMD,作为动态掩模)、投影透镜、紫外线光源、电动平移工作台和树脂桶。

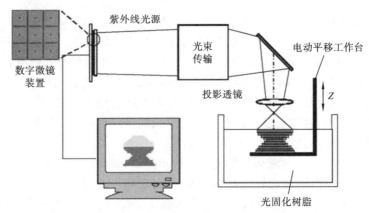

图 5-8　PμSL 装置示意图

6. 多光束交叉固化

根据成形光束的作用形式不同,现有的多光束交叉固化体积成形方式主要分为双光束 X 型固化、三视图式固化与旋转式固化等类型,如图 5-9 所示。

Regehly 等人提出了一种 X 射线体积 3D 打印技术,该技术允许以高达 25 μm 的特征分辨率和 55 mm³/s 的固化速度 3D 打印物体。这是一种双色技术,它使用可光转换的光引发剂,通过相交不同波长的光束进行线性激发,从而在受限的单体体积内引发局部聚合。一定厚度的矩形光照射一定体积的黏性树脂,选择不同波长的光来激活被称为双色光引发剂(DCPI)的分子,通过切割分子主链上的一个分子环来激活;这个反应只发生在光圈内。第二束光投射出 3D 对象的切片图像,引发树脂材料凝固。第二束光的波长与第一束光的不同,任何被激活的 DCPI 分子都会引发树脂聚合,使薄片固化。然后,树脂相对于光片的位置移动,光片是固定的。这改变了光片在树脂中的位置,因此激活和诱发过程可以在一个新的位置重新开始,从而一片片地构建对象。该技术的分辨率约为无反馈优化的计算机轴向平版印刷技术的 10 倍,

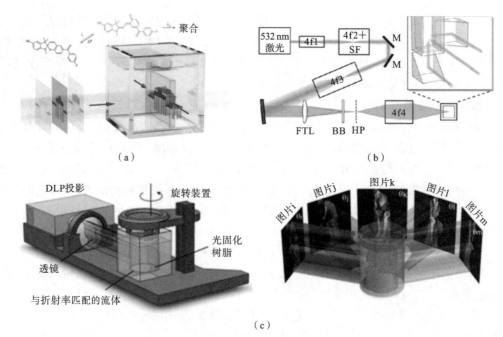

图 5-9　多光束固化技术
(a) 双光束 X 型固化;(b) 三视图式固化;(c) 旋转式固化

并且体积生成速度比两光子光聚合高出四到五个数量级。此外,Regehly 等人还用 X 射线摄影术打印了一种用于将激光束转换为直线、均匀光线的非球面透镜。在空气中,镜头将一条狭窄的绿色激光束拉伸成投影的直线。透镜的光学性能表明,印刷材料的结构非常均匀,没有明显缺陷。研究人员通过将三维全息图像分成三个不同的部分,然后通过分开的激光束将其投射到树脂箱中,激光从前部、底部和侧面进入,在激光重叠的地方形成 3D 光场。研究人员使用的树脂是一种光敏聚合物,一旦达到了一定的激光能量照射阈值,其就会发生固化反应,固化结束后液态树脂被排出,留下 3D 结构的产品。

　　Taylor 等人还开发了一种轴向计算光刻(computed axial lithography,CAL)方法,该方法通过选择性光聚合结合轴向旋转成形的方式,可实现任意几何形状的立体快速成形。与传统的基于逐层堆积的打印方法相比,CAL 方法具有几个优点:① 不需要支撑结构;② 可以打印高黏度流体甚至固体,也可在固体或者模具组分周围打印 3D 结构,实现多组分增材制造;③ 打印速度及打印量比逐层堆积的方法快几个数量级,可在 30～300 s 之内完成数厘米甚至数十厘米的体积打印。CAL 技术扩展了增材制造的原材料领域。基于逐层堆积的光聚合增材制造技术通常对预聚物的黏度范围有一定的限制,以适应打印工艺。为了满足这一黏度参数要求,通常会在光聚合预聚体中混合单体以降低黏度,但该过程会对所打印的材料的最终性能产生不利影响。CAL 技术则不受材料黏度限制,可以使用更黏稠的材料,因为在打印过程中不需要材料流动。因此,CAL 可以连续打印由于高黏度而难以或慢速 3D 打印的材料,例如具有高刚度和热阻的材料,以及硅树脂等。

　　目前生物 3D 打印方法包括基于挤出的打印方法、立体光刻和数字光投影打印等,这些打印方法都是基于层层堆积(layer-by-layer)的思想来构建三维结构的,通常需要支撑材料以实现中空或悬垂结构的打印,大大限制了复杂结构的精确制造。此外,打印大尺寸组织结构需要很长的时间,这就迫使细胞在墨盒中留存的时间过长,大大影响了细胞活性。因此,提高打印效率和精度成为生物 3D 打印工艺研究的热点和难点。针对以上传统打印中出现的问题,Riccardo 等人在 CAL 技术的基础上做了更进一步的深入研究,引入了一种体积生物打印(VBP)的概念,可在几秒到几十秒的时间内制造出具有任意大小和形状的细胞负载结构,实现了在极短时间内完成生物墨水厘米级的适用于临床尺寸的精细结构成形。VBP 技术是受计算机断层扫描(CT)的启发,通过二维动态光场照射,制造更为复杂的物体,能够实现打印产物的分辨率在 80 μm 以下。体积生物打印技术将物体的分层打印变为一次性创建整个对象,从而克服了传统生物打印技术因打印时间过长对细胞造成的损伤,其打印精度也达到了传统打印方法无法企及的高度,可以打印出解剖学上正确的骨模型,以及半月板的植入模型。生物墨水被放在圆柱形容器中,以允许其实现空间选择性交联。为了实现光在三维空间中的可控剂量分布,树脂容器被设计成透明、可旋转的,另外,图案化紫外光在固定位置进行同步照射,使动态光投射到生物墨水中。

5.2.2　成形材料

光固化 3D 打印所用的材料是光敏聚合物,其中最为常用的是光固化树脂。光固化树脂是一种由以光聚合性预聚合物或低聚物、光聚合性单体及光聚合引发剂等为主要成分的混合液体(见表 5-1)。光聚合引发剂能在光照射下分解,成为全体树脂聚合开始的"火种"。有时为了扩大被光聚合引发剂吸收的光波长带,以提高树脂反应时的感光度,还要向混合物中加入增感剂。丙烯酸酯、环氧树脂等的低聚物是光敏树脂的主要成分,它们决定了光固化产物的物理特性。低聚物的黏度一般很高,所以要将其单体作为光聚合性稀释剂,以改善树脂整体的流动性。此外,体系中还要加入消泡剂、稳定剂等。

表 5-1　光固化材料的基本组分及其功能

名　　称	功　　能	常用含量/(%)	类　　型
光聚合引发剂	吸收特定波长激光,引发聚合反应	≤10	自由基型、阳离子型、混合型光敏树脂
低聚物	材料的主体,决定了固化后材料的主要性能	≥40	环氧丙烯酸酯、聚酯丙烯酸酯、聚氨酯丙烯酸酯等
稀释单体	调整黏度并参与固化反应,影响固化性能	20~50	单官能度、双官能度、多官能度
其他	根据不同用途而异	0~30	

根据引发剂的引发机理,光敏树脂可以分为三类:自由基型光敏树脂、阳离子型光敏树脂和混合型光敏树脂。

SLA 技术通常选用阳离子型或混合型光敏树脂有三个主要原因:第一,激光器光束的波长为 355 nm。在这个波长下,自由基和阳离子的光聚合反应都可以进行;第二,体积收缩是光聚合材料的致命弱点,它会引起强烈的内应力,导致材料变形,模型精度下降,甚至发生断裂,而阳离子型光敏树脂的体积收缩量很小;第三,阳离子型光敏树脂较少,引发剂价格高,且光敏聚合的诱导时间长,因此通常采用自由基和阳离子混合型光敏树脂。通过调节混合树脂组分,模型的性能、打印速度和成本都可以得到调控。

DLP 3D 打印通常使用自由基型光敏树脂,而不采用阳离子型光敏树脂。阳离子光引发剂很难在 LED 光源的 405 nm 光线的照射下生效,虽然有些阳离子光引发剂可以在 405 nm 光的照射下工作,但其价格太高,应用受到限制。此外,DLP 3D 打印的光强不足以使阳离子光引发剂光解,导致不能引起光聚合。

LCD 3D 打印和 DLP 3D 打印的原理和结构都比较相似,光敏树脂的选材也基本相同,但两种技术的一个主要区别是光强度,而光强是影响光聚合的一个重要因素,它决定了打印速度和固化程度。因此,相较于 DLP,LCD 3D 打印需要更大的引发剂用量或更长的曝光时间。

CLIP 技术是目前 3D 打印技术中的颠覆性技术,其最大的优点无疑是快速打印。然而,目前 CLIP 技术仅能实现低黏度树脂的中空模型的快速打印。低黏度树脂保证了树脂可快速补充到印刷区域,而中空模型使每一层所需的树脂数量减少。因此,对于高黏度树脂和实心模型的打印,CLIP 技术的效率还不高。

5.2.3 优缺点

1. 优点

(1) SLA 工艺可以加工大尺寸零部件,用于模型、汽车、航空航天等领域。

(2) DLP 工艺的精度可以控制在几十微米,可打印精细结构。

(3) LCD 工艺的设备价格相较其他工艺的十分便宜,极大扩展了可接受人群。

(4) CLIP 工艺能以极高的速度打印部件,且有巨大的研发潜力。

(5) PμSL 工艺分辨率高、精度高、适用材料广、加工效率高、加工成本低。

2. 缺点

(1) 目前缺乏高性能、低黏度的光敏树脂,而高黏度的光敏树脂往往难以打印。

(2) 不添加支撑柱时,液态树脂难以支撑操作,打印件表面粗糙度增加,抛光步骤不可避免;增加支撑柱则需后续人工拆除支撑柱,人力成本上升。

(3) 高度交联的光固化材料不能生物降解,产品报废后不能直接回收,直接丢弃会造成环境污染。

(4) 目前光固化材料的生物相容性差,难以用在生物科学领域。

5.2.4 典型应用

立体光固化工艺可应用在很多方面:可以制作比较精细和复杂的零件;可以制作各种树脂功能件,用于结构验证和功能测试;制作出来的原型件可快速翻制各种模具,如硅橡胶模、金属冷喷模、陶瓷模、合金模、电铸模、环氧树脂模和消失模等。

1. 医疗领域

立体光固化工艺在该领域的应用包括制作牙齿矫正模具、下颌骨牙齿模型和助听器。在医疗领域中,由于每个人的器官形状和大小都不一样,因此产品需要为不同的患者量身定制,而这也正是 3D 打印技术的优势所在。利用 3D 打印技术制造牙套有三种方式:直接法、间接法,以及直接打印法。所定制的牙套具有成本低、制造周期短、牙套匹配度高、制造方便、美观等特点,在商业上的应用已经较为广泛,是一种很受医生和患者欢迎的工业技术。而且为了提高牙套佩戴的舒适性,目前已经在研究制造梯度牙套。另外,尽管现在 3D 打印技术还处于起步阶段,但近 98% 的助听器都是由 SLA 或 DLP 打印技术制造的,3D 打印已经几乎占据了助听器领域。3D 打印在医疗领域的应用如图 5-10 和图 5-11 所示。

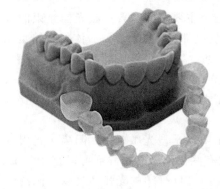

图 5-10 3D 打印在牙科方面的制作实例

2. 珠宝行业

在珠宝行业中,光固化技术可用于制作珠宝的原模,这些模具最终被用来制作固体金属首饰,如图 5-12 所示。在这个过程中,光固化技术制作精细复杂产品的能力可以让首饰的外形复杂度不再受工艺水平的限制,完全可以根据设计者的灵感来设计。

图 5-11　3D 打印在助听器方面的制作实例　　　图 5-12　树脂模型用于珠宝制作的实例

3. 柔性致动器的制造

光固化打印技术(如立体光刻、面投影微立体光刻)已经广泛应用于柔性致动器的制造,等等。

5.3　材　料　喷　射

材料喷射是一种强大的增材制造技术,可以生产光滑、精确的零件、原型和模具。它的精度可达 0.014 mm,可以使用广泛的材料生产薄壁和复杂的几何形状。

2000 年,以色列 Objet 公司申请了 PolyJet(聚合物喷射技术)专利,该公司于 2011 年被美国 Stratasys 公司收购。PolyJet 技术的成形原理与黏合剂喷射有些类似,但喷射的不是黏合剂而是树脂材料。虽然不如 SLS 和 SLA 技术使用广泛,但其在增材制造技术细分领域仍占有重要地位。目前有许多公司在开发材料喷射 3D 打印系统,其中最知名的当属 Stratasys 公司的 PolyJet 和 3D Systems 公司的 MultiJet(MJ)系列。

PolyJet 的优势在于能创建流畅、详细的原型,生产精密模具、冶具、夹具等制造工具,可以实现复杂的形状、细节和精致的特征;此外,可以将多种颜色和材料融合到一个单一的模型中,以获得高效率。PolyJet 技术给大量的材料产品组合提供了可能,可满足各行各业的 3D 打印需求,以及设计、工程、制造和艺术应用中的特殊要求。

5.3.1　工艺原理

材料喷射的定义为:将材料以微滴的形式按需喷射沉积的增材制造工艺。其可分为连续材料喷射(CMJ)、纳米颗粒喷射(NPJ)和按需滴落(DOD)。目前市面上最常见的是连续材料喷射,本节将对其进行介绍。

1. 系统组成

材料喷射工艺系统组成如图 5-13 所示。

2. 工作原理

连续材料喷射的工作原理类似于常规的喷墨打印机。喷墨打印机的工作原理是喷墨系统

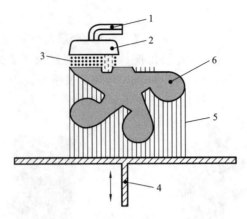

图 5-13 材料喷射工艺系统组成

1—成形材料和支撑材料的供料系统(为可选部件,根据具体的成形工艺确定);2—分配(喷射)装置(辐射光或热源);3—成形材料微滴;4—成形和升降平台;5—支撑结构;6—成形工件

前后移动并将彩色墨水沉积在纸上(2D)。而连续材料喷射相当于用液态光敏聚合物替换彩色墨水,用打印平台(3D)替换纸张。这里所说的液态光敏聚合物是一种特殊的热固性聚合物,其主要特点是会在紫外线的照射下固化。

3. 工艺流程

相比于普通的喷墨打印机,连续材料喷射打印机具有特殊的喷墨系统,该系统由多个并排排列的打印头和一个 UV 发光器组成。每个打印头上有多个喷墨孔,每个喷墨孔会在喷墨系统移动时滴落液体。连续材料喷射打印示意图如图 5-14 所示,具体流程如下:

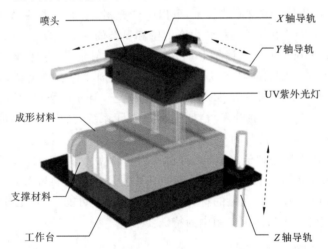

图 5-14 连续材料喷射打印示意图

(1) 将喷墨系统内储存的液态光敏聚合物加热到 30~60 ℃,以使聚合物具有足够的流动性。

(2) 喷墨系统的一次移动其实是一个往返。当喷墨系统离开起始点前进时,打印头的喷墨孔会将液态光敏聚合物滴到平台上。在喷墨系统返回原点的过程中,用紫外线照射已经沉积的液态光敏聚合物并使它们固化。

(3) 经过第一个往返(第一层完成)后,平台会向下移动一个单位的层厚度,然后重复之前的过程,直到零件打印完成为止。

(4) 取出零件,进行后处理(例如,去除支撑物并抛光),以改善零件的外观和物理性能。

4. 成形设备

近年来,3D 打印技术相关公司在材料喷射技术与设备方面取得了长足的进步。已经商品化的材料喷射设备生产厂商主要是 Stratasys 公司和 3D Systems 公司,其代表机型如下:

(1) Stratasys 公司,代表机型有 OBJET260/350/500 CONNEX3、STRATASYS J735/J750 等,如图 5-15 所示。

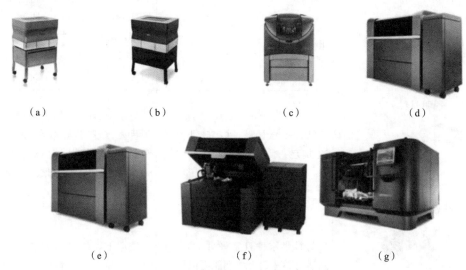

（a）　　　　　（b）　　　　　（c）　　　　　（d）

（e）　　　　　　（f）　　　　　　（g）

图 5-15　Stratasys 公司常见的材料喷射打印机

(a) OBJET30 PRO;(b) OBJET30™;(c) OBJET EDEN260VS;(d) OBJET500 CONNEX1;
(e) OBJET260/350/500 CONNEX3;(f) STRATASYS J735/750;(g) OBJET1000 PLUS™

(2) 3D Systems 公司,代表机型有 ProJet MJP 2500/2500 PLUS、ProJet MJP 2500 IC、ProJet MJP 2500W 等,如图 5-16 所示。

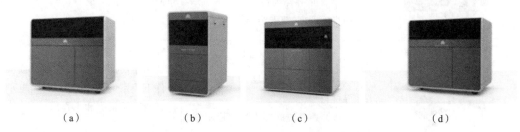

（a）　　　　　（b）　　　　　（c）　　　　　（d）

图 5-16　3D Systems 公司常见的材料喷射打印机

(a) ProJet MJP 2500W;(b) ProJet MJP 3600W;(c) ProJet MJP 5600;(d)用于牙科的 ProJet MJP 2500 PLUS

5.3.2　成形材料

材料对原型制作和生产至关重要。出色产品的核心始终是合适的材料,即能够根据需要在应用条件下发挥优良作用的材料。对于模型制作、机械加工和铸造是如此,对 3D 打印亦是如此。虽然 3D 打印行业有大量材料可供选择,从塑料到金属,从蜡到纸,范围广泛,但是对特定技术而言,材料选择通常受到很大的限制。

1. 基本树脂

基本树脂是指材料盒中未混合的材料。通常,这些材料可单独使用或成对使用或进行三重混合来制造复合材料。材料喷射打印机使用光敏树脂作为基本材料,其能够模拟从类橡胶到透明材料在内的多种材料特性,甚至还可模拟高韧性和高耐热性。材料喷射技术中基本树脂的常见材料及其优点和适用场合如表 5-2 所示。

表 5-2　基本树脂的优点和适用场合

材　　料	优　　点	适　用　场　合
刚性不透明材料	色彩绚丽,可带来高设计自由度	(1) 结合类橡胶材料,用于包覆成形,成形质感柔软的手柄等; (2) 适用于形状和外观测试成形件,如移动部件和组装件,销售、营销和展览模型等
透明材料	结合多彩材料,可实现非凡的透明度	适用于透明部件(如玻璃、消费品、护目镜、灯罩和灯箱等)的形状和外观测试;也可用于液体流动情况可视化、医疗应用、艺术和展览建模
类聚丙烯材料	材料半刚性且坚硬强韧,与不透明材料相比力学性能更优异	适用于玩具、电池盒、实验室设备、扬声器和汽车零部件等的原型制作
类橡胶材料	(1) 可提供不同程度的弹性体特征; (2) 可结合刚性材料来模拟多种肖氏硬度,范围为 A27~A95	适用于橡胶挡板、触感柔软的镀膜与防滑表层、按钮、握柄、拉手、把手、垫圈、密封件、软管、鞋类以及展览和通信模型
Digital ABS Plus	(1) 可用于模拟耐用的生产塑料,提供高冲击强度和良好耐高温性; (2) 具有薄壁部件尺寸稳定性	适用于功能性原型、在高温或低温条件下使用的卡扣配合部件、电子部件、铸模、手机壳和工程部件、外罩等
数字材料	灵活性高,肖氏硬度范围为 A27~A95	刚性或柔性材料,鲜艳多彩
生物相容性材料	尺寸稳定性高、无色透明,具有生物相容性	适用于皮肤接触超过 30 天以及短期黏膜接触最长达 24 h 的应用

2. 支撑材料

Stratasys 生产的 PolyJet 打印机使用可溶解的支撑材料,如 SUP705。SUP706(水溶性)通常由聚乙烯、丙烯和甘油制成。打印完成后,将打印机上制造的零件从构建平台上取下并暴露在加压水中,可以去除尽可能多的支撑材料而零件本身并不溶解。之后,将零件浸泡在化学溶液中,其余的载体溶解在其中,即可获得干净的零件。

5.3.3　优缺点

1. 优点

(1) 可以打印精度高且表面光滑的零件。

(2) 打印的零件具有各向同性的力学性能和热性能。

(3) 原材料的选择丰富,允许将多种材料集成到一个零件中,这是其他 3D 打印技术无法实现的,这使其特别适合制造高还原度的原型和功能性工具。

(4) 部件不需要后固化处理工序,因为在打印过程中紫外线的照射可以完全固化非常薄的液态光敏聚合物。

(5) 打印速度较快。

2. 缺点

(1) 零件的脆性较高,无法承受过大的载荷。此外,由于光敏聚合物的性质,材料喷射打印的部件长期暴露在阳光下可能导致其外观变色和力学性能下降。

(2) 打印机的成本和材料成本较高。

(3) 零件可能会发生一定程度的翘曲。

5.3.4　典型应用

1. 汽车领域

奥迪公司使用 Stratasys J750 全彩多材料 3D 打印机进行尾灯罩的原型设计,将这些多色、透明的零件一体打印,如图 5-17 所示,可以节省高达 50％ 的时间。

图 5-17　利用 Stratasys J750 3D 打印机制作的奥迪尾灯罩原型

2. 医疗领域

OBJET EDEN260VS Dental Advantage 可满足中型牙科实验室与大中型牙齿矫正实验室苛刻的生产要求。这款 3D 打印机不仅可为用户带来更高的生产效率和成本效益,而且还兼容所有 Stratasys 牙科材料(VeroDent、VeroDent Plus 和 VeroGlaze)。此外,它还增加了可溶性支撑材料以供选择,如图 5-18 所示,这是 PolyJet 牙科系统之前所不具备的。可溶性支撑技术有助于清洁精细的牙科部件,例如牙科模型中的小型可拆卸模具插件。其他优势包括可自动移除支撑材料,如图 5-19 所示。该功能可以降低每个部件的人工成本,从而为牙科实验室带来更多的优势。

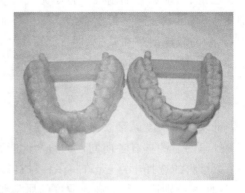

图 5-18 PolyJet 成形后用支撑材料填充

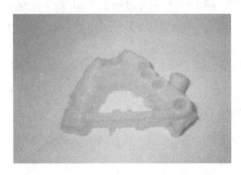

图 5-19 PolyJet 成形件去除支撑后表面光滑

3. 消费品领域

3D Systems 公司的 MJP 3D 打印机可以生产出十分细致的蜡质模型,其拥有出色的表面质量和极其精细的功能,非常适合用于珠宝等的直接熔模铸造,如图 5-20 所示。

图 5-20 MJP 3D 打印机制造的珠宝

5.4 黏合剂喷射

黏合剂喷射(微喷射黏结)又称三维喷印,具有二十多年的发展历史,被誉为最有生命力的增材制造技术。黏合剂喷射技术将黏合剂逐层沉积到粉末床上以成形零件。它是选择性激光烧结和材料喷射两种不同工艺的混合体。其使用与选择性激光烧结一样的粉末材料和黏合剂来创建零件。打印头在粉末表面沉积黏合剂液滴（直径约为 50 μm），这些液滴将粉末颗粒结合在一起，形成模型的每一层。一层完成后，粉末床下降一层，新的一层粉末铺在先前打印的层上，以便打印头通过。

5.4.1 工艺原理

1. 系统组成

典型的黏合剂喷射设备主要由喷射系统、粉末材料供给系统、运动控制系统、成形环境控制系统、计算机硬件与软件等部分组成，如图 5-21 所示。

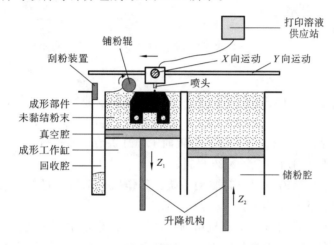

图 5-21 黏合剂喷射设备结构示意图

1）喷射系统

喷射系统主要由打印喷头、供墨装置等部件组成。喷头的性能决定了整个设备的理论最佳性能，选择合适的喷头对打印设备的设计十分重要，应按照需求选择。供墨装置用来为打印喷头持续供应墨水。

喷头是整个设备中最核心的器件，其性能优劣决定了制件的精度、表面粗糙度以及黏合剂配置方案等。喷头按照工作模式分为两类：连续式喷头和按需式喷头。连续式喷头主要用于早期的文本型喷墨打印机，其类型有电场偏转式、Hertz 喷雾式和磁力偏转式。受限于精度和频率，连续式喷头已被逐步淘汰。另一类是按需式喷头，该类喷头又可分为热气泡式、压电式、静电驱动式和声波驱动式。热气泡式、压电式和静电驱动式又可根据其结构不同进一步细分。微滴喷射喷头分类如图 5-22 所示。

黏合剂喷射型 3D 打印机广泛使用压电式喷头作为黏合剂喷射器件。压电式喷头的工作原理是在压电器件上施加电压信号，通过压电陶瓷的压电效应使其产生变形并挤压喷头内的液体而使液体喷出。基于压电陶瓷工艺的压电式喷头得到了快速发展，具有其他类型喷头无法比拟的优点，如精度高、液体体积小、喷射频率高、各喷孔喷射一致性好、寿命长等。

2）粉末材料供给系统

粉末材料供给系统主要实现粉末材料的储存、铺粉、回收、刮粉和粉末材料的真空压实等功能，主要包括成形工作缸、送粉缸、回收腔、刮粉装置、铺粉辊等部件。

（1）成形工作缸：在缸中完成制件加工，工作缸每次下降的距离即为层厚。制件加工完

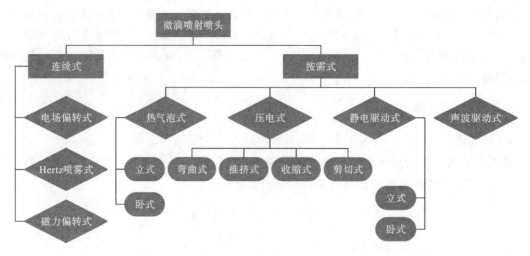

图 5-22　喷头分类

后,工作缸升起,以便取出制造好的工件,并为下一次加工做准备。工作缸的升降由伺服电动机通过滚珠丝杠驱动。

(2)送粉缸:储存粉末材料,并通过铺粉辊向工作缸供给粉末材料。

(3)回收腔:回收铺粉时多余的粉末材料。

(4)铺粉辊装置:包括铺粉辊及其驱动系统。其作用是把粉末材料均匀地铺平在工作缸上,并在铺粉的同时把粉料压实。

成形工作缸、送粉缸通过伺服电动机精确控制工作面的升降,当一层制造完成后,工作台面下降一个设定层厚的高度,而送粉缸上升一定高度,铺粉辊反向转动,将粉末送到成形工作缸台面,并且平整地铺在台面上。

3)运动控制系统

运动控制系统主要完成成形工作缸活塞运动(Z_1)、储粉腔活塞运动(Z_2)、Y 向运动及其与 X 向运动的匹配、铺粉辊运动等的控制。

4)成形环境控制系统

成形环境控制系统主要完成成形工作缸内温度和湿度的调节。

5)计算机硬件与软件

软件系统将三维 CAD 模型转换为一系列模型截面图形,然后调用喷墨打印机的打印程序完成打印溶液的喷射,并保证溶液喷射与相应的运动控制相匹配,完成对整个成形过程的控制。

2. 工艺过程

工艺过程可分为总体规划及黏合方案选定、黏合剂设计、粉末设计、粉液综合试验及工艺参数优化、后处理等部分。

3. 工作原理

黏合剂喷射工作原理如图 5-23 所示。工作过程中,先铺好一层粉末,然后,喷嘴在计算机的控制下,在铺好的粉末上面有选择地喷射黏合剂,喷射完一层后,在其上面再铺一层粉末,然后再有选择地喷射黏合剂,如此往复。层与层之间也通过黏合剂的黏结作用相固连,直至三维模型打印完成。

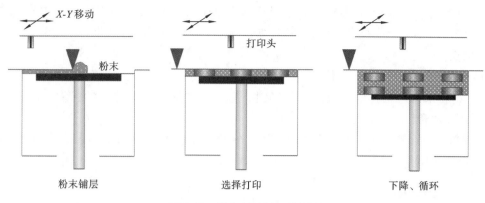

图 5-23　黏合剂喷射工作原理

5.4.2　成形材料

黏合剂喷射技术的一大特点是成形材料的范围广,不像其他增材制造技术一样受材料种类的限制。材料也一直是黏合剂喷射技术研究的重点,自麻省理工学院最早使用石膏和金属盐粉末进行技术探索后,随着研究时间的增长,研究人员使用的材料种类越来越多,研究也越来越深入。早期的研究中多使用理论上易成形的材料。如 Lam 等人研究了淀粉基材料的成形,并利用该材料制造了多孔细胞生物骨架;Li Sun 等人研究了 420 不锈钢的成形,测试了成形件的多种力学性能。

目前对黏合剂喷射材料的研究已经开始向粉末材料(陶瓷粉末、硬质合金粉末、金属粉末等)转变。粉末材料是黏合剂喷射制件的主体材料,粉末材料的特性决定着制件是否能够成形以及成形制件的性能,主要影响制件的强度、致密度、精度和表面粗糙度以及制件的变形情况。粉末材料的特性主要包括粒径及粒度分布、颗粒形状、成分等。粉末颗粒的粒径太小,其容易受范德瓦耳斯力或受潮等因素的影响而产生团聚,对铺粉效果产生影响,打印过程中黏合剂喷射到粉末上时会产生飞溅,容易堵塞打印喷头;粒径较大的粉末具有较好的滚动性,铺粉过程不易形成裂纹,但成形精度差,细节难以表达。粉末颗粒形状对流动性的影响稍小,球形粉末之间具有较小的内摩擦力,其流动性要明显优于其他形状的粉末。

粉末材料主要由基体材料、黏合材料和添加材料组成。基体材料是成形零件的主体材料,对制件的尺寸稳定性影响较大。黏合材料是起黏结作用的主要成分,其在粉末状态下不能发挥黏结作用,需要通过喷射到粉末上的溶液来溶解黏结材料并形成黏结颈,因此黏结材料可以在成形粉末中均匀混合。添加材料有改善成形过程、提高制件的强度等作用。

5.4.3　优缺点

1. 优点

(1) 不需支撑:与熔融沉积成形和立体光刻等技术相比,黏合剂喷射不需要额外的支撑材料,这意味着后处理时间更短和材料消耗更少。

(2) 更经济:100% 未使用的粉末可以在之后的打印中重复使用。在激光选区烧结中,只有大约 50% 的粉末是可重复使用的。

(3) 打印变形小:不需要热量,因此不会像熔融沉积成形那样由于部件的冷却程度不同而发生翘曲。但是值得注意的是,打印后烧结制件可能会产生一些收缩。

（4）可支持全彩色打印：目前可以进行全彩色打印的技术较少，除黏合剂喷射外，仅多射流融合和材料喷射成形支持全彩色打印，且黏合剂喷射打印的模型色彩丰富。

2. 缺点

（1）部件强度低：即使采用烧结或熔渗等后处理工艺，采用黏合剂喷射技术制造的部件也不如采用粉末床熔融技术制造的部件坚固。它们通常具有较低的力学强度，并会在较低的力下断裂/伸长。

（2）打印精度较低：黏合剂喷射精度较低，在某些全彩色打印情况下，黏合剂喷射的打印精度是不合格的。

5.4.4　典型应用

1. 快速制模

黏合剂喷射技术可以用来制造模具，包括直接制造砂模（见图5-24）、熔模以及模具母模。采用传统方式制造模具，需要事先人工制模，而这个过程占整个模具制作周期的70%。黏合剂喷射技术可以实现铸造用砂型、蜡模、母模的无模成形，从而缩短生产周期、减小成本。

2. 全彩模型和原型

作为少数能够进行全彩色打印的技术之一，黏合剂喷射是打印彩色模型的绝佳选择，如图5-25所示。可使用颜色以及大尺寸打印的能力意味着黏合剂喷射非常适合用于建筑原型，如用于游泳池、酒店以及许多其他行业。

图 5-24　使用黏合剂喷射制作的砂模

图 5-25　使用黏合剂喷射制作的全彩模型

3. 功能部件制造

直接制造功能部件是3D打印技术发展的一个重要方向。ProMetal公司可以采用黏合剂喷射技术直接成形金属制件，如图5-26所示。该过程使用聚合物黏合剂黏合金属粉末。黏合剂喷射可以制作传统制造方法根本无法完成的复杂几何零件。与黏合剂喷射技术兼容的金属包括不锈钢、铬镍铁合金、铜、钛和碳化钨。在不久的将来，黏合剂喷射也可以容易地与热塑性塑料兼容。

图 5-26　使用黏合剂喷射技术制作的金属部件

5.5　粉末床熔融

5.5.1　工艺过程和工艺原理

最早的商业化粉末床熔融系统是由美国得克萨斯州大学奥斯汀分校研发出来的激光选区烧结(selective laser sintering，SLS)系统，它的工作原理可以由图 5-27 来示意说明。粉末床熔融所需的原料为粉末材料，粉末材料储存在储粉容器中。在一个打印周期结束后，新的一层粉末由铺粉装置(通常是辊或者刮刀)铺平送至打印区域，即成形平台的最上层，以备下一周期的打印。打印时，系统会将预设区域的粉末熔合，这就需要一个或多个能量束进行扫描。粉末床熔融中最常见的能量束是激光束。打印前，可利用红外线加热器对打印区域上的粉末，以及储粉容器内的粉末进行预热，以达到防止粉末团聚、降低温度梯度、减轻热应力、预防加工件翘曲等效果。有时候粉末床熔融系统也使用电阻加热器(未在图中显示)来加热成形平台上的粉末。另外，为降低氧化引起的不良影响，打印过程还会在真空环境或惰性气体(如 N_2、Ar、He)的保护下进行。当一层粉末打印结束后，成形平台将下降一个层厚的距离，而新的一层粉末被铺入打印区域进行打印。如此循环，直至整个零件打印完毕。后处理则包括将成形件从粉末床中移除和清除成形件表面的松散粉末。如有必要，还需要去除黏合剂和进行浸渗，或运用额外的热处理工艺来释放应力，或进行热等静压处理，以及将加工件与成形平台和支撑结构分离。

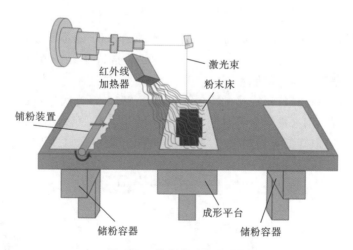

图 5-27　激光选区烧结原理

粉末床熔融加工中存在四种不同的粉末结合机制：固态烧结(solid-state sintering)、化学诱导结合(chemically induced binding)、液相烧结(liquid-phase sintering)，以及完全熔化(full melting)。固态烧结是在较高温度(一般在 1/2 绝对熔化温度到绝对熔化温度之间)下，以降低的总表面能为驱动来熔合粉末，从而减少粉末材料总的表面积和孔隙度，该过程由图 5-28(a)所示。化学诱导结合的原理是将不同粉末之间，或粉末与气体之间的化学反应的产物作为黏结剂来将粉末材料结合在一起。在液相烧结中，粉末材料部分熔化。其中，熔融的液态材料润湿未熔化的固体颗粒和晶界，通过毛细作用力(capillary force)来调整固体颗粒之间的相对位置，以使所加工的材料致密化。值得注意的是，熔化的部分可以是混合粉末中低熔点的黏结剂材料,也可以是同一熔点粉末的壳层。后者的液相烧结过程如图 5-28(b)所示。完全熔化是使粉末全部熔化和凝固来制造近乎完全致密的零件,而这种机制也衍生出了两种类似于 SLS 的粉末床熔融工艺,它们分别是激光选区熔化(selective laser melting,SLM)和电子束熔化(electron beam melting,EBM)。

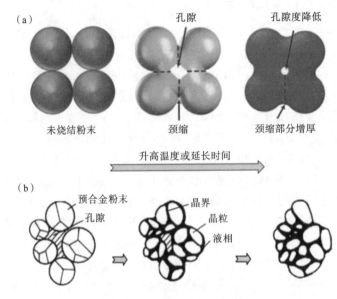

图 5-28 两种粉末结合机制
(a) 固态烧结示意图;(b) 液相烧结示意图

　　激光选区熔化作为 3D 打印技术的一种,采用光纤激光器,能量密度高、光斑细小、成形精度高、冷却速率快(冷却速率可达 $10^4 \sim 10^6$ K/s),突破了非晶合金玻璃形成能力限制,可以实现复杂形状块体非晶合金零件的制备。

　　德国莱布尼茨固态与材料研究所的 Pauly 等人于 2013 年首次通过试验证明了激光选区熔化增材制造技术可以用来成形金属玻璃零件。SLM 工艺的原理如图 5-29 所示,利用 SLM 技术制备支架结构,可以降低表面粗糙度,减少孔隙率,并阻碍凝固过程中裂纹的形成。

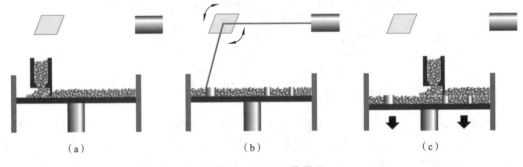

图 5-29 SLM 工艺原理

　　首先,在基板上放置一层粉末,如图 5-29(a)所示;然后用大功率激光将粉末熔化在由结构的三维 CAD 模型定义的点上,熔体很快凝固,并与下面的结构熔合,形成一个固体块,如图 5-29(b)所示;最后,将整个基板降低,添加下一层粉末,如图 5-29(c)所示,并重新开始该过程,直至打印过程完成。

除了熔化程度不同,SLM 几乎可与 SLS 共享同一加工平台。EBM 与 SLS、SLM 的工作原理大体相似,不同的是 EBM 利用电子束来代替激光束在真空环境下加工零件,并且电子束具有能对粉末充电而使其产生排斥力的特性,因此 EBM 打印前比 SLM 多一道烧结的工序。此外,正式开始前,需要通过电子束对粉末床进行高温预热(高达 1100 ℃)。与 SLM 相比,预热这一步骤将大大降低 EBM 中的热梯度和冷却速率。

5.5.2　成形材料

理论上,凡是能在成形时熔化并凝固的材料均可采用粉末床熔融加工技术,而实际上,能否真正运用粉末床熔融加工技术还需要考虑其他因素,如聚合物的结晶度、合金的化学成分、材料的热物理性质等。尽管如此,相较于其他 3D 打印工艺,可应用于粉末床熔融加工的材料种类相对丰富,包括金属、陶瓷、聚合物、聚合物/陶瓷复合材料、聚合物/金属复合材料、金属/陶瓷复合材料等。具体而言,目前适用于粉末床熔融加工的金属、合金材料主要集中在一些可焊接的金属、合金材料上,这是因为这两种加工方式内在的冶金原理相似,都涉及一个快速熔化和凝固的过程。此类金属、合金材料主要包括一些不锈钢和工具钢、钛和钛合金、镍合金、钴合金、铝合金、铜合金等。聚合物大体上可以分为两类:热塑性聚合物和热固性聚合物。热塑性聚合物通常适用于粉末床熔融加工,因为该种材料具有低熔点、低热传导性、低球化倾向;与此相反的是,热固性聚合物通常不适用于粉末床熔融加工,这是因为这种材料在高温下只降解,但不熔化。目前,在粉末床熔融加工中最常用的聚合物是聚酰胺,俗称尼龙。对于陶瓷材料,有间接法和直接法两种加工方式。在粉末床熔融加工的环境下,间接法对应于 SLS 中的液相烧结,即利用先熔化再凝固的黏结剂将陶瓷粉末黏结在一起,从而得到生坯件,而后使黏结剂蒸发并进行浸渗,最终得到致密的成形零件。直接法则对应 SLM,即完全熔化陶瓷材料,尽管后者有很高的熔点。由于熔池的温度很高,直接法还要求将粉末床也预热到足够高的温度来降低热应力。另外,需要注意的是,对于大多数不导电的陶瓷材料,EBM 并不适用。

原材料粉末的几何特性(粉末的粒径、尺寸分布、形貌规则程度)通过影响粉末对能量束的吸收情况、粉末堆积密度、粉末流动性、粉床散热性等方面,来影响粉末床熔融加工过程,以及成形件的性能。例如,小的粉末粒径虽然可能使得成形件的精度更高、对能量束的吸收效率更高、表面粗糙度更低,但同时会使加工周期更长,并且细小粉末更容易聚集成团,从而增大产生缺陷的可能性。通常,用于 SLS、SLM 的粉末粒径为 $10\sim60~\mu m$,而用于 EBM 的为 $60\sim105~\mu m$。粉末尺寸分布和形貌规则程度主要影响粉末床的堆积密度。事实上,过于单一的尺寸分布不利于得到高的堆积密度,反而较宽的尺寸分布或特定的双峰(甚至多峰)分布有助于得到更高的堆积密度,这点可由图 5-30 说明。通常而言,高的堆积密度有助于得到致密的成形件。另一方面,形貌规则程度(球形程度)不但影响粉末的堆积密度,还会影响铺粉的难

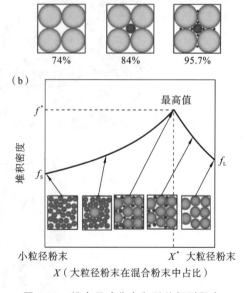

图 5-30　粉末尺寸分布和形貌规则程度对粉末床堆积密度的影响

易程度。越不规则的粉末越容易使堆积密度降低且造成铺粉不均匀,从而使得成形件内部产生过多的缺陷。

5.5.3 优缺点

1. 优点

(1)可通过有限的支撑结构进行堆积:小型零件可以进行堆积,不需添加常见的密集的支撑结构。烧结的"粉末蛋糕"发挥了部分支撑作用。

(2)粉末熔化均匀:电子束比激光可更深地穿透粉末材料,从而使粉末熔化更均匀。电子束还能够熔化高反光率材料,并且不会导致粉末颗粒的表面过热蒸发。

(3)层厚范围更宽:粉末床熔融加工具有很高的生产效率,可适应较宽的层厚范围。可以根据具体的应用要求,灵活地调整效率,使之与表面粗糙度相平衡。

(4)量产的成本优势:相比于激光,电子束可更容易、更低成本地增加功率。这使得电子束粉末床熔融加工在未来的超快增材制造中比激光粉末床熔融加工具有更大的可扩展性,并可能在大批量应用中与传统的制造技术竞争。

2. 缺点

成形腔体积有限,故成形件的尺寸受限。

5.5.4 典型应用

采用传统加工手段加工难熔金属复杂零件的难度很大,长期以来,难熔金属零件的设计较为简单,一大弊端便是这类高温材料无法发挥全部效能。然而,3D打印技术容许很高的设计自由度,这使得生产结构复杂的难熔金属零件成为可能。美国加州的一家公司利用激光粉末床熔融技术对铌这种难熔金属进行了3D打印,制得了结构复杂的双壁涡轮叶片(见图 5-31(a)),这有助于提高发动机的工作温度。

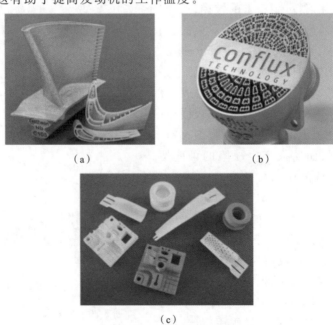

(a)   (b)

(c)

图 5-31 SLS 成形产品

相似地,在换热器和散热器领域,日益紧凑、复杂、轻质、高效的设计(如异形、多孔、薄壁、微通道等结构)成为趋势,许多传统加工手段对此束手无策,这使得 3D 打印的优势再次凸显。澳大利亚的 Conflux Technology 公司利用 SLM 技术打印了内部结构复杂的换热器器件(见图 5-31(b)),其较由传统加工技术得到的器件尺寸缩小 55 mm,质量减轻 22 %。

利用传统加工手段制造铸型(芯)时,常常需要将砂型分成几块,而后进行组装。增加的额外工序不但消耗时间,并且降低了工件精度。3D 打印的一体化制造特性可以很好地解决这个问题。图 5-31(c)展示了若干个由 SLS 成形的 Al_2O_3 和 SiO_2 砂型(芯)。

5.6　熔融沉积成形

熔融沉积成形最早出现于 20 世纪 80 年代末期,1988 年 Dr. Scott Crump 成功研制 FDM 工艺,次年 Scott 与妻子成立 Stratasys 打印公司。1992 年,第一款采用 FDM 技术制造的产品上市销售。

5.6.1　工艺原理

1. 系统组成

FDM 设备一般由框架支撑系统、三轴运动系统、喷头打印系统、硬件系统和软件系统组成(见图 5-32)。

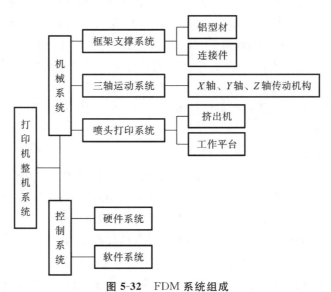

图 5-32　FDM 系统组成

1) 框架支撑系统

框架支撑系统可分为开放、半封闭和全封闭三种形式。开放式框架由底座及移动支撑组件构成;半封闭式框架在开放式框架的基础上增加了部分框架板及辅助支撑结构,而操作和观察的窗口仍为开放式的;全封闭式框架采用全封闭机箱结构,用透明可升降的门板实现操作和观察。框架支撑系统是保证机器稳定运行的装置。

2) 三轴运动系统

三轴运动系统主要分为龙门式(见图 5-33(a))、三角洲式(见图 5-33(b))、箱体式(见图5-33(c))。

  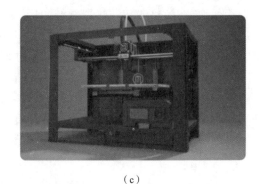

（a）　　　　　　　　　（b）　　　　　　　　　（c）

图 5-33　几种 FDM 设备

龙门式系统为最常见的移动系统。矩形龙门架控制 X、Z 轴，打印平台控制 Y 轴。龙门式系统的优点为结构简单，成本较低，对装配精度要求不高，安装和维修较为容易；缺点为打印精度差，打印过程模型易脱落，打印速度慢。

三角洲式又称并联臂式。打印平台不动，通过并联臂实现 X、Y、Z 三轴的运动控制。由于采用三个并联臂的设置，电动机很小的移动距离就能让喷头改变较大的距离和角度，打印速度快，传动效率高。三角洲式结构的占地面积较小，但 Z 轴空间利用率较低，打印精度稍差，稳定性不好，机器的调平较为困难。

箱体式系统由 X、Y 轴步进电动机协同工作控制三轴移动，按照滑块的安装和皮带的缠绕方式不同又分为 X、Y 轴单独控制结构（Hbot 结构）和 X、Y 轴协同控制结构（CoreXY 结构）。双臂并联结构的打印机电动机位置固定，惯性小，有较高的打印速度和精度。但由于使用皮带传动，精度受皮带弹性变形的影响较大，应注意皮带的选用及日常维护。

移动系统保证系统运动的可靠性和移动精度，影响设备运行时的振动和噪声，并有一定的刚度、强度。其精度是保障最终制件成形精度的前提。

3）喷头打印系统

喷头打印系统由挤出机构和喷头组件组成。

挤出机构根据塑化方式的不同分为气压式、螺杆式和柱塞式。

气压式（见图 5-34）不需制丝，成形材料广泛，对控制精度要求不高，成本较低；但是丝材受热不均匀，排量不稳定，容易出现流延、溢出等问题，打印精度低。

螺杆式（见图 5-35）成形效率高，丝材受热均匀，排量稳定，加工精度高；但是对控制精度的要求高，喷头更换及螺杆清洗比较复杂，维护成本高。

柱塞式结构简单，成本低廉，便于维护与更换零件；但是整体质量大，加工难度高。柱塞式有固定间距式、弹簧可调节式和自适应式。柱塞式挤出机构原理如图 5-36 所示。

喷头组件位于进料系统的终端，负责将线材加热、熔融、挤出，故又被称为"热端"。喷头组件是熔融沉积设备的核心部件，其结构设计直接影响挤出丝精度和稳定性，进而影响制件成形质量。理想的喷头组件应满足以下几点要求：① 喷头组件能够达到线材熔融温度以上；② 喷头组件能够在高温环境下稳定工作；③ 工作过程中不发生喷头堵塞现象；④ 保证材料挤出过程连续稳定；⑤ 有良好的开关响应特性并能实时调节保证成形精度。

控制系统应保证系统控制的准确性、稳定性和快速性。进料机构则应提供充足的挤出动力，尽量减少耗材出现"打滑"现象。

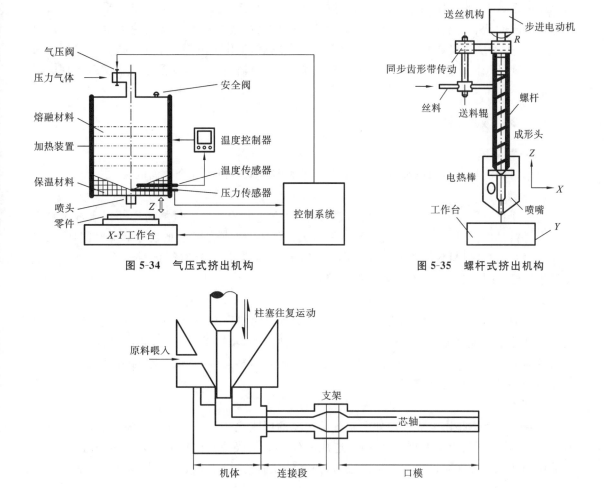

图 5-34 气压式挤出机构

图 5-35 螺杆式挤出机构

图 5-36 柱塞式挤出机构原理

2. 工作原理

熔融沉积又名熔丝沉积,是一种将各种热熔性的丝状材料(蜡、ABS 和尼龙等)加热熔化成形的方法。如图 5-37 所示,借助热塑性材料的热熔性、黏结性将原料制成方便运输储存的长丝状。丝状材料置于卷线轴中,被驱动轮拉动通过从动辊与主动辊的运输进入导向套。导

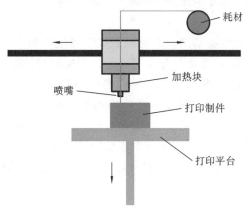

图 5-37 FDM 工艺原理

向套摩擦系数低、润滑性能好,引导丝状材料准确连续地进入喷嘴,并被加热至半液态。微细喷嘴将半流动状态的热熔材料挤出,根据计算机软件运行指令沿零件截面轮廓信息和内部轨迹运动,产生一层薄横截面形状。一个层面沉积完成后,工作台下降一个层厚进行下一层熔融沉积。温度低于固化温度时,材料迅速固化并与周围材料相互黏结,层层堆积以实现零件的沉积成形。

5.6.2　成形材料

1. 材料要求

根据熔融沉积工艺的原理及特点,所使用的材料应满足以下几个方面的要求:

1)黏度

为使丝材顺利流畅地从喷嘴中挤出,材料需有合适的流动性。材料的流动性通常用黏度表征。材料黏度高时丝材的流动性较差,将增大送丝压力并增加喷头的启停响应时间,降低表面质量;黏度较低时材料的流动性好,阻力小,有利于半熔融状态的丝材的挤出。但黏度过低将发生流延,使挤出的材料不均匀并难以控制。

2)熔化温度及玻璃化转变温度

为使成形件拥有较高的成形精度,延长机械系统的使用寿命,应使材料有较低的熔化温度。较低的熔化温度能减少材料挤出前后温差和热应力,从而提升精度,并能降低打印成本。材料从喷嘴中挤出后,应快速冷却凝固,与上一层固化材料黏结,这就要求材料有适当高的玻璃化转变温度,以保证打印精度。

3)收缩率

材料的收缩率是影响成形件外形质量最重要的因素之一。材料被挤出时,喷嘴会对材料造成挤压,若材料的收缩率较大,则挤压造成的丝材直径误差就比较大。另外,材料固化时较大的体积变化也会在零件内部产生内应力,使零件翘曲变形,甚至造成层间剥离和开裂。

4)黏结性

影响零件强度的重要因素之一是材料的黏结性。黏结性与两层之间的黏结强度紧密相关,若黏结性过差,则层与层之间不能紧密黏结,将导致开裂。

5)制丝要求

为了便于保存和运输,材料将被制成细丝保存。制成的丝材应表面光滑,直径均匀,内部无中空。常温下应具有良好的力学性能和柔韧性,摩擦轮牵引驱动时不会轻易折断和变形。

2. 常见材料

材料是熔融沉积成形的重要基础。熔融沉积成形可使用的材料非常广泛,如尼龙、石蜡、铸蜡、人造橡胶,低熔点金属、陶瓷及高分子材料等。用蜡材料熔融成形的零件,能够用于石蜡铸造;用丙烯腈-丁二烯-苯乙烯塑料(ABS)成形的模型具有较高的强度,一定程度上改善了FDM工艺打印零件的力学性能;20世纪末开发出的聚碳酸酯(PC)有优异的强度(较 ABS 材料高 60%),能制造出功能性零件或产品。以高分子化合物为基础的可黏合性材料是 FDM 工艺中最常用的材料,它的发展速度与熔融沉积成形的进一步发展息息相关。

下面主要介绍丙烯腈-丁二烯-苯乙烯塑料(ABS)、聚乳酸(PLA)、聚碳酸酯(PC)三类常用于 FDM 工艺的高分子材料。

1)聚乳酸

PLA 是一种极具创新性的生物可降解材料。从可再生植物资源(如玉米、甘蔗)中提取的淀粉经糖化和菌种发酵制成高纯度的乳酸,再经过化学合成转化为聚乳酸。聚乳酸有良好的热稳定性、抗溶剂性、延展性、抗拉强度、生物相容性和生物可降解性。PLA 流动性好,不容易堵住喷头,在熔化时不产生难闻气味,是非常适合 3D 打印的材料。使用 PLA 打印的成形件透明而富有光泽,使用后能被微生物自然降解,不会对环境造成污染。相应的,PLA 也存在一些缺点。PLA 打印件力学性能不好,脆性大,韧性差,抗冲击强度较低。另外,PLA 的耐热性较差,结晶度低。非结晶 PLA 材料的热变形温度为 55 ℃左右,限制了其使用范围。

目前已进行了许多研究以改善 PLA 的性能。D. Drummer 将磷酸钙与聚乳酸复合,提升了 PLA 的力学强度。Kaynak C. 在 PLA 中加入热塑性聚氨酯弹性体和 E-玻璃纤维增强复合材料,提高了拉伸模量和弯曲模量,并且增大了韧性。德国 FKuR Kunststoff 公司与荷兰 Helian 公司在 PLA 中加入天然纤维来提高 PLA 的强度和尺寸稳定性。陈庆团队用低温粉碎混合反应技术改性 PLA,提高了 PLA 的力学性能和热变形温度,改性后的材料打印时收缩率小,无气味,制品尺寸稳定,富有光泽。

2)丙烯腈-丁二烯-苯乙烯塑料(ABS)

ABS 是目前使用最广泛也是最早应用在 FDM 中的材料。20 世纪 50 年代 ABS 由美国 Marbon 公司开发,在当时其是苯乙烯-丙烯腈(SAN)共聚物的替代品。ABS 是由三种单体丙烯腈(A)、丁二烯(B)、苯乙烯(S)组成的,单体相对含量可任意变化的共聚物总称,具有复杂的形貌。丙烯腈改善其耐化学腐蚀性、耐热性和表面硬度,丁二烯使 ABS 具有高弹性和韧性,苯乙烯则使 ABS 拥有热塑性塑料的加工成形特性并改善其电性能。ABS 材料有优秀的综合性能,原料易得、价格便宜且易于加工,在各个领域都获得了广泛的应用。但三种单体的比例、成分和作用各不相同,因此 ABS 在某些方面性能可能较差。ABS 的收缩率较大,成形件容易产生收缩变形、层间剥离以及翘曲;耐热变形性较差;打印过程中有异味产生。目前有许多手段可改善 ABS 的成形质量。

Aumnate C. 团队通过溶剂混合的方法研制了添加 2%氧化石墨烯的 ABS 复合长丝,提高了 ABS 的拉伸强度和杨氏模量,改善了其在力学性能上的不足。Stratasys 公司推出 ABS-M30i 材料,提高了 ABS 的力学性能与层间黏合强度。2 代 ABS 有良好的热稳定性和尺寸稳定性。仲伟虹团队用短切玻璃纤维对 ABS 改性,减小了材料的收缩率,同时大幅提升了材料的强度和硬度。但加入短切玻璃纤维会使材料韧性下降,这可通过加入增韧剂和增容剂解决。

ABS 打印成品如图 5-38 所示。

图 5-38　ABS 打印成品

3)聚碳酸酯

PC 是一种分子链中含有碳酸酯基的高分子聚合物。根据醇结构的不同可分为脂肪族、芳香族、脂肪族-芳香族等类型。其中脂肪族和脂肪族-芳香族聚碳酸酯的力学性能较差,广泛用于工业化生产的是芳香族聚碳酸酯。它几乎具备了工程塑料的所有优良特性,成为增长速度最快的工程材料。PC 无色无味,透明,富有光泽,有良好的抗冲击性,耐高温,有良好的力学性能,性能接近聚甲基丙烯酸甲酯(PMMA)。PC 的缺点在于难以着色,高温时析出致癌物,这限制了其在医疗工程中的应用,并且,打印温度过高,使大部分的桌面 FDM 机器难以打印。

Stratasys 公司开发了工程材料 PC/ABS。该复合材料结合了 PC 的高强度以及 ABS 的高韧性,力学性能大幅提升;后来又推出了 Polycarbonate-ISO(PC-ISO)材料。该材料不仅有 PC 的所有优点,而且拥有良好的生物相容性。Polymaker 与 Covestro 共同开发出 Polymaker PC-Plus,降低了打印温度,解决了 PC 线材难以适用于桌面打印机器的问题,同时降低了成形件的翘曲变形程度。

3. 支撑材料

在加工中空结构或者悬空结构时,需要将一些辅助材料制成制品起支撑作用,加工完成后再去除,这些材料就是支撑材料。支撑材料不能被折断,并且要容易与成形材料分离。

目前的支撑材料主要有两种。

1) 可剥离型支撑材料

可剥离型支撑材料要求其与成形材料的亲和力差,黏结力小。将该种材料在支撑的部位打印成疏松结构,全部打印完成后用小刀或其他工具将该部分与成形件分离。这种方法操作简单,但容易造成支撑材料残余,并且容易损坏成形件。

2) 水溶型支撑材料

水溶型支撑材料要求材料水溶性好,在限定时间内溶于碱性水溶液,常见材料有聚乙烯醇、丙烯酸类共聚物等。将打印完成的成形件浸泡于碱性水溶液中,待支撑材料全部溶解后即可得到所需成品。这种方法能保证成形件的表面质量,适合制造空心及微细特征零件,可避免手工剥离时因特征太脆弱而损坏成形件的情况。但是水溶性材料溶解前的溶胀过程有时会对制品造成损伤。

5.6.3　优缺点

1. 优点

(1) 工艺简单,易于操作。

(2) 设备维护方便,成形材料广泛,自动化程度高,占地面积小。

(3) 产品一次支撑,易于装配,可快速构建瓶状或者中空零件。

(4) 原材料以卷轴丝的形式提供,易于搬运和快速更换。

(5) 材料种类丰富且成本低。

2. 缺点

(1) 与截面垂直方向的强度小。

(2) 悬臂结构需加支撑。

(3) 成形速度相对较慢,不适合打印大型零件。

5.6.4　典型应用

1. 教育教学

为了使学生更清楚地理解一些抽象的理论原理,可利用 FDM 打印技术快速个性化制作立体教具,如图 5-39 所示,辅助学生进行创新设计,强化互动和协作学习。

2. 工业设计

FDM 可以快速直接精确地将虚拟数据模型转化为具有一定功能的实体模型,实现复杂形状产品的制造,如图 5-40 所示,以验证产品设计的合理性,缩短产品的研发周期,降低研发成本。另外,FDM 不需夹具或者模具等辅助工具,能便捷地实现数十到数百件零件的小批量制造。

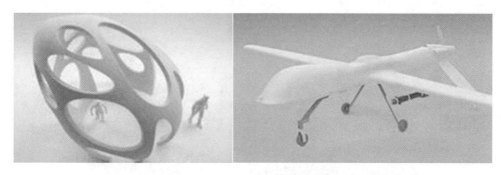

图 5-39　教学用具

图 5-40　工业设计

3. 生物医疗

在医疗行业中,一般患者的身体结构、组织器官等方面会存在一定差异,医生需要采用不同的治疗方法,使用不同的药物和设备才能达到最佳的治疗效果。FDM 技术可以根据由 CT、核磁共振等扫描方法得到的人体数据打印出人体局部组织或器官模型。这些模型能用于临床上治疗方案的确定,辅助医生与病患进行术前沟通,制造解剖学体外模型或者制造骨组织工程细胞载体支架,解决当前供体稀少和自体骨移植免疫排斥等问题,如图 5-41 和图 5-42 所示。

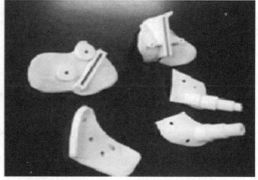

图 5-41　小臂镂空支架和手术导板

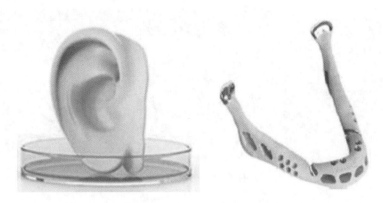

图 5-42　利用 FDM 技术打印的耳朵和下颌

4. 食品加工

随着 FDM 打印技术的不断发展，人们尝试用 FDM 技术制造食品。3D Systems 公司与好时合作，开发了可以制作巧克力与糖果的打印机。3D 食品打印机主要有 ChefJet 和 ChefJet Pro 两款，以及巴塞罗那 Natural Machines 公司推出的一款消费级的 Foodini 3D 食品打印机。

ChefJet 系列打印机使用糖作为打印材料，Foodini 3D 食品打印机则可以打印出糕点、肉饼、巧克力等食品。打印机将食材原料搅拌成泥状，通过喷头将泥状食材按预先设定好的形状及图案喷出，打印出所设计的形状。

2013 年，NASA 投资了 3D 食品打印机。3D 打印机将碳水化合物、蛋白质和各种营养都制成粉末状，把水分剔除，制成比萨，保质期延长至 30 年左右。这些食物可以带上太空，改善宇航员的膳食水平。

采用 FDM 技术制作的糕点糖果如图 5-43 所示。

图 5-43　采用 FDM 技术制作的糕点糖果

熔融沉积工艺发展速度不断加快，所能使用的材料类型不断增加，能够制造的零件类型也越来越复杂。FDM 工艺向精密化、智能化、通用化、便捷化方向发展。发展目标为：提升打印效率和精度，制定连续、大件、多材料的工艺方法，提升质量和性能；与工业设计软件等无缝相连,简化流程,提升效率;减小机械体型,使之更加适应设计与制造一体化和家庭应用的需求,让 FDM 工艺逐渐走入我们的生活。

5.7 定向能量沉积

5.7.1 工艺过程和工艺原理

从能量束的角度分类,定向能量沉积通常可分为三类,它们分别基于激光、电子束、电弧。从原料形式的角度分类,定向能量沉积可分为粉材打印和丝材打印。不同的能量束和原料形式的组合对应不同的技术,如最常见的激光粉末沉积(laser powder deposition)、电子束丝材沉积(electron beam based wire deposition)和丝弧增材制造(wire arc additive manufacturing)。图 5-44(a)以激光粉末沉积为例,来说明定向能量沉积的工作原理,其他类型的定向能量沉积技术也将进行简要说明。沉积头集成了激光光路系统、粉末喷嘴、保护气体管道。其中,激光和粉末可以是同轴的(见图 5-44(b)),也可以离轴的(见图 5-44(c))。在激光熔化基板或上一层沉积材料的同时,原材料粉末被喷嘴传送至熔池。被传送的粉末通常在进入熔池

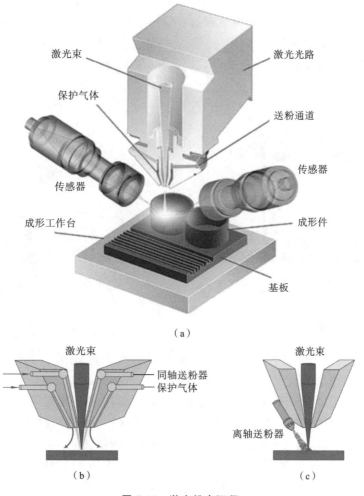

（a）

（b）　　　　　　　　（c）

图 5-44　激光粉末沉积

后才熔化,在少数情况下,粉末在传送期间就已被加热成液态。某些设备中还带有高速传感器,其可以收集熔池内部的信息(如熔池形貌、尺寸和温度场)反馈给系统,从而系统可以动态地调整加工参数(激光功率、送粉速率、扫描速率),以保证成形件的质量。熔池的直径一般为0.25～1 mm,深度为0.1～0.75 mm。保护气体可用来防止成形材料过度氧化,以至于影响熔池的稳定性和成形件的质量。然而,对于某些容易氧化的材料,打印过程还需要在密闭的、充满惰性气体的打印仓内进行。当一层粉末沉积完成时,沉积头相对于成形平台移动一个层厚的距离,再进行下一层粉末的沉积,直至三维实体成形零件打印完毕。

若将上述粉材换成丝材,激光束换成电子束,且配合电子束运用高真空工作环境(1×10^{-4} torr(1 torr≈133.322 Pa)或更低),则得到电子束丝材沉积的基本要素,如图 5-45 所示。电子束丝材沉积的优势在于:在将电能转换为能量束的效率方面,电子束相较于激光束更高;高真空的工作环境可有效降低氧化程度;大的打印仓容许大尺寸工件的打印(最大方向上工件尺寸可超过 6 m);丝材造价远低于粉材,且丝材更易保存,危险性更低;丝材的利用效率接近100%,高于粉材;电子束更容易加工对激光反射率高的材料,如铝和铜;在沉积效率方面,丝材打印比粉材打印更高。当然,由于沉积效率高,电子束丝材沉积的成形件的尺寸精度较差,表面粗糙度较大。因此,可能需要后处理工序,包括机加工和表面处理。

丝弧增材制造使用电弧作为热源,而沿用丝材作为原材料的形式,如图 5-46 所示。电弧的使用虽然可以降低加工成本,但同时也容易导致形成较大的热影响区。与其他定向能量沉积工艺相似,丝弧增材制造可以节省 40%～60% 的制造时间和 15%～20% 的后处理时间。此外,可能引起的缺陷包括孔隙、残余应力、脱层、氧化、裂纹、较大的表面粗糙度等。因此,丝弧增材制造通常需要后处理工艺。

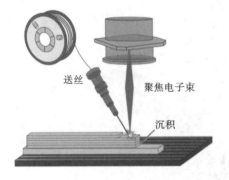

图 5-45　电子束丝材沉积

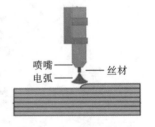

图 5-46　丝弧增材制造

5.7.2　成形材料

尽管原理上定向能量沉积可用于成形多种材料,但是,实际使用中这种技术多用于金属、合金材料。因此,定向能量沉积也被称作金属沉积(metal deposition)。类似于粉末床熔融加工技术,定向能量沉积加工过程涉及一个快速熔化和凝固的过程,这也使得适用于定向能量沉积成形的金属、合金材料主要集中在一些可焊接的金属、合金材料上。陶瓷材料因为熔点普遍较高,难以应用定向能量沉积技术进行成形。一些熔点相对较低的陶瓷材料,也因为极易产生裂纹,而不适用于定向能量沉积。目前,陶瓷材料还是以复合材料的形式参与到定向能量沉积的加工之中。

相较于粉末床熔融加工技术,定向能量沉积所设置的层厚更大(无论是对于粉材还是丝材而言),相应地,也就具有更快的成形速率,以及相对较差的尺寸精度和表面粗糙度。

5.7.3　典型应用

定向能量沉积的供料方式令其在精密零件的修复上可以发挥很大的作用,这是因为维修事实上可以认为是集中于零件表面的重新制造过程。例如,美国 Optomec 公司利用激光粉末沉积技术成功修复了发动机转子叶片最前端腐蚀的部位。图 5-47(a)左侧展示了钴合金耐磨材料沉积于受腐蚀部位,而图 5-47(a)右侧展示了修复的部位在进行表面精加工之后的样貌。正是因为激光粉末沉积具有修复的功能,如此一来,就不必因为部分受损的区域来替换整个零部件。

电子束丝材沉积可以用来成形更大的、高附加值的零部件。美国洛克希德马丁公司利用电子束丝材沉积技术打印了直径 40 cm 的钛推进剂贮箱,如图 5-47(b)所示。该应用较传统加工手段而言,节省了 80% 的制造时间、75% 的废料,并降低了 55% 的制造成本。

无论是激光粉末沉积,还是电子束丝材沉积,两者的加工设备均可进行多材料(multi-material)打印。例如,激光粉末沉积设备的沉积头可以集成多个粉末喷嘴,而电子束丝材沉积设备可以配备多个送丝系统,不同的粉末喷嘴或送丝系统可以同时传送化学成分不同的原材料。通过改变不同材料的传送速率,可以使得化学成分不同的两种或多种材料在熔池中以一定比例熔合,最终在某一点上得到预定的化学成分。由此原理,当允许化学成分在不同区域变化时,还可以打印得到功能梯度材料(functionally graded material)。该种材料一大优势是,它可以具备普通材料不具备的一些不寻常的性能。例如,通过在不同区域设计不同的化学成分(镍、铬两种元素之比),图 5-47(c)中周期性结构的材料在 150～300 ℃ 区间内展示出负的热膨胀系数。

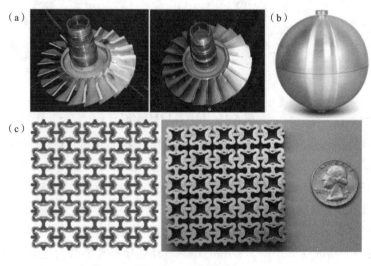

图 5-47　工业应用

5.8　薄 材 叠 层

5.8.1　工艺过程和工艺原理

在薄材叠层中,片状材料是最基本的构建单元,通过层层堆叠来获得三维实体成形零件。

在堆叠过程中,大体上有两种不同的工序:一是先将新沉积的片材与上一层片材结合,而后根据 CAD 模型进行截面的剪裁;二是先将要沉积的片材剪裁,而后再将该片材与上一层片材结合。正因为薄材叠层加工过程含有交替进行的增材制造和减材制造,所以它实际上也是一种增减材制造工艺。另外,相邻片材之间有不同的结合机制:胶合(gluing/adhesive bonding)、热结合(thermal bonding)、夹持(clamping)、超声波焊接(ultrasonic welding)等。

利用超声波焊接来进行 3D 打印的技术被称作超声波增材制造(ultrasonic additive manufacturing)。这种技术被认为是薄材叠层增材制造中最有前景的技术之一,而且已有大量的研究工作围绕它进行。因此,本小节主要介绍超声波增材制造。在超声波增材制造加工过程中,片材受到焊头施加的压力(垂直于片材表面)而紧贴着基板或前一层片材,同时焊头沿着该片材的长度方向滚动,并且在水平垂直方向上以 20 kHz 的频率和可调节的振幅振动,如图 5-48(a)所示。在某一片材加工完毕后,新的片材将"肩并肩"放置于刚沉积的片材旁边(见图 5-48(b)中片材放置的形式),直至该层的打印结束,而后开始新一层的打印。通常,在超声波增材制造的语境中,四层沉积的金属片材被称为"一级"(one level)。在一级的打印完成后,铣头将对这一级的材料进行减材制造,即沿着图形的轮廓进行切割,如图 5-48(b)所示,减材制造可以消除片状材料堆叠的阶梯效应(staircase effect)。超声波增材制造技术逐层或逐级加工片材,直至三维实体成形零件打印完成。

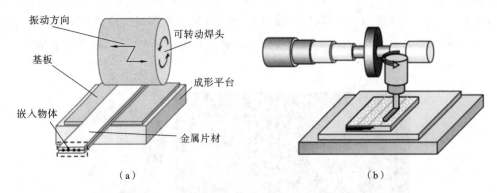

图 5-48　超声波增材制造

金属超声波增材制造利用超声波焊接的原理来结合相邻片材,这是通过低温固态冶金结合(metallurgical bonding)来实现的。也正因如此,超声波增材制造一般不会引起金属材料严重的热应力和变形。在超声波的作用下,金属材料还会出现一种软化效果——声软化(acoustic softening)。此时,金属材料的屈服强度大幅度降低。图 5-49 中一系列应力-应变曲线说明了,在同一测试温度下,施加的超声波功率越大,铝的屈服强度越低。另外,超声波的引入还使得金属材料获得一个高的变形速率。良好的塑性流动性使得相邻片材之间原本不平整的接触面变为平整的、冶金结合的界面,图 5-50 说明了这一过程。图 5-50(a)中,下半部是上一层沉积的片材,因为其与焊头接触,因此表面粗糙不平;而上半部是新放置的、待加工的片材。图 5-50(b)和图 5-50(c)展示了在打印时,由于超声作用得到的大的塑性流动让正在沉积的片材的下部填充至上一层片材表面的凹陷处,进一步消除了剩余孔隙的过程。同时,变形引起的热量变化还可能将片材界面处(约 20 μm 厚)加热至重结晶温度。良好的塑性流动性和变形晶粒的重结晶,使得片材界面得以形成一个平整的、冶金结合的界面。

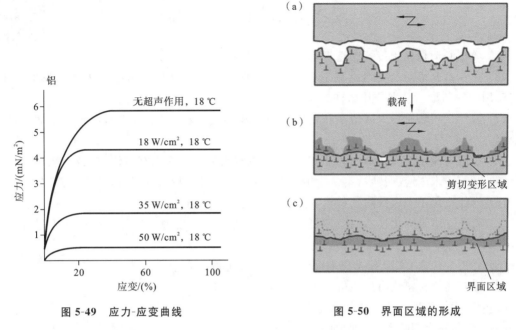

图 5-49 应力-应变曲线

图 5-50 界面区域的形成

　　还需要考虑的一点是热处理工艺的使用。这是因为所使用的片材通常由轧制获得,织构特征明显,又由于缺陷集中在片材结合处,因此,采用超声波增材制造技术成形的金属零件性能具有各向异性。采用适当的热处理工艺可以改善这种情况。

5.8.2　成形材料

　　薄材叠层可应用的材料种类包括纸张、聚合物、金属、陶瓷、复合材料等。理论上,适用于超声波焊接加工的金属、合金材料也将适用于超声波增材制造。目前,成功应用于超声波增材制造的金属、合金材料包括某些铝合金、镍合金、纯铜、黄铜、不锈钢,以及金属基复合材料等。金属片材的厚度通常为 $100\sim150~\mu m$。

5.8.3　典型应用

　　类似于定向能量沉积,将不同材料的片材放置在不同的沉积位置,能够得到功能梯度材料,从而得以调控成形零件局部的导热性、耐磨性、强度、延展性等性能。

　　超声波增材制造的另一个应用是纤维嵌入(fiber embedment)。例如,将陶瓷增强相的长纤维放置在相邻金属片材之间,利用超声波增材制造加工时金属材料获得的高塑性流动性,可使得相邻片材之间和片材/纤维之间形成牢固界面,最终制得金属基复合材料。图 5-51 展示了利用超声波增材制造技术成形的 Al 3003/SiC 复合材料的界面。

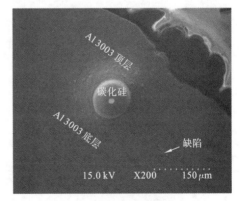

图 5-51　超声波增材制造成形
复合材料的界面

复习思考题

（1）增材制造相比于传统制造工艺有哪些优势？

（2）在本章介绍的七类增材制造技术中，请列举三类可以对金属材料进行成形的技术。它们使用的原料形态分别是什么样的？

（3）为什么相较于粉末床熔融和定向能量沉积，超声波增材制造成形得到的金属工件的残余应力小很多？

（4）在定向能量沉积技术中，有哪两种主要的送料方式？它们有何优缺点？

（5）对于粉末床熔融技术，本章归纳了几类粉末结合机制？它们分别是什么？

（6）为什么对于大多数陶瓷材料，电子束熔化技术并不适用？

（7）简述立体光固化技术的模型打印过程，并思考三维模型的切片分层在加工过程中是通过什么实现的。

（8）分析为什么 CLIP 技术比 DLP 技术的打印速度快几十倍。

（9）现有连续材料喷射打印机的尺寸精度可达到多少？

（10）连续材料喷射技术有什么特点？

（11）简述黏合剂喷射的工作原理。

（12）简述黏合剂喷射的优缺点。

（13）简述熔融沉积成形工艺的特点。

（14）双喷头熔融沉积快速成形工艺的突出优势是什么？

第6章 激光选区熔化软件

6.1 SLM技术与常用软件简介

激光选区熔化是由粉末床熔融发展而来的一种增材制造技术。这一技术选用激光作为能量源,按照三维CAD切片模型中规划好的路径在金属粉末床中进行逐层扫描,扫描过的金属粉末通过熔化、凝固达到冶金结合的效果,最终获得模型所设计的金属零件。目前,SLM技术已实现全工艺系统流程的软件化处理。

SLM软件技术相关可按工艺流程进行划分。

6.1.1 基本流程

SLM软件数据处理的基本流程如图6-1所示,分为模型设计、模型导出、添加支撑、模型切片、切片填充五个阶段。

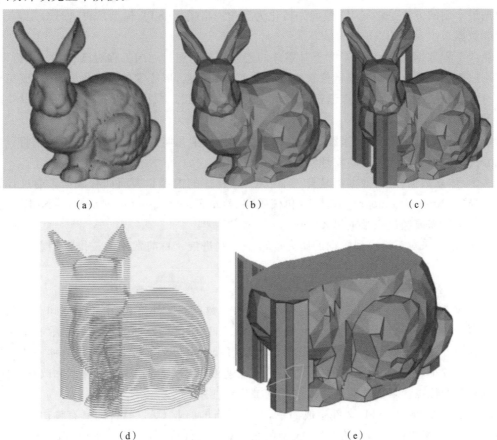

（a）　　　　　　　　　　（b）　　　　　　　　　　（c）

（d）　　　　　　　　　　（e）

图6-1　SLM软件数据处理基本流程

（a）CAD模型；（b）STL模型；（c）添加支撑；（d）切片模型；（e）模型层层打印

（1）模型设计：利用计算机软件设计待成形零件的三维模型。常用三维造型软件为 Pro/Engineering、Unigraphics、CATIA、SolidWorks 等。

（2）模型导出：模型设计完毕后，使用 SolidView、Rapid Tools 等软件导出零件的三维模型描述文件，一般为 STL 格式文件。

（3）添加支撑（可选）：对于有悬垂平面的模型，为便于成形，需要在悬垂面添加相应支撑。

（4）模型切片：沿某一方向对零件的三维模型进行分层离散处理，将零件的三维数据信息转换为一系列的二维层面数据信息。

（5）切片填充：依据每一层轮廓几何特征，生成激光扫描路径信息控制文件。

上述几个工艺阶段需要获取 SLM 技术运行参数，供实际加工操作使用。通常使用 CATIA、SolidWorks、Mimics 等软件获取参数。此外，各公司为配合专门 SLM 成形设备，自主研发了许多性能优秀的专业软件，诸如 CuraEngine、SLIC3R、3DXpert、Magics 等。

6.1.2　模型文件格式研究

SLM 打印中需要输入 CAD 模型数据，该模型数据通常来自三维模型数据、逆向工程数据、数学几何数据、医学/体素数据等。

三维模型数据：此类数据来源于三维造型软件生成的产品三维 CAD 曲面模型或实体模型，通过对实体模型或曲面模型进行直接分层可得到精确的截面轮廓数据。目前，获取三维模型数据最常用的方法是将 CAD 模型先转化为三角网格模型（STL 模型），再进行分层，获得精确轮廓数据。

逆向工程数据：这类数据来源于对零件的逆向解构。通过逆向工程对已有零件进行复制，即利用三坐标测量仪或光学测量仪采集零件表面的数据点，形成零件表面数据点云，既可对点云进行直接分层，也可对数据点云进行三角化，先生成 STL 文件，再进行分层处理，以获取精确模型数据。

数学几何数据：这类数据来源于一些试验数据或数学几何数据，用快速成形技术将以数学公式表达的曲面制作为可见的物理实体。

医学/体素数据：这类数据都是真三维数据，即物体的内部和表面都有数据。通过计算机断层扫描（computed tomography，CT）和核磁共振（nuclear magnetic resonance，NMR）获得。此类数据一般需要经过三维重建才能进行加工。

此外，近年来对三维模型数据的研究取得了一些进展。目前常用的三维模型数据格式有四种。

1. STL

STL 文件格式是一种用三角面片表达实体表面数据的文件格式，由若干空间小三角形面片拼接而成，每个三角形面片用三角形的三个顶点和指向模型外部的法向量表示和记录。按照数据存储方式的不同，STL 文件可分为二进制（Binary）和文本（ASCII 码）两种格式。二进制格式文件较小，只有文本格式的 1/5 左右，读入速度快；文本格式则具有阅读和改动方便、信息表达直观的优点。目前这两种格式文件均被广泛使用。

STL 文件优点：① STL 文件生成简单，几乎所有的商业 CAD 软件均具有输出 STL 文件的功能，同时还可以控制输出的 STL 模型的精度；② 文件应用广泛，几乎所有的三维模型都可以通过表面三角化生成 STL 文件；③ 切片算法简单，由于 STL 文件数据简单，因此其切片算法也相对简单很多。

STL 文件缺点:① 模型表示和计算精度不高;② 缺失了模型颜色信息。

2. AMF

AMF(additive manufacturing file)文件是一种基于 XML 语言的文件格式,弥补了 STL 文件无法存储颜色的缺陷。该格式不仅可记录单一材质,还能分级改变异质材料的比例,实现不同部位具有不同的材质特征。物体内部结构用数字公式记录,能在表面印刷图像,还可记录作者名字、模型名称等原始数据。AMF 格式文件数据量大于二进制 STL 文件的,但小于 ASCII 格式的 STL 文件的。

AMF 文件优点:① 包含了模型的多种参数(材质、纹理、结构参数等),弥补了 STL 文件不可存储颜色信息的缺陷;② 文件可读性强,便于扩展;③ 模型精度相比 STL 模型的更高,读写速度更快。

AMF 文件缺点:文件格式复杂,相应提高了切片算法的复杂度。

3. OBJ

OBJ 文件格式不仅适用于主流 3D 软件之间的互传,也可应用于 CAD 系统。OBJ 文件格式的定义包括每个顶点的位置,每个纹理坐标顶点的 UV 位置、顶点法线、面定义,它还支持使用曲线和曲面定义自由几何形状,如 NURBS 曲面。

OBJ 文件优点:① 结构非常简单,易于在应用程序中读取;② 由于使用几种不同的插值高阶曲面,可以以较高精度来表示模型;③ 具有色彩信息。

OBJ 文件缺点:缺少对任意属性和群组的扩充性,因此只能转换几何对象信息和纹理贴图信息。

4. 3MF

3MF 是微软、惠普、欧特克、3D Systems、Stratasys 等公司联合推出的一种文件格式,与 AMF 文件格式相同,采用了 XML 文件格式,可以保存模型颜色、材质、纹理等特征,但相比于 AMF 文件格式去除了一部分功能,使得文件格式相对简单。

3MF 文件优点:大部分 3D 打印软件支持该格式,应用相对广泛。

6.2 SLM 支撑设计

增材制造基于逐层添加技术,已成形层部分为未成形层部分提供支撑。但当未成形层超出原有层部分形成悬垂结构时,材料难以堆积成形。常见悬垂结构特征示意图如图 6-2 所示。其下表面不和基板或工件其他部位在成形方向上接触。根据悬垂部分的形状特征,悬垂结构可分为面悬垂、锥形悬垂、楔形悬垂等,其中面悬垂可根据其倾斜角度分为水平朝下、向上倾斜、向下倾斜等形式。

对 SLM 而言,虽然粉末层能够给成形层一定的支撑,但由于粉末层散热能力差,在扫描过程中容易产生温度集中,从而导致沉积层塌陷、挂渣,并且由于温度梯度大,悬垂结构容易产生翘曲变形,影响成形件质量,如图 6-3 所示。

以上问题通常采用添加支撑结构的方法来解决,该方法有以下优点:

(1)减少悬垂结构的变形;

(2)在一定程度上防止翘曲,保证试件始终固定在平台上;

(3)增加局部热传导,防止因内应力累积而产生过度变形。

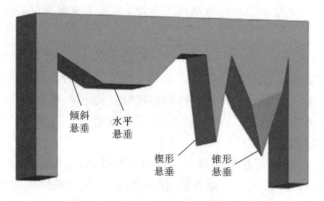

图 6-2　常见悬垂结构特征示意图

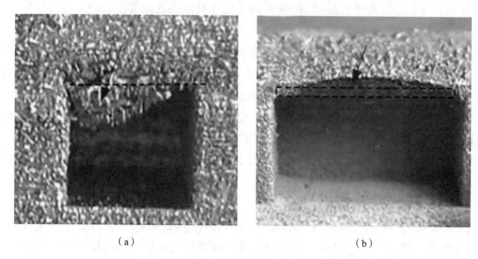

（a）　　　　　　　　　　　（b）

图 6-3　缺失支撑的悬垂结构打印缺陷

（a）塌陷、挂渣；（b）翘曲

6.2.1　支撑生成一般过程

在 SLM 加工过程中，获取成形件模型数据后，如果模型上存在悬垂结构，则必须考虑在悬垂结构下方添加支撑材料。如何根据模型设计算法确定支撑区域是软件处理过程中的重要问题。

图 6-4 所示为倒"L"形悬垂结构模型，结合此模型我们可以直观发现，当 $0<\alpha<90°$ 时，若 α 较大则悬垂自身的强度能够抵抗塌陷，此种结构称为自支撑结构；若 α 较小，则需要添加支撑，α 的临界值称为临界支撑角；而当 $\alpha<0°$ 时必须添加支撑。

在之前的介绍中我们知道，STL 模型为多个三角面片组合而成的，每个三角面片除有描述自身位置的三个坐标点外，还有一个表示面片方向的法向量。不难得出，面片法向量与成形方向（Z 向）的夹角 θ 实际上等同于面片与水平面的夹角。结合临界支撑角的定义，我们认为当 $\theta>\alpha$ 时，面片为安全面片；当 $\theta<\alpha$ 时，面片为危险面片。在实际打印过程中，通常根据打印的工艺类型及材料属性设置临界值 α_0。

根据以上对临界支撑角 α 的定义，结合各面片法向量，利用软件可以轻易找出模型中所有危险面片。不难想象，对每个危险面片而言，它的支撑区域就是位于其下方的竖直投影的三棱柱，如果不加处理，直接对每个危险面片使用竖直投影法生成支撑空间，则将会得到一系列瘦长的三棱柱,特别是三角面片尺寸较小的时候,三棱柱会更加细长,难以提供足够支撑。因此,需要将相邻三棱柱空间连成一体,得到尺寸相对较大的成片支撑空间,以便在内部生成支撑路径,如图 6-5 所示。

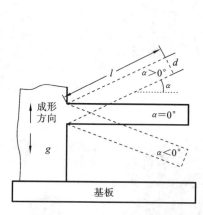

图 6-4　悬垂结构示意图

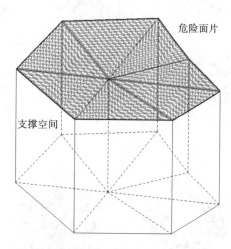

图 6-5　危险面片形成的三棱柱支撑空间

除以上方法外,提取待支撑区域的方法还有董学珍等提出的利用层间切片布尔差值来判断是否需添加支撑的方法,若该层相对前一层有"多出"的部分,则该部分需要添加支撑。

在此基础上,洪军等人进行了悬垂结构特征的细分,如悬垂点、悬垂线等,为针对不同悬垂特征添加不同样式的支撑奠定了基础;朱君等则将切片布尔运算改进为扫描线方式,简化了算法判别流程。

6.2.2　支撑结构设计

支撑结构与零件的接触形式主要分为完全接触、小面积接触等方式,其中小面积接触如点接触、齿形接触等便于后续去除支撑,而完全接触则可降低工件翘曲使支撑拉断的风险。

目前,用于 SLM 的支撑结构有晶格支撑、单元细胞支撑、蜂窝支撑、Y 形支撑等,如图 6-6 所示。这些支撑结构需要遵循以下设计准则:

(1) 支撑应能防止零件塌陷、翘曲,特别是需要支撑的外轮廓区域;

(2) 对于金属工艺,需要考虑应力和应变对支撑的影响,可以通过热模拟建模进行设计;

(3) 支撑和最终零件之间的连接应具有最小的强度,以保证执行支撑功能的同时易于拆除;

(4) 支撑和最终零件之间的接触面积应尽可能小,以减少支撑拆除后的表面劣化;

(5) 在设计支撑时,材料消耗和建造时间应视为权衡最终打印质量的一个重要因素。

目前研究较多的支撑结构有树形、晶格等结构,其在生成效率、可制造性、可去除性和实用性上相较其他支撑结构有所提升,并且特殊设计的晶格支撑还具有负泊松比等性能,能够进一步降低工件翘曲导致支撑被拉断的风险。

6.2.3　支撑优化设计

虽然在成形存在悬垂结构的复杂零件时添加支撑是必不可少的环节,但目前所使用的支撑结构仍然存在众多缺点:

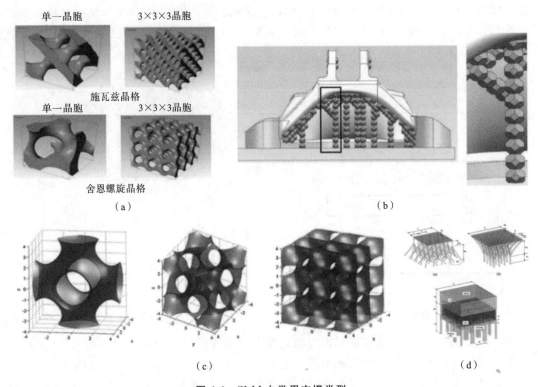

图 6-6　SLM 中常用支撑类型
（a）晶格支撑；（b）单元细胞支撑；（c）蜂窝支撑；（d）Y 形支撑

（1）打印完毕后通常需要大量的后处理工作以拆除支撑结构，尤其是金属加工时，打印后需要额外的时间对支撑结构进行切割、研磨或铣削，导致制造零件的人力和时间成本增加；

（2）支撑结构不可重复使用，如果不可回收，则必须在移除后丢弃，这通常会导致原材料浪费；

（3）零件添加支撑结构后，因为除了打印零件主体外还需要打印支撑结构，所以打印时间会更长；

（4）由于增材制造过程的能源成本通常随材料用量的增加而增加，因此增加支撑结构会导致能源成本增加。

研究人员针对上述缺点提出了许多支撑结构优化方法：

（1）使用目标函数以改变支撑部件的方向；

（2）使用遗传算法以缩短构建时间；

（3）使用拓扑优化算法来解决零件工艺上的限制问题。

关于支撑结构仍然有待研究的内容：① 做好支撑结构建模，对支撑结构的热应力、材料热行为变化进行建模分析及预测，从而改善支撑结构，提高零件质量；② 对支撑结构进行拓扑优化可以大大减少所需的支撑数量，并可根据材料性能优化支撑结构；③ 建立不同支撑结构的比较标准，用于评估不同支撑结构的支撑性能。

6.3　SLM 自支撑研究

除了生成轻量化、易去除的支撑结构外，研究人员还提出了在保持零件外观与满足机械特性的情况下,通过拓扑设计优化零件内部,形成自支撑结构的方法,使零件打印更加轻量化,并节约成本。

目前基于模型拓扑优化的 SLM 自支撑研究取得了一定进展,研究人员已经提出多种不同方法,例如均质法、固体各向同性材料惩罚(SIMP)方法、水平集方法、渐进结构优化(ESO)方法、双向 ESO 方法、可变形组件(MMC)方法、移动变形空隙(MMV)方法等。

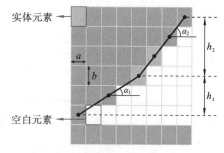

图 6-7　基于 SIMP 方法的自支撑结构拓扑优化

Yu Wang 等人通过试验研究测试了不同悬垂角度下样品的可打印的悬垂高度,并且在数学上定义了最大悬垂高度和相应的临界值。然后,该种关系被应用于 SIMP 拓扑优化方法中,调整悬垂角度可以实现自支撑结构优化,如图 6-7 所示。

零件内部空隙和 V 形结构通常难以制造,但是可以通过数值方法识别,然后使用拓扑方法,优化结构的同时,保证零件的性能改动较小。因此,Xu Guo 等人基于 MMC 和 MMV 方法探讨了面向增材制造的拓扑优化的相关联性,优化零件以达到无支撑的目的,并验证了其可行性,如图 6-8 所示。

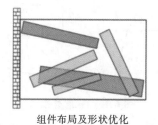
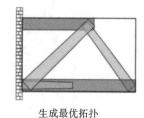

布置多个组件　　　　　　组件布局及形状优化　　　　　　生成最优拓扑

图 6-8　基于 MMC 方法的自支撑结构拓扑优化

目前已有的 SLM 自支撑方法主要集中于模型下表面工艺参数的优化,以及模型的拓扑优化研究两个部分的内容。虽然这些自支撑方法可以使增材制造过程不再需要支撑结构,但是现有的约束条件还是较为严格的,导致拓扑优化后的结构没有实现最佳性能,且可能会增加结构的体积。所以引入悬垂长度等条件来放宽悬垂角度的限制,并将其他制造约束如封闭空隙、各向异性材料性质和最小构件厚度等因素结合到优化框架中,是未来工作的研究方向。

6.4　SLM 模型分层

6.4.1　SLM 模型分层方法

对模型进行分层处理就是用一系列平行平面(通常垂直于 Z 轴)截取模型,求取封闭交线。SLM 加工过程中的分层方法主要分为两类:等层分层法与自适应分层法。

1. 等层分层法

等层分层法使用等距平面对模型求交线,获得恒定层高的切片层。

优点:具有较高的通用性,算法鲁棒性好。

缺点:精度差,只能处理简单的几何零件,阶梯效应明显。

早在 1994 年,Dolenc 和 Mäkelä 就提出利用尖点高度法进行切片,该方法根据预设的尖点高度 C 计算层厚度。尖点高度是指 CAD 表面和沉积层之间沿表面法线的最大高度,如图 6-9 所示。用户定义与表面质量相关的最大允许尖点高度 C_{max},并计算相应层厚度 t。

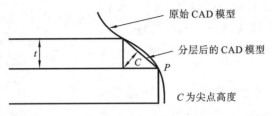

图 6-9 尖点高度法

但该方法存在严重的阶梯效应,因此,Suh 和 Wozny 于 1994 年首次引入轮廓外推法,根据零件几何结构使用可变层厚度对实体模型进行自适应切片。层高度通过前一层的外形轮廓确定。在前一层的基础上,使用拟合球体来近似下一层的真实表面,层高度由该球体根据预设的尖点高度公差确定,如图 6-10 所示。

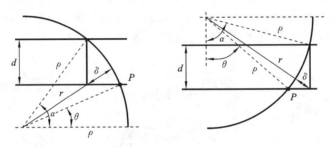

图 6-10 轮廓外推法

虽然,研究人员为保证模型外部轮廓的精确性做了一定研究,但阶梯效应的存在始终影响着模型的表面质量与精度,为尽可能减小阶梯效应的影响,研究人员提出了自适应的分层算法。

2. 自适应分层法

自适应分层法在局部进行自适应分层,可以根据表面复杂性或精度要求改变层厚度,从而细化外部轮廓。

优点:自适应分层法可以获得更好的表面质量,同时在构建方向上实现复杂性,易于应用。

缺点:无法处理悬垂结构,对复杂模型的处理仍然受到限制。

Sabourin 等人在 1996 年提出了逐步均匀细化方法,该方法使用插值方法,首先将 CAD 模型切片为最大可接受层厚度为 L_{max} 的厚板,然后根据需要进一步均匀切割每个厚板,以达到所需的表面精度,如图 6-11 所示。

6.4.2 SLM 模型分层算法

基于直接分层处理的算法具有文件数据小、精度高、数据处理时间短以及模型没有错误等优点。Jamieson 等人用 C 语言在 Parasolid 上开发了第一个 CAD 模型的直接分层软件。

对于加工表面与构建方向存在一定夹角的情况,单一厚度的分层会出现阶梯效应。虽然为减小阶梯效应对零件的精度与表面质量的影响而采用的自适应分层算法可以提高零件的制造精度,但层厚经常改变,会增加加工成形的难度,且由于层厚减小,加工效率也随之降低。因

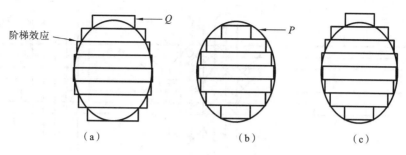

图 6-11　逐步均匀细化方法

此寻求加工精度与加工效率的平衡点成为了一个重要的研究课题。

针对此问题,研究人员提出了零件表面加工与内部填充使用不同层厚的方法,在不增加加工时间的前提下提高了零件的精度。然而,该算法也有缺陷,比如对模型的分割以及支撑的自动添加较为困难,且其算法的实现依赖于复杂的 CAD 软件环境,不利于数据处理软件的推广。

6.5　SLM 路径填充方式

对基于分层叠加制造原理的快速成形技术而言,将零件切分为层面,并在每一层内生成扫描路径,是增材制造中的关键步骤。在 SLM 制造过程中,扫描路径会直接影响粉末的熔化、传热以及凝固,进而影响温度梯度以及残余应力的分布,这些因素将直接影响成形件的表面粗糙度、尺寸精度和力学性能。增材制造发展至今,已产生了许多填充策略,包括:栅格、之字形、分区扫描、螺旋线、轮廓偏置、混合路径(之字形和轮廓偏置结合)、分形扫描(希尔伯特曲线)、中轴变换等。

6.5.1　栅格路径填充

栅格扫描的扫描线为一组等距平行线,两平行线间的距离为扫描间距。其填充线由一组平行直线与切片轮廓求交运算获得。

优点:栅格路径生成算法简单可靠、适应性强、成形效率高,常用于商业增材制造系统。

缺点:当截面轮廓内部存在空腔时,激光器需要频繁跨越空腔而产生较多的空行程,降低了加工效率;单一的扫描方式会使沿扫描线方向产生的最大拉应力方向相同,从而使成形件发生翘曲变形,甚至出现裂纹;由于扫描线存在一定宽度,因此在轮廓边界平面上也会出现阶梯效应,而这些"阶梯"的存在会使成形件侧面形成凹凸不平的表面,这些表面极易出现"嵌粉"的情况,影响成形件侧表面质量。

从微观组织来看,沿扫描线方向与垂直于扫描线方向的结构组织不同,因此栅格路径的成形件组织均匀性差,具有各向异性,且各层单方向的扫描可能会使得缺陷在同一位置积累,最终影响成形质量。

为避免缺陷积累和层间应力积累,研究人员提出了层间旋转的扫描策略,如图 6-12 所示。Arisoy 等人研究了 Inconel 625 合金逆时针旋转 90°与 67°两种扫描方式,结果表明无论采用何种扫描策略,柱状晶粒方向都会接近构建方向,且在最佳工艺参数下,67°旋转扫描策略可获得更细的晶粒。层间旋转扫描方式会影响晶粒在构建方向上的生长。目前,在构建方向上具有

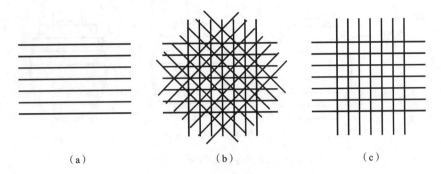

图 6-12　三种旋转扫描角度

(a) 0°旋转扫描；(b) 45°旋转扫描；(c) 90°旋转扫描

更细晶粒的 67°层间旋转扫描策略已得到广泛应用。

栅格路径填充算法一般包含两个输入变量：填充区域轮廓以及填充线序列。其算法流程如下。

（1）获取所需填充区域的最小轮廓包围盒，遍历存放轮廓数据的所有线段列表以收集所有线段，遍历所有线段点后对比获取点 X_{min}、X_{max}、Y_{min}、Y_{max}。

（2）根据获取轮廓最小包围盒生成等高线填充线段（填充间距），并将填充线进行升序排序。

（3）将遍历后获得的外轮廓线段按 y（或 x）进行排序。

（4）遍历所有填充线段，并移除不再和扫描线相交的线段，将满足最低点小于 y（填充线 y 坐标），最高点大于或等于 y 的线段添加至待求交线段，直至线段最低点大于 y。

（5）遍历所有待扫描线数据。

6.5.2　之字形路径填充

之字形扫描策略源于栅格扫描策略，目的是解决栅格扫描填充精度较差的问题。栅格扫描策略和之字形扫描策略的区别在于二者扫描方向的变化不同，之字形填充路径如图 6-13 所示。

优点：之字形扫描将单独的平行直线沿一个方向连接成连续路径，有效地减少了工具路径通过的次数并缩短了路径填充的时间，极大地提高了增材制造过程的生产效率。

缺点：由于与机器运动方向不平行的边缘存在离散化误差，因此栅格扫描和之字形扫描的轮廓精度都较差。

图 6-13　之字形填充路径

6.5.3　分区扫描路径填充

研究表明，当扫描线长度较长时，扫描线在长度方向容易出现收缩，发生翘曲变形。而当扫描线较短时，扫描路径的温差小，应力分布更加均匀。因此，在 SLM 加工过程中，为提高成形质量需要尽量避免长线扫描。为减小零件内部集中应力，减小零件变形，研究人员提出了分区扫描算法。

如何对需要成形的区域进行分区，是进行分区扫描路径填充研究的重要内容。目前常用的分区方法有以下两种。

（1）截面轮廓分区方法：以前，对模型区域的划分主要
以切片轮廓极值点作为分区依据，通过识别内轮廓极值点，
使水平引导线与外轮廓及其他内轮廓相交，进而获得切分区
域，如图 6-14 所示。对分区后所得子区域采取轮廓偏置方
法进行填充。该分区方法虽然简单可靠，但分区所得子区域

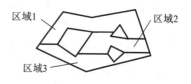

图 6-14　截面轮廓分区

可能存在轮廓自相交、区域狭长等问题，对后续路径填充造成不良影响。

（2）自定义分区方法：由用户自定义分区大小，在模型最小包围盒范围内设定划分区域的
大小（通常划分区域大小相等），然后将划分得到的区域与所需填充区域做交运算。如 Con-
cept Laser 公司提出的岛式（棋盘）扫描策略，可以有效避免零件生产过程中应力的产生，并且
已被广泛应用于商业生产，如图 6-15 所示。采用此类分区方法时，后续通常会采取栅格路径
填充策略进行填充。

由于 SLM 逐层制造的特点，当成形件达到一定层厚时，层面的散热逐渐困难，前一个区
域扫描完成后，会对周围区域产生预热效果，因此为保证良好的散热，需要对之后扫描的区域
进行选择。Davi Ramos 等人基于岛式扫描策略提出了一种间歇性扫描策略以分析热集中对
残余应力和变形的影响。由于残余应力主要是由高温梯度引起的，因此将几何体分割成小岛，
通过"区中选区"方式，避免连续扫描相邻岛屿以降低热量，极大程度降低了热应力集中，如图
6-16 所示。

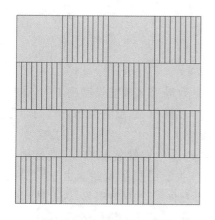

图 6-15　岛式扫描示意图

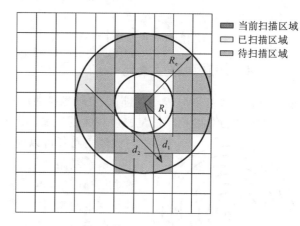

图 6-16　改进的岛式扫描模式

从单个块的角度来看，块内扫描线的方向是相同的，成形区容易沿扫描线方向收缩。因此
当"横纵"扫描的块数目不同时，可能会出现因应力方向不同而对构造面造成破坏的情况。由
于块之间没有约束，块内冷却收缩时容易在边界处产生裂纹。为此，许丽敏等人针对大尺寸幅
面成形件易翘曲的问题，提出一种矩形块分区的扫描路径方法，该方法通过采用把待扫描区域
分成 n 等分矩形块，相邻矩形块间扫描线相互垂直的方法，改变热应力方向，避免在边界处产
生较大收缩应力。

快速成形是 SLM 生产的重要优势，在未来发展的过程中，适用于大尺寸、大幅面的多光
束激光打印技术也会更多地应用分块扫描策略，因此提升生产效率也是研究的重点。在分区
算法中，分区后的截面如果存在多个区域，则当激光从一个扫描区域跳转至另一个扫描区域时

便会存在大量空行程。为提高生产效率,降低能耗与成本,需要对生成的扫描区域进行排序优化。

求解扫描顺序使得路径最短的问题通常可视作旅行商问题。为了求得最短路径,一般采用如下三种算法。

(1)贪婪算法:针对增材制造加工路径的排序优化问题,引入路径所有的潜在起点,并使用全局贪婪算法搜索所有潜在起点的路径,获取全局最优的最短路径。

(2)遗传算法:针对提升增材制造系统路径填充效率,缩短加工中的空行程问题,使用遗传算法对加工路径进行优化,可优化约束变异算子和遗传算子的适应度评价,缩短路径空行程时间,提高打印效率。但此类算法也存在一定的缺陷,如遗传算法迭代次数较多。

(3)蚁群算法:蚁群算法在实际运用过程中存在缺乏启发因子等问题。克服现有算法的缺陷,尽量避免人工干预是路径优化仍然需要研究的话题。

分区扫描的一般路径规划算法相比于栅格扫描增加了区域的凹凸性识别,使得区域容易分割为多个单连通区域。分区扫描的输入一般为切片后的外轮廓和内轮廓数据。分区扫描算法的处理流程如下:

(1)输入多边形区域,每个多边形区域方向符合"外顺内逆"的规定;

(2)遍历轮廓数据点,若该点满足相邻两点向量叉积的结果为负,则该点为凹点,将满足条件的所有凹点加入数据点之中;

(3)对于每一个凹峰点,构造一条经过它的切分线段;

(4)沿切分线段将多边形分割为若干单连通子区域;

(5)输出所有单连通子区域;

(6)采用栅格路径填充方法,对所有子区域进行分别填充。

6.5.4 螺旋线路径填充

在进行激光加工时,一条扫描线上激光移动速度不同会导致局部区域能量密度不同,在扫描线起始位置通常会出现能量密度较大的区域。因此,在打印过程中,尽量避免激光器的启停与大转角路径可以提高打印质量。

螺旋线路径是指从中心或边缘生成螺旋扫描线,直至填充整个扫描区域,再对多余环进行去除的扫描策略。由于扫描线具有一定曲率,使得残余应力不在同一个方向积累,因此成形件的翘曲变形得以降低;扫描路径连续、平滑、没有交叉,避免了加工过程中激光的急转,提高了成形件的表面质量。螺旋线路径如图 6-17 所示。

当填充面内存在空腔时,如何生成连续且无交叉重叠的扫描线是螺旋线扫描策略的研究重点。钱波等人提出了一种螺旋扫描策略并将其用于发动机叶轮的 SLM 加工中,结合扩展波前传播算法与沃罗诺伊(Voronoi)多边形拓扑结构,递归生成了带有边和对象拓扑关系的螺旋线路径,如图 6-18 所示。相比于栅格扫描,该算法产生的残余应力较低,尤其降低了构建方向的残余应力。螺旋线扫描虽然减小了沿扫描线方向的残余应力,但会产生向心残余应力,导致成形件翘曲变形。

图 6-17 螺旋线路径

（a）　　　　　　　　　（b）　　　　　　　　　（c）

图 6-18　螺旋扫描策略生成

6.5.5　轮廓偏置路径填充

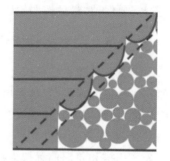

图 6-19　平面内的阶梯效应

　　采取栅格扫描策略时，扫描线的宽度累加不一定与轮廓大小完全一致，因此会出现平面内的阶梯效应，如图 6-19 所示，使得二维切片轮廓的精度降低，如此积累下来，会对整个成形件的外部精度造成很大影响。采用轮廓偏置路径填充的方法来加工可以消除平面内的阶梯效应。

　　对于截面轮廓复杂的零件，在扫描线偏移的过程中容易产生因轮廓的自相交以及内外轮廓的交错而出现的模型错误等问题。为判断偏移轮廓的正确性，提高算法效率，研究人员进行了大量相关研究。Yang Y. 等给出了等距轮廓偏置扫描算法的一种实现方法，如图 6-20 所示，并主要针对自相交、偏移线与内轮廓相交、尖角问题、错误堆积等偏置扫描过程中常见的问题展开研究，给出了较好的解决方案。相对于平行线扫描，其方法能在路径加工质量和加工时间方面有所优化。

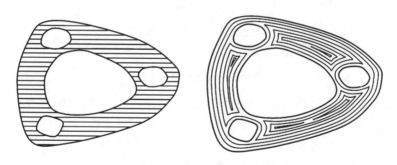

图 6-20　平行线轮廓路径及等距轮廓路径

　　熊文骏提出了一种向形心收缩的扫描路径生成算法，能够避免传统等距偏置扫描算法中的自相交问题，还给出了凹边形凸分解的算法，使得向形心收缩的扫描路径生成算法能够真正得以应用。此后马奇改进了此算法，提出变距变次数均匀偏置扫描填充算法，可更加合理地分配扫描线数量，得到更均匀的表面形貌，也能在一定程度上提高成形件力学性能。Jibin Zhao 等人提出了一种轮廓偏置与简单分区直线填充相结合的算法。为进行轮廓偏置，用圆代替激光光斑，使用直线与圆相切的模型建立截面多边形偏移算法模型，同时，对于内角大于 1.5π 的情况，为避免形成尖角，采取用两个点代替尖角的方法，构建的模型如图 6-21 所示，并且给出

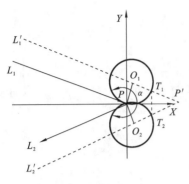

图 6-21　轮廓偏置尖角处理算法模型

了判断形成交点的两条线段的向量积的方法来进行无效环的识别。

轮廓偏置路径可以较好地保留模型的轮廓特征,有效解决边界轮廓引起的质量问题,但轮廓偏置算法多次运行后会出现偏置后轮廓自相交等问题,解决此类问题是目前轮廓偏置扫描算法的研究重点。

轮廓偏置扫描算法通常包含三种:基于线段平移的偏置、基于角平分线的偏置、基于裁剪的偏置。

基于线段平移的偏置算法包含如下两个步骤:

(1)判断线段平移方向:将线段沿法向量方向平移,将法向量与线段叉乘,若指向为负,则偏移方向为左侧,反之则为右侧。

(2)消除全局自相交环:首先,两两遍历计算偏置轮廓边的所有交点,然后根据交点对偏置轮廓进行分段,并根据每段偏置轮廓到原始轮廓的距离是否小于偏置距离来确定偏置线段是否需要保留,最后按照轮廓走向拼接偏置轮廓线段。

6.5.6　混合路径填充

混合路径填充是指综合采用两种或两种以上的路径扫描策略,起到优势互补的效果。例如直线扫描效率高,算法简单可靠,但边界精度不高,轮廓偏置扫描具有很好的边界精度和温度梯度,但是因为其扫描线在偏置过程中会产生自相交,因此算法处理复杂。因此,将两种算法结合,可在保证内外轮廓精度的同时简化算法的复杂性,提高打印效率。图 6-22 所示是一种分区扫描和轮廓偏置扫描相结合的混合路径示意图。

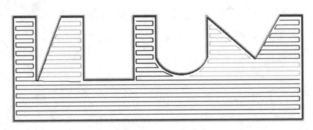

图 6-22　混合路径示意图

对于实际制造情况中复杂多变的截面形状,单一扫描策略往往会因自身局限性而存在相应缺陷。根据实际情况选取不同扫描策略的组合可以较好地完成打印任务。因此,多路径的混合也将成为未来研究的重点。

6.5.7　分形扫描路径填充

分形扫描是指利用分形曲线对截面进行填充的扫描策略。由于分形线从整体与局部的相似性特征出发,因而生成的填充线规律相同、分布均匀,成形件表面光滑平整,材料分布均匀。

希尔伯特(Hilbert)分形曲线是增材制造中应用最为广泛的分形曲线,其生成原理是:首先将一个矩形区域分割成四个小正方形区域,然后从左下角小正方形区域的中心开始,依次连接小正方形区域的中心,直至连接到右下角小正方形区域的中心为止,这样就得到一条一阶分形曲线,以相同的原理,将矩形区域分割成 16 个小正方形区域、32 个小正方形区域,并按一定规则将小正方形区域的中心依次连接起来,就可得到二阶和三阶的分形曲线,如图 6-23 所示。

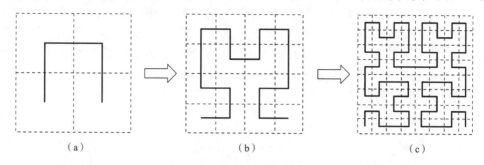

图 6-23　希尔伯特分形曲线生成示意图

(a) 一阶分形曲线;(b) 二阶分形曲线;(c) 三阶分形曲线

但希尔伯特曲线中有大量 90°拐角,在拐角位置处由于速度、加速度急剧变化,可能会出现拐角位置处激光能量集中现象,进而影响零件表面质量。因此对希尔伯特曲线的研究主要集中在算法实现的复杂度,以及尖角处的平滑过渡问题上。

针对希尔伯特曲线中存在大量 90°拐角的问题,陈宁涛对生成希尔伯特曲线的算法进行改进,最终绘制的希尔伯特曲线类似一个矩形,而矩形元素即是基元,因此算法的目标是确定矩阵元素并将基元连接起来。其算法时间复杂度为 $O(N\log_2 N)$,空间复杂度为 $O(N^2)$。将该算法与基于 L 系统的曲线绘制算法进行比较,结果表明此算法比基于 L 系统的算法快一倍左右。

分形扫描虽然能避免直线扫描路径过长而产生的应力集中现象,以及轮廓偏置产生的轮廓自相交问题,但由于 90°拐角的大量存在,设备可能会产生振动,对设备产生损耗。

6.5.8　中轴变换路径填充

中轴路径模式是一种将几何图形的内轴从中心偏移到边界的方法。多边形中轴(见图 6-24)是由 Blum 首先提出的用来描述图形的一种方法,又称骨架。Blum 提出的用来定义中轴的草地火灾模型描述为:假设二维区域的轮廓上的点同时着火,火从轮廓向图形内部各个方向等速燃烧直至熄灭,所有熄灭的点的集合即构成了该图形的中轴。

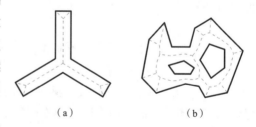

图 6-24　多边形中轴

(a) 凹多边形中轴;(b) 中空图形的中轴

多边形中轴提取有多种方法,对一些简单的模型如 2D 多边形或边界由圆弧构成的图形而言,存在有效的精确提取中轴的方法。然而,对于一般的几何模型,即便边界由解析表达式表达,计算其可靠中轴仍然十分困难。各种方法的核心目标是克服中轴转换的不确定性。

Kao 提出了一种利用几何图形的中轴变换来生成偏移曲线的路径生成办法。该方法是由内而外,而不是由边界往内部填充。该方法可以计算路径,完全填充几何图形的内部区域,且可以通过在边界外沉积多余的材料来避免产生间隙。

利用中轴变换算法提取骨架特征时,其结果对边界噪声敏感且易产生毛刺问题。采用 Voronoi 图计算原始中轴,使用改进的二次误差度量方法去除毛刺。在二维及三维数据集上的试验结果表明,该算法能够提取简洁、准确的骨架,且对边界噪声具有鲁棒性。

离散 λ-中轴(DLMA)算法是一种快速、高鲁棒性的中轴变换算法,选择合适的参数 λ 可以提取物体较为精准的单像素骨架,DLMA 算法对边缘干扰具有较强的抵抗能力。针对 DLMA 算法的缺点,研究人员提出一种融合欧氏距离变换局部极大值点思想和背景点空间思想的 DLMA 优化算法,使提取结果具有更强的鲁棒性和自适应能力。

不同路径的填充曲线如图 6-25 所示。

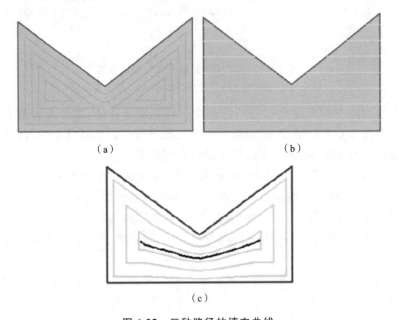

图 6-25　三种路径的填充曲线
(a) 平行路径;(b) 等距偏置路径;(c) 中轴路径

与平行扫描和轮廓偏置扫描相比,中轴变换路径可以有效地提高具有复杂多边形结构零件的质量。

6.6　SLM 路径规划研究新进展

SLM 加工的优势不仅仅在于其可以制造出传统加工方法无法加工出的零件,更在于其对零件加工中各参数的控制影响着最终成形零件的性能。然而,目前仍缺乏对众多的工艺参数(激光功率、扫描速度、扫描间距、扫描方式等)的系统研究,仍缺乏较为系统的策略来控制 SLM 成形过程中的不稳定因素。为充分发挥 SLM 加工定制化、个性化的特点,将各路径策略与零件性能关联,个性化定制具有特定属性的零件,成为目前研究的热点话题。

依据主应力和材料负载方向构建扫描路径,从而提升零件力学性能,此类的研究在 FDM 工艺中报道较多。L. Xia 等针对最大主应力,通过深度优先搜索方法和连接准则构建与最大主应力方向平行的路径,提升了零件主应力方向的拉伸性能。对于 SLM 工艺,也有相应报道。Shuaishuai Li 等针对零件受力时内部应力情况,基于零件内部应力场构建了基于力流的扫描路径,力流即为零件加载时的内部应力线,主应力方向垂直于力流线,提高了零件的力学性能。此外,该方法也可扩展至温度场、声场等多场耦合设计,进一步提高零件力学性能。

Y. Yang 等采用重复激光扫描策略,使用 SLM 方法制备了一种具有三维功能梯度的 Ni-

Ti 合金。这种功能梯度的实现归功于源于微观结构梯度的多变形机制的叠加,而这种叠加的多变形机制导致了机械可恢复应变的持续增大和特殊的过滤硬化效应。

Chung-Wei Cheng 等采用两种同步三点扫描策略,即横向空间(LS)和空间内联(SiL)方法制备立方体零件(LS 和 SiL 分别表示三点偏移方向为垂直和平行于扫描方向),研究了这些扫描策略对表面粗糙度、相对密度、硬度、熔融池形状和微观结构的影响。试验表明,LS 扫描策略的相对密度和表面硬度均高于 SiL 的。

Davi 等人提出了一种间歇扫描策略,目的是降低积累过程中产生的残余应力,并基于材料特性和移动热流量等不同的扫描策略,进行了计算机模拟。通过分析热浓度的降低对残余应力和变形的影响得出该扫描策略可使应力和弯曲显著减小的结论。

6.7　SLM 数据处理软件的发展前景

随着医疗、电子、航天领域的飞速发展,激光增材制造技术的应用也越发广泛。市场对工业产品的复杂、多功能性需求越来越高的同时也对激光增材制造技术提出了新的要求,如大尺寸、大幅面零件的制造,具有复杂材料特性零件的制造以及对零件成形质量的要求进一步提升。因此,未来的激光增材制造应具有更大的"柔性",能够更加便捷地允许使用者进行调整。目前 SLM 数据处理软件应朝实现以下功能的方向发展:

(1) 不断优化分层切片时的切片参数,包括切片厚度和分层方向,提高模型构建精度,缩短模型构建时间,以提高模型构建效率,在同一构件中能够根据构件结构进行不同区域的分层。

(2) 提高同一构件路径规划的多样性,针对表面精度或力学性能选择不同类型的路径方式进行组合,以期达到效率、质量的平衡。同时,也应该关注路径背后材料晶粒生长、熔池变化等机理,为新路径的提出奠定理论基础。

(3) 做好支撑结构建模,对支撑结构的热应力、材料热行为变化进行建模分析及预测,从而改善支撑结构,提高零件质量;建立不同支撑结构的比较标准,用于评估不同支撑结构。

(4) 对于工业商业软件的开发,除做好工艺设计外,还应允许用户个人的开发设计,例如新路径的导入等,便于针对材料特性进行加工方式的调整;对于桌面级商业软件的开发,应尽可能简化操作流程,便于增材制造技术面向更为广泛的受众。

复习思考题

(1) 增材制造的数据处理包括哪些基本流程?

(2) 什么是 STL 文件格式? 按照数据存储方式的不同,STL 文件可分为哪两种格式? 这两种格式有何异同点?

(3) 增材制造领域常用的模型文件格式还有哪几种? 各自有何特点?

(4) 什么是 STL 的模型切片? STL 模型切片的目的是什么? 主要算法有哪些?

(5) 在零件成形过程中,在何种情况下需要添加支撑结构? SLM 中有哪些支撑类型?

(6) 为什么要对 STL 模型分层得到的截面轮廓进行填充? 有哪些填充算法?

(7) 什么是模型的自支撑? 实现打印模型的自支撑有何优势?

第7章 激光熔覆软件

7.1 简 介

激光熔覆(laser cladding,LC)技术是指通过同步送粉或预制粉末的方式在被涂覆基体表面上放置选择的涂层材料,经激光辐照使之和基体表面一薄层同时熔化,并快速凝固,形成稀释度极低并与基体材料成冶金结合的表面涂层,从而显著改善基体材料表面的耐磨、耐蚀、耐热、抗氧化及电气特性等的工艺方法。在激光熔覆的基础上,产生了激光直接金属成形(laser direct metal deposition,LDMD)技术。LDMD技术由美国桑迪亚国家实验室(Sandia National Laboratories)于20世纪90年代研发,随后美国Optomec公司对该技术进行商业开发和推广。LDMD技术又称为激光沉积制造(laser deposition manufacturing),美国密歇根大学将其称为直接金属沉积(direct metal deposition,DMD),美国伯明翰大学将其称为激光直接制造(direct laser fabrication,DLF),中国西北工业大学黄卫东教授将其称为激光快速成形(laser rapid forming,LRF)技术。根据美国材料与试验协会(ASTM)的定义,该技术统称为定向能量沉积的一部分。

激光直接金属成形制造系统一般由多轴运动系统、激光器、送粉和送气系统组成。多轴运动系统可以为机械臂或数控机床,相比SLM技术具有更高的灵活性和设计自由度。LDMD技术原理如图7-1所示。

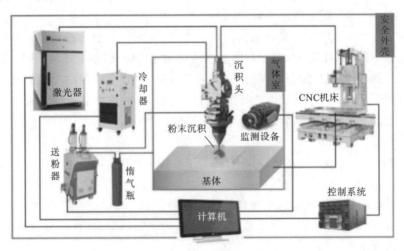

图 7-1 LDMD 技术原理

第6章介绍了SLM的工艺规划方法和软件,在传统2.5轴的条件下,LDMD技术的工艺规划方法与其基本类似,均可以分为以下几步:① 模型设计;② 模型导出;③ 模型分层;④ 截面填充;⑤ 加工控制。因此,本章对该类方法不做介绍,而主要关注多轴下的LDMD工艺规划与软件。本章主要分为三个部分:① 多轴3D打印发展历程和主要设备;② 多轴LDMD的工艺规划;③ 总结和展望。

7.2　多轴 3D 打印简介

7.2.1　多轴 3D 打印发展历程

传统的 3D 打印设备多为三轴运动控制的(正交的 x、y、z 三轴构成笛卡儿坐标系或三轴构成 DELTA 三角洲式),在打印过程中由 x、y 两个轴来控制平面内的移动,当该层打印结束后调整 z 轴坐标来实现下层打印。重复上述过程完成整体模型的打印。这意味着,在传统 3D 打印设备中,一方面,材料的沉积方向为固定的(即沿着 z 轴方向,z 轴方向一般为重力方向),由于受重力的影响,大悬垂的部分无法直接沉积成形,需要添加支撑结构。另一方面,离散沉积的方式存在阶梯效应,尽管有很多研究采用非均匀切片的方法来最大程度地减小阶梯效应带来的不利影响,但仍无法完全避免。

随着机器人科学和 CNC 技术的快速发展,近年来多自由度 3D 打印新模式得到了工业界的广泛关注。多自由度的打印模式允许更灵活的打印轨迹设计和更丰富的机构设计,在打印系统上能够安装具有特定功能的装置,如电路布线装置、视觉反馈装置等。因此,多自由度设备与 3D 打印技术的融合能为减少支撑、消除阶梯效应提供解决方案。此外,多自由度设备的使用在提高零件力学性能、降低生产制造成本等方面也表现出巨大优势。近年来,多自由度 3D 打印的设备和方法不断涌现,图 7-2 展示了不同年份在多自由度增材制造领域发表的出版物数量,可以看出,出版物的数量在过去几年内急剧增加。

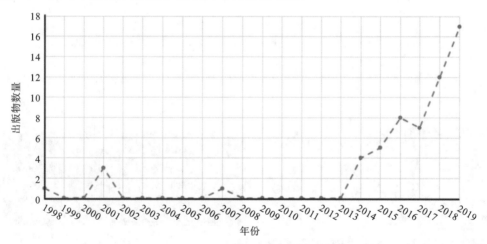

图 7-2　多自由度增材制造领域的出版物数量

7.2.2　多轴 3D 打印设备

一般而言,可以将现有的多轴增材制造设备分为两大类:一是基于数控机床的多轴增材制造设备;二是基于机器人的多轴增材制造设备。此外,还可以按自由度数来分类,包括 4 自由度、5 自由度、6 自由度、8 自由度和 12 自由度的多轴增材制造设备。本小节则按照自由度来分类。

1. 4 自由度增材制造设备

第一台 4 自由度机器由密苏里科技大学在 2007 年开发,在金属增材制造设备上添加了一个额外的旋转轴,并对该 4 轴增材制造设备提出了一种新的切片算法,该算法能够在无支撑的情况下进行切片。2015 年,Gao 等人将普通的 FDM 打印机修改为带有旋转立方体底座的 4 轴打印机,将其命名为"RevoMaker",其中间的核心立方体部分是通过其他方式制造的,四周部分通过旋转工作台来制造,如图 7-3 所示。这种新的打印机能够缩短建造时间并减少支撑结构的数量,也可以通过该打印机制造一些非常有趣的玩具,如图 7-4 所示。

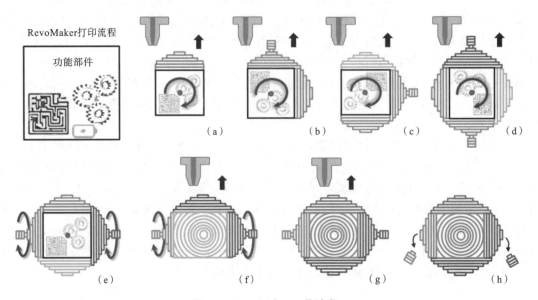

图 7-3　RevoMaker 工作流程

(a)~(d) 围绕面外中心轴旋转立方体底座并在底座周围打印 4 个分区几何形状,
在相反的面上添加一对把柄,以夹紧立方体,进行下一次旋转;
(e)~(g) 围绕面内中心轴旋转立方体并打印剩余的 2 个分区几何形状;(h) 打印完成后去除 2 个额外的把柄

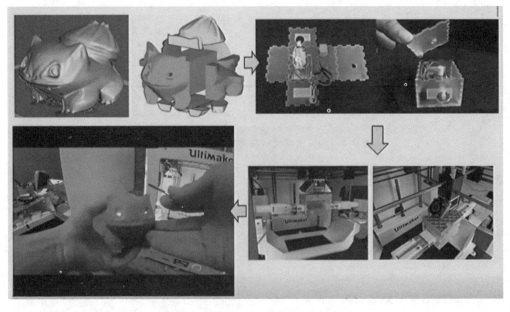

图 7-4　由 RevoMaker 制造的青蛙玩具

2. 5 自由度增材制造设备

5 自由度增材制造设备是最常用的多轴增材制造设备之一。1998 年,Milewski 等人开发了世界上第一台 5 自由度增材制造设备,用于直接金属沉积。2004 年,密苏里科技大学研究了 5 轴激光增材制造的自适应切片策略,用于无支撑制造。第二年,该大学开发了一种激光辅助制造系统(LAMP),其包括一个 5 轴数控加工中心和一个增材制造系统。2015 年,韩国弘益大学通过将 5 轴数控机床倾斜或旋转来实现无支撑制造。2019 年,Oh 等人尝试使用 5 轴激光直接金属沉积技术来修复金属零件。以上均是基于数控机床的 5 自由度设备,如图 7-5 所示。

图 7-5　基于数控机床的 5 自由度增材制造系统

2016 年,Yerazunis 等人设计了一种基于 DELTA 三角洲式的 5 轴打印机,用于提高部件的强度,如图 7-6(a)所示。2018 年,Shen 等人设计了一种 DELTA 5 轴打印机,其包括可移动平台和改进的喷嘴,用于提高表面质量和减少支撑浪费,如图 7-6(b)所示。

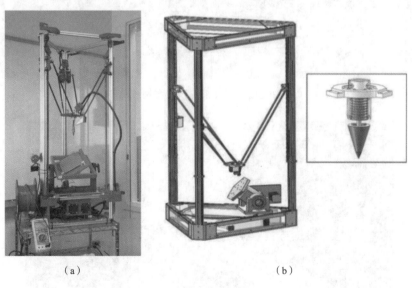

(a)　　　　　　　　　　　　　　　(b)

图 7-6　基于 DELTA 三角洲式的 5 自由度增材制造系统
(a) Yerazunis 等人的;(b) Shen 等人的

3. 6 自由度增材制造设备

第一台 6 自由度的增材制造设备是由 Song 等人在 2015 年开发的,如图 7-7(a)所示。2017 年,Evjemo 等人开发了一种 6 自由度机器人,用于冷喷涂工艺,如图 7-7(b)所示。2018 年,Dai 等人开发了一台 6 自由度打印机,不同的是,其采用喷嘴固定、基板动作的方式,如图 7-8 所示。2019 年,Shembekar 等人采用 6 自由度机器人来制造具有曲率的复杂零件,如图 7-9 所示。

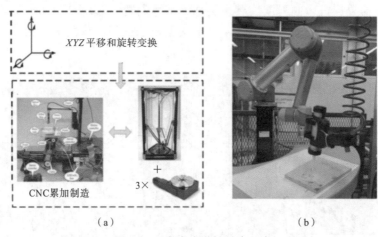

图 7-7　6 自由度增材制造系统

(a) Song 等人的;(b) Evjemo 等人的

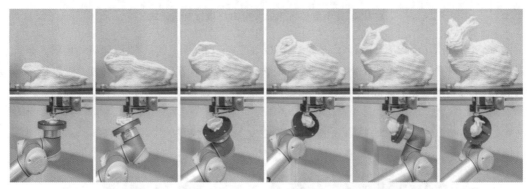

图 7-8　6 自由度增材制造系统以及案例(Dai 等人的)

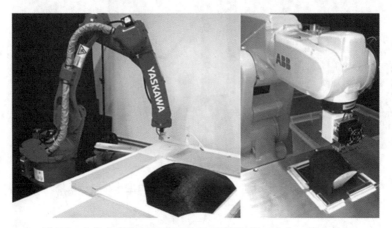

图 7-9　6 自由度增材制造系统以及案例(Shembekar 等人的)

4. 更高自由度的增材制造设备

2001 年，来自佐治亚理工学院的 Moore 和 Kurfess 基于 SLA 技术开发了世界上第一台 7 自由度增材制造设备。2018 年，Coupekd 等人开发了 7 自由度 FDM 打印机，并以减少支撑结构和制造时间为目标开发了优化的路径规划算法。图 7-10 展示了该打印机的打印过程示意图。

2016 年，南卫理公会大学 Ding 等人开发了一种基于 LDMD 技术的 8 自由度增材制造设备，由一个 6 自由度机器人和一个 2 自由度回转中心构成。并且他们研究了传感和控制系统，以提高打印金属零件的工艺可靠性和可重复性。2017 年，他们成功地利用该设备制造了复杂旋转结构，如图 7-11 所示。

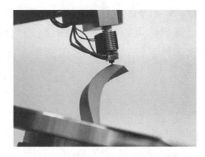

图 7-10　由 Coupekd 等人开发的 7 自由度 FDM 打印机的打印过程示意图

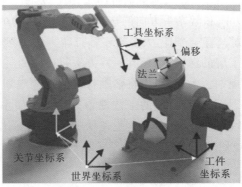

图 7-11　8 自由度增材制造设备

2018 年，Zhang 等人试图通过将两个 6 自由度机器人并联成一个系统来打印，该系统为 12 自由度的增材制造系统。当然，他们的目的并非和上述几种的一样，其主要为了并行化加工，如图 7-12 所示。

图 7-12　12 自由度增材制造设备

尽管多自由度的出现为 3D 打印提供了更大的灵活性和加工可行性，但自由度并非越高越好,较高的自由度意味着控制难度冗余自由度的增加。通过优化运动轨迹,采用较低自由度的设备仍然可以达到相同的制造目标。此外,还需要根据自身的实际需求和条件来选择合适的软硬件系统,才能在多因素中取得平衡,最大幅度地利用已有条件。

7.3 LDMD 的工艺规划

7.2 节主要介绍了目前开发的多轴打印设备,它们为多轴打印创造了硬件条件。但事实上,多轴打印的工艺规划即软件处理部分才是多轴打印的核心部分。与传统 2.5 轴增材制造工艺规划的方法相比,多轴打印的工艺规划更为复杂,本节主要介绍为无支撑打印所设计的多轴 3D 打印的工艺规划方法,其余方法(如改善力学性能、表面粗糙度等的方法)可自行查阅相关资料。另外,考虑到多轴打印方法的完整性,本节内容也涉及和参考了 FDM 的多轴工艺规划方法。

2001 年,密歇根大学的 Singh 等人为多轴打印指出了以下几个关键任务和步骤:① 多轴零件的体积分解;② 打印方向和激光头方向的选择;③ 支撑结构的生成;④ 子体积的沉积顺序决策;⑤ 切片和路径规划。直至今日,大多数多轴打印方法仍然遵循以上步骤。然而,随着对多轴运动学和工艺规划了解的深入,已经有一些方法打破了上述框架,不需采用体积分解的方式即可完成切片和路径规划。为此,可以将多轴打印的工艺规划方法分为两大类:一是含模型分割的工艺规划方法;二是无模型分割的工艺规划方法。下面主要介绍一些具有代表性意义的方法或论文。另外,考虑到 FDM 多轴工艺规划的算法发展比 LDMD 的快,本章亦介绍了有关 FDM 的多轴工艺规划方法。

7.3.1 含模型分割的工艺规划方法

减少支撑甚至实现无支撑打印复杂零件,以及消除阶梯效应带来的不利影响是采用模型分割方法的主要目的。3D 模型的分解和分割已被广泛应用,主要包括以下三种方法。

1. 基于几何特征的模型分割方法

1) 轮廓边缘投影法

Singh 等人在 2001 年提出了一种轮廓边缘投影的多方向切片方法,如图 7-13 所示。由于受制造设备限制,候选制造方向根据制造系统确定。将制造方向表示为 B,子体积表示为 P。该方法的目的是将 P 分解为可以沿确定方向 $b_i \in B$ 构建的子体积 V_i。

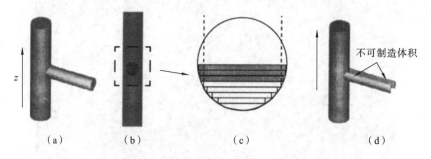

图 7-13　一种轮廓边缘投影的多方向切片方法

(a) 模型和制造方向(沿 z 方向);(b) 模型正视图;(c) 被扫描平面包围的区域;
(d) 不可制造体积的非准确估计

第一个任务是识别对给定方向 b_i 而言无法制造的表面特征。通常,对于 P 边界上的一点 p,如果 p 和 b_i 处的法线之间的角度超过特定角度 θ_{max},则认为该点无法构建,所有在点 p 的邻域内的点均为不可制造点。这些点一起构成了沿方向 b_i 的不可制造点的集合。可以采用等斜线(isocline)的方法来分割可制造和不可制造的表面。

第二个任务是确定不可制造的子体积。对于给定的制造方向 b_i 和不可制造的表面特征 R,假设最大悬垂角度为 $0°$,S 表示 R 沿 b_i 方向的无限扫描,则不可制造体积 D 可以表示为 $D = S \cap P$。对于最大悬垂角度不为 $0°$ 的情况,D 中可能还包含了可制造区域,如图 7-13 所示,等斜线角度可能超过 θ_{max}。作为对策,可以使用轮廓曲线来处理,以避免不正确的分解。将零件体积分解后,需要进一步确定子体积的制造方向,选取依据可以是制造时间或表面精度,也可以采用启发式方法。一旦将零件分解为子体积并确定了每个子体积的制造方向,就可以使用常规法向切片的方法进行切片。

该方法特别适用于具有多分支结构的零件。轮廓边缘投影法被广泛用于模型分解,然而,其实现过程可能并非想象般容易,对于含有内腔或孔的零件,其计算会非常耗时。

2)过渡墙法

Yang 等人于 2003 年提出了另一种处理悬垂结构的方法,基本概念如图 7-14 所示。如果采用传统方法,则需要利用支撑来制造大悬垂部分,而通过改变制造方向,零件可以在无支撑的情况下制造。该方法最关键的步骤在于层差计算。两个连续层之间的面积差定义为:被第一个轮廓覆盖而未被第二个轮廓覆盖的面积。悬垂根据不同的情况可以分为碎片、复合碎片、单一轮廓、环形和复合轮廓五类,如图 7-15 所示。基于层差分析,可以推断出悬垂特征,即向下延伸、微悬垂和宏观悬垂。对于向下延伸的情况,仍然需要支撑结构,如图 7-16(a)中的 1 结构;对于微悬垂,若悬垂结构在最大允许悬垂长度范围内,如图 7-16(a)中的 2 结构,则可以采用常规方法来沉积;对于宏观悬垂,可分为三种更为详细的情况,即碎片、环形和复合结构。三种宏观悬垂可采用不同的措施,基本思想是先横向沉积前几层悬垂结构作为基底,随后在垂直方向上沉积。需要注意的是,横向沉积应该考虑许多因素,例如材料刚度、变形和重力。整个过程可以减少对支撑结构的依赖,从而提高复杂零件的可生产性。同时,它可以保持相对较高的效率,因为横向沉积只占一小部分。然而,这种方法仅仅适用于 FDM 工艺,且严重依赖材料特性。在某些情况下,它可能不适用。

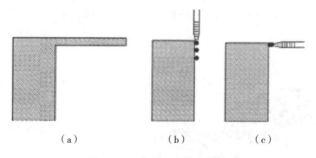

图 7-14　过渡墙法基本概念

(a)含悬垂特征的零件;(b)垂直方向;(c)水平方向

上述方法均是将整个或部分模型分割成均匀厚度的平行层的分层方法,通过进一步利用零件的几何特征进行模型分割,可以提高复杂几何零件的可制造性和表面质量。

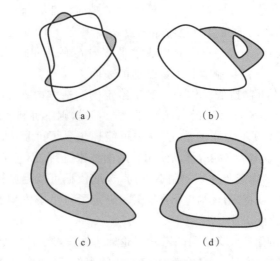

图 7-15　不同类型的悬垂

(a) 碎片;(b) 复合碎片;(c) 环形;(d) 复合轮廓

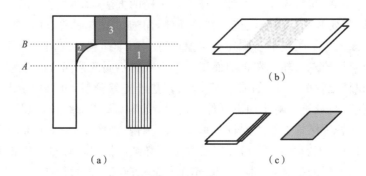

图 7-16　悬垂特征

(a) 含悬垂特征的零件;(b) 微悬垂;(c) 向下延伸悬垂和宏观悬垂

3) 偏移切片法

2008 年,Singh 等人提出了偏移切片的概念,以处理悬垂特征。该方法将零件分解为可构建体积和不可构建体积,不可构建体积是通过对基面的偏移来实现的。此外,为避免偏移曲线的尖点和自相交问题,采用 Voronoi 图来计算偏移量。这种方法无法处理含有孔洞和突出结构的零件,如图 7-17 所示。

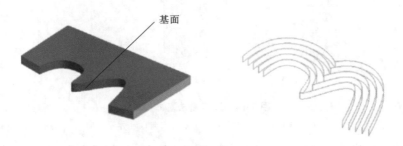

图 7-17　偏移切片

(a) 轮廓基面;(b) 由基面获得的偏移切片

4）圆柱坐标切片法

2017 年，Ding 等人提出了一种新颖有效的切片方法，用于复杂旋转零件的制造。基于该方法的系统包括一个六轴机械臂和一个耦合的两轴倾斜旋转工作台。将悬垂结构映射到基平面上，在圆柱坐标系下进行切片，利用轮廓边缘投影法将零件分解为悬垂结构和核心体积。随后，对核心体积部分采用常规切片方法切片，对于悬垂结构，则将核心体积的外边界作为沉积悬垂结构的基面，通过对基面进行偏移来进行切片过程，如图 7-18 所示。核心体积 S 的边界为 p，$p \in \partial S \in S$，如图 7-18(a) 所示。在 STL 文件中，p 采用一组三维笛卡儿坐标系下的三角形描述，p 上三角形的顶点表示为 $M(x, y, z)$。为方便切片，将顶点坐标变换为圆柱坐标 $M(\varphi, k, r)$，如图 7-18(b) 所示。基面可以描述为 $r = S\_Geom_0(\varphi, k)$，通过对基面进行偏移，第 i 个切片可以描述为 $S\_Geom_i(\varphi, k) = S\_Geom_0(\varphi, k) + i\Delta r$，其中 Δr 为切片层厚。悬垂结构可以描述为 $r = S'\_Geom_i(\varphi, k)$。因此，$S'\_Geom_0(\varphi, k)$ 与 $S\_Geom_i(\varphi, k)$ 的相交结果可记为切片结果，即 $q(i\Delta r) = S\_Geom_i(\varphi, k) \bigcap S'\_Geom_0(\varphi, k)$。为了简化计算，$S'\_Geom_0(\varphi, k)$ 可以通过 $S\_Geom_0(\varphi, k)$ 来调整，即：$new\_S'\_Geom_0(\varphi, k) = S'\_Geom_0(\varphi, k) - S\_Geom_0(\varphi, k)$。因此，悬垂结构的曲线切片 $S\_Geom_i(\varphi, k)$ 可以转换为平面。

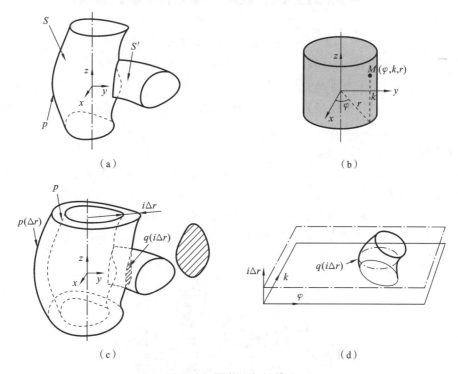

图 7-18　圆柱坐标切片法

(a) 旋转件；(b) 圆柱坐标系；(c) 悬垂结构切片的相交轮廓；(d) 将悬垂结构映射在笛卡儿坐标系下

5）质心轴提取法

2010 年，Ruan 等人提出了一种基于质心轴的方法，该方法包含零件的拓扑信息和几何特征。质心轴由一系列不同位置横截面的质心点构成。根据质心轴分析拓扑信息，将零件分解为子体积。随后对每个子体积进行多轴切片，生成无碰撞的切片序列。整个过程由质心轴驱动而无其他干扰，如图 7-19 所示。南京航空航天大学王炳杰等人提出了基于"柱状"特征的形心轴的提取方法，垂直于形心轴方向进行切片，并以此为基础构建体积分解的约束条件，迭代搜索不满足约束条件的位置并由此位置进行分解,以该处形心轴方向为新的沉积方向,持续搜索直至完成,实现零件的无支撑制造。类似的还有 Wang 等人提出的五轴动态切片方法,其也是基于质心轴进行分解的。

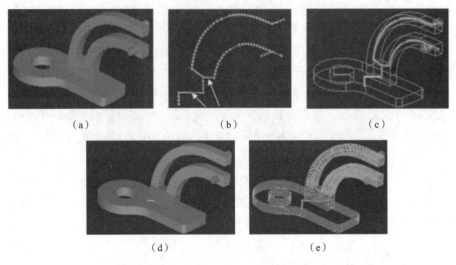

图 7-19　基于质心轴的非均匀切片方法

(a) 实体模型;(b) 质心轴;(c) 质心轴与实体模型;(d) 分解结果;(e) 切片结果

　　这种方法充分利用了零件的几何特性。由于质心轴的特性,得到的切片平面可以连续自动变化,从而产生三维层,获得良好的表面质量。此外,基于质心轴提取、分析拓扑信息的方式能够制造一些较为复杂的零件。

2. 基于模型分割再组装的方法

　　在 FDM 工艺背景下,为实现模型的无支撑制造,将模型分割成无支撑的子部件分别打印后再进行组装是非常实用的一种方法。

　　Hu 等人提出了三维模型的金字塔分割问题并给出了近似金字塔分割算法,将金字塔分割问题转换为经典的精确覆盖问题来求解,证实了该算法可减少对支撑材料的需求,并且具有适用性广泛的特点,如图 7-20 所示。

图 7-20　近似金字塔分割算法的分割再组装方法

　　Wei 等人针对无支撑打印空心结构提出了一种基于骨架的方法,在无任何制造结构的情况下将模型表面划分为最小数量的 3D 打印部件。同时为减少分割造成的不美观的接缝,提出了一个优化方法来最小化分区数和分割总长度。该方法针对系统为薄壳结构设计,但也适用于实体模型,如图 7-21 所示。

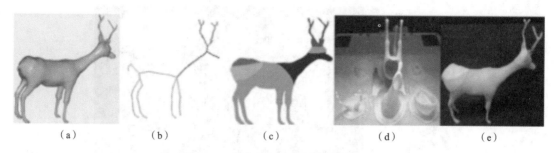

图 7-21　基于骨架的分割再组装方法

3. 基于目标优化的模型分割方法

多轴打印除无支撑要求外,通常还需要考虑无碰撞、制造时间最短、表面质量最佳等要求。通过多目标优化来完成对模型的分割能够实现上述多个要求之间的平衡。

Wu 等人提出了一种基于集束搜索的方法,对模型表面所有悬垂面片按参数设定情况识别需要支撑的面片和不需支撑的面片,通过最大限度减少需要支撑面片的数目进行模型分割。对于无法满足无支撑要求的部分,他们提出了被称为投影支撑的支撑设计方法,能够确保在无碰撞条件下制造剩余悬垂区域,如图 7-22 所示。

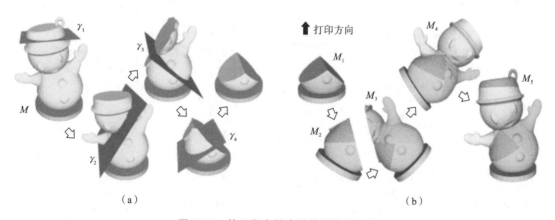

图 7-22　基于集束搜索的模型分割方法

Gao 等人提出了一种基于全局目标优化的少支撑模型分割方法,根据他们的设备和观察结果,模型与平台或已打印模型的碰撞标准放松了,对悬垂角度的限制放宽至 60°。通过全局目标优化来最小化支撑区域的表面积,最终能获得比 Wu 等人的方法更少的模型分割数,能够在多数情况下实现无支撑打印,少数情况下可以通过使用几个支撑点来完成打印过程,如图 7-23 所示。

Liu 等人提出了一种基于重力效应的模型分割方法。重力效应下熔滴跌落原理如图 7-24 所示。在图中阴影部分为先前打印的最上层或打印基面,白色部分为当前打印层。如果白色层相对于阴影部分的延伸距离 $d > \delta$(δ 为给定阈值,与 FDM 成形工艺有关),则材料将在重力的作用下跌落。通过重力跌落原理进行模型分割,将提取的特征曲线利用 Snake 算法进行收缩,以提高精度。他们建立了最大化打印件与基板接触面积、最小化分割后的子零件数目、最小化空路径长度的目标优化函数,并考虑碰撞问题,最后对分割后的零件进行排序得到打印的整体模型序列。

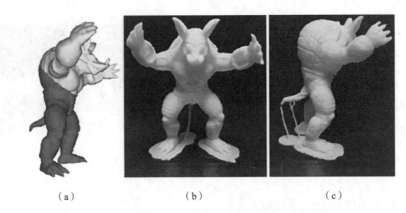

图 7-23　通过优化来获得最少支撑的模型分割方法

(a) 模型分割结果；(b) 实际打印模型主视图；(c) 实际打印模型侧视图

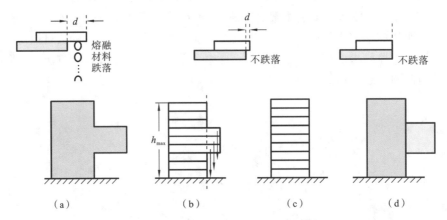

图 7-24　根据重力效应进行模型分割

7.3.2　无模型分割的工艺规划方法

尽管上述含模型分割的方法已经很大程度上解决了无支撑制造的问题，但不得不承认的是：采用模型分割的方法更多地是一种权衡利弊后的妥协结果。随着对多轴控制、多轴算法的研究不断深入，已经出现了一些不需模型分割的多轴打印方法，突破了原有的框架。

1. 基于曲面-平面映射的方法

Michael Wüthrich 等人开发了一种四轴打印机 RotBot：拥有一个 $45°$ 的倾斜喷嘴和绕 z 轴的旋转轴。作者开发了基于 RotBot 的新切片算法，该算法有三个基本步骤：① 对 STL 文件进行几何变换（T 变换：在 xy 平面上是由因子 $\sqrt{2}$ 引起的径向扩张，在 z 方向是与半径相关的平移）；② 使用传统切片软件进行切片并生成路径；③ 反转 G 代码；如图 7-25 所示。采用该方法将允许无支撑制造的悬垂角度扩大到 $100°$，试验结果证明了新方法在提高表面质量和尺寸精度方面的可行性。但该方法需要几何图形具有锥形结构，否则无法进行几何变换，如图 7-25 所示。

Etienne 等人在其提出的微弯曲切片法中也采用了类似的方法，将各层进行曲面化，使曲面遵循表面的斜率或相反，从而降低阶梯效应的不良影响。在优化模型的变形后，采用标准的平面方法进行切片，如图 7-26 所示。尽管只使用了 3 轴，但试验结果证明了该算法

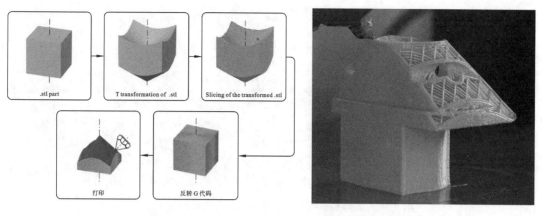

图 7-25　用于 RotBot 的切片和路径生成方法与试验结果

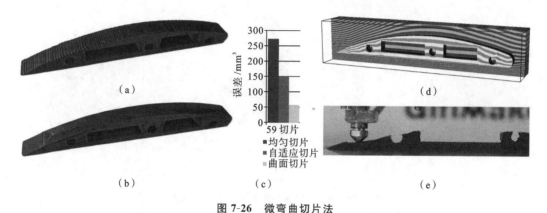

图 7-26　微弯曲切片法

(a) 平面自适应切片；(b) 微弯曲切片；(c) 不同切片方法的总体积误差；
(d) 在制造约束(厚度、斜率)下的连续变形；(e) 在 3 轴打印机 Ultimaker2 上的打印结果

在可制造性约束条件下生成无碰撞路径的能力。因此，在多轴中采用该方法有望获得良好的效果。

通过曲面-平面映射的方法能够利用多轴带来的优势，且由于利用了传统的切片和路径规划方法，整体算法的开发难度得以降低。

2. 基于降维策略的方法

Dai 等人提出了一种基于体素的多轴打印方法，首次将曲面、曲面路径填充应用于零件内部，通过将模型体素化，采用凸面图进行迭代生成加工曲面，同时采用剥壳法来指导凸面图生长。在获得的曲面上利用费马螺旋线进行填充，同时考虑到运动连续性、方向连续性、姿态连续性的问题，能够生成无支撑且无碰撞的多轴打印路径。但是容易看出，其表面粗糙度和视觉感受并不理想，如图 7-27 所示。

Xu 等人提出了一种基于势场的曲面层的多轴打印规划方法，基于一个水密网格建立表面场，由该场产生的轮廓首先变平，采用 Delaunay 三角剖分算法进行填充，然后采用谐波映射映射回三维空间，从而产生曲面层。随后采用平面路径填充，按层递增进行打印，如图 7-28 所示。通过高斯半球插值方法计算工具路径。该方法非常新颖，但也有缺点，从理论上无法保证生成的曲面层之间不相交，不过在实践过程中未出现相交的情况。

这种基于降维策略的方法突破了原有切片和平面路径规划的框架，是多轴打印工艺规划

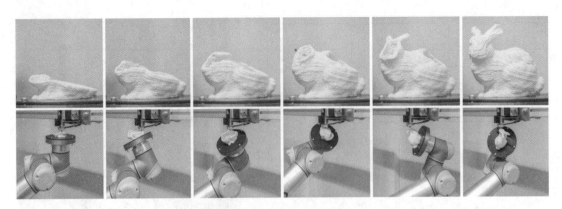

图 7-27　采用基于体素的多轴无支撑方法打印兔子模型

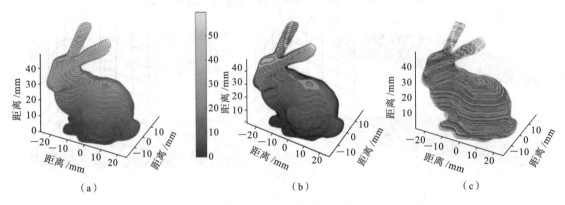

（a）　　　　　　　　　　　（b）　　　　　　　　　　　（c）

图 7-28　基于势场的多轴无支撑打印方法

的一个新的里程碑。目前,未有将该类方法应用在 LDMD 工艺规划中的相关报道。一方面,LDMD 过程控制更加复杂,另一方面,LDMD 工艺需要使沉积头保持垂直。这限制了该类方法在 LDMD 中的应用。

7.4　总结和展望

多轴的出现打破了传统以 2.5 轴切片和平面路径规划为核心的方法,取而代之的是多轴(特别是多轴联动)的工艺规划。FDM 的多轴工艺规划目前发展较快,为 LDMD 的多轴工艺规划提供了借鉴。总体来讲,目前多轴的 LDMD 工艺规划还很有限。本章回顾了 LDMD 的多轴工艺规划方法和一些具有潜在应用价值的 FDM 多轴工艺规划方法。但是,LDMD 的工艺规划还面临如下几个难题:

（1）粉末流动性和非垂直性的影响:多轴 LDMD 中的粉末输送是一个非常值得研究的话题。目前,LDMD 沉积头必须保持垂直,从而与重力方向平行,以提供最理想的粉末输送效果。但是,若要充分利用多轴 LDMD 平台的潜力,必须对沉积方向进行适当放松。此外,粉末沉积在非垂直基面后,易受重力作用而流动,降低粉末效率。

（2）速度稳定性影响:LDMD 工艺对速度稳定性的要求比较苛刻,任何影响速度稳定性的因素均会对送粉、熔池等产生不确定性影响。目前在进行多轴工艺规划时,由于逆运动学变换,多轴坐标系中可能会产生奇点,这些奇点会导致旋转轴在该位置有较大运动,对沉积造成不利影响,需要进一步研究运动优化问题。

(3) 碰撞检测:多轴的方式带来了极大的灵活性,但在实际使用过程中,激光头可能与设备其他部位发生碰撞。另外,LDMD 与 WAAM 或 FDM 不同,激光头与沉积位置具有一定距离,FDM 过程中采用的碰撞检测方法不能直接用于 LDMD 过程。需要进一步研究 LDMD 沉积过程中的碰撞检测。

(4) 阶梯效应和悬垂区域制造:阶梯效应在传统 2.5 轴打印过程中不可避免,在多轴沉积下,阶梯效应能够有所改善,但并非所有 LDMD 工艺都以改善阶梯效应为主要目的。而对于悬垂区域制造问题,FDM 的最大悬垂角度一般为 45°,在某些打印机中可以达到 60°。而在 LDMD 工艺中,这个角度一般只有 30°甚至更小。因此,需要进一步研究悬垂区域制造的相关问题。

只有材料科学、机械制造和软件方面充分配合,对以上问题进行深入研究,才能够有效利用 FDM 中的无模型分割的多轴打印方法,以高效、低成本的方式制造复杂金属零部件。

复习思考题

(1) 简述 LDMD 技术的其他名称。

(2) 简述多轴打印的优势。

(3) 简述 5 轴笛卡儿坐标系下的轴配置。常用在 3D 打印中的轴配置是哪一种?

(4) 简述基于几何特征的模型分割方法分类。

(5) 根据 7.3.2 小节中所述的基于降维策略的方法,请判断是否有其他的方法可以用来生成曲面层。

(6) 简述基于 5 轴机床和基于机械臂的多轴打印系统之间的区别。

(7) 多轴 LDMD 工艺规划在哪些方面与多轴 FDM 的不同?

第8章 增材制造模拟仿真

8.1 引　言

随着科技的发展,人们对工业产品的性能不断提出更高的要求,仅依靠实验室的试错试验研究已难以满足现代发展的需求,而通过数值仿真模拟可以更深入地探究增材制造技术的工作机理,并起到指导试验的作用。因此当下迫切需要推进数值模拟与优化技术的发展,缩短产品开发周期,节约经济成本。

增材制造的材料物理机制非常复杂,跨越多个时间和空间尺度,涉及温度场、流体场、应力场等多场耦合和多相物理现象。为了更好地理解其物理机制,科研工作者从微观-介观-宏观尺度依次递进的方式,通过不同的模型建立方法和采用相关计算工具对其物理机制进行了深入的研究(见图8-1)。宏观尺度的常用数值方法包括有限差分法(finite difference method,FDM)、有限元法(finite element method,FEM)、有限体积法(finite volume method,FVM)、离散元法(discrete element method,DEM)、流体体积法(volume of fluid method,VOF)和光滑粒子法(smoothed particle hydrodynamics method,SPH)等方法,主要探讨材料的宏观力场、温度场和流体场问题。介观尺度模拟则主要采用基于金兹堡-朗道方程的相场(phase field,PF)模拟、基于离散时空动力学法则的元胞自动机(cellular automation,CA)和基于随机过程的蒙特卡洛(Monte Carlo,MC)法等方法,研究材料的微观组织演化,揭示微观组织相变和晶粒生长演化过程。微观尺度方法则主要包含基于密度泛函理论的第一性原理、基于牛顿力学和经典原子势函数的分子动力学(molecular dynamic,MD)等,研究电子和声子的相互作

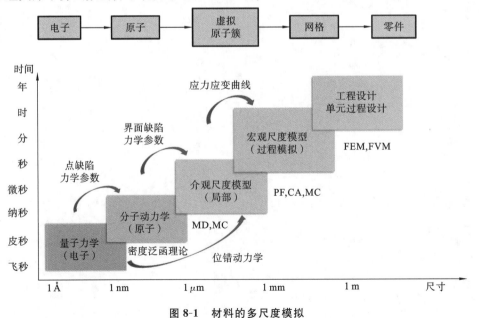

图 8-1 材料的多尺度模拟

用和输运行为、晶体结构稳定性、晶体缺陷与材料各类力学参数等。单一尺度的模拟方法并不能满足跨时间和空间尺度的复杂物理过程要求。研究工作者对不同尺度的耦合求解进行尝试,并取得了一定的成果。这包括结合微观和介观的位错动力学模拟,结合介观和宏观的相场/元胞自动机-有限元模拟等。此外,研究工作者还对相同尺度的不同方法的耦合求解进行了研究,比如相场和元胞自动机的结合等。

为了让读者对增材制造过程的数值模拟有一个整体的认识,本章将简要介绍各个尺度的主要模拟方法,并简要阐述各个方法的应用现状。

8.2 模 拟 方 法

8.2.1 宏观数值模拟方法

常用的宏观模拟方法包括有限元法、有限体积法、有限差分法、离散元法等。此外,还有一些小众的方法,如光滑粒子方法、流体体积法等。这里主要介绍有限元法和有限体积法。

1. 有限元法

从数学的角度看,有限元法是瑞利-里茨-伽辽金(Rayleigh-Ritz-Galerkin)方法的延伸,其核心在于偏微分方程的求解。有限元法的创建是为了解决复杂结构和边界的弹性和结构力学等工程问题。其主要思想是将大型复杂系统细分为更小、更简单的部分,进而对简单部分进行求解。随着计算机技术的发展,有限元法已发展为结构分析、传热、流体流动、质量传输和电磁势等领域的主要分析方法和手段。

1) 有限元法的背景

离散化是有限元法的核心,其应用最早可以追溯到 20 世纪 40 年代,用于解决土木和航空工程中的复杂构件的弹性行为和结构分析问题。1941 年,Hrennikoff 针对连续平面结构问题提出使用离散框架的方法,并提出格子弹性模型对具有固定泊松比的固体的力学响应问题进行研究。1943 年,Courant 在求解扭转问题时,创新性地提出将截面分成若干三角形区域,并在各个三角形区域设定一个线性的翘曲函数,进而构建扭转问题的近似解。该方法的基本思想就是有限元法分片近似和整体逼近。1956 年,波音公司的 Turner 和 Clough 等人对飞机的结构进行了平面求解,这是有限元法的第一次成功尝试。1960 年,Clough 在论文《平面应力分析的有限元法》中首次使用"有限元法"一词,此后这一名称得到了广泛承认。20 世纪 60 年代年代初期,我国数学家冯康在大坝建设计算的基础上扩展了有限元方法,并命名为"基于变分原理的有限差分法"。这是有限元法在我国工程应用中的第一步,同时也是重要的一步。在有限元法的发展历程中,尽管人们进行了多种模式的探索,但它们都有一个理论共性:将连续域网格离散化为一组离散子域(通常称为元素)。

有限元法在 20 世纪 60 至 70 年代得到蓬勃发展,这主要与大量工程师和数学家开始涌入该领域有关。其中包括斯图加特大学(University of Stuttgart)的 J. H. Argyris 等人,加州大学伯克利分校(UC Berkeley)的 Clough 等人,斯旺西大学(Swansea University)的 Zienkiewicz 与 Ernest Hinton、Bruce Irons,巴黎第六大学(University of Paris 6)的 Philippe G. Ciarlet,康奈尔大学(Cornell University)的 Richard Gallagher 等人,以及麻省理工学院的 Gilbert Strang 和马里兰大学的 George J. Fix 等人。其中,Zienkiewicz 把有限元法的应用范围从固体力学领域推广到了其他领域,并指明有限元法的本质是开发基于计算力学的工具,进而协助研究者直接方便地实现研究目的。1967 年,Zienkiewicz 和 Cheung(张佑启)出版了第一本关于有限元分析的论著——《连续体和结构的有限元法》,后更名为《有限单元法》。该论著至今仍是有限元法的标准参考文本。1972 年,Oden 出版了第一本利用有限元法处理非线性连续介质问题的专著——《非线性连续体的有限元法》。1973 年,Strang(麻省理工学院)和 Fix(马里兰大学)出版著作 *An Analysis of the finite element method*,为有限元法提供了严格的数学基础。从此,有限元法就以坚实的理论基础和完美的计算格式屹立于数值计算方法之林,被认为是一种十分完美的计算方法。

近几十年来,随着开源有限元程序、自动网格划分和自适应分析技术的发展,有限元法得到了迅速推广。由于有限元法的通用性及其在科学研究和工程分析中的作用和重要地位,有限元分析软件的研发得到了巨大的资源投入,有力推动了有限元分析软件的迅速发展,扩大了其工程应用范围。目前国际知名有限元分析软件有 ANSYS、NASTRAN、MARC、ADINA、ABAQUS、ALGOR、COMSOL Multiphysics 等,还有一些适用于特殊行业的专用软件,如 DEFORM、AUTOFORM、LS-DYNA 等。

经过半个世纪的发展,有限元法已经发展成为一种通用的数值计算方法,并渗透到许多科研和工程应用领域。随着现代力学、计算数学、计算机技术、CAD 技术等的发展,有限元法也将得到进一步的发展和完善。基于其良好的理论基础、通用性和实用性,有限元法将在国民经济建设和科学技术领域发挥极大的作用。

2) 有限元法的基本思想

有限元法也称有限元分析,其基本思路是将结构或者所需研究的物理区域划分为有限个互不重叠的单元,并对每个单元进行独立求解和整合以获得整体物理区域的解,如图 8-2 所示。有限元单元通常是三角形或者矩形,单元的细化程度越高,求解的精度就越高。相对于整体的复杂边界求解,单元的边界求解更为简单。有限元法的求解过程实质上是构造残差和权重函数的内积积分,将内积积分设为零并优化的过程。因此有限元分析可分为两个过程:

(1) 将物理问题域划分为一组子域,每个子域由原始问题的单元方程表示。

(2) 将所有子域单元方程重新组合成一个全局方程组,并代入原始问题的初始值进行求解。

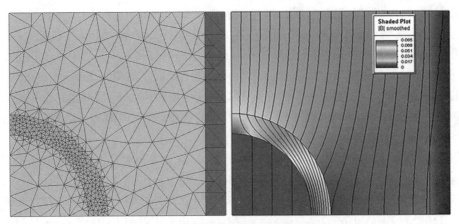

图 8-2　有限元网格划分和模拟结果

通常情况下,待研究物理区域的原始方程是偏微分方程,而单元方程是局部逼近原始复杂方程的简单方程。如果全局偏微分方程是线性的,则局部单元方程组也是线性的,反之亦然。

稳态问题的代数方程组通常使用数值线性代数方法求解,而瞬态问题的常微分方程组则常用数值方法求解(如欧拉方法或龙格-库塔(Runge-Kutta)法)。

3) 有限元法的特点

作为一种通用的数值计算方法,有限元法具有以下几个鲜明的特点:

(1) 理论基础简明,物理概念清晰。有限元法的基本思想就是几何离散和分片插值,概念清晰,容易理解。对有限元的思想可从三个层面进行阐述。几何层面:用离散单元的组合体来逼近原始结构。数学层面:用近似函数逼近未知变量在单元内的真实解。物理层面:利用与原问题的等效变分原理(如最小势能原理)建立有限元基本方程(刚度方程)。

(2) 计算方法通用,应用范围广。随着理论技术和方法的逐步完善,有限元法不仅能成功地用于处理如应力分析中的非均匀材料、各向异性材料、非线性应力应变关系及复杂边界条件等难题,而且能成功地用来求解热传导、流体力学及电磁场等领域的许多问题。理论上讲,只要是用微分方程表示的物理问题,都可以用有限元法进行求解。

(3) 可以处理任意复杂边界的结构。由于有限元法的单元具有形状和大小任意性,且单元边界可以是曲线或曲面,不同形状单元可进行组合,因此,有限元法可以用于处理任意复杂边界的结构。从理论上看,有限元法可通过选择单元插值函数的阶次和单元数目来控制计算精度。

(4) 计算格式规范,易于程序化。有限元法在具体推导运算中广泛采用了矩阵方法。矩阵代数能把繁冗的分析和运算用矩阵符号表示成非常紧凑简明的数学形式,便于电子计算机存储,并实现程序设计的自动化。

4) 有限元法的应用

有限元法常用于评估激光增材制造过程中的温度场和应力场。例如,滑铁卢大学的 Ehsan 团队为了建立一个可以准确预测熔池尺寸和表面特征的激光粉末床熔化、凝固的三维传热有限元模型,对八种常用的热源模型进行了评价和比较,发现八种模型的试验与仿真结果相差较大,故提出了具有各向异性增强导热系数及不同吸收率的新型有限元模型,从而将仿真与试验所得的熔池宽度、深度的平均误差分别降到 2.9% 和 7.3%。

另外,英国埃克塞特大学的 Liang 开发了基于顺序耦合热-力场分析的非线性瞬态有限元模型,并研究了激光选区熔化无支撑粉末床上单层 316L 不锈钢的温度场和应力场。有限元模拟结果表明,随着激光扫描速度的提高,熔池的长度会增大,而熔池的宽度和深度会减小。当熔道发生重熔时,粉末层凝固后会产生较高的 von Mises 应力。

2. 有限体积法

有限体积法是一种以代数方程形式表示和评估偏微分方程的方法,其中"有限体积"是指网格上每个节点周围的小体积。在有限体积法中,使用发散定理将包含发散项的偏微分方程中的体积积分转换为表面积分,然后将这些发散项作为每个有限体积表面处的通量进行评估。由于给定体积的进入通量与离开的通量相同,因此该方法的精度可以得到保证。有限体积法易于构造非结构化网格。该方法广泛应用在许多计算流体动力学软件中。

1) 有限体积法的背景

有限体积法也称为控制容积积分法、有限容积法,是 20 世纪六七十年代逐步发展起来的一种主要用于求解流体流动和传热问题的数值计算方法。流体流动和传热问题的研究已经有很长的历史,从 17 世纪的牛顿力学,18 世纪的伯努利定律、达朗贝尔原理、欧拉流体运动基本方程和拉格朗日流体无旋运动条件,到 19 世纪黏性流体力学方程的导出以及 20 世纪空气动力学和边界层理论的迅速发展,人们已经对流体流动和传热问题有了比较深刻的认识。1980年,Patanker 在其专著 *Numerical Heat Transfer and Fluid Flow* 中第一次对有限体积法进行了全面阐述。此后,Chow 提出适用于任意多边形非结构网格的扩展有限体积法等,进一步丰富了有限体积法的研究。

此外,有限体积法是在有限差分法的基础上发展起来的,具备有限元法的一些优点。采用有限体积法生成离散方程的方法很简单,离散方程可以看成有限元加权余量法推导方程中令权函数为1的积分方程。但是两者的物理意义完全不同。首先,有限体积法的积分区域与某节点的控制容积相关;其次,在推导离散方程时,有限体积法以控制容积中的积分方程为出发点,而有限差分法直接由微分方程推导。另外,有限体积法的离散方程的各项表示的是控制容积的通量平衡,具有明确的物理意义。这是有限体积法比有限差分法和有限元法更具优势的地方。因此,有限体积法是目前在流体流动和传热问题求解中最有效的数值计算方法。

近年来,计算流体力学和计算传热学发展非常迅速。目前主要的流体计算软件(如 STARCD、FLUENT、FLOW-3D、PHOENICSCFX)都采用有限体积法作为其核心算法。有限体积法具有三方面的优势:① 许多过去只能靠试验测量和风洞模拟来研究的流动和传热问题,现在都可以采用有限体积法进行数值计算来求解;② 大型计算流体力学商用软件的出现,使得过去只能由从事力学或流体计算的专业人员来分析的许多问题,现在也可以由一般的工程师和技术人员来解决;③ 过去多半靠经验公式近似计算,现在可以借助流体数值计算软件进行仔细的分析和计算。

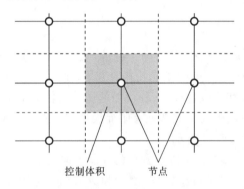

控制体积　　　节点

图 8-3　有限体积法基本思想

2) 有限体积法的基本思想

有限体积法与有限元法和有限差分法一样,都需要对求解域进行离散,将求解域分割成有限大小的离散网格。在有限体积法中每一网格节点按一定的方式形成一个包围该节点的控制体积(见图8-3)。有限体积法的关键步骤是将控制微分方程在控制体积内进行积分,即将计算域划分为一系列不重复的控制体积,每一个控制体积都有一个节点作代表,将待求的守恒微分方程在任一控制体积及一定时间间隔内对空间与时间进行积分。

有限体积法的思想来源于有限元法,但是它与有限元法有着巨大的区别,主要表现为:

(1) 具有很好的守恒性。有限体积法以积分形式的控制方程为基础,这一点不同于有限差分法;同时积分方程表示了特征变量 φ 在控制体积内的守恒特性,这又与有限元法不一样。

(2) 假设更加灵活,可以克服泰勒展开离散的缺点。积分方程中每一项都有明确的物理意义,从而使得方程离散时,对各离散项可以给出一定的物理解释。对于这一点,流动和传热问题的其他数值计算方法还无法实现。

(3) 对网格的适应性更好。区域离散的节点网格与进行积分的控制体积相互独立。一般来讲各节点有互不重叠的控制体积,从而整个求解域中场变量的守恒可以由各个控制体积中特征变量的守恒来保证。

此外,有限体积法在进行固液耦合分析时,能够完美地和有限元法进行融合。正是由于有限体积法的这些特点,其成为当前求解流动和传热问题的数值计算方法中最成功的一种,已经被绝大多数工程流体和传热计算软件采用。

3）有限体积法的应用

有限体积法广泛用于计算流体力学中,主要用来计算流体流动和传热问题。当前,SLM 模拟领域最前沿的计算工具是美国劳伦斯利弗莫尔国家实验室(Lawrence Livermore National Laboratory,LLNL)的 Khairallah 等人开发的 ALE3D 工具。最近,Khairallah 等人采用该工具,基于有限体积法将热扩散与流体动力学耦合起来,并考虑了材料随温度变化而变化的特性、表面张力以及随机粒子的分布,准确地模拟了粉末床在激光作用下的三维和二维轨迹图,如图 8-4 所示。Khairallah 基于仿真结果阐明了工艺参数之间的相互作用关系,并提出了避免出现残余气孔的建议。

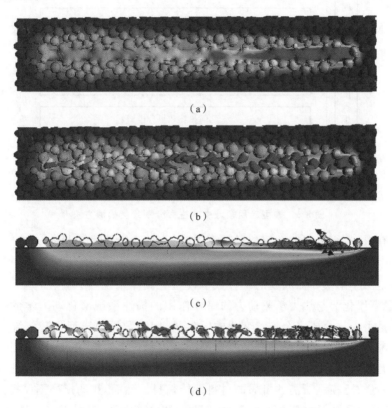

图 8-4　激光作用下粉末床的三维和二维轨迹图
(a)(b) 轨迹三维图;(c)(d) 轨迹中央处的二维截面

8.2.2　介观尺度模拟方法

介观尺度模拟方法主要用于对微观结构及其性质之间关系的本质起源进行定量研究和预测。微观-介观层次的结构演化是一个典型的由动力学控制的热力学非平衡过程。微结构研究通常需要考虑比较大的尺度,原子数目可达 10^{23} 个/cm³。因此微结构的介观尺度问题并不能采用薛定谔方程或者唯象原子论来求解,需要建立能够覆盖较宽尺度范围的介观尺度模拟方法,以便给出远远超过原子尺度的预测。

常用的介观尺度模拟方法分为六大类(见图 8-5):位错动力学、相场动力学或广义金兹堡-朗道(Ginzburg-Landau)模型方法、元胞自动机方法、多态动力学波茨模型(蒙特卡洛方法在介观层次的应用)方法、几何拓扑和组分模型方法、拓扑网格和顶点模型方法。这些方法都有一个共同的特点,即不明显地包含原子尺度动力学,而是理想化地把材料作为连续体。因此,在相应的控制方程中通常不显含内禀参数或时间标度。把这些方法归为一类在微-介观层次上的模拟方法,这显然带有某种程度的随意性,而且方法的分类完全依赖于人们建立物理模型时所选择的物理基础。

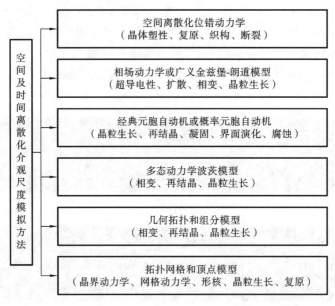

图 8-5　典型应用领域中的主要介观尺度模拟方法

由于篇幅有限,本小节主要介绍相场动力学、元胞自动机和蒙特卡洛方法。

1. 相场动力学

相场模型是用于解决界面问题的一种数学模型。具体来说,相场模型是一种建立在热力学基础上,考虑有序化势与热力学驱动力的综合作用的描述系统演化动力学的模型。相场模型的核心思想是引入一个或多个连续变化的序参量,用弥散界面模型代替传统的尖锐界面模型。相场模型考虑了基于热力学基础的复杂凝固模式和合金偏析,由于计算量极大,相场模型通常仅限于含有某些成分的合金,通常为两个或三个元素。此外,相场模型仅能模拟少量细胞或枝晶结构,并且缺乏模型所需的可靠的材料性能信息。然而,相场模型不仅提供了有关晶粒结构的信息,还提供了枝晶偏析模式的信息。目前,相场模型可应用于多种场合,如凝固动力学、断裂力学、黏滞指进、氢脆和囊泡动力学等领域。

1) 相场动力学的研究背景和基本原理

相场模型起源于 20 世纪 80 年代,由 Fix 和 Langer 首先提出。1978 年 Langer 通过引入一个序参量来区分液相和固相的临界现象,得到了过冷熔体凝固的相场模型。随后 Caginalp 等人、Collins 等人及 Umantseu 等人在此基础上做了进一步探究,将相场变量与其他场变量(如溶质场、温度场和应力场等)结合起来,描述了凝固过程微观组织的形成与演化问题。相场变量能隐含地描述系统界面,并和其他变量耦合以实现对系统的统一描述。因此,相场法避免了自由边界问题中的界面显式追踪难题,同时相场控制方程中包含了凝固过程中固-液界面上的吉布斯-汤姆逊(Gibbs-Thomson)关系,突破了利用尖锐界面模型描述凝固过程时对界面厚度的限制。对比示意图如图 8-6 所示。

现在相场模型理论有两个分支:一是用于描述相变的通用 Ginzburg-Landau 理论,另一个是描述包晶反应的 Cahn-Hilliard 理论。这些方法是最具普遍适用性的一类唯象连续体场近

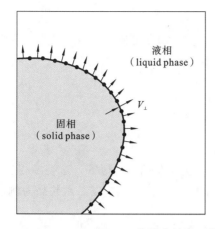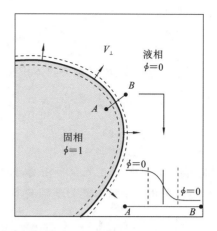

图 8-6　传统尖锐界面模型和相场模型对比示意图

似方法。在纳观(nanoscopic)和介观(mesoscopic)层次,这些方法可用于对相干和非相干系统中的连续或准不连续相分离现象进行研究。其中,Ginzburg-Landau 方法主要针对含有非守恒场变量的电磁问题,例如在舒布尼科夫(Shubnikov)相中的相分离现象;而 Cahn-Hilliard 理论则既可以用于求解相干和不相干系统中的守恒连续参量-原子浓度的分布,也可以用于研究其非守恒准不连续结构参量或取向参数的分布。

相场模型可以看作昂萨格(Onsager)方程组的一个集合,其方程组由一个合适的自由能泛函给出,该泛函依赖于诸如原子或玻色子浓度、长程有序性等参量。为了把这种自由能泛函改写成在空间上离散的表达形式,通常把这些状态参量(数)作为场变量。

一般来说,相场模型的建立包含以下几个步骤:

(1) 确定所需要的相场变量,同时构造合适的插值函数和 double-well 函数;

(2) 根据相场变量以及描述该相变过程中所需的其他序参量场,构造系统的统一自由能函数;利用系统自由能函数以及其他辅助场能量函数,构造系统自由能泛函或熵泛函;

(3) 通过能量守恒和质量守恒定律,构造守恒序参量场的动力学演化方程;

(4) 通过 Ginzburg-Landau 动力学方程,建立非守恒序参量场的动力学方程;

(5) 利用不同的方法确定相场模型参数。

2) 常见的相场模型

(1) 纯物质相场方程。

纯金属凝固系统中,系统自由能泛函表示为

$$F = \int_{\Omega} \left[f(\phi, T) + \frac{1}{2} \varepsilon^2 (\nabla \phi)^2 \right] \mathrm{d}\Omega \tag{8-1}$$

式中:$f(\phi, T)$ 为与温度相关的体积自由能密度函数;T 为系统温度;ε 为动力学系数;Ω 为体积变量。

根据自由能降低原理,可推导出变分形式的相场方程:

$$\frac{\partial \phi}{\partial t} = -M(\phi) \frac{\delta F}{\delta \phi} \tag{8-2}$$

式中:$M(\phi)$ 为相场动力学系数。

(2) 单相合金相场方程。

单相合金的体积相自由能密度函数是在纯物质体积相自由能密度函数的基础上引入溶质

场变量 C 而得出的:

$$F = \int_{\Omega} \left[f(\phi, C, T) + \frac{1}{2} \epsilon^2 (\nabla \phi)^2 \right] \mathrm{d}\Omega \tag{8-3}$$

式中:$f(\phi, C, T)$ 为与温度、浓度相关的体积相自由能密度函数。

相场方程为

$$\frac{\partial \phi}{\partial t} = -M(\phi, C) \frac{\delta F}{\delta \phi} \tag{8-4}$$

(3) 多相合金相场方程。

多相相变问题的基础是二元合金相变,如共晶、包晶及偏晶反应等。这类多相反应的自由能泛函 F 都是以单相合金自由能为基础的多个相场序参量的函数,以二元共晶为例,有

$$F = \int_{\Omega} \left[f(\phi_1, \phi_2, \phi_3, C, T) + \sum_{j=1}^{3} \sum_{i=1}^{j} \frac{1}{2} \epsilon_{ij}^2 (\phi_j \nabla \phi_j - \phi_i \nabla \phi_i)^2 \right] \mathrm{d}\Omega \tag{8-5}$$

式中:$f(\phi_1, \phi_2, \phi_3, C, T)$ 为与温度、浓度相关的体积相自由能密度函数。

其相场方程为

$$\frac{\partial \phi_i}{\partial t} = -M_i(\phi_1, \phi_2, \phi_3, C) \frac{\delta F}{\delta \phi_i} \quad (i = 1, 2, 3) \tag{8-6}$$

式中:$M(\phi_1, \phi_2, \phi_3, C)$ 为多相系统相场动力学系数。

此外,要建立完整的描述凝固过程的相场模型还必须考虑其他物理场方程,如描述纯金属凝固的相场模型必须考虑能量方程(温度场),模型为

$$M^{-1}(\phi) \frac{\partial \phi}{\partial t} = \epsilon \nabla^2 \phi - f(\phi, T_M) - \lambda g(\phi)(T - T_M) \tag{8-7}$$

式中:$g(\phi)$ 为插值函数,它的选择需保证 $f(\phi, T)$ 曲线与温度无关,在 $\phi = \pm 1$ 处,取极小值而使体系处于最稳态。

$$\frac{\partial T}{\partial t} = D \nabla^2 T + \frac{L}{2C} \frac{\partial h(\phi)}{\partial t} \tag{8-8}$$

式中:D 为扩散系数;L 为结晶潜热;$h(\phi)$ 为 ϕ 的单调增函数。为了正确描述液-固相变时界面上释放的潜热,$h(\phi)$ 的选择必须保证 $h(\phi)|_{\phi=-1} = -1$ 及 $h(\phi)|_{\phi=-1} = 1$,满足该条件的最简单的选择是

$$h(\phi) = \phi \tag{8-9}$$

3) 相场模型的计算方法

相场动力学方法解决了边界的追踪问题,因此在模拟晶体的生长过程方面具有很大的潜力,但对于微观组织模拟,尤其是在三维的状态下,需要非常大的计算量。为了降低计算量,除了合理地对相场模型进行简化外,更重要的是采用合理高效的相场模型数值求解方法。随着相场动力学方法在凝固微观组织模拟中的应用越来越深入,所需要的相场模型也越来越复杂,所幸相场模型的数值求解方法也在不断优化改进,从而确保了相场模型的准确性。下面将总结国内外有关相场模型数值求解方法。

(1) 有限差分法。

有限差分法发展到现在已经比较成熟,具有程序结构简单的特点,同时也为微观组织的模拟奠定了基础。20 世纪 90 年代初,研究者大多采用基于均匀网格剖分的有限差分法来求解相场方程,但实际工程情况往往是非线性且具有较高自由度的。因此,Kobayashil 等人利用含有各向异性的相场模型实现了纯物质过冷熔体中枝晶生长的二维模拟,最早对形状复杂的枝

晶实现了非线性数值计算。Wheeler 等对纯物质的枝晶生长进行了定量模拟,其结果与枝晶尖端生长的 Ivantsov 理论和显微溶解理论的预测结果符合度很好。国内相场的研究起步较晚,张玉妥等用均匀网格的有限差分法来求解相场方程,模拟了纯物质镍的等轴枝晶生长;张光跃等用有限差分法求解相场方程,用宏微观耦合方法对铝合金枝晶生长形貌进行了模拟计算;刘小刚等用有限差分计算方法,采用相场与浓度场耦合的相场法对 Al-Cu 二元合金等温凝固中枝晶长大过程进行了数值模拟。上述模拟结果都基本与枝晶生长理论吻合,取得了预期结果。由于上述方法都采用有限差分法求解相场方程,求解计算量十分巨大,因此只能用于极小区域的凝固组织演化模拟。

(2)自适应有限元法。

有研究者通过采用自适应有限元法来克服有限差分法计算量大的问题。自适应有限元法根据有限元法结果的误差估计,计算出全局或局部单元的误差,依此误差确定有限元分析所需网格尺寸,误差大的区域网格尺寸取得小,以实现用尽可能小的网格数目获得指定的精度。自适应网格技术的最大优点在于能与物理问题的解相适应,网格的疏密程度随物理量变化梯度的大小而自动调整,这样就实现了用较小数目的网格刻画出在传统意义下较多网格才能给出的较高精度的数值解的目的。

因此,采用自适应网格法不仅可提高求解效率,同时也可极大地扩大所能计算的区域范围。Jeong 等以自适应网格法对强迫对流条件下枝晶生长的三维相场模型进行了求解,结果表明,采用该法可使所需计算网格单元大大减少,从而节省计算时间。Lan 等以 Ni/Cu 二元合金为例,使用自适应网格法研究了存在对流时非等温自由枝晶的生长过程,首次模拟了强迫对流对二元合金枝晶生长的影响。对于大的计算区域和小的界面厚度用有效的自适应网格法进行处理,而对有限界面厚度的溶质捕获问题使用反捕获流来解决,从而使薄界面厚度更加合理,计算结果更准确。图 8-7 所示为三个不同尺度的网格分布情况,整个计算域为 $400000 \times 200000 l^2$,其中 l 是特征长度,计算域要足以覆盖整个热扩散场(热边界层厚度约为 $400000l$);第二个尺度为 $200000 \times 100000 l^2$,覆盖流动场,动量边界层厚度约为 $200000l$;第三个尺度为 $800 \times 400 l^2$,该尺度要足以覆盖溶质场并能细致刻画枝晶结构。这样,由于溶质边界层和界面

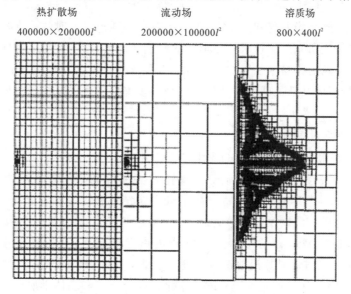

图 8-7　不同尺度的自适应网格示意图

的网格较细且具有准确的解,同时计算域较大,因此模拟结果更接近现实。

自适应有限元法已被证明是一种高效率、高可靠性的计算方法,是今后相场法模拟中计算方法的主要发展方向。

(3)多重网格法。

在相场法模拟中,有限元计算流体动力学(computational fluid dynamics,CFD)是最典型的多重网格法,该方法由德国多特蒙德大学数学系 Turek 教授等开发,目的在于求解质量方程和动量方程的非标准形式,并以此为基准改进相关代码,主要原理如图 8-8(a)所示。速度和压力分别定义在单元的 6 个表面的中心和体积单元的中心,而单元的边长则是相场方程中节点间距的 2 倍,如图 8-8(b)所示。由于绝大多数计算时间花在了求解流动方程的过程中,因此采用这种方法可以大大节省计算时间和内存。大量计算实例已证明,在流动方程中使用粗网格一般不会影响精度,原因在于在解能量方程时,速度将被插值到合适的位置,并且流动方程使用全隐式格式,这样流动方程可以使用比相场和能量方程更大的时间步长(约 5 倍)。

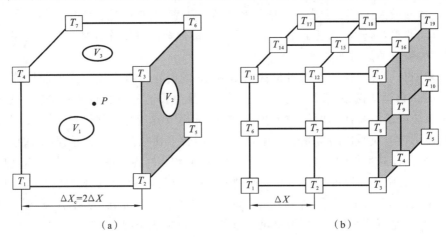

图 8-8　有限元计算流体动力学示意图

Lu 等采用多重网格法,使用有限元计算流体动力学方法的改进版本求解 Navier-Stokes 方程,用有限差分法解相场方程和能量方程,首次对存在强迫对流时的三维枝晶生长进行了定量模拟,主要是定量地研究了流速对枝晶形貌的影响。此前,由于计算机硬件很难支持如此庞大的计算量,因此流动对枝晶生长影响的研究一直是二维的并且仅仅是定性模拟。多重网格法有效地在保证精度的基础上减少了计算量,因此,多重网格法也是相场法模拟中先进计算技术的发展趋势。

4)相场模型的应用案例

(1)相场模型在晶粒长大计算中的应用。

晶粒长大是多晶材料(如纯金属、合金和陶瓷等)中非常普遍的现象,对材料的各种性能有着重要的影响。1999 年,Kazaryan 等人提出了处理烧结过程的一般性相场方法,模型中引入了晶粒表面扩散、边界扩散以及体扩散的概念。2000 年,Grafe 等人把多相场模型应用于镍基合金的固态相变,该模型耦合了实际的多成分热物理性参数,并取得了很好的模拟结果。Sémoloz 等人则用相场方法对热浸镀锌铸件进行了结构预测,预测结果与实际结果较吻合,表明相场方法非常实用。陈云等人采用晶体有序化程度参量 ϕ 和晶体学取向 θ 来表示多晶粒结构的相场模型,利用自适应有限元法模拟了多晶材料等温过程中的晶粒粗化现象。模拟结果显示,在曲率作用下,通过晶界迁移弯曲晶界逐渐平直化,小晶粒逐渐被大晶粒吞并,当晶界之间的取向差较小时,满足一定能量和几何条件的两晶粒在界面能作用下会发生转动,合并为单个晶粒。模拟结果与试验结果较吻合,也表明该相场模型可以很好地用来模拟固态相变中多晶材料的生长粗化等现象。

(2)相场法在凝固微观组织模拟中的应用。

自 20 世纪 90 年代以来,相场法模拟技术在凝固微观组织的研究中得到了广泛的应用,模拟对象包括从纯物质到多元合金,从单相到多相,从简单条件到耦合各种外加影响因素的各种情况下的凝固过程。模拟区域逐渐由小到大,由二维拓展到三维。模拟结果由定性分析不断向定量预测的方向发展。

虽然相场理论早在 20 世纪七八十年代就已被提出,但当时还仅限于理论上的研究以及对简单界面形状的一维或二维计算。直到 1993 年,Kobayashi 用有限差分法对考虑界面能各向异性的二维相场模型进行了数值求解,首次得到了过冷纯金属凝固的二维复杂枝晶形貌,如图 8-9 所示。在同一时期的众多研究者也都开展了类似的工作,获得了许多与试验中观测到的枝晶生长相类似的模拟结果。尽管这一阶段的相场模拟工作仍处于定性研究阶段,但相场法作为一种模拟复杂凝固组织的方法已表现出极大的潜力,并引起了物理学界、材料学界的极大关注。

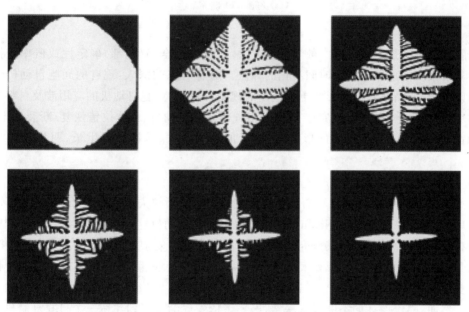

图 8-9 用 Kobayashi 模型得到的不同凝固参数下的枝晶形貌

除了用于研究纯物质的枝晶生长,相场法也被用于合金的凝固模拟当中。20 世纪 90 年代初,Wheeler、Boettinger 以及 McFadden 提出了著名的二元合金等温凝固的相场模型——WBM 模型。Warren 和 Boettinger 以 WBM 模型为基础,经过适当修正,针对 Ni-Cu 理想溶液系统的等温凝固过程,首次模拟获得了合金的枝晶形貌,再现了合金二次枝晶臂的粗化过程以及二次臂间的溶质偏析状况。2001 年,Loginova 等人将此模型扩散到非等温的情况,结果如图 8-10 所示。但此时的模拟结果与界面厚度的选取有关,只能实现定性的描述,原因在于相场模拟中是采用尖锐界面进行分析的,即只有在界面厚度趋于零时,相场模型才收敛于尖锐界面模型。

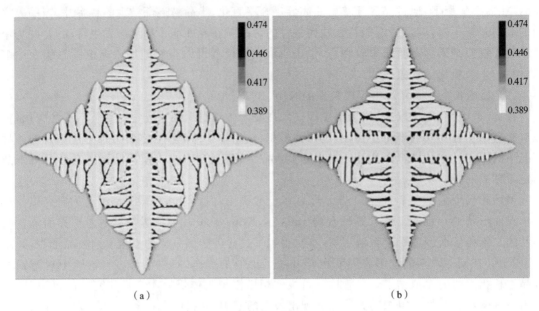

图 8-10　用 WBM 模型得到的二元合金枝晶形貌
(a) 等温；(b) 非等温

2. 元胞自动机法

元胞自动机法是一种离散的数学模拟方法，通过应用全局（局部）确定性或概率变换规则来描述复杂系统的离散空间或时间演化的算法。随着研究的深入，现有的元胞自动机囊括了概率规则、复杂的晶格几何图形和更大范围的规则。目前，元胞自动机的应用涉及材料科学的多个领域，包括再结晶模拟、反应-扩散和晶格气体元胞自动机、晶体位错恢复/断裂力学、枝晶生长和晶体凝固、位错和扭结的形成、烧结后的相变现象、晶体和畴生长、两相晶粒结构等领域。

1）元胞自动机的发展历史

20 世纪 40 年代，洛斯阿拉莫斯国家实验室的斯坦尼斯拉夫·乌拉姆（Stanislaw Ulam）和约翰·冯·诺依曼（John von Neumann）首先提出元胞自动机这个概念。当时，冯·诺依曼正在研究自我复制系统的问题，其研究试图证明，像生命这样复杂的现象（生存、繁殖、进化）可以简化为具有相同性、简单性和原始实体效果的动态，同时能够相互作用，维持自身的身份。冯·诺依曼最初的设计建立在一个机器人建造另一个机器人的概念之上，这种设计被称为运动学模型。然而，随着设计的不断深入探索，冯·诺依曼逐渐意识到建造一个自我复制机器人有巨大困难，并且为机器人提供"零件海洋"来建造其复制个体的成本巨大。1948 年，冯·诺依曼为"行为的大脑机制西克森研讨会"（Hixon Symposiumon Cerebral Mechanism in Behavior at CalTech）撰写了一篇题为《自动机的一般逻辑理论》的论文。这时，乌拉姆建议使用离散系统来创建自我复制的简化模型，这为元胞自动机加入了"离散基因"理念。

20 世纪 50 年代后期，乌拉姆和冯·诺依曼创建了一种计算液体运动的方法。该方法的驱动概念是将液体视为一组离散单元，并根据其相邻单元的行为计算每个单元的运动，第一个元胞自动机系统由此诞生。与乌拉姆的晶格网络法一样，冯·诺依曼的元胞自动机是二维的，并植入了自我复制器的算法。其关键在于模拟了一个通用的复制器和构造器在具有小邻域的元胞自动机内工作的情况，每个元胞有 29 个状态。冯·诺依曼通过设计一个有 200000 个细胞的配置,确定了一个特定的模式会在给定的细胞宇宙中无限复制。这种设计被称为镶嵌模型,也被称为冯·诺依曼通用构造函数。

在 20 世纪 60 年代,元胞自动机作为一种特殊类型的动力系统被研究,人们首次建立了其与符号动力学数学领域的联系。1969 年,古斯塔夫·赫德伦德(Gustav A. Hedlund)做了系统的综述,撰写的论文至今仍然被认为是元胞自动机数学研究的开创性论文。

1969 年,德国计算机先驱康拉德·楚泽(Konrad Zuse)出版了《计算空间》一书,提出宇宙的物理定律本质上是离散的,整个宇宙是对单个元胞自动机进行确定性计算的输出。该论述被称为"楚泽理论"(Zuse's Theory),并成为数字物理学研究的基础。

同样在 1969 年,计算机科学家匠白光(Alvy Ray Smith)完成了一篇关于元胞自动机理论的斯坦福博士论文,其第一个将元胞自动机作为一般计算机类的数学来处理。匠白光展示了各种形状的邻域的等价性,以及如何将摩尔(Moore)邻域降为冯·诺依曼邻域和如何将任何邻域降为冯·诺依曼邻域,后续的研究结果证明了一维和二维元胞自动机具有计算通用性。在证明过程中,匠白光展示了如何将复杂的冯·诺依曼结构普遍性证明(以及自我复制机器)归入一维元胞自动机的计算普遍性中。

在 20 世纪 70 年代,一种名为生命游戏(Game of Life)的二维元胞自动机广为人知,尤其是在早期的计算机领域中。该元胞自动机由康维(John Conway)发明并由加德纳(Martin Gardner)在《科学美国人》的一篇文章中推广,其规则如下:

(1) 任何具有少于两个活邻居的活细胞都会死亡,就像人口不足一样。

(2) 任何有两个或三个活邻居的活细胞都会传给下一代。

(3) 任何拥有三个以上活邻居的活细胞都会死亡,就像人口过多一样。

(4) 任何只有三个活邻居的死细胞都会变成活细胞,就像繁殖一样。

尽管很简单,但该系统实现了令人印象深刻的多样性行为。生命游戏最明显的特征之一是"滑翔机"的频繁出现,滑翔机的排列实质上是使其在网格中移动。通过元胞自动机,可以使滑翔机相互作用来执行计算,并证明生命游戏可以模拟通用图灵机。20 世纪 70 年代初期,该系统主要被视为一个娱乐性游戏,除了研究生命游戏的特殊性和一些相关规则之外,几乎没有人进行后续工作。

1981 年,受到神经网络等建模系统的激发,史蒂芬·沃尔弗拉姆(Stephen Wolfram)开始独立研究元胞自动机,并于 1983 年 6 月在《现代物理学评论》上发表了第一篇关于基本元胞自动机的论文,文章中考虑了自然界中违反热力学第二定律的复杂模式。这种简单规则行为的意外复杂性使沃尔弗拉姆怀疑自然界中的复杂性也可能是由类似的机制控制的。然而,通过深入调查他发现,元胞自动机并不能模拟神经网络。但是,沃尔弗拉姆也取得了不俗的成果,那就是确定了内在随机性和计算不可约性的概念,并提出第 110 规则可能是普遍的——这一事实后来由沃尔弗拉姆的研究助理马修库克在 20 世纪 90 年代证实。

基于 1986 年沃尔弗拉姆创立的经典元胞自动机方法,研究者们逐渐建立了一批广义微结构元胞自动机方法。后者作为元胞自动机方法的变种,相对原来的方法有更强的适应性,尤其是在计算材料学中的一些特殊应用方面优点突出。广义微结构元胞自动机可以采用元胞的离散空间格栅,这时的空间既可以是实空间,也可以是动量空间或波矢空间,然而,所有元胞都是均匀等价的,并被排布在规则晶格上,其中各处的变换规则都相同。此外,与常规元胞自动机不同,元胞变换既可以按照确定性定律,也可以按照概率性定律进行。因而,广义微结构元胞自动机在计算材料学中的发展势头日益强劲。

　　20 世纪 90 年代,元胞自动机进入了百花齐放的局面,以美国圣达菲学派为代表的研究专家基于对元胞自动机的深入研究,提出和发展了人工生命技术。而今,随着计算机技术和演化计算的发展,元胞自动机研究有了长足进步。元胞自动机一方面可用简单的规律进行细致的数学分析,另一方面又能展现出一系列复杂的现象,从而作为复杂动态系统的建模方法,为众多的物理、化学和生物系统提供仿真模型。在过去的数十年,元胞自动机在微结构模拟领域获得了重大发展。

　　2) 常用的元胞自动机模型

　　(1) 经典元胞自动机。

　　元胞自动机是一种建立在离散时间和空间上的动力系统。元胞自动机并不是由严格的物理方程或者函数确定的,而是由一系列模型构造的规则构成的。因此,元胞自动机是一个方法框架,其特点在于具有时间、空间和状态的离散性,每个变量只取有限个状态,元胞状态改变的规则在时间和空间上都是局部的,如图 8-11 所示。

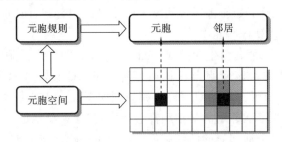

图 8-11　元胞自动机的构成

　　元胞自动机方法源于冯·诺伊曼所描述的一种完全离散的方法,主要体现为时间、空间和状态变量都是离散的。经典元胞自动机的一般定义特征如下。

　　① 同质:每个元胞的性质完全相同。

　　② 空间离散:空间变量由若干个离散的元胞或空间单元构成。

　　③ 状态离散:每个元胞都包含有限个离散的状态值。

　　④ 时间离散:每个元胞的状态值都在离散的时间步长下更新演化。

　　⑤ 同步更新:所有元胞的状态值同时更新。

　　⑥ 局部空间更新规则:每个元胞下一时刻的状态值只取决于当前邻域内元胞的状态值。

　　⑦ 局部时间更新规则:每个元胞下一时刻的状态值只取决于有限数量时间步长内元胞的状态值。

　　(2) 晶格气体元胞自动机。

　　晶格气体元胞自动机最初是由哈代(Hardy)等人提出的,用于模拟复杂反应-扩散系统的时间相关函数和长期行为。

　　晶格气体元胞自动机采用离散的时间和空间的方法,这与传统的元胞自动机相同。但是,在晶格气体元胞自动机中,元胞的状态变量被一组离散的粒子所取代。这组粒子被称为晶格气体。这些粒子通常具有一定的速度、零质量和零相互作用能。为了保证质量守恒,粒子数量在模拟过程中保持不变。晶格气体元胞自动机的节点状态由局部粒子密度描述。因此,与经典的元胞自动机不同,晶格气体元胞自动机可以考虑随机涨落行为。

　　晶格气体元胞自动机的使用推动了微观结构模拟的发展,特别扩散系数的预测和纳维-斯托克斯型问题的解决。在微观模拟上,晶格气体元胞自动机模拟可提供关于反应-扩散系统拓扑演化的信息,且比分子动力学的计算成本少很多。虽然晶格气体元胞自动机通常用于微观状态下的模拟,但其应用并不局限于微观层面,只要可以识别出足够的元胞自动机转换规则,晶格气体元胞自动机就可以用来模拟介观或宏观系统。

近年来,研究者提出了各种改进的晶格气体元胞自动机方法,如晶格-玻尔兹曼方法、使用各种速度振幅的温度相关的晶格气体元胞自动机,以及考虑移动前相邻粒子特征的各种多相模型。

3）元胞自动机在激光增材制造方面的应用

元胞自动机为实现不同空间及时间尺度的方法之间的跨越提供了一个非常方便的数值工具。相对于相场模拟,元胞自动机模拟的计算量更小,在模拟多尺度、多物理场的激光增材制造过程方面有不可比拟的优势。近年来,元胞自动机在激光增材制造方面的应用取得了一定的进展。

奥晓辉等人采用元胞自动机方法建立了合金微观组织与传热、流动熔池耦合的预测模型,利用所建立的模型对热历史、冷却速率、熔池、凝固轨迹、晶粒长大和过冷过程进行了定性分析,提出了一种包括均匀形核和非均匀形核、竞争生长和外延生长的复杂枝晶生长机制。他们还基于元胞自动机方法,建立了考虑共晶点迁移和动态浓度形核准则的综合模型,用于预测Al-Si合金的不规则共晶结构。

Krzyzanowski 等人基于元胞自动机和晶格-玻尔兹曼两种均匀数值方法,提出了一种激光选区熔化模型的多物理模拟方法,主要处理包括固液转变在内的能量转移问题。该模型考虑了粉末床沉积、激光能量吸收和移动激光束对粉末床的加热等物理因素,模拟了粉末熔化、熔池内流体流动以及凝固过程。Svyetlichnyy 和 Dmytro 等人基于同样的数值模型,考虑自由表面流动、润湿性、表面张力等相关物理现象,模拟了在激光增材制造骨科种植体过程中不同物理机制的相互作用。

Zinovieva 等人结合元胞自动机和有限差分法,建立了模拟晶粒生长的三维数值模型。他们评估了激光选区熔化316L奥氏体不锈钢晶粒结构演变的基本原理,并深入分析三维晶粒结构和织构,进而分析了外延凝固和晶粒的首选生长方向,以及单道间距对显微组织的影响。

基于元胞自动机的基本原理,Markl 和 Matthias 等人开发了软件 SAMPLE（Simulation of Additive Manufacturing on the Powder scale using a Laser or Electron beam）,用于模拟激光束或电子束与粉末相互作用的烧结过程和微观结构演变。该软件基于微观方法,考虑了粉末床、熔体动力学、蒸发效应和微观结构演化等方面,可以模拟铺粉层数超过100层的增材制造过程。

元胞自动机在结构设计方面的应用还处于初期阶段。Leary 和 Martin 等人提出基于体素（voxel）的元胞自动机,将其作为设计增材制造支撑结构的一种全新方法,同时提出并应用了许多元胞自动机模型,用于生成任意拓扑优化几何结构的强支撑结构。

3. 蒙特卡洛方法概述

蒙特卡洛（MC）方法是在简单的理论准则基础上采用反复随机抽样手段解决复杂系统问题的方法。该方法可以模拟对象的概率性与统计性问题。蒙特卡洛方法并非仅仅是一种简单的数值计算方法,更是对实际问题的试验模拟方法。因此,在物理、化学等领域中常称其为“蒙特卡洛模拟”,甚至直接称其为“计算机实验”。目前蒙特卡洛方法已被广泛应用到物理学、系统工程、材料科学、生物学、化学、社会科学等众多领域。

1) 蒙特卡洛方法的历史

在开发蒙特卡洛方法之前,模拟测试通常是在理解确定性问题的前提下,使用统计抽样来估计模拟测试中的不确定性。蒙特卡洛模拟则使用概率元启发式解决确定性问题(参见模拟退火)。

蒙特卡洛方法的一个早期变体被设计用来解决蒲丰针问题(Buffon's needle problem),即通过将针放在由平行等距条带制成的地板上来估计 π 的数值。1930 年,恩里科·费米(Enrico Fermi)在研究中子扩散时,首先使用了蒙特卡洛方法进行试验。

1940 年代后期,乌拉姆在洛斯阿拉莫斯国家实验室从事核武器项目时,发明了现代版本的马尔可夫链蒙特卡洛方法,在乌拉姆取得突破后,冯·诺依曼立即明白了蒙特卡洛方法的重要性。1946 年,尽管洛斯阿拉莫斯国家实验室的核物理学家当时掌握了大部分必要数据,例如中子在与原子核碰撞之前在物质中移动的平均距离以及中子在碰撞后可能释放出的能量,但他们仍无法使用传统的确定性数学方法解决可裂变材料中的中子扩散问题。为此冯·诺依曼开发了一种使用中间平方方法来计算伪随机数的方法来处理材料裂变问题。尽管这种方法被认为精度低,但冯·诺依曼意识到:该方法的计算速度比他认知范围内的任何方法都快,并且出错时,可以快速准确找出出错位置。这种特质使得该方法相对其他方法有着巨大的优势。

蒙特卡洛方法是曼哈顿计划的模拟核心,20 世纪 50 年代,洛斯阿拉莫斯国家实验室利用蒙特卡洛方法进行了氢弹开发。此外,通过曼哈顿计划,蒙特卡洛方法在物理、物理化学和运筹学领域也得到普及。其中,兰德公司和美国空军是在此期间负责推广蒙特卡洛方法的两个主要组织。

20 世纪 60 年代中期,更复杂的平均场型粒子蒙特卡洛方法的理论得到开发。当时 Henry P. McKean Jr. 利用蒙特卡洛方法对流体力学中出现的一类非线性抛物偏微分方程的马尔可夫解释进行了研究。1951 年,Theodore E. Harris 和 Herman kahn 使用平均场遗传型蒙特卡洛方法估计了粒子传输能量。平均场遗传类型蒙特卡洛方法也被用作进化计算中的启发式自然搜索算法(又名元启发式)。

量子蒙特卡洛(quantum Monte Carlo)也称为扩散蒙特卡洛方法,也可以解释为费曼-卡茨路径积分的平均场粒子蒙特卡洛近似。量子蒙特卡洛方法起源于 Enrico Fermi 和 Robert Richtmyer 的工作。他们在 1948 年开发了中子链式反应的平均场粒子解释。但第一个用于估计量子系统基态能量的启发式和遗传型的粒子算法(又名重采样或重构蒙特卡洛方法)是由 Jack H. Hetherington 在 1984 年提出的。在分子化学中,遗传启发式粒子方法(又名修剪和富集策略)可以追溯到 1955 年 Marshall N. Rosenbluth 和 Arianna W. Rosenbluth 的工作。

1993 年,Gordon 等人在他们的开创性著作中发表了蒙特卡洛重采样算法(sequential Monte Carlo),并首次在贝叶斯统计推断中应用。他们将该算法命名为"自举过滤器",并证明了与其他过滤方法相比,该算法不需要对状态空间或系统噪声进行任何假设。文中还引用了 Genshiro Kitagawa 关于相关"蒙特卡洛过滤器"以及 Pierre Del Moral 等人于 20 世纪 90 年代中期发表的关于粒子过滤器的文章。随着,粒子滤波器在信号领域也得到了发展。1989 年至 1992 年,Del Moral、Noyer、Rigal 和 Salut 在法国国家科研中心(LAAS-CNRS)的一系列受限和机密研究报告中,使用粒子滤波器处理了有关雷达/声呐和 GPS 信号问题。

从 1950 年到 1996 年,所有的顺序蒙特卡洛方法,包括修剪和重采样蒙特卡洛方法都引入了计算物理和分子化学中。这些方法都提出了应用于不同情况的启发式自然搜索算法,但没有单独证明其一致性,也没有关于估计偏差以及基于系谱和祖先树算法的讨论。直到 1996

年,Pierre Del Moral 才给出了这些粒子算法的数学基础的第一次严格分析。

20 世纪 90 年代末,Dan Crisan、Jessica Gaines 和 Terry Lyons 以及 Dan Crisan、Pierre Del Moral 和 Terry Lyons 也开发了具有不同种群规模的分支型粒子方法。2000 年,Moral、Guionnet 和 Miclo 推动了该领域的进一步发展。

2) 蒙特卡洛方法的基本思想

蒙特卡洛方法的基本思想是:通过建立一个恰当的概率模型或随机过程,使得其参量(如事件的概率、随机变量的数学期望等)等于所求问题的解。该方法主要通过对模型或过程进行反复多次的随机抽样试验,并对结果进行统计分析,最后计算所求参量,得到问题的近似解。

尽管蒙特卡洛方法是随机模拟方法,但它的应用不局限于模拟随机性问题,还可以用于解决确定性的数学问题。对于随机性问题,可以根据实际问题的概率法则,直接进行随机抽样试验。对于确定性问题,蒙特卡洛方法采用间接模拟方法,即通过统计分析随机抽样的结果获得确定性问题的解。

用蒙特卡洛方法求解确定性问题主要应用于数学领域,如计算重积分、求逆矩阵、解线性代数方程组、解积分方程、解偏微分方程边界问题和计算微分算子的特征值等。用蒙特卡洛方法求解随机性问题则在众多的科学及应用技术领域得到广泛应用,如求解中子在介质中的扩散问题、库存问题、随机服务系统中的排队问题、动物的生态竞争问题、传染病的蔓延问题等。

3) 蒙特卡洛方法分类

根据从随机数分布中选择用于数值积分试验的随机数的方式,蒙特卡洛方法可以分为简单(非权重)抽样、重要(权重)抽样。前一种方法使用均匀分布随机数,而后一种方法则在被积函数大值区域采用大的权重,在小值区域采用小的权重。简单抽样常被用于逾渗模型、粒子输运模型等,而重要抽样用于微结构模拟以及自旋模型等。按照所选用的抽样技术,蒙特卡洛方法大致可以分为空间晶格模型方法、自旋模型方法和能量算符方法,如表 8-1 所示;按照发展历史来分有 Metropolis 蒙特卡洛方法、动力学蒙特卡洛方法、量子蒙特卡洛方法等。

表 8-1 蒙特卡洛方法的分类

分 类 方 法	方 法
抽样方法	简单(非权重)抽样,重要(权重)抽样
晶格模型方法	立方晶格,六角晶格,泰森多边形(Voronoi)晶格,贝特/凯莱(Bethe/Cayley)晶格,笼目(Kagonme)晶格等
自旋模型方法	伊辛模型,q 态波茨模型,晶格气模型,海森堡模型
能量算符	交换能,弹性能,化学势,磁场等
应用领域	求解确定性问题,求解不确定性问题
发展历史	Metropolis 蒙特卡洛方法,动力学蒙特卡洛方法,量子蒙特卡洛方法等

4) 蒙特卡洛方法的计算流程

在应用蒙特卡洛方法解决实际问题的过程中,主要有以下四个内容:

(1) 建立简单而又便于实现的概率统计模型,使所求的解是该模型的某一事件的概率或数学期望,或该模型能够直接描述实际的物理过程;

(2) 根据概率统计模型的特点和计算的需求改进模型,以便减小方差和降低费用,提高计算效率;

（3）建立随机变量的抽样方法，包括伪随机数和服从特定分布的随机变量的产生方法；

（4）给出统计估计值及其方差或标准误差。

蒙特卡洛模型化的基本步骤如表 8-2 所示。蒙特卡洛方法以特定概率模型为基础，按照模型所描绘的过程，通过部分模拟试验结果给出问题的近似解。为此，必须建立一个概率模型或随机过程，通过对模型或过程的观察或抽样试验来计算所求参数的统计特征，给出所求解的近似值。此外，值得注意的是，蒙特卡洛方法是以概率论的随机过程为问题的出发点和研究对象的，因此，除特殊情况外，仅只讨论一个样本是不够的，通常是采用足够多的样本并取它们的平均值。蒙特卡洛方法与其他方法相比，具有程序简单、占用内存少、局限性小、结果可信度高等优点。

表 8-2　蒙特卡洛模型化的基本步骤

一 般 步 骤	数 学 步 骤
建立所研究问题的随机模型并进行公式化处理	建立描述随机过程的控制微分方程，并给出其积分表达式
应用蒙特卡洛算法	利用权重或非权重随机抽样方法对控制方程进行积分分解
输出并解释模拟结果	求出状态方程的值、关联函数、结构信息化和蒙特卡洛动力学参数

5）蒙特卡洛方法的应用

蒙特卡洛方法在增材制造领域具有广泛的运用，区别于确定性有限元法，随机有限元法允许在经典有限元法中分析不确定性，因此允许估计系统响应的可变性。澳大利亚 Bill 等提出了一种结合数据驱动增材制造缺陷建模、马尔可夫链和蒙特卡洛模拟技术预测增材制造晶格结构刚度的新方法。此外，该方法可以用于计算有效梁模型中增材制造相关缺陷的随机分布，从而能够以相对较低的计算成本模拟大规模晶格结构。Francoisa 等人采用基于波茨动力学蒙特卡洛技术的 SPPARK 软件模拟增材制造和自焊接过程中的微观结构演变。在模拟过程中，将该材料表示为具有代表特定晶粒的"自旋"的位置的立方晶格（这种具有"自旋"特性的晶粒可应用于伊辛模型的改进模型，即波茨模型），最后用户在指定轨迹上通过模拟域扫描定义的熔池。Chuong 等人在对体积热源进行建模时，采用改进的顺序加法构造不同粉末粒度的金属粉末层，然后通过蒙特卡洛射线追踪模拟计算沿粉末层深度的吸收率分布。结果表明，与以往的模拟研究相比，本次模拟得到的峰值熔池温度（3005 K）与试验值更为吻合。其中，为了解决蒙特卡洛射线追踪模拟中射线产生的随机性问题，选择足够高的射线数（即 100000 条射线），射线产生的随机性所引起的不确定性比粉末结构的随机性所引起的不确定性小得多。Sunny 等描述了一个动态动力学蒙特卡洛数值模拟框架，该框架可以用于预测粉末床熔合和定向能量沉积增材制造过程中金属的微观结构，同时考虑建造过程中发生的热历史和热积累的显著变化。Zhang 等使用三维动力学蒙特卡洛模型模拟了增材制造中不锈钢粉末颗粒的烧结行为。Zheng 等提出了一种实现加肋薄壳物体经济高效 3D 打印的方法，提出的方法由三部分组成。第一部分结合有限元分析、Voronoi 图和保角映射来获得加强肋分布。第二部分结合有限元分析和优化计算，确定加强肋的最佳尺寸。第三部分介绍了利用蒙特卡洛模拟来寻找全局最优解。试验结果表明，该方法能有效地降低加肋薄壳物体的 3D 打印材料消耗。

图 8-12 描述了蒙特卡洛方法应用在薄壳物体结构优化方面的算法流程：首先计算薄壳物体的压力，确定沃罗诺伊图（由一组连续多边形组成，该连续多边形由连接两邻点直线的垂直

平分线组成)相关点并生成种子,形成沃罗诺伊图后确定加强肋的分布,并优化加强肋尺寸,最后判断继续模拟优化还是结束模拟。

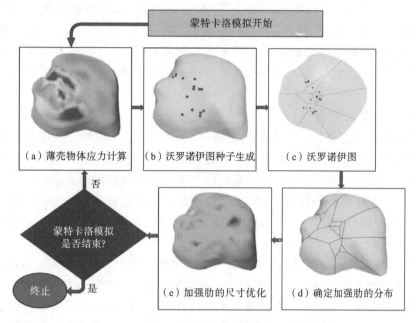

图 8-12　蒙特卡洛方法概述

有大量文献记录并讨论了蒙特卡洛模拟及其应用。例如,Ramdin 等使用了蒙特卡洛模拟来计算天然气组分在离子液体和 Selexol 中的溶解度。Qinag 等人在其著作中讨论了蒙特卡洛模拟技术,包括采用直接反演、拒绝法、马尔可夫链蒙特卡洛方法等对概率分布函数进行采样。此外,它还包含使用蒙特卡洛模拟评估数值积分的方差减少方法。Sawhney 等人使用无网格蒙特卡洛方法,高效可靠地解决了基于偏微分方程的几何处理中的核心问题。Xie 等开发了一个蒙特卡洛模拟模型来表示新冠肺炎(COVID-19)的传播动态。Nagai 等引入 Behler-Parrinello 神经网络作为自学习蒙特卡洛方法中使用的有效哈密顿量。Heilmeier 等人将蒙特卡洛方法应用于对赛车比赛的重要概率影响的建模。

6) 元胞自动机与蒙特卡洛方法的关系

虽然概率性元胞自动机与马可夫链蒙特卡洛方法之间具有一定的相似性,但是两者之间还是有差别的:

(1) 蒙特卡洛方法每个时间步长只更新一个点,而元胞自动机方法每个时间步长进行全局更新。

(2) 元胞自动机都没有本征的长度或时间标度。

蒙特卡洛方法通常代表了概率方法,而元胞自动机则是作为确定性模型提出来的。元胞自动机属于对连续体空间进行离散化和映射处理的派生方法,不存在物理特征线度或时间刻度的内禀标定问题。因此,对连续体系统进行元胞自动机模拟,需要定义相应的基本单元和对应的变换规则,以便恰当地展现系统在给定层次上的行为特性。与蒙特卡洛方法相比,由元胞自动机方法得到的平衡系统的热力学量在物理上缺少依据和基础。因此,在进行元胞自动机计算机试验之前,一个重要工作就是检验基本模拟单元是否切实体现了“基础物理实体”的特性。

8.2.3　分子动力学

分子动力学是一种用于分析原子和分子物理运动的计算机模拟方法。原子和分子在一段固定的时间内相互作用,给出系统动态"进化"的视图。通常,原子和分子的轨迹可通过数值求解相互作用粒子系统的牛顿运动方程来确定,而粒子之间的力及其势能则使用原子间势能或分子力学力场计算。该方法主要应用于化学物理学、材料科学和生物物理学等领域的模拟。

1) 分子动力的历史背景

继 18 世纪蒙特卡洛模拟的早期成功之后,分子动力学在 20 世纪 50 年代早期首次被提出。人们对 N 体系统随时间演化的兴趣可以追溯到 17 世纪,从牛顿开始,一直持续到 18 世纪,人们主要关注的是天体力学和太阳系稳定性等问题。现在使用的许多数值方法都基于这个时期的工作,早于计算机的使用。例如,今天最常用的积分算法——Verlet 积分算法早在 1791 年就被 Jean Baptiste Joseph Delambre 使用。采用这些算法进行的数值计算通常被认为是"手工"的分子动力学。

早在 1941 年,人们就在模拟计算机上进行了多体运动方程的积分运算。人们通过构建物理模型(例如使用宏观球体)来进行模拟原子运动运算工作。随着微观粒子的发现和计算机的发展,人们的关注点从引力系统的试验场扩展到物质的统计特性。为了理解不可逆性的起源,1953 年费米使用洛斯阿拉莫斯国家实验室的 MANIAC-I 来求解多体系统受几种力定律的随时间演化的运动方程。现在,这项开创性的工作被称为 Fermi-Pasta-Ulam-Tsingou 问题。

1957 年,Alder 和 Wainwright 使用 IBM 704 计算机模拟刚球之间的完美弹性碰撞。1960 年,Gibson 等人使用玻恩-迈耶(Born-Mayer)类型的排斥相互作用以及内聚表面力来模拟固体铜的辐射损伤,这是第一次对物质进行现实模拟。1964 年,Rahman 使用兰纳-琼斯(Lennard-Jones)势函数进行了液氩性质模拟,并模拟了系统性质,例如自扩散系数,该模拟结果与试验数据相近。在此基础上,人们发展了一系列的分子动力学方法,如表 8-3 所示。

表 8-3　分子动力学方法

时间	方　　法	代 表 人 物
1957 年	基于刚球势的分子动力学方法	Alder 和 Wainwright
1964 年	利用兰纳-琼斯势函数法对液态氩性质的模拟	Rahman
1971 年	模拟具有分子团簇行为的水的性质	Rahman 和 Stillinger
1977 年	约束动力学方法	Rychaert, Ciccotti 和 Berendsen; van Gunsteren
1980 年	恒压条件下的动力学方法	Andersen、Parrinello-Rahman
1983 年	非平衡态动力学方法	Gillan 和 Dixon
1984 年	恒温条件下的动力学方法(1)	Berendsen 等
1984 年	恒温条件下的动力学方法(2)	Nosé-Hoover
1985 年	第一原理分子动力学方法	Car-Parrinello
1991 年	巨正则综综的分子动力学方法	Cagin 和 Pettit

2）分子动力学的基本原理

分子动力学方法广泛应用于经典的多粒子体系的研究。该方法按体系内部的内禀动力学规律计算并确定位形的变化。它首先需要建立一组分子的运动方程，并通过直接对系统中的每个分子运动方程进行数值求解，得到每个时刻各个分子在相空间的运动轨迹，再利用统计计算方法得到多体系统的静态和动态特性，从而得到系统的宏观性质。

分子动力学方法的出发点是物理系统的确定的微观描述，该描述可以是哈密顿描述或者拉格朗日描述，也可以是直接用牛顿的运动方程表示的描述。分子动力学方法通过运动方程来计算系统性质。在经典的分子动力学模拟中，通过使用牛顿运动方程来直接计算原子的位置、速度和加速度，从而为原子系统的演化建模。分子动力学模拟可以看作体系在一段时间内的发展过程的模拟，这个过程中不存在任何随机因素。

3）分子动力学的应用

目前，分子动力学模拟主流求解方法之一是采用大规模原子/分子并行模拟器（LAMMPS）进行的。得到结果后，使用开放的可视化工具 Ovito 进行可视化初始原子配置和分子动力学模拟的后处理。

分子动力学基于熔池热力学产生的微观结构演变，能够分析晶粒形核和生长的过程，提供了一种不直接依赖试验来观察和研究颗粒快速加热和冷却过程中的实时现象的方法。

Shibuta 等人采用分子动力学的原子论研究模拟熔池中晶粒的形核和生长。Rahmani 等人使用分子动力学模拟了 SLM 中的快速加热和缓慢冷却过程，以研究熔融纳米颗粒和熔融区的数量。Kurian 等人建立了纳米铝粉体在 μ-SLM 加工过程中的熔化和凝固行为的分子动力学模型，详细研究了凝固过程中晶粒的形核和纳米结构的形成，以及激光多次通过连续三层纳米粉体后形成的固化纳米结构。此外，他们还在 SLM 加工粉末床上进行了热等静压和单轴拉伸试验的分子动力学模拟，分别用于降低孔隙率和表征机械变形。

8.2.4　跨尺度模拟方法

在物理学和化学中，多尺度建模旨在使用来自不同级别的信息或模型在一个级别上计算材料属性或系统行为。在每个层次上都有相应的方法，通常区分以下层次：量子力学模型层次（包含电子层次）、分子动力学模型层次（包含单个原子信息）、粗粒度模型层次（包含原子和/或原子组信息）、介观尺度或纳米层次（包括大量原子和/或分子位置的信息）、连续水平模型层次、器件水平模型层次。表 8-4 给出了在纳观、微观、介观及宏观层次上的特征标定长度、物理根源及其对应的模拟方法的具体关系。每个级别在特定的长度和时间窗口内处理一种现象。模型上下限参数决定了其模拟范围。对于涉及不同尺度的物理过程，如何实现不同尺度的有机结合是目前多尺度模拟的难点与热点。

表 8-4　纳观、微观、介观及宏观层次上的特征标定长度

长度梯度/m	物理根源（上限）	物理起源（下限）	模 拟 方 法
$10^0 \sim 10^{-3}$	外加载荷	横截面减少量，临界区域	有限元法，有限差分法
$10^0 \sim 10^{-7}$	外加载荷	晶粒尺寸，元胞位错尺寸，裂纹尺寸，粒子尺寸	微结构高级有限元模型（微结构力学）
$10^0 \sim 10^{-7}$	外加载荷	晶粒形状	Taylor-Biship·Hill 模型
$10^0 \sim 10^{-8}$	外加载荷	晶粒形状，内含物形状，元胞尺寸	自洽模型

续表

长度梯度/m	物理根源(上限)	物理起源(下限)	模 拟 方 法
$10^0 \sim 10^{-9}$	系统尺寸	原子	逾渗模型
$10^0 \sim 10^{-9}$	系统尺寸	原子团簇	经典元胞自动机或概率元胞自动机
$10^{-3} \sim 10^{-7}$	晶粒集团	位错元胞尺寸,微带	晶界动力学,拓扑网格模型,顶点模型
$10^{-4} \sim 10^{-9}$	晶粒集团	伯格斯矢量,湮灭距离	位错动力学
$10^{-5} \sim 10^{-9}$	晶粒集团	原子团簇	连续体场动力学理论
$10^{-5} \sim 10^{-9}$	晶粒集团	结构界面单元,原子团簇	波茨模型
$10^{-5} \sim 10^{-9}$	晶粒	伯格斯矢量,湮灭距离	位错动力学
$10^{-6} \sim 10^{-9}$	晶粒	原子团簇	微观场动力学理论
$10^{-7} \sim 10^{-10}$	系统尺寸	原子团簇	集团变分方法(亦称团簇变分法)
$10^{-7} \sim 10^{-10}$	系统尺寸	原子团簇	分子场近似方法
$10^{-7} \sim 10^{-10}$	系统尺寸	原子	Metropolis 蒙特卡洛方法
$10^{-6} \sim 10^{-10}$	元胞尺寸	原子	分子动力学(对势、嵌入原子势)
$10^{-8} \sim 10^{-12}$	原子团簇	离子、电子	从头计算分子动力学(紧束缚势,局域密度泛函理论)

1. 跨尺度模拟方法发展史

自从美国能源部(DOE)国家实验室在 20 世纪 80 年代中期开始减少地下核试验开始,基于模拟的设计和分析概念的想法就逐渐诞生,并于 1992 年成形。多尺度建模是获得精确预测工具的关键。从本质上讲,由于用于验证设计的大规模系统级测试的数量锐减,采用复杂系统的模拟仿真进行设计验证的方法才应运而生。

1996 年后,加速战略计算倡议(ASCI)等计划在美国能源部内诞生,并由美国的国家实验室管理,以期提供更准确的基于仿真的设计和分析工具。由于模拟复杂性提高,并行计算和多尺度建模成为需要解决的主要挑战。大规模复杂测试试验转变为多尺度试验的想法使得可对材料模型进行不同长度尺度的验证。如果建模和模拟是基于物理的,且独立于经验的,那么就可以实现对其他条件的预测。因此,美国能源部国家实验室尝试独立创建各种多尺度建模方法,包括洛斯阿拉莫斯国家实验室(LANL)、劳伦斯利弗莫尔国家实验室(LLNL)、桑迪亚国家实验室(SNL)和橡树岭国家实验室(ORNL)。

并行计算的出现也促进了多尺度建模的发展。由于并行计算环境可以提供更多的自由度,因此可以采用更准确和精确的算法公式。这种想法也促使各机构鼓励基于仿真的设计概念。

在 LANL、LLNL 和 ORNL,多尺度建模工作是由材料科学界和物理学界采用自下而上的方法推动的。每个实验室都有不同的程序,多尺度建模工作则试图统一计算工作、材料科学信息和应用力学算法。在 SNL,多尺度建模采用的是一种从连续介质力学角度出发的自上而下的工程方法,它已经具有丰富的计算范式。SNL 试图将材料科学合并到连续介质力学,以有助于解决实际工程问题中的较小尺度问题。

工业部门多尺度建模的增长主要由财务促进。从美国能源部国家实验室的角度来看,大规模系统实验心态的转变源于 1996 年的核禁令条约。一旦行业界意识到多尺度建模和基于仿真的设计概念对产品类型的作用,即有效的多尺度仿真可以优化产品设计,推动不同行业的范式转变,多尺度仿真将会作为产品成本和保修的合理评估方案。

美国能源部多尺度建模工作本质上是分层的。1996 年,Michael Ortiz 与他的学生(加州理工学院)首次将分子动力学代码 Dynamo(由桑迪亚国家实验室的 Mike Baskes 开发)嵌入有限元代码中,开发了第一个多尺度模型。2013 年,Martin Karplus、Michael Levitt 和 Arieh Warshel 因开发经典和量子力学理论多尺度模型方法而获得诺贝尔化学奖,该方法用于模拟大型复杂化学系统。

2. 跨尺度模拟方法在增材制造中的应用

基于美国能源部的多尺度设计理念,北京理工大学的 Chen 提出了一种耦合离散单元法、有限体积法和扩展元胞自动机法的粉末扩散、熔化和凝固过程中晶粒结构演化的集成建模框架(见图 8-13)。该框架用于深入了解 Ti-6Al-4V 在选择性电子束熔化过程中的微观组织演化,模拟多熔道、多层沉积过程中晶粒生长的复杂过程,以揭示不同扫描策略下重熔区域内微观结构发展的机理。该建模框架是一个强大的工具,可以指导优化工艺参数,并实现特定位置的微观结构控制,从而定制粉末床熔融增材制造工艺制造件。

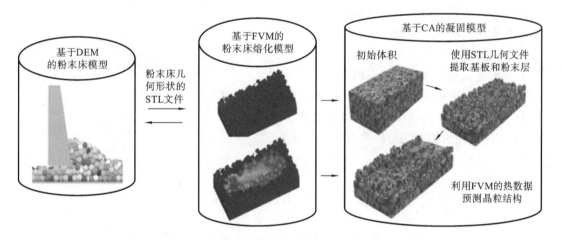

图 8-13　多熔道、多层粉床熔合过程中微观结构演变的集成建模框架

利用单一的模拟方法并不能准确地给出激光增材制造过程中的跨尺度和多物理场耦合现象,结合不同尺度的模拟方法是目前主流的研究方法。然而目前大部分的研究都是不同尺度的简单叠加,并不是有机结合。比如利用有限元法计算制件的温度场,再把温度场赋给元胞自动机或者相场模拟。这种结合方法并不能解决根本上的物理问题。因此,激光增材制造的多尺度模拟还有待进一步研究。

8.2.5　增材制造的数值模拟的前景

增材制造过程是一个多尺度多物理场耦合问题。利用计算机模拟仿真技术可以对增材制造过程进行温度场、应力应变场、熔池演化和微观组织演变的多尺度模拟的研究,对相关的数理模型及数值模拟算法进行较为细致的探讨,进而实现对 SLM 产品使用性能的改善和优化,以及根据预定性能设计新产品与新工艺。尽管已有模型方法在增材制造数值模拟中取得了长足的进展,但是在一些基础理论和生产实际方面还存在着亟待解决的问题。

（1）材料的动态和局域热物理性质研究。

（2）准确的热源模型建立。

（3）多尺度多物理场仿真软件开发。

（4）复杂零件增材制造的设计和研发。

（5）凝固成核、生长过程和缺陷的演化过程研究。

（6）熔池的动力学行为研究。

（7）粉末床的模拟及其对后续加工过程的影响研究。

（8）粉末尺度的多熔道和多层模拟研究。

（9）激光制件的微观组织和力学性能的关系研究。

复习思考题

（1）有限元法求解的基本步骤是什么？

（2）有限元法的应用领域有哪些？

（3）简述有限体积法的特点。

（4）有限体积法的基本思想是什么？

（5）简述相场法的原理。

（6）相场模型的优缺点是什么？

（7）简述元胞自动机的基本思想。

（8）元胞自动机为什么是一种离散数学模拟方法？离散体现在哪些方面？

（9）简述蒙特卡洛方法的基本思想和基本特点。

（10）简述随机数和伪随机数及其产生方法。

第9章　激光选区熔化缺陷检测

9.1　激光选区熔化常见缺陷

激光选区熔化(selective laser melting,SLM)技术具有成形精度高、表面质量好等优点,能实现无余量的制造加工,适合制造用传统制造方法无法加工的复杂形状金属零件。目前,SLM 技术已在医疗植入、模具制造、车辆、航空航天等诸多领域中得到了广泛应用。尽管 SLM 技术具有诸多优势,但其制造过程中仍会出现难以控制的缺陷,进而影响工艺的稳定性、制造的可靠性以及成品零件的质量,这严重阻碍了 SLM 技术的发展及其在工业上的广泛应用。为了对 SLM 制造过程进行有效的监测和实时控制,首先需要对 SLM 技术中的缺陷类型与形成机理进行深入的研究。

SLM 技术的工艺原理和 SLM 处理过程如图 9-1 所示,其工艺过程可以分为准备阶段、制备阶段、成品阶段。每个阶段都有可能出现不同类型的缺陷,相应的检测方法与检测内容也有所不同。依据缺陷出现时所处的阶段,通常将 SLM 质量缺陷分为铺粉过程缺陷(准备阶段)和打印过程缺陷(制备阶段)。铺粉过程缺陷主要表现为粉层不规则,包括铺粉刮刀/铺粉辊跳动、粉床沟槽、杂屑、超高/翘曲、零件受损/移位以及不完全铺粉等;打印过程缺陷主要包括飞溅、气孔、未熔合、夹渣、球化、裂纹、表面质量差、几何变形等。下面分别介绍两类缺陷中的每种缺陷的形成机理及其特征,并总结关键工艺参数对不同缺陷的影响。

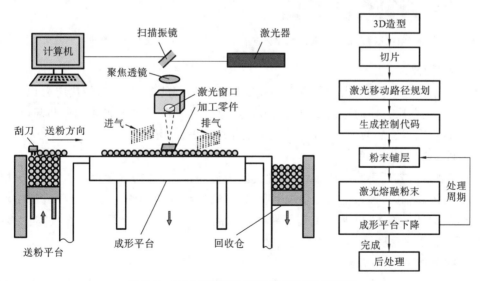

图 9-1　SLM 工艺原理图解与 SLM 处理过程

9.1.1　铺粉过程缺陷

在铺粉过程中,粉末颗粒形貌、粒度分布、松装密度、空心粉末、夹杂物、粉末铺展均匀程度等都会直接影响整体工艺过程稳定性和产品质量可靠性。因此,及时检测并修复铺粉缺陷,提高铺粉质量,是降低打印过程缺陷形成概率、改善产品质量的重要方法之一。铺粉过程缺陷主要包括以下 6 种类型。

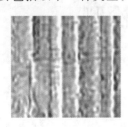

图 9-2　跳动缺陷(铺粉方向从左至右)

1. 跳动

使用铺粉刮刀进行粉末铺展时,若刀片因机器振动或上一层打印零件不平整而与零件发生碰撞,就会引发刮刀跳动现象,粉床上会出现垂直于铺粉方向的起伏缺陷,如图 9-2 所示。

2. 粉床沟槽

当粉床中金属粉末发生聚集或因飞溅而形成较大尺寸颗粒,使粉床表层混入杂屑以及铺粉刀片受损时,粉末便无法水平均匀铺展,形成平行于铺粉方向的沟槽或凸起线条,如图 9-3 所示。

3. 杂屑

粉床因机器污染或飞溅滴落引入其他杂质,杂质混杂在粉末床中,影响 SLM 的打印质量,如图 9-4 所示。

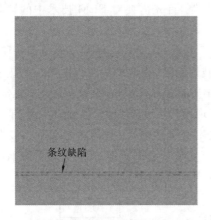

图 9-3　粉床沟槽/条纹缺陷(铺粉方向沿水平方向)

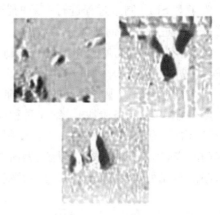

图 9-4　粉床杂屑缺陷

4. 超高/翘曲

SLM 打印过程中,热输入会导致零件表层形成不均匀的温度分布,使热应力积累进而引发残余应力。上一层打印的零件因残余应力及热应力的影响,可能会产生翘曲凸起,超出下一层粉末表面,影响下一层的铺粉质量与打印结果,如图 9-5 所示。

5. 零件受损/移位

当超高缺陷引起严重翘曲现象时,零件极易与铺粉刮刀/铺粉辊发生碰撞,零件表层出现缺陷的同时,铺粉刮刀/铺粉辊也可能产生磨损,影响后续铺粉的均匀性甚至导致铺粉跳动及沟槽缺陷,极大地影响 SLM 制造工艺可靠性和成品零件的质量,严重时会发生零件移位,致使打印失败,如图 9-6 所示。

6. 不完全铺粉

当供粉器因缺少粉末而导致供粉量不足时,粉末无法得到均匀铺展,接近供粉器侧的粉层较厚,铺展至末端时粉层较薄,粉层整体厚度不均匀,如图 9-7 所示。

铺粉是 SLM 制造的关键步骤,粉末的质量好坏会影响粉床的热导率及其对激光的吸收率,粉层填充密度会影响粉床的热导率和熔池的流动,粉层的厚度会影响熔池的稳定性、熔化状态和零件的内部缺陷:粉层过厚会引起欠熔合、气孔等缺陷,粉层过薄会降低成形精度,粉层

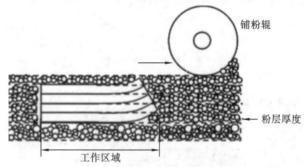

图 9-5　超高缺陷实例与产生机理图解

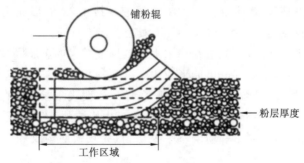

图 9-6　零件移位实例与产生机理图解

表面不规则也会引起零件的质量问题。因此,选择合适颗粒尺寸和形状的粉末、严格控制铺粉质量对提高 SLM 零件质量有重要意义。目前的研究方向主要集中在考虑多分布颗粒的填充特性与不同颗粒填充性能上,通过测定给定颗粒尺寸和形状分布下可达到的期望密度,为选择合适的粉末提高零件质量提供参考。

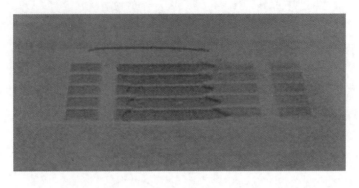

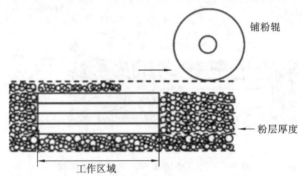

图 9-7　粉床不完全铺粉缺陷实例与产生机理图解

9.1.2　打印过程缺陷

在 SLM 的制备阶段,激光与金属粉末发生直接的相互作用,逐层熔化铺好的粉层,经冷却凝固形成特定外形。在这一打印过程中,选用不同品质的金属粉末材料、不同的加工参数(如激光功率、扫描速度、扫描路径等),都有可能造成打印过程缺陷的产生。打印过程缺陷包括以下 7 种类型。

1. 飞溅

飞溅是 SLM 打印过程中最为常见的缺陷之一。在激光与粉末的相互作用过程中,沸腾的熔池被高压金属蒸汽挤压,产生反冲压力将金属液滴挤出,从而形成飞溅。此外,侧向保护气流冲击熔池也会导致飞溅。如图 9-8 所示,飞溅会直接影响激光与粉末之间的相互作用,进而产生其他缺陷。当飞溅液滴/颗粒落在粉末上时会形成较大的金属颗粒,若未能及时清除则会导致飞溅区域重新熔化,重熔部分可能形成未熔合和气孔等缺陷,对成形零件质量造成不利影响。目前已有学者对飞溅颗粒组分进行了研究,结果表明飞溅颗粒中存在大量氧化物,与初始粉末的化学组成存在显著差异。除了对零件质量产生影响外,飞溅液滴/颗粒落在粉床表面还会影响下一层的铺粉过程,使下一粉层不平整均匀,导致粉层沟纹和杂屑缺陷,甚至会损坏铺粉刮刀或铺粉辊。

SLM 过程中的飞溅可根据其产生机制不同,分为熔滴飞溅(droplet spatter)和粉末飞溅(sideways spatter),如图 9-9 所示。熔滴飞溅是由于熔池表面不稳定所导致的;粉末飞溅是由于熔池周围粉末被吹起,与粉末的形状和尺寸有密切关系。究其根本原因,两种飞溅都是由于激光作用使材料剧烈蒸发,金属蒸气产生反冲压力使粉末或熔化金属脱离原来位置而形成的。有学者进一步观察了 CoCr 合金 SLM 过程中金属射流(metallic jet)、熔滴飞溅和粉末飞溅的

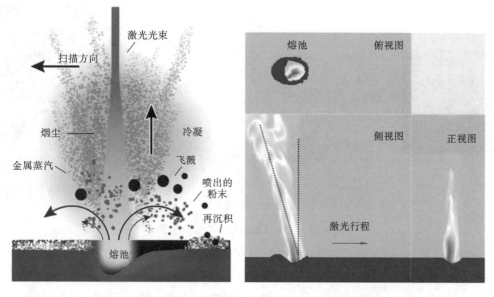

图 9-8　飞溅的形成及熔池与激光相互作用的物理过程

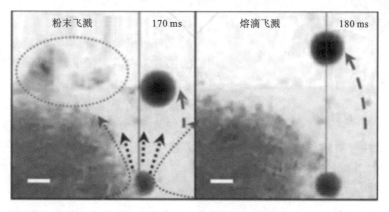

图 9-9　粉末飞溅和熔滴飞溅

形成机理,如图 9-10 所示:在马兰戈尼力的作用下液态金属从凹陷底部的高温区向侧壁的低温区流动,同时在反冲压力的作用下低黏度的液态金属从熔池溅出形成金属射流;在表面张力的作用下金属射流分解为较小的液体从而形成熔滴飞溅;熔池前端的金属粉末在冲击波的作用下形成金属粉末飞溅。

　　SLM 过程中产生的飞溅会影响铺粉质量和熔融质量,使零件内部产生欠熔合、气孔、夹渣等其他缺陷,降低 SLM 零件的抗拉强度与疲劳性能,因此,减少 SLM 过程飞溅缺陷对提高SLM 零件质量意义重大。

2. 气孔

　　气孔是对 SLM 零件力学性能影响最大的缺陷之一,如图 9-11 所示。SLM 制造过程一般需要在惰性气体中进行,以避免金属粉末在高温下氧化。由于成形过程中材料熔化和凝固的速度极快,熔池内的气体没有充足的时间逸出表面,会在熔池内形成微气孔;熔池温度升高,气体在熔池内的溶解度会增大,随着熔池冷却温度降低,溶解度随之减小,气体更易残留。此外,采用气雾化法制备粉末材料时保护气体容易溶解,导致粉末内部存在气孔。粉末中可能携带

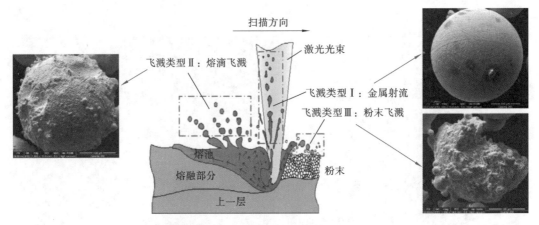

图 9-10　三种飞溅的形成机理示意图

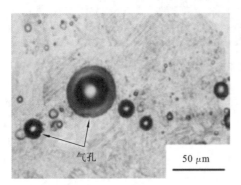

图 9-11　SLM 成形中的气孔缺陷

的氢气等也会形成气孔。气孔对零件的高温性能、力学性能、疲劳性能都有重要影响,较高的气孔率会使零件的疲劳寿命缩短,靠近表面的气孔对疲劳性能的影响则更为显著,因此气孔问题是 SLM 中需要控制的关键制造问题。

国内外研究学者对 SLM 制造过程中形成气孔缺陷的工艺影响因素做了许多研究(见图 9-12),发现粉末材料、激光输入能量及扫描方式等对气孔缺陷的形成均具有显著影响。由于打印材料与工件结构不同,选择参数时也会涉及组合优化问题,但最为核心的参数主要有铺粉厚度、激光功率、扫描速度和扫描间距等,需要进行大量工艺试验以确定最优参数。根据气孔的形成机制与影响因素可将其分为粉末材料相关的气孔和激光作用导致的气孔。

(a)　　　　　　　　　　(b)　　　　　　　　　　(c)

图 9-12　316L 不锈钢 SLM 过程中产生的气孔类型
(a) 熔合不良;(b) 夹杂气孔;(c) 小孔空洞

(1) 粉末材料形态影响　SLM 制造工艺对粉末材料的形状和尺寸具有较高的要求。不同制粉方式制备出的粉末,其结构与形貌特征会存在一定差异,影响粉末流动性,使得粉末对激光的吸收作用有所区别。不同的激光吸收率会导致单位输入能量的变化,进而对气孔缺陷的形成产生显著影响。研究学者在对比由不同制粉方法制备出的粉末加工而成的零件时,发现在一定成形条件下,平均粒径小的粉末比平均粒径大的粉末成形质量好,粒径越小,粉末松装密度越大,成形后缺陷越少,可达到较高的致密度。零件内部缺陷多为球形气孔缺陷,数量较少,且多分布在零件底部。

（2）粉层厚度影响　对于粉层厚度,有研究学者通过试验和数值仿真探究了粉层厚度对TC4 合金 SLM 零件的气孔率的影响,发现气孔率随着粉层厚度的增加而增加,这是因为较厚的粉层会加剧熔池的波动振荡行为,同时粉层较厚也会阻碍激光能量的传递,导致底部粉末熔化不足,使气孔率增大。

（3）激光功率影响　在 SLM 制造过程中,激光能量输入直接决定了粉末的熔化状况和熔池流动状态。当激光能量输入不足时,粉末熔化不足,熔池不连续,会产生大量未熔合缺陷;当激光能量输入过高时,缺陷形态较为规则,呈随机分布。在一定激光功率和扫描速度条件下,SLM 过程的工艺参数可分为四种工艺窗口:完全高密度区、过熔化区、熔合不足区和过热区。根据这四种工艺窗口的工艺参数范围可以寻找到合适的打印参数。采用优化的打印参数可获得高质量的零件,其内部几乎无缺陷。目前有研究学者尝试采用有限元法来模拟激光输入能量与气孔缺陷的关系。

（4）扫描方式影响　扫描方式对零件的质量也有较大影响,特别是不同扫描轨道的交界处经常产生各种类型的缺陷,因此采用不同的扫描策略可获得不同质量的零件。

上述研究与分析表明,气孔的形成机理和形成过程十分复杂,与制造过程中的许多工艺参数具有密切联系,并且气孔对零件的质量会产生重要影响。因此,调控工艺参数、减少气孔率是提升 SLM 零件性能和质量的迫切需求。为减少零件边界附近的气孔,目前有研究学者尝试通过选择性地设计通道连接气孔和构件的边界以减少 SLM 零件内部的封闭气孔。

3. 未熔合/熔合不良

未熔合/熔合不良是指不同层之间因存在未熔化粉末而形成的搭接不良现象,如图 9-13所示,该现象在很大程度上取决于工艺参数的选择,是 SLM 技术中常见的缺陷类型,主要与局部区域输入功率密度及扫描策略有关。目前普遍认为工艺参数和打印策略不合理会导致未熔合缺陷的产生。未熔合属于大尺度体积型缺陷,其尺度在不同材料和不同位置之间的差异较大,对零件的抗拉强度、疲劳强度等力学性能有严重的影响。由于通过后续的热处理难以彻底消除未熔合缺陷,因此需要选取恰当的工艺参数,在打印过程中减少未熔合缺陷的产生。随着仿真技术的发展,目前已可以通过构建几何仿真模型来预测扫描间距、层厚及熔池横截面积对未熔合引起的孔隙率的影响。一般扫描速度过高、扫描间距过大以及粉层厚度过厚都会导致未熔合区域的增加。此外,扫描功率过小,熔池也将变小,熔深不足,导致熔池底部粉末出现

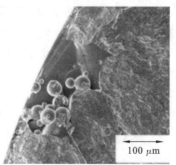

图 9-13　SLM 过程中的未熔合或熔合不良现象

未熔合现象。

4. 夹渣

由于金属材料的制备工艺、材料纯度等不同,其内部各元素的含量也有所不同,其中含有的杂质元素容易在晶界处富集,当热力学及动力学成核条件得到满足后,杂质便会成核生长,对零件内部质量产生重要影响。

5. 球化

球化(见图9-14)是金属基粉末制造过程特有的冶金缺陷,属于表面质量缺陷的一种主要表现形式。高能激光束扫描金属粉末时,粉末吸收激光能量迅速熔化,液态金属在表面张力、重力及周边介质的共同作用下凝固成球状颗粒,产生球化。球化会导致零件表面质量降低及内部缺陷增加,降低零件的成形精度与力学性能,严重时还会导致后续加工无法正常进行。为抑制球化缺陷的产生,研究学者对其形成机理及工艺参数条件进行了大量的相关研究。研究人员通过建立三维多物理场数值模型,研究了球化缺陷的形成过程,发现当金属粉末被激光照射时,部分熔化的粉末会黏结在一起形成团簇,粉末团簇凝固后形成独立的球状颗粒,这一现象主要是由表面张力引起的,当输入能量不足以熔化粉末层下的基层时,表面张力的作用会使熔化的粉末聚集在一起,产生球化现象,使表面面积和表面能最小。因此,如果能够使粉末和基层充分熔化,就可以减轻球化现象。而在研究钛铝合金SLM过程中工艺参数与球化的关系时,研究人员发现低激光功率、低扫描速度和较高激光功率、超高扫描速度均会导致球化现象的产生。

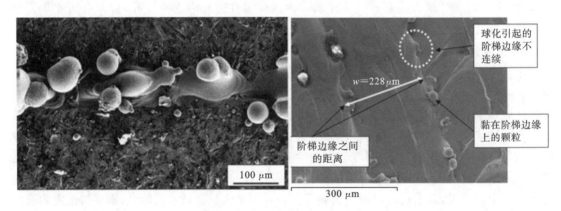

图 9-14 SLM 过程中的球化现象

6. 裂纹

SLM技术中,叠层累加的制造方式常常会导致复杂的残余应力,使得打印零件产生裂纹,严重影响零件的加工质量、力学性能,大大降低了其使用寿命。裂纹缺陷依照形成机理的不同,主要分为凝固裂纹、液化裂纹、冷裂纹和分层。此外,前文叙述的因熔合不良而形成的欠熔合也可视为裂纹缺陷的一种。

在冷却过程中的凝固温度附近,若结晶区域的液相杂质较多,则可能导致较脆弱的液体薄膜不能支撑凝固产生的收缩应力,由此可能会引发凝固裂纹。此外,由于熔池与凝固金属之间存在较大的温度梯度,熔池会产生较大形变,而金属液体的流动性不足,不能及时补充熔池产生的形变,这也会导致凝固裂纹的发生,如图9-15(a)所示。

液化裂纹出现在部分熔化区,它与液化范围、晶粒结构、热延伸率、金属的收缩和约束有

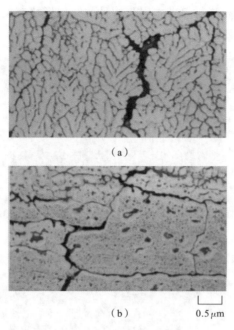

（a）

（b）　　　0.5 μm

图 9-15　SLM 过程中产生的裂纹

（a）凝固裂纹；（b）液化裂纹

关。部分熔化区由于打印层的凝固收缩及热收缩而承受拉应力,在这种力的作用下晶界或碳化物周围的液膜可能会开裂,如图 9-15（b）所示。

冷裂纹是在金属冷却到较低温度时产生的裂纹,制造过程中局部热输入会导致温度场不均匀,温度梯度会增加零件中的残余应力,从而导致零件开裂。

裂纹严重时还可能导致分层缺陷。裂纹会在相邻层间传播,由于层间的不完全熔化,当残余应力超过上下层间结合力时,裂纹就会转变为分层缺陷（见图 9-16）。

图 9-16　分层缺陷实例

裂纹是 SLM 成形中最严重的缺陷之一,对 SLM 零件有着致命的影响。减少 SLM 零件裂纹缺陷是学术界和工业界面临的重要挑战。为了减少裂纹缺陷,提高零件力学性能和使用寿命,国内外学者开展了大量研究。在 SLM 制造 IN738LC 零件的过程中,通过对工艺参数（激光功率、扫描速度和扫描间距）对裂纹的影响的相关研究,研究学者发现残余应力和熔化金属的凝固时间是影响裂纹密度的主要因素,裂纹随着扫描间距和扫描速度的增加而减少,随着功率的增大而增多。此外可采用近红外相机或高速摄像机观察 SLM 过程中各沉积层的温度变化,记录裂纹的产生过程,从而识别裂纹缺陷。结果表明制造过程中裂纹会随着扫描方向和位置周期性地出现和消失,裂纹与扫描方案和构件的几何形状有关。此外,金属粉末中元素的含量也会影响裂纹的形成,如图 9-17 所示。

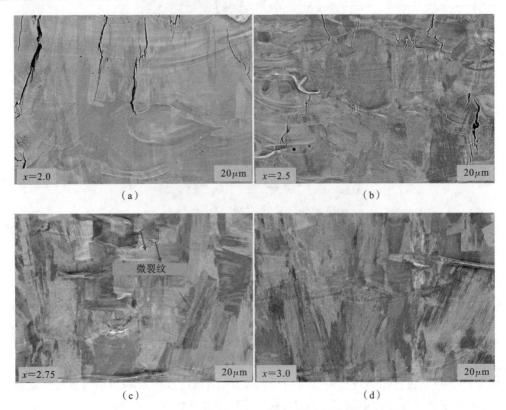

图 9-17　不同镍元素含量对 SLM 成形 AlCrCuFeNix 裂纹的影响
(a) $x=2.0$(明显裂纹);(b) $x=2.5$;(c) $x=2.75$;(d) $x=3.0$(几乎无裂纹)

7. 表面质量差

　　虽然 SLM 技术制造精度较其他增材制造技术而言较高,但相对较差的表面质量仍然是限制 SLM 发展与广泛工业应用的主要障碍之一,如图 9-18 所示,SLM 零件表面质量受工艺参数影响,且表面质量较差。一般对制造后的零件均会做进一步的表面处理,所以打印后零件的表面质量并无很大缺陷,但若无表面处理,则成品零件较差的表面质量便会影响零件疲劳性能。而中间层的质量会影响下一层的铺粉质量,导致铺粉缺陷或内部缺陷产生。

　　为提高 SLM 零件的表面质量,国内外研究学者从扫描速度、粉层厚度、能量密度、表面倾角和位置等方面进行了大量研究。通过研究 SLM 制造的 TC4 螺旋二十四面体的表面粗糙度对疲劳行为的影响,研究学者发现疲劳裂纹在表面产生,表面缺陷引起的缺口效应是发生疲劳破坏的主要原因。而对 316L 粉末 SLM 零件的表面质量与表面倾角、粉末尺寸及层厚的关系的分析表明:表面倾角较小时台阶效应是影响表面粗糙度的主要因素;在表面倾角较大时,部分黏结的粉末填充了层间的间隙,黏结的粉末颗粒是影响表面粗糙度的主要因素。此外,激光功率、扫描速度和扫描间距三个关键参数对 SLM 零件表面质量也有较大影响,在扫描间距大于 45 μm 时,表面粗糙度随着扫描间距的增加而增加,主要原因是当扫描间距增加时,扫描轨道之间的间隙增加;同时,表面粗糙度也随着扫描速度和激光功率的增加而增加。

　　SLM 零件的表面质量与许多工艺参数的关系密切,例如激光功率、扫描速度、粉末层厚及

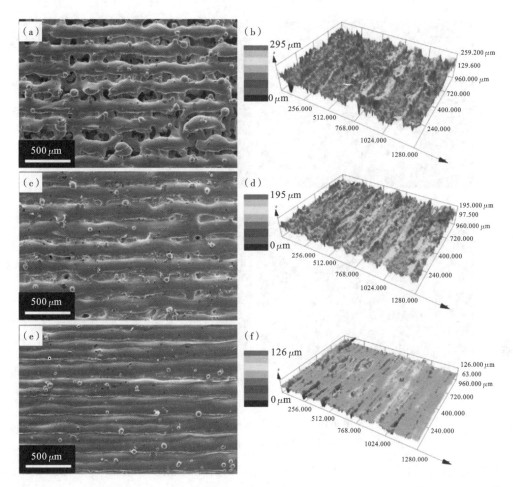

图 9-18　不同激光功率下 SLM 零件表面扫描电子显微镜和重构图像(产品表面质量随激光功率不同而变化)

粉末颗粒尺度等。通过调控这类工艺参数可以有效地改善表面质量;也可以通过后处理来提高零件表面质量,但是这会增加成本,降低效率,且无法提高中间层的质量。

8. 零件几何变形

SLM 过程中零件的几何特征、热积累、应力集中等会导致形成不同程度的几何缺陷,如图9-19 所示。程度较轻时可能引起变形,造成尺寸误差,严重时则会导致结构不完整,甚至使得加工过程失败。为了避免出现严重的几何缺陷,提高尺寸精度,研究学者们研究了不同扫描方式对几何变形和残余应力分布的影响,建立了不同扫描模式下变形程度与残余应力的关系,发现不同的扫描方式会对温度场产生重要影响,而温度场会影响残余应力分布和构件的几何变形。采用三维激光扫描和计算机断层扫描方法可深入探究增材制造零件的内部和外部特征尺寸与几何精度。通过比较激光金属沉积、SLM 和电子束熔融零件的几何精度,证明了 SLM 零件的几何精度较高。此外激光参数、光斑尺寸、能量分布对晶格结构的表面质量和尺寸精度也具有重要影响。

零件的几何精度对装配和使用性能影响巨大。改善工艺参数,提高 SLM 零件的几何精度可极大地促进 SLM 技术在工业中的应用与发展。

总的来说,如何及时发现缺陷并予以消除是当今 SLM 技术发展面临的重要问题。研究表明,对 SLM 进行过程监测和实时反馈控制是解决这一问题的重要研究方向,也是实现增材

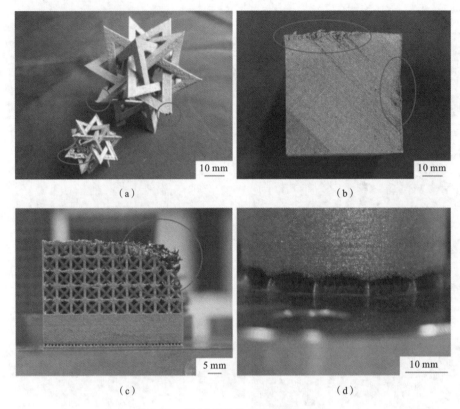

图 9-19　SLM 零件几何结构缺陷实例
（a）复杂几何体；（b）构件轮廓；（c）晶格结构；（d）支撑结构界面

制造产品快速检测的关键，已成为学术界和工业界的研究热点之一，也是 SLM 技术未来重要的发展方向之一。

9.2　光学检测技术

SLM 过程中，粉层、金属蒸气、飞溅粉末、熔池、小孔、凝固层等产生的光信号可以通过相应的光学传感器进行检测。常用的光学检测技术包括光电二极管原位检测、光学测温、红外成像、高速相机成像、多信号融合检测、光学相干成像及 3D 视觉传感技术等。目前，基于光学技术对 SLM 过程进行检测是最常用的手段。

9.2.1　基于光电二极管的检测

光电二极管（photo-diode）是一种可以把光信号转换成电信号的光电传感器，能够根据所受光的照度输出相应的模拟电信号或者实现数字电路中不同状态间的切换，已广泛应用于工业生产中。光电二极管和普通二极管一样，也是由一个 PN 结组成的半导体器件，具有单方向导电特性。SLM 制造过程中，熔池、飞溅粉末、金属蒸气等会产生强烈的辐射，可采用光电二极管检测，以获得丰富的加工状态和零件质量信息。因此，使用光电二极管检测 SLM 熔池信息具有一定的可行性。

南京理工大学为了优化 SLM 成形工艺，从优化熔池行为出发，采用阵列的光电二极管，以提高 SLM 过程中光电二极管收集熔池信息数据的精度,并基于该系统,研究了激光功率对单熔道 SLM 熔池行为的影响,分析了熔池数据与几种缺陷的对应关系。光电二极管熔池数据采集系统的原理如图 9-20 所示。试验结果表明,熔池与光电二极管的相对距离和入射角对光电二极管数据精度有很大影响。新的数据采集方法可以克服这一限制,提高熔池数据的精度。研究结果表明,激光功率越高,光电二极管信号值波动范围越大,熔池的稳定性越差。通过比较熔池的光电二极管数据,可以检测出振镜延迟、边缘效应和温度场的不稳定特征。

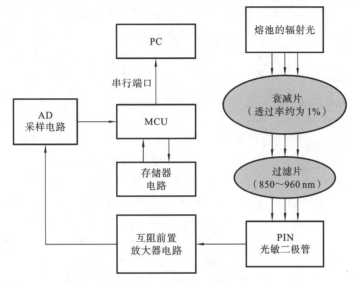

图 9-20　基于光电二极管的熔池数据采集系统原理

　　如图 9-21 所示,有研究学者使用由安装在 SLM 设备成形平台两侧的光电二极管组成的熔池监测系统,监测整个过程中产生的光信号,预测了气孔缺陷的尺寸和位置,气孔预测灵敏度达 90%。

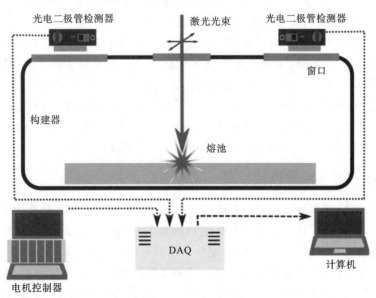

图 9-21　光电二极管检测熔池示意图

9.2.2　基于高温计的检测

SLM 过程的非接触式测温主要采用辐射测温方法,利用对红外波段敏感的光敏元件,实现熔池辐射热的拾取。常用的辐射高温计包括单色高温计、双色高温计等,测量温度范围可大于 2000 ℃。

单色高温计主要依靠光电二极管来测量物理辐射温度,被测物体辐射的热量通过滤波透镜和反射镜等导入元件,引起元件输出电压的微弱变化,通过前置放大器对输出信号进行放大,并完成信号测量,然后标定温度与元件输出信号的关系,即可实现温度测量。单色高温计不同于传统光学高温计,是靠敏感元件进行温度测量的,因而不存在主观误差,且能够自动、快速地指示和记录温度数值,在工业上得到广泛的应用。目前市面上已经出现了很多基于光电二极管的在线监测系统,用于监测 SLM 过程。

双色高温计基于辐射定律,将被测对象的辐射信号过滤,得到两束频率分量,分别由两个光电二极管接收,然后利用两者的比值对标称温度进行测量。由于采用两种波长比对,因此该方法具有可消除发射率影响、响应速度快、无人为主观判读误差、不需要黑度修正等优势。

双色高温计的同轴光学系统原理图如图 9-22 所示。打印装备的基本框架由光纤激光器 1、扩束器 2、分束镜 3、振镜 4、场镜 5 和粉末床 6 构成,测温模块由高温计 11、光纤 10、光纤接头 9、棱镜 8 构成,测温模块的光路通过反射镜 7 和分束镜 3 耦合,从而使得测量光路

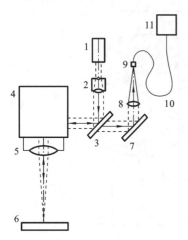

图 9-22　双色高温计的同轴光学系统原理图

1—光纤激光器;2—扩束器;3—分束镜;
4—振镜;5—场镜;6—粉末床;7—反射镜;
8—棱镜;9—光纤接头;10—光纤;11—高温计

随着打印光路一起扫描,实现熔池温度的逐点测量。

法国国立圣埃蒂安大学采用双色高温计与 SLM 设备 PHENIX PM-100 集成系统,通过改变基本工艺参数进行试验,证明了在激光冲击区,高温计信号对主要工艺参数(粉末层厚度、连续激光束间的舱口距离、扫描速度等)的变化较为敏感,可用于在线监测并控制成形质量。SLM 制造过程中高温计记录原理如图 9-23 所示。扫描策略(图 9-23(c))为每一层内扫描方向相同,且轨道必须共向,以避免热量在末端积聚。图 9-23(d)中,δ 是相邻轨道之间的距离。图 9-24 显示了双色高温计监视现场。

9.2.3　基于红外成像仪的检测

红外成像仪是通过非接触式方式探测红外热量,并将所测热量值转换生成热图像和温度值,进而显示在显示器上,且可以对温度值进行计算的一种检测设备。SLM 制造过程实质上是一个热过程,通过检测整个熔覆层的温度分布及其时间演化过程,可以获得大量的熔覆过程信息和熔覆质量信息。红外成像法是一种非接触式监测热过程的重要手段,可以直接对熔覆面进行大面积观察,监测熔池移动过程及凝固区域的温度分布,并基于所获取的温度图像,实现熔池和热影响区的尺寸测量、未熔合和气孔等缺陷的监测。红外成像仪易于与增材制造装备集成,并形成闭环控制系统,通过精准的温度反馈调节,实现对材料晶粒尺寸等微结构参数

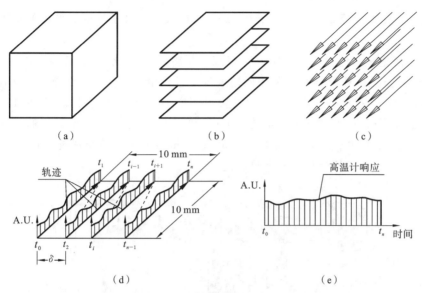

图 9-23　SLM 制造过程中高温计记录原理

（a）所需对象；（b）切片模型；（c）激光束轨迹；（d）单层处理过程；（e）记录信号

注：t_0 和 t_n 为粉末层加工的开始和结束瞬间

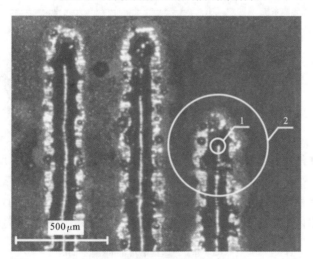

图 9-24　双色温度计监视现场

1—SLM 熔池轨迹的激光光斑尺寸；2—高温计视场

和缺陷的控制。目前，红外成像仪已经广泛应用于 SLM 的过程监测与控制反馈。

红外成像仪并不直接对缺陷进行测量。缺陷导致热传导差异性，热传导差异性导致温度分布差异性，温度分布差异性导致红外辐射量差异性。因此，为了准确地实现缺陷的测量，必须找出热传导性和红外图像之间的关联机理，从而利用热像信息实现缺陷的评定。例如，当 SLM 熔覆层存在未熔粉末或者气孔等缺陷时，缺陷处的热传导性能远差于熔覆完好的区域的，因此熔覆层表面温度不一致，缺陷区域会产生温度梯度，从而使熔覆层红外线辐射量产生差异。通过红外成像仪探测熔覆面的辐射量分布，即可形成热像并推断内部缺陷情况。

与传统的测量仪器相比，红外成像仪具有结构简单、灵敏度高等特点，尤其是在高温区段具有精度高、分辨率高、操作简便等优势，可以实现高速变化的温度场的动态采集，动态响应时间小于 1 ms，可以实现增材制造装备工艺参数的实时反馈控制。目前的红外成像仪广泛使用

InSb 检测单元,其噪声等效温差不大于 0.025 ℃,极大地提升了红外成像仪的检测速度和图像像素。

中国科学院重庆绿色智能技术研究院将红外成像系统集成到 SLM 设备,采用同轴红外成像仪对 TC4 合金在 SLM 成形过程中的熔池温度进行跟踪和监测。红外成像同轴监测系统原理如图 9-25 所示,在动态聚焦装置前面设置了一个 1070 nm 高透射镜(HT@1070 nm),以允许激光源的光穿过它,而由熔池发出的光可以反射到成像系统中。反射光通过几个中继透镜传输到红外成像仪,并使用高反射器(HR@1070 nm)进一步防止激光源的光进入成像设备,确保成像设备接收的所有信号都来自熔池。

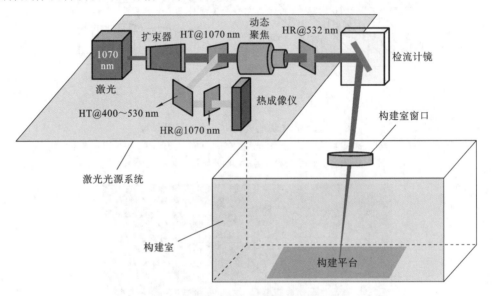

图 9-25　SLM 成形过程红外成像仪同轴监测系统

基于熔池温度红外图像预测单轨道宽度的方法如图 9-26 所示。采用同轴系统中的 LumaSense MCS640 红外成像仪跟踪熔池的位置,实时监测 Ti-6Al-4V 成形过程中的表面温度,分析熔池周围的温度梯度分布特征,而不是温度本身,然后通过空间中的最大(或最小)温度梯度点提取每个红外图像中熔池的边界,通过熔池边界来预测单个轨道的宽度。

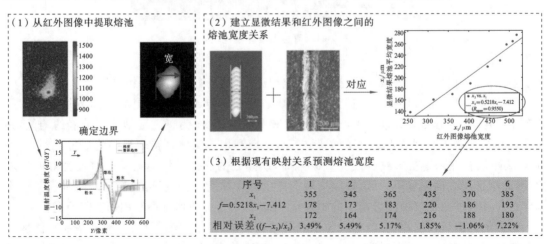

图 9-26　基于熔池红外图像提取熔池边界预测单轨道宽度

2014 年,慕尼黑工业大学通过采集 SLM 过程中分层的温度分布数据,对 SLM 过程稳定性和零件质量进行了评估研究。研究发现热分布随扫描矢量长度、激光功率、层厚、工件间距等参数的变化而变化。通过用旁轴架构布置微测热辐射计进行监测的方式对 SLM 熔化、凝固过程进行逐层监测和评价,这有助于在 SLM 成形的早期阶段识别出热点,从而有效避免成形中的断层,提高成形过程的持续性。此外,研究人员还指出可以通过包含空间解析的测量数据来构建潜在的指标来预测零件的成形质量,并采用数据建模及热成像测试相结合的方法研究热扩散系数与成形件孔隙率及断层之间的相关性。研究结果表明,利用热成像技术对 SLM 成形过程开展逐层监测是可行的。

9.2.4　基于高速相机的检测

高速相机是一种能将检测的光信号转化为电信号的设备,根据波长范围可以分为常规相机(可见光)和红外相机。高速相机是监测 SLM 过程常用的工具之一,可以直观地监测熔池、小孔、飞溅粉末、蒸气羽烟等,并快速地识别缺陷,还可以观测扫描区域的图像,进而实现熔池尺寸测量,以及表面球化、未熔合等缺陷检测。

常规高速相机包括图像传感器、缓冲存储器、时钟控制和数字接口等模块。图像传感器是高速相机的核心半导体器件,其作用是将光学图像转换为电子信号,目前常规高速相机广泛采用电荷耦合器件(charge coupled device,CCD)图像传感器和互补金属-氧化物-半导体图像传感器(complementary metal oxide semiconductor,CMOS)。CCD 图像传感器采用高感光度的半导体材料作为光敏材料,将光信号转变成电信号。当光线照射到 CCD 阵列的表面上时,每个感光阵元受激产生电荷,所有阵元产生的信号组合成一幅完整的画面。CMOS 图像传感器本质上是一个包含图像阵列逻辑寄存器、存储器、定时脉冲发生器和转换器的图像系统。由于整个图像系统集成到一个芯片上,因此 CMOS 图像传感器具备体积小、重量轻、功耗低、集成度高、价位低等优点。上述两种图像传感器的区别在于,CMOS 图像传感器可以将一些有源电路集成到像素结构中,从而直接实现数字信号的获取。

红外相机对图像进行处理后可直接产生热图像,通常分为带冷却和不带冷却探测器两种,其中不带冷却探测器红外摄像机更常用于过程监测。红外相机除了可测量熔池的温度和尺寸外,还可以结合图像识别技术探测零件的缺陷。除此之外,红外相机还可用于测量熔池的冷却速率。

SLM 过程常见的高速相机布置方式可分为同轴方式和旁轴方式。典型的同轴系统如图9-27 和图 9-28 所示。加工激光通过分色镜进入振镜。振镜根据从 CAD 模型获得的几何信息构建光束的偏转路径。最后,利用场镜将光束聚焦到加工平面上。处理区域由照明激光照明。光束通过分光镜发生偏转,并通过分色镜进行传输,由加工激光束实现定位和聚焦。处理区域的图像信息通过场镜、振镜、分色镜和分光镜向后传输到整个系统。

典型的旁轴系统如图 9-29 所示。高速相机和外加照明系统置于打印腔体的顶部或者侧面,其视场一般可以照射到整个打印面,从而实现对熔池及表面缺陷的直接观察。旁轴系统相较于同轴系统,具有光路及机械结构设计简单等诸多优点,不需对已有的 SLM 装备进行较大工程量的改装即可进行在线检测研究。但对于获取的图像,需要通过图像处理算法或机器视觉技术进行处理。

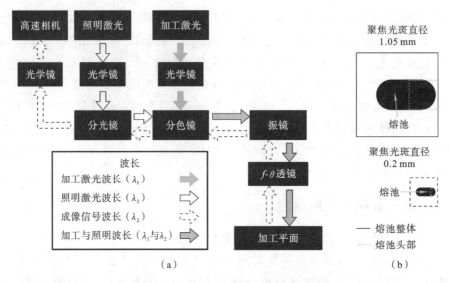

（a）

（b）

图 9-27 同轴 SLM 在线监测系统原理

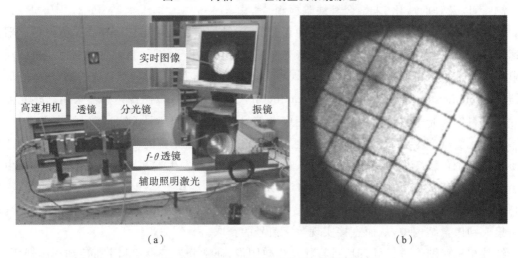

（a）

（b）

图 9-28 同轴 SLM 在线监测系统结构

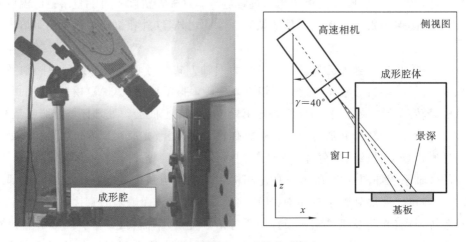

图 9-29 旁轴 SLM 在线监测平台

　　法国国立高等工程技术学校和材料工艺工程(PIMM)实验室利用高速相机(FASTCAM SA2,Photron)对 SLM 过程进行旁轴监测,研究了加工过程中的飞溅、粉末剥蚀、熔池波动等的产生机理,0.33 m/s、320 W 下的飞溅物和流动蒸气的高速成像如图 9-30 所示。

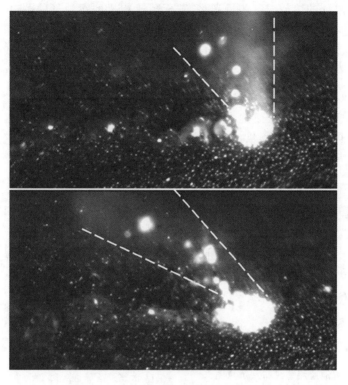

图 9-30　飞溅物和流动蒸气的高速成像

9.2.5　多信号融合检测技术

　　采用单一的传感信号仅能反映加工过程中的某一方面信息,不能全面地反映加工状态和缺陷信息,导致监测的信息不全,且准确度不高,而采用多种传感器采集多方面信号能够比较全面地反映加工状态,使监测准确性大大提高。表 9-1 中列出了近年来基于多传感技术对 SLM 过程中的缺陷进行监测的相关报道,可以看出,多传感多信号融合正逐渐成为增材制造过程中缺陷监测的研究热点。

表 9-1　SLM 过程多传感信号和监测

信 号 类 型	传 感 器 类 型	监 测 对 象
光信号＋温度信号	FASTCAM SA5 高速相机＋双色高温计	粉床和凝固层温度
多路光信号	3 个光电二极管	熔池
光信号＋热信号	高速相机＋光电二极管＋红外成像仪	熔池
光信号＋热信号	光电探测器＋高速相机＋红外成像仪	熔池
热信号＋声信号	红外成像仪＋激光振动计＋麦克风	裂纹

　　高温计和高速相机原本是各自独立的监测模块,与增材制造装备集成后,可以分别实现温度测量和熔池表面观察。两者均基于光学测量技术,当与SLM增材制造装备集成时,其特有的光路系统可以集成一种或者多种光学检测装置,使之与加工激光同轴,从而实现打印与检测的同步,如基于高温计的熔池温度测量光路、基于高速相机的熔池形貌测量光路、集成高温计与高速相机的温度-视频监控系统。此类同轴在线监测装备发展最为成熟,目前已经应用到Concept Laser、DM3D Technology等公司的主流设备,可以同步实现熔池温度测量、熔池形貌及熔覆面的缺陷状态监测。

　　高温计和高速相机配合使用可以发挥两者的优点。高温计的主要优点是可吸收熔池各点的辐射,并将其集成为一个代表熔池大小(面积)的传感器值,而且响应速度非常快,然而这样也导致高温计只用一个温度值来描述每个移动熔池。高速相机的主要优点在于可以捕获熔池的整个几何形状。

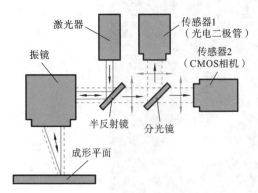

图 9-31　SLM 熔池监测系统布置示意图

　　日本基于高温计和高速相机的SLM熔池监测系统通常采用同轴布局方式,如图9-31所示,传感通道与成形激光束通道重叠,这样无须增加复杂的熔池跟踪系统就可实时获取熔池信号。高功率成形激光束在45°半反射镜表面反射后进入SLM扫描系统,而熔池辐射信号沿着相反方向传播,透过半反射镜后,利用滤波片筛选出特定波段信号进入传感器,或通过分光镜分成两束信号,供传感器采集。

　　日本金泽大学科学与工程研究所利用FASTCAM SA5高速相机监测粉床熔化过程,并采用双色高温计监测工件表面温度,分析了粉末熔合状态与表面温度的关系,为基于表面温度控制粉末熔合状态提供了参考。如图9-32所示,高速相机以4 ms的时间间隔记录金属粉末的4种固结图像。当激光束到达高温计的目

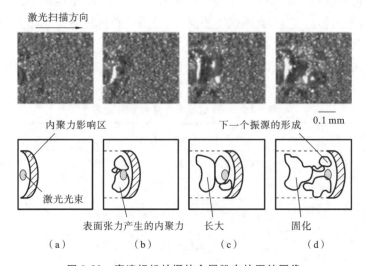

图 9-32　高速相机拍摄的金属粉末的固结图像

(a) 0 ms;(b) 4 ms;(c) 8 ms;(d) 12ms

标区域时,探测器立即检测红外能量并将其转换为电信号。当激光束接近目标区域的中心时,输出信号增加,当激光束到达目标区域的中心时达到最大值。然后,在激光束通过目标区域的中心后,输出信号逐渐减小。采用输出信号比得到的熔池温度变化与输出信号的强度变化趋势相似,图 9-33 显示了激光束照射过程中温度随能量密度的变化。

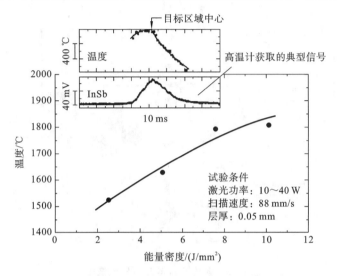

图 9-33　由双色高温计得到的温度随能量密度的变化趋势

德国杜伊斯堡-埃森大学以三个光电二极管为主体构成光学原位同轴监测系统,对 SLM 过程的熔池状态进行监测。意大利米兰理工大学设计了包含两个摄像机和一个二极管的同轴多传感监测系统,通过信号强度的变化监测马氏体时效钢 SLM 制造过程中的缺陷。英国布里斯托大学集成了光电探测器、高速相机、红外成像仪三种传感器对 SLM 过程进行监测,将采集到的信号转换为低维加权无向网状图,进而对加工零件的边缘和内部加工条件进行区分。使用传感器阵列监控激光粉末床熔化过程,以记录缺陷形成概率高的时间和空间构建位置。传感器布置如图 9-34 和图 9-35 所示。另外也有研究学者利用热成像仪、基于双波混合干涉仪的激光振动计和 Eta250 无膜光学麦克风对增材制造过程进行监测,很好地监测了分层裂纹和热影响区的裂纹。

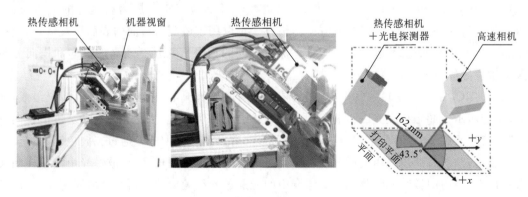

图 9-34　热传感相机和高速相机布局

由于工艺的特殊性,SLM 过程监测的难点在于:与激光焊接相比,SLM 过程中材料熔凝速度快,熔池尺寸小,缺陷尺寸较小,监测的难度大;同时,熔池周围存在羽烟、飞溅粉末等多种

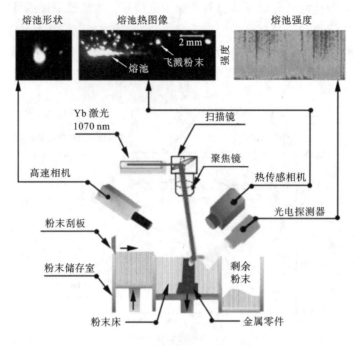

图 9-35　多传感器监测布局示意图

干扰源,严重影响了监测信号的精确性。针对前者,需采用高分辨、高采样频率的传感器;针对后者,可以采用辅助光源、滤波片和衰减片等手段。同时,羽烟、飞溅粉末本身也包含丰富的信息,可以作为信号源进行监测。目前较多地采用高速相机和红外热成像仪,其中红外热成像仪的测量精度有待提高。此外,麦克风、加速度传感器、光谱仪,以及激光、超声、X 射线等也逐渐被用于 SLM 过程监测。为进一步提高监测和识别的精度,采用多传感器监测,并将多信号融合已成为 SLM 过程监测技术的发展趋势。

9.2.6　缺陷表面的光学相干成像检测

光学相干层析成像(optical coherence tomography,OCT)简称光学相干成像,也称为低相干干涉成像(inline coherent imaging,ICI),是近些年开始应用于金属增材制造的监测方法。与以温度测量为基础的热像方法不同的是,该方法可以用于监测熔覆面的表面形貌信息,包括粉末、焊道、熔池及球化缺陷的纵向信息(即深度方向的信息),并具有较高的纵向和横向分辨率及灵敏度等优势。

典型的 ICI 系统由超辐射发光二极管、高速光谱仪和基于光纤的迈克尔逊干涉仪组成,如图 9-36(a)所示。超辐射发光二极管发射的光纤耦合宽带光首先通过光隔离器以防止背向反射,然后将光通过 50∶50 分束器分成测量臂和参考臂。测量臂中的光通过二向色镜与加工激光束同轴结合,然后使用通用的激光处理物镜将组合光束聚焦到样品上,成像光由测量样品反向散射出来,并由测量臂光纤收集。参考臂中的光通过光纤偏振控制器和色散匹配元件,以补偿测量臂中由单模光纤引起的偏振变化和光学元件引起的色散。在经过校正之后,参考臂中的光从镜子向后反射并耦合回干涉仪。如图 9-36(b)所示,在基于低相干干涉成像技术的 SLM 粉末床检测系统中,ICI 光束通过二向色镜与光纤激光加工光束组合聚焦在粉末床样品上。该系统基于同轴成像方式,能达到很高的处理速度。

德国汉堡理工大学激光与系统技术研究所基于上述检测系统,提出利用低相干干涉成像技术来检测 SLM 工艺中粉末床的平整性。如图 9-37 所示,利用低相干干涉成像技术能够有效探测粉末床的高低起伏状况,可识别粉末床上 50 μm 深的沟槽。

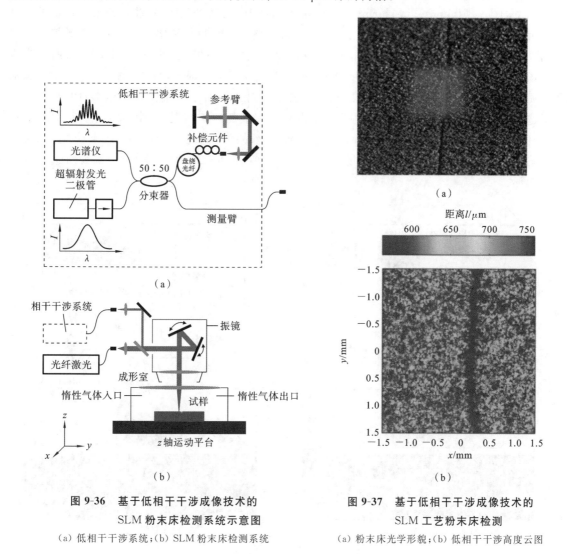

图 9-36　基于低相干干涉成像技术的
SLM 粉末床检测系统示意图
（a）低相干干涉系统;（b）SLM 粉末床检测系统

图 9-37　基于低相干干涉成像技术的
SLM 工艺粉末床检测
（a）粉末床光学形貌;（b）低相干干涉高度云图

9.2.7　三维形貌的视觉传感检测

随着基于机器视觉的三维形貌测量技术的发展,增材制造过程中工件表面三维信息的监测得以实现。根据成像照明方式,三维形貌测量技术可以分为主动三维形貌测量技术和被动三维形貌测量技术两类。

（1）主动三维形貌测量技术的典型代表是结构光（structure light）三维形貌测量技术,利用投射装置将结构光照射到待测物体表面,然后利用图像接收器来获取并保存待测物体表面反射后而发生形状畸变的图像,再利用一定的算法将畸变图像信息转换为待测物体的三维形貌数据。结构光三维形貌测量方法包括激光扫描法、傅里叶变换轮廓法、轮廓测量法、格雷码条纹法等多种方法。其中基于相移条纹投影的轮廓测量法(简称相移法)以其形式灵活、分辨率高、帧频高等优点而成为结构光三维形貌测量技术的重要发展方向。

如图 9-38 所示,为了监测粉末床的三维表面形貌,当每一层粉末床的铺粉过程完成后,投影仪将一系列正弦条纹图像投射到粉末床上,两台摄像机同步采集条纹图像。然后使用增强的相位测量轮廓(phase measuring profilometry,PMP)方法处理图像,获得粉末床致密的三维形貌,并直接计算或观察有价值的工艺特征(如平整度、均匀性、缺陷等)。粉末床形貌的测量结果如图 9-39 所示。图 9-39(a)(b)(c)显示了粉末合成后的正常状态,其中,图(a)所示为真实场景,图(b)所示为整体三维地形,图(c)所示为所选区域局部地形;图 9-39(d)(e)(f)显示缺乏粉末时的缺陷情况,其中,图(d)所示为真实场景,图(e)所示为整体三维地形,图(f)所示为所选区域局部地形;图 9-39(g)(h)(i)显示由复片造成的缺陷情况,其中,图(g)所示为真实场景,图(h)所示为整体三维地形,图(i)所示为所选区域的局部地形;图 9-39(j)(k)(l)显示小孔缺陷条件,其中,图(j)所示为真实场景,图(k)所示为整体三维地形,图(l)所示为所选区域局部地形。

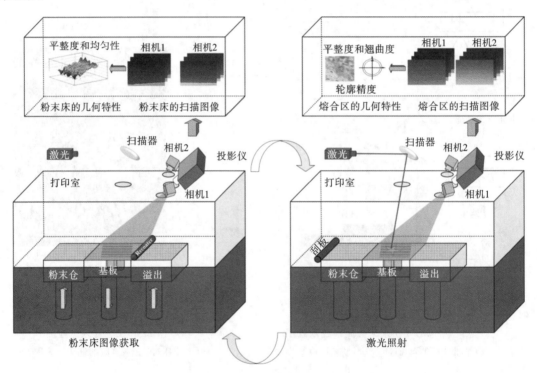

图 9-38 基于几何特征的 SLM 原位三维监测原理

(2) 被动三维形貌测量技术的典型代表是双目立体视觉(stereo vision)测量技术和数字图像相关(digital image correlation,DIC)技术,不需要借助任何外在光源的照射,直接由摄像系统捕获二维图像,再利用一定的算法由二维图像还原出物体表面的三维形貌。在三维形貌测量的基础上,通过相机拍摄变形前后被测平面物体表面图像并进行相关运算,实现物体表面变形、位置、应力等信息的测量。采用数字图像相关技术不仅可进行变形监测,还可以在所测应变数据的基础上,通过计算得到应力数据,并通过临界应变监测实现缺陷检测。目前这些方法都已经应用于 SLM 的在线监测。

利用数字图像相关技术测量材料表面的形变可以得出缺陷信息。图 9-40 所示为数字图

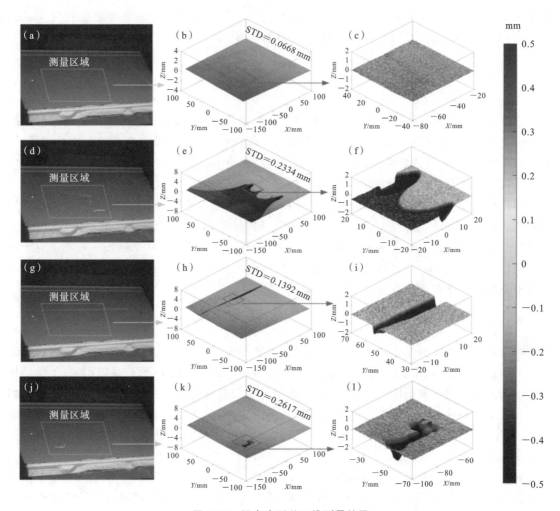

图 9-39　粉末床形貌三维测量结果

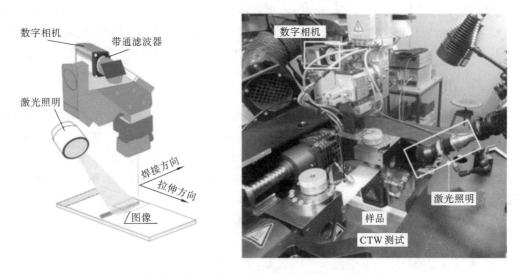

图 9-40　数字图像相关系统与激光焊接装备的集成

像相关系统与激光焊接装备的集成方案,同轴的 CMOS 摄像机与功率激光集成实现同步扫描,应用 Lucas-Kanade 算法计算位移场,然后计算应变场。

9.3 超声检测技术

超声检测技术是一种广泛应用于材料内部缺陷检测的有效方法,超声波在被测零件中的传播会受缺陷影响,因而可反映零件的缺陷信息。超声检测技术通常包括常规超声检测技术、相控阵检测技术、水浸式超声检测技术、电磁超声检测技术、激光超声检测技术等。此外,以声发射为代表的被动式检测技术也可以用于监测 SLM 过程中缺陷的产生及分类识别。

超声检测技术具有非接触式、穿透能力强、灵敏度高等特点,适用于检测形状结构相对复杂性不高的规则制件、表面较光滑的制件及大型结构件等,能够检测非常小的缺陷,主要用于检测气孔、裂纹、未熔合和夹杂等缺陷,但对于裂缝缺陷,超声检测技术只能用于检测垂直于声束方向的裂纹,且需多方向检测或与其他检测方法结合使用。同时材料的声衰减、组织特征和声速等对超声检测的实施具有重要影响。

9.3.1 常规超声检测

常规超声检测主要是指以单一晶片进行超声波发射和接收的检测方式,通过缺陷回波出现的时间、超声传播速度、传播方向等数学物理关系实现缺陷的定位,通过缺陷回波、工件结构回波等的波幅与当量缺陷的对比,以及测量数据与先验数据的融合分析来确定缺陷的数量和位置。常规超声检测主要用于增材制造过程的离线检测,仅在特定条件下才能作为在线检测手段,可用于探伤、定位、测量,但不能用于检测高温(大于 300 ℃)物品,且不适用于检测局部非平面表面。

超声检测信号的显示方式包括 A 型、B 型、C 型以及三维成像模式等。如图 9-41 所示,A型以波形显示信号,横坐标为超声波传播时间,纵坐标为超声波波幅,利用扫描设备在检测面上进行二维扫描,获得每一位置的 A 型显示数据,从而构建被检测对象数据的三维超声成像,而其他类型的显示实际上是某一部分三维数据在不同平面上的投影。B 型显示为纵向界面的投影,横坐标表示机械扫描轨迹,纵坐标表示超声传播距离,能够直观显示纵向界面的缺陷分布及深度位置。C 型显示为水平界面的投影,显示的是水平界面上的缺陷分布及尺寸信息。

9.3.2 相控阵超声检测

超声相控阵的超声探头是一组相对独立的晶片阵列组合,由多个压电晶片按一定的规律分布排列。相控阵超声检测的工作原理如图 9-42 所示。在发射超声波时,逐次按预先规定的延迟时间激发各个晶片,所有晶片发射的超声波束叠加形成一个整体波阵面,发射的超声波束(波阵面)的形状和方向可以得到有效的控制,从而实现超声波的波束扫描、偏转和聚焦。在接收超声波时,再按照一定的延迟时间对每个晶片接收的信号进行延迟处理,然后叠加得到最强回波信号。通过动态调节延迟时间,可以在不移动探头的情况下实现超声波束的动态扫描,呈现 B 型扫描或者扇形扫描图像。

相控阵超声检测技术具有检测快速的优点,能检测 5 nm 以上深度的缺陷,可用于探伤、定位、测量。相控阵超声探头可以作为接触式探头对打印完成的 SLM 制件进行检测,尤其发挥了其在检测复杂型面上的优势;也可以以水浸检测的方式对离线部件进行检测,高效获得多

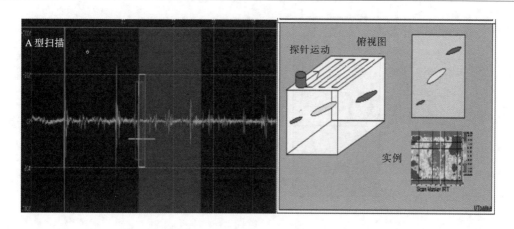

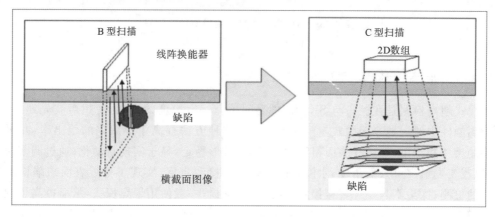

图 9-41　超声检测中的 A 型扫描、B 型扫描、C 型扫描

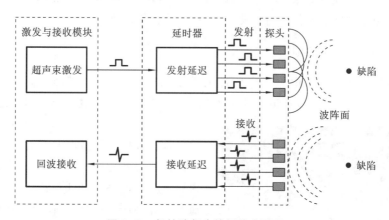

图 9-42　相控阵超声检测技术原理

区聚焦图像。与常规探头类似,相控阵超声探头也可以固定在基板上,以实现打印过程的监测,并且比常规探头更具灵活性。但相控阵超声检测技术不能应用于高温条件下,由于探头性能的限制,有时候也需要添加几个探测器和耦合剂,且不能直观显示缺陷,对缺陷定性比较困难。

德国弗劳恩霍夫无损检测研究所和 MTU 航空发动机公司利用相控阵超声检测技术评估了 SLM 制件的各向异性和组织特征,通过设计双向试块和相控阵二维阵列,获取了零件组织特征的三维信息,如图 9-43 所示。

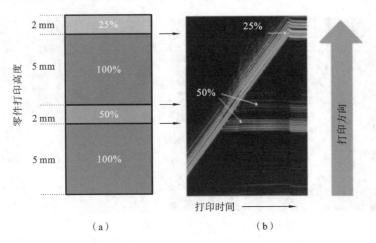

图 9-43　不同激光能量下的超声检测信号

(a) 零件厚度；(b) 超声 B 型扫描结果

9.3.3　水浸式超声检测

水浸式超声检测是在探头与 SLM 制件之间填充一定厚度的水层,使超声波先经过水层,再入射到制件中的一种非接触式超声检测方法。这种方法提高了小缺陷的检出率,并可得到更精确的尺寸和定位;对试样表面粗糙度要求低,波形稳定,易于实现自动化;通过调节探头角度,可以改变发射声束入射角度;水浸超声可以缩小检测盲区,实现工件近表面缺陷检测以及薄壁件的检测;探头不与工件直接接触,因而不会磨损;一般使用聚焦探头,从而提高了缺陷检出的分辨率。因此,水浸式超声检测特别适用于一些结构复杂的 3D 打印制件。但水浸式超声检测技术需要将被检测对象完全或者部分浸入水中,难以应用于 SLM 制件的在线检测,更多应用于对打印完成后的制件进行检测,且不能在高温下工作。

9.3.4　电磁超声检测

电磁超声检测技术利用电磁感应原理来激发和接收超声波,其核心是电磁超声换能器(electromagnetic acoustic transducer,EMAT)。EMAT 由高频线圈、外加磁场、试件本身三部分构成,如图 9-44 所示。根据试件材料的磁导率,EMAT 激励超声波时有洛伦兹力效应和磁致伸缩力效应两种激励效应。当被检测对象为导体时,激励线圈中的高频脉冲电流会产生很强的电磁场,并在导体表面产生频率相同但方向相反的涡流,在偏置静磁场的作用下,产生交变的洛伦兹力,从而激发出电磁超声波。对于铁磁性材料,除了产生洛伦兹力外,高频脉冲电流产生的磁场还会与偏置静磁场作用而产生交变的磁致伸缩力,从而使试件产生与交变磁场频率相同的机械振动,激励出电磁超声波。

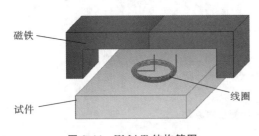

图 9-44　EMAT 结构简图

磁铁

试件

线圈

与超声波的激励类似,超声波的接收同样基于这两种机制。对于导体材料,超声波传输到探头附近时,产生时变位移,在偏置磁场的作用下感应出交变电场,从而引起周围电磁场的变化,接收线圈在交变磁场的作用下感应到与超声波振动相关的电压信号,从而实现对超声信号的接收。对于铁磁性材料,超声波靠近探头时,会引起探头附近铁磁性材料尺寸的变化,从而引起材料磁畴的运动,并引起电磁场的变化,这就是磁致伸缩逆效应。由磁致伸缩逆效应产生的交变磁场会在检测线圈中感应出电压信号,从而完成对超声信号的接收。

相对于传统压电超声检测,电磁超声检测在 SLM 在线及离线检测领域具有明显的优势:① 基于电磁感应实现超声的激励和接收,不需要额外添加耦合剂,且对被测工件的表面要求不高,具有粗糙表面的制件不需要经特殊处理;② 探头由线圈和磁铁构成,而不是受居里温度限制的压电材料,因此可以用于高温检测环境,可以与打印过程中的熔覆面直接接触;③ 通过改变磁铁的结构和形状,改变信号发射和接收线圈的排列方式,可以产生不同模式的波,特别是可以高效地激发出表面波和 SH 波,从而满足特定检测需求。

9.3.5 激光超声检测

激光超声检测技术是指用脉冲激光器在试件表面激励超声波,然后用激光干涉仪接收试件表面超声振动的检测方法。激光超声检测系统主要由发射系统和接收系统两部分构成,其原理如图 9-45 所示。脉冲激光器发射激光,在物体表面产生超声脉冲信号,该信号沿物体内部传播从而携带了物体相关的缺陷、应力及晶体结构等信息。检测激光器从测试材料的表面接收携带了超声信号的散射与反射光,再由干涉仪检测其中细微的光程变化并进行信号解调分析处理,得到激光超声波形,从而探测出材料的内部信息。

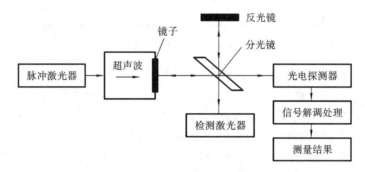

图 9-45 激光超声检测系统原理

激光超声检测技术的作用机制按激光能量密度的高低可分为两种,即热弹机制和热蚀机制。如图 9-46 所示,热弹机制下,当入射激光脉冲的功率密度小于 10^6 W/cm^2 时,热扩散很小,仅几微米厚的表面温度瞬间上升几十摄氏度到几百摄氏度,相当于非常薄的表层有一个瞬态热源,使材料膨胀,引起瞬态热应力和热应变,由此产生的脉冲超声在固体中传播。热弹激发超声适用于在低强度激光辐照固体表面时进行检测的情况。随着输出激光强度的增加,在入射激光脉冲的功率密度大于 10^7 W/cm^2 时发生热蚀机制,如图 9-47 所示。由于固体表面温度急剧升高超过材料熔点,约几微米厚的表层材料发生烧蚀,导致在金属表面及其上方形成等离子体,产生垂直于表面的反冲力。由于热蚀机制在材料表面或顶层可能会造成点蚀或者材料表面不均匀性,并且在 SLM 过程中可能会增加熔池中的夹带气体(孔隙)、未熔融粉末而在沉积层中造成缺陷,因此热蚀机制通常不能视为真正的无损检测。而热弹机制的激光超声检测不会对样品表面造成破坏,因此热弹机制的激光超声检测更适用于 SLM 制件的在线无损检测。

激光超声无损检测技术作为一种新型的无损检测技术,可以在非常高的温度下工作,可应用于复杂的表面及结构。此外,激光超声具有长距离非接触、频带宽、分辨率高等优点,可实现

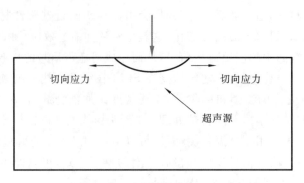

图 9-46　热弹机制示意图

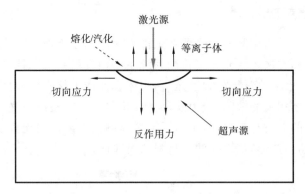

图 9-47　热蚀机制示意图

在线快速检测,对材料的表面缺陷检测灵敏,且不需要耦合剂,从而避免了耦合剂对测量范围和精度的影响。激光超声检测盲区尺寸小于 $100~\mu m$,可用于测量薄工件。SLM 制造装备很容易实现激光光路的共享,从而形成检测打印一体化的自反馈 SLM 设备。这些优势使得激光超声检测技术在 SLM 制件的无损检测中得到了越来越多的关注和研究。

巴黎萨克雷大学利用脉冲激光(脉冲时间 7 ns)在零件中产生超声波,利用探测激光(干涉仪)检测工件表面波,通过 B 型扫描方式检测零件表面缺陷。316L 不锈钢带缺陷试件激光超声检测结果如图 9-48 所示,从图中可明显看出缺陷位置。研究结果证明,通过激光超声检测手段可检测出深度分别为 0.5 mm 和 0.1 mm、宽度为 0.05 mm 的缺陷。

加拿大国家研究委员会采用激光超声结合 SAFT(合成孔径聚焦)的方式,成功地检测出了 718 合金及 TC4 钛合金中的气孔、未熔合、结合不良等缺陷,所检出的气孔缺陷尺寸约为 0.4 mm,图 9-49 所示为试样的激光超声检测结果。

激光超声具有非接触、可检测复杂形状制件以及对检测环境要求不高等优势,特别适用于制造过程中的在线检测。英国 TWI 公司等提出了一种用于激光粉末沉积器件在线检测的激光超声技术。此外,该公司依据实验数据建立了激光产生超声波的数值模型,以加深对激光超声物理原理的理解,并验证实验结果,进而优化实验设置。检测结果示例如图 9-50 所示。

9.3.6　基于声发射检测

声发射现象是指材料中局域源快速释放能量导致弹性波的产生和传播的现象,声发射的频率一般在 1 kHz~1 MHz 之间。SLM 制造过程中,由于类型、尺寸、形态、位置等因素的差异,每一种缺陷都能够产生具有独特特征的声信号,材料内部的声发射源产生弹性波,最终传

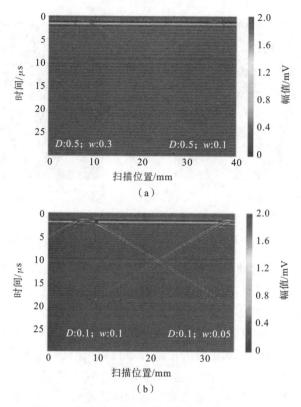

图 9-48　不同深度缺陷激光超声 B 型扫描结果

（a）缺陷深度为 0.5 mm；（b）缺陷深度为 0.1 mm

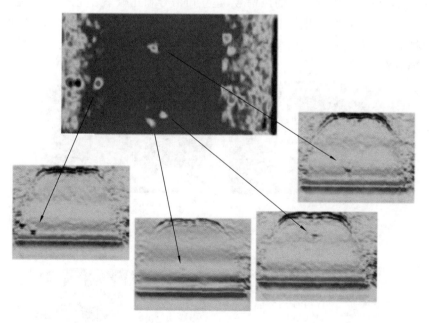

图 9-49　激光超声检测的 C 型扫描及 B 型扫描图像

播到材料的表面并引起表面振动，可利用高灵敏度声发射换能器拾取表面振动，并将机械振动转换为电信号。通过对接收信号进行放大、处理和分析，能实现声发射源的定位和定性。因此，通过 SLM 过程中的声发射源，即可实现对打印质量和工艺参数的检测。采用合适的传感

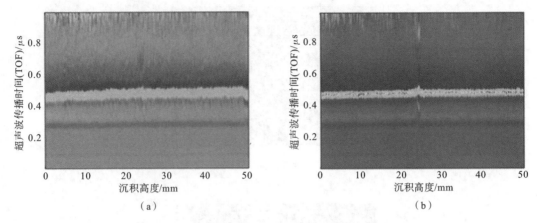

图 9-50　不同样品在 50 mm 长度上缺陷的 B 型扫描图形

器采集并识别不同信号对应的缺陷类型是基于声发射的 SLM 过程监测的关键难题,也是质量控制的重要前提。

　　声发射检测技术是一种被动式检测技术,只需要在特定位置布置一定数量的接收传感器,即可实现 SLM 过程的声发射检测,因此声发射检测系统非常易于与增材制造系统集成。声发射检测尤其适合检测正在出现和扩展的缺陷,能检测复合材料且不受试件尺寸的影响。相关研究表明,声发射检测缺陷的灵敏度可达 10 μm,远远高于常规超声、射线无损检测方法等的灵敏度。同时声发射检测的仪器设备具有数据处理速度快、价格便宜等优势。

　　如图 9-51 所示,瑞士联邦材料科学与技术实验室利用光纤布拉格光栅(fiber Bragg grating,FBG)传感器收集 SLM 过程中的声信号,建立声信号和孔隙率之间的关系,基于声信号实现了对 SLM 制件孔隙率的检测。目前,对金属增材制造过程的声信号缺陷检测而言,声信号的检测主要针对 SLM 单轨道扫描,需要进一步开发适用于多轨道多层甚至零件加工全过程的声信号检测方案。

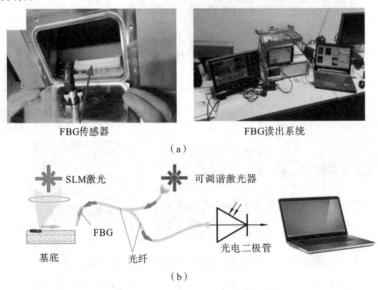

图 9-51　FBG 信号采集系统及原理

(a) SLM 舱室内 FBG 布置及信号采集系统;(b) FBG 监测系统原理

9.4　CT 检测

CT 检测是一种检测工件内部缺陷的有效方法。对于金属增材制造过程的缺陷检测,根据离线检测和在线监测的不同,其具体应用范围也不相同。基于 CT 技术的增材制造离线检测方法可以用于零件的孔隙率及孔隙分布检测,以及几何尺寸、密度、表面粗糙度、粉末缺陷等的测量。基于射线实时成像的金属增材制造过程的在线监测,主要是基于原位同步辐射来监测粉末熔化、熔池熔覆、冷却等过程,并结合射线衍射等进行加工机理研究。

9.4.1　CT 系统

CT 系统利用射线束穿透物体时在该物体内发生的衰减现象,通过对衰减系数进行相应的数学计算和处理后,对其进行重建,从而得到该物体的断层图像。断层图像可以直观、准确地反映物体的内部结构和缺陷分布情况,并且不受物体材质和形状等客观因素的影响。

CT 系统主要由机械扫描机构、射线源、探测器、数据采集系统、图像处理软件等组成。CT 检测的基本流程如下:首先,设置射线源的相应电压电流参数,使射线源发出相应能量的射线,射线穿过待测工件后发生衰减,探测器探测到衰减后的射线,根据其强度将其转化为相应的电信号进行处理,经数据采集系统的模数转换器转换为数字形式的投影值,并传送给计算机,由计算机存储起来;其次,控制机械扫描机构平移、转动,从而获得足够多的投影值,计算机系统根据不同的采集模式采用相应的图像重建算法重建断层图像,根据所得图像的具体情况进行相应的图像处理;最后,对断层图像进行分析量化,得出被检测工件的内部缺陷情况,并把重建的断层图像存储归档。CT 系统在小尺寸部件高精度成像、数米长大工件成像上均可应用。CT 射线源可以选择传统的 X 射线机,也可以选择同步辐射装置,根据焦点尺寸的差异性,CT 系统可以分为工业 CT、微焦点 CT 和纳米 CT。一般微焦点 CT 的分辨率可以达到 5 μm,纳米 CT 的分辨率可以达到 500 nm。与其他监测手段不同,CT 检测方法可以直观地反映内部缺陷的三维形貌和位置,例如气孔、裂纹的大小和位置等。虽然 X 射线能够直观地实时监测内部缺陷的形貌和位置,但 CT 检测的成本较高且需要加强防护,尤其是高速高分辨率 X 射线原位观测的成本更高,因此其一般用于对其他监测手段进行校核和验证。

9.4.2　工业 CT 检测

CT 技术是一种广泛应用于工业零部件内部缺陷检测和尺寸测量的有效技术。目前工业 CT 在金属增材制造中的应用以微焦点 CT 为主,用于离线测量金属粉末及增材制造部件的内部孔隙尺寸、数量及分布。此外,鉴于微焦点 CT 具有高空间分辨率、三维成像等特点,还可以用于增材制造部件的密度测量、尺寸校验、变形测量、表面粗糙度测量等。

采用三维激光扫描和计算机断层扫描方法还可以研究增材制造零件内部和外部的特征尺寸与几何精度,进而比较激光金属沉积、SLM 和电子束熔融零件的几何精度。

利用 SLM 技术可以成形出受控的复杂多孔结构 Ti-6Al-4V 零件,但是其实际成形精度较低,与 CAD 模型存在较大差异。为了提高多孔结构 Ti-6Al-4V 零件的成形过程的稳健性和可控性,可以使用基于显微 CT 的离线检测技术来补偿 SLM 的成形参数,降低 CAD 模型和实际零件在成形尺寸、精度和力学性能等方面的不匹配程度,其具体流程如图 9-52 所示。

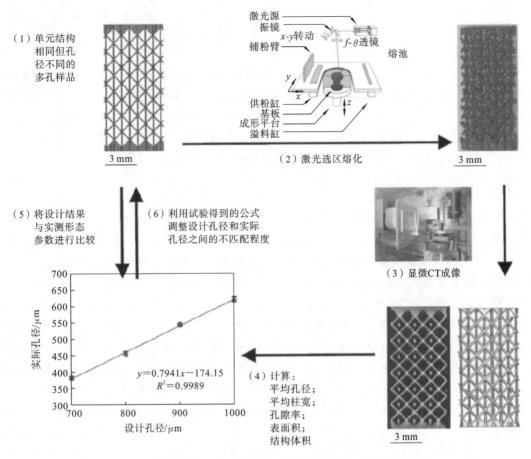

图 9-52　利用显微 CT 离线检测表征 SLM 成形件内部空隙结构

9.4.3　X 射线高速成像系统

　　X 射线高速成像系统主要用于对材料加工过程进行原位实时观测。对于金属增材制造，X 射线高速成像系统一般采用同步辐射光源，通过观测粉末熔覆过程来揭示移动熔池熔化与凝固相关机理。X 射线高速成像系统同步辐射光源发出的光经过插入件调制，得到成像所需波长的 X 射线，X 射线穿过打印样品之后，入射到闪烁体从而转化为可见光，由高速相机接收并成像。

　　如图 9-53 所示，采用高速（2 MHz）、高分辨率（约 2 μm）的 X 射线分别观察 4 种金属粉末在 SLM 过程中气孔的演化过程，分析导致气孔形成的 6 种机制。该 X 射线成像系统由夹在两个玻璃碳壁之间的微型粉末床系统组成，使具有 24.7~25.3 keV 的一阶谐波能量的 X 射线束穿透金属样品进行成像，透射后的 X 射线束被检测系统捕获，将 X 射线信号转换为可见光图像，然后使用带有 10 倍物镜的高速相机记录。

　　诺丁汉大学增材制造课题组采用 CT 检测技术测量金属增材制造零件的孔隙，可检测孔隙率为 0.06% 的铝合金 SLM 制件，且可检测出直径为 260 μm 的孔隙。利用 SLM 技术成形不同回收次数粉末的样品，在 CT 检测技术下发现样品孔隙主要集中在边缘部位，同时粉末在一定回收次数内，对零件质量几乎没有影响，结果如图 9-54 所示。

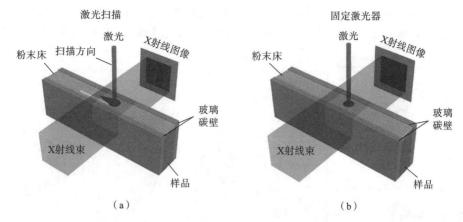

图 9-53　原位高速 X 射线成像试验示意图

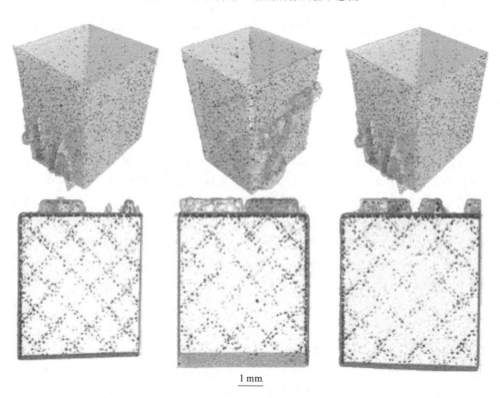

1 mm

图 9-54　不同回收次数粉末 SLM 打印样品中孔隙分布的可视化

9.4.4　SLM 集成装置

SLM 集成装置示意图如图 9-55 所示,其使用由同步加速器产生的 X 射线对激光、物质相互作用和粉末熔化/凝固现象进行原位成像。由于同步光源激发的 X 射线的穿透能力有限,因此粉末床尺寸一般沿 X 射线穿透方向较小,不超过 3 mm,如果采用高能射线,则可选用较大尺寸的粉末床。为方便 SLM 系统与不同类型的 X 射线成像和光源系统集成,可设计一种结构紧凑、重量轻的便携式 SLM 设备。加工腔体的两侧选装 X 射线半透明窗口,窗口材料一般为氮化硼等,X 射线透过率达 90%,且其不会被大多数熔融金属或熔渣浸湿,方便重复利用。窗口尺寸应大于同步加速器波束线上可用的成像装置的视场,以全方位捕捉稳定和非稳定状态下的粉体轨迹与熔覆演化过程。X射线在穿过腔体之后,经闪烁体、透镜和高速相机实现实时成像,同时这种装备还可以非常方便地集成其他监测手段,如红外成像、衍射成像等。

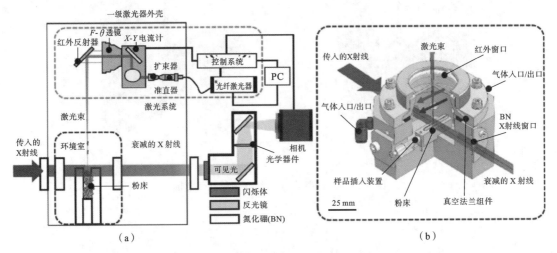

（a）　　　　　　　　　　　　　　　　　　（b）

图 9-55　SLM集成装置示意图

9.5　电磁检测

电磁检测方法包括涡流检测、微磁检测、交流电磁场检测等以电磁感应为基础的检测方法。涡流检测包括常规涡流、阵列涡流等。涡流检测技术是利用电磁感应原理,通过测定被检测工件内感生涡流的变化来无损评定导电材料及其工件的某些性能,或发现缺陷的无损检测技术。涡流检测技术对增材制造过程中可能出现的小表面裂纹和浅表面裂纹有极高的分辨率和灵敏度,常被用来检测产品表面缺陷。微磁和交流电磁场检测通过探测缺陷引起的表面磁场强度和磁感应强度变化来实现埋藏型缺陷的检出。电磁检测具有非接触、易于集成的特点,是增材制造在线检测的潜在有效解决方案。

9.5.1　常规涡流检测

根据电磁感应定律,导体处在变化的磁场中或相对磁场运动切割磁力线时,其内部会产生感应电流。感应电流在导体内部形成闭合回路,呈旋涡状流动,因此称为涡流,如图9-56所示。交流电激励围绕在导电试件周围的线圈产生交变磁场,使试件内产生涡流。缺陷引起涡流的变化,使线圈阻抗产生相对应的变化,导体内感生涡流的幅值、相位及伴生磁场受到导体的物理性质的影响,因此,通过测定检测线圈阻抗的变化,就可以非破坏性地判断出被测试件的物理或工艺性能及有无缺陷等。

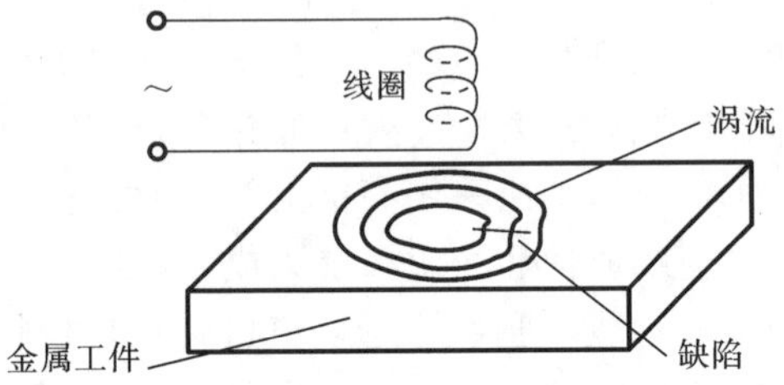

涡流检测仪器的基本构成包括信号发生器、激励和检测线圈、放大器、信号处理器和显示器。其工作过程如下:信号发生器的振荡器接收交变的电流信号,将信号以电流形式输出,传递到激励线圈中,激励线圈产生的交变磁场在工件中产生涡流,涡流受到工件物理性能及缺陷的影响,反过来使线圈阻抗改变,利用检测线圈探头接收

图 9-56　涡流检测原理示意图

信号,经过前置放大、相敏检波和滤波之后,再利用幅度鉴别器或者移相器实现信号幅值和相位的获取,如图 9-57 所示。

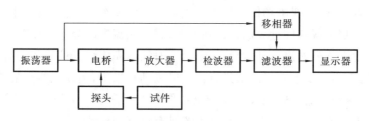

图 9-57　涡流检测仪器工作原理示意图

涡流检测仪器的基本电路包括以下元件。

(1)电桥。用于测量线圈微小的阻抗变化。线圈分别构成电桥的两个臂,通过电桥的平衡,使得激励线圈与检测线圈的电压矢量近似相等,输出信号为零。当工件存在缺陷时,电桥会输出一个微弱的不平衡信号。

(2)移相器。在进行检波处理之前,需要在保持振幅不变的情况下,将阻抗相位旋转至参考相位,从而避免相位影响,实现参数的选择,为相敏检波处理提供合适的信号。

(3)相敏检波器。相敏检波的原理是在已知干扰信号的前提下,通过设定控制信号的相位,使得控制信号与输入信号的相位差为 90°,则输出信号的正极和负极相互抵消,从而达到抑制干扰信号的目的。

(4)幅度鉴别器。幅度鉴别器也称为限幅器,主要是为了抑制同数量级的杂波信号,通过设定一个幅度阈值,将在此阈值电平之下的信号全部去除来实现去噪声。

(5)提离抑制电路。线圈与试件之间的提离距离会影响线圈的阻抗变化,并且由提离效应引起的阻抗变化甚至大于由缺陷引起的阻抗变化。因此,必须抑制提离效应,主要有两种方式:一种是谐振电路,即利用线圈与电容串联,使电路发生部分谐振来达到抑制效果;另一种是非平衡电桥,通过并联电容来实现,保证不同距离下该电容值所对应的电桥输出电压相等。

(6)补偿电路。主要针对检测线圈和激励线圈并不完全一致的情况,即使在空载的情况下,系统仍然会有微弱的信号输出,通过反接差动线圈可以抑制该残余信号的输出。

(7)滤波器。用于滤除各种干扰信号的影响,具有硬件滤波和软件滤波两种方式。

在激光熔融沉积镍基合金试样上制作人工缺陷,并对涡流检测方法的检测能力进行试验,试验表明,对于 0.2 mm 的表面缺陷,以及 1 mm 深度处 0.6 mm 大小的缺陷,涡流检测方法的检出率可达 90%。

9.5.2　阵列涡流检测

阵列涡流检测技术是在常规涡流检测技术的基础上发展起来的一种新技术,其主要原理是将多个涡流线圈阵元按照一定的阵列形式排列,在保证单个涡流阵元的检出灵敏度的情况下,依据阵列涡流覆盖范围大的特点,一次性实现对被检测对象的大面积扫描,并且通过 C 型扫描图像显示等给出检测结果。因此,相比于常规涡流检测技术,阵列涡流检测技术具有检测结果直观、检测速度快、误差小等特征。对于金属增材制造,阵列涡流阵元可以沿着刮刀排列,从而在刮粉过程实现检测的无缝穿插,因而受到越来越多的关注。

阵列涡流尽管由多个线圈阵元组成,但是单个线圈阵元一般都以自发自收的形式独立工作,或者相邻阵元以一发一收线圈对的形式工作。这与相控阵超声的多个传感阵元按照一定的相位延迟法则来工作不同。因此,阵列涡流检测的原理与常规涡流的类似,即当激励线圈中通以交流电时,所产生的交变磁场使金属工件表面产生涡流场,涡流场会产生一个反向感应磁场来减弱原磁场。当金属部件近表面存在缺陷时,感生涡流场的分布将改变,从而引起感应线圈阻抗的变化。对于阵列涡流,当一个线圈或者一对线圈完成数据的采集之后,通过电子扫描或者电路转换的方式,激发下一组线圈进行信号的激励和采集;当完成所有的线圈阵元的数据采集之后,通过机械扫描的方式完成 C 型扫描图像的数据采集。常规涡流检测中必须进行二维扫描来保证足够的成像数据。因此,阵列涡流具有更高的检测效率。

阵列涡流检测系统主要由三部分构成:多通道信号收发电路、阵列涡流探头和多路复用器。阵列涡流的信号收发与常规涡流的类似,如图 9-58 所示。首先由信号发生器激励一个一定频率的正弦信号,该信号经过功率放大之后,传导至阵列线圈,阵列线圈的信号在通过多路复用器之后,经过前置放大、数模转换等数据处理环节,再以阻抗图、C 型扫描图、三维图等多种形式呈现出来。多路复用器是阵列涡流特有的模块。为了避免阵列线圈的两组相邻线圈同时激励可能带来的信号干扰问题,引入多路复用器。多路复用器可以实现单个涡流线圈的分时激励,即单个线圈在不同的时间被激励,再通过信号处理将多个模拟信号组合成一个数字信号。多路复用器的核心作用是规划每个线圈阵元的信号激励和传输的准确时间,对采集到的不同时刻的信号进行重新组合并显示成像。由于使用了多路复用器,检测过程不需要同时激励任何两个相邻线圈,从而可将互感效应降至最低,提高通道分辨率,增加线圈灵敏度,降低噪声水平。此外,多路复用器还允许在检查后分析任何单独的线圈(数据)通道,从而增强数据分析处理功能。

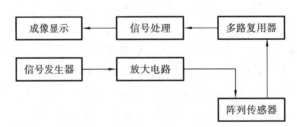

图 9-58　阵列涡流仪器信号收发原理

阵列涡流探头的结构形式一般可以分为两种:一种是呈圆周分布,用于管材的内穿或外穿检测,如图 9-59(a)所示;另一种是布置成矩形阵列,形成放置式探头,用于大面积金属表面的快速扫描,如图 9-59(b)所示。为了消除线圈之间的干扰,在探头设计过程中,相邻线圈之间要保留足够的距离。为了适应复杂零部件的检测,柔性印制电路板(printed-circuit board, PCB)开始用于线圈的制作,柔性 PCB 探头可以良好地贴合在异形结构表面,从而提高探测灵敏度,如图 9-59(c)(d)所示。

阵列涡流探头可以有多种工作模式。首先,阵列涡流可以通过对单一线圈进行激励和信号接收来实现数据的采集;其次,阵列涡流可以采用两两组合或者多个线圈组合的形式。根据检测需求,阵列线圈可以有多种组合形式,通过激励和接收线圈的不同组合,形成行列垂直的电磁场方向,从而可以实现不同取向的缺陷的探测。

采用阵列涡流传感器在每层材料沉积完成后对工件进行检测,可以实现成像功能。检测

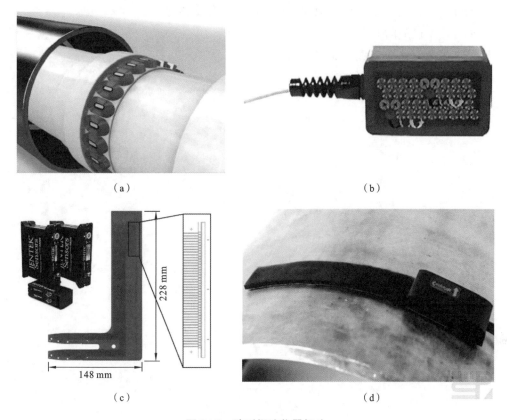

图 9-59　阵列涡流仪器探头

(a) 内穿式探头；(b) 放置式探头；(c) 柔性 PCB 探头线路；(d) 放置式柔性 PCB 探头

图像在探头扫描方向上的分辨率为 0.1 mm；在线圈阵列方向上的分辨率受线圈尺寸及排布方式的影响，为 0.826 mm。检测不同方向上的未熔合缺陷，并通过 X 光检测对结果进行验证，结果表明，应用该技术可成功检测不同方向上的未熔合缺陷。

　　基于涡流检测技术检测得到的增材制造部件缺陷尺寸取决于产品表面的可接触性材料、几何形状和表面粗糙度等。由于涡流检测只适用于导电金属材料或能产生感生涡流的非金属材料的检测，因此其应用受到很大限制，但同时该技术简便，适用于在制造过程中进行质量控制，或在成品中剔除不合格品。另外，对于在役零件，可实现机械零部件及热交换管等设施的定期检验。

复习思考题

(1) SLM 工艺中存在哪些缺陷类型？

(2) 打印过程中，有哪些关键工艺参数可导致多种缺陷的产生？

(3) 在 SLM 制造的诸多缺陷中，哪些缺陷最为常见，哪些缺陷后果最为严重？为什么？

(4) 基于高速相机的典型同轴监测系统的监测原理是什么？

(5) 对 SLM 过程进行监测时，结合使用高温计与高速相机的优点是什么？

(6) 超声检测技术中，哪些技术不适用于高温工作环境？

（7）激光超声检测技术相对其他超声检测技术有什么优势？

（8）简述 CT 检测的流程。

（9）简述增材制造中 X 射线高速成像原理。

（10）简述涡流检测仪器包含哪些元件及其用途。

第 10 章　高速激光熔覆

10.1　技术原理、设备

10.1.1　技术原理

高速激光熔覆是采用同步送粉的方式,通过调整粉末焦平面与激光焦平面的相对位置使熔覆粉末在基体上方与激光束交汇并熔化,随后均匀涂覆在基体表面,快速凝固后熔覆层稀释率极低且与基体呈冶金结合。如图 10-1 所示,它与传统激光熔覆本质的区别是其改变了粉末的熔化位置。在高速激光熔覆中,落在基体表面的是液态的熔覆材料而不是固态的粉末颗粒,所以可显著提升熔覆速度。高速激光熔覆的熔覆速度为 50~500 m/min,如此高的熔覆速度意味着该技术可用于大面积零件的涂覆。由于高的熔覆速度使能量密度降低,并且在基体上方熔化的粉末吸收了大量的激光能量,因此高速激光熔覆的热输入明显减少,传统激光熔覆的热影响区深度通常为毫米尺度,而高速激光熔覆的热影响区深度为微米尺度,二者熔覆层截面和表面图像如图 10-2 所示。采用高速激光熔覆技术制备的涂层更为光滑且后续机加工步骤少,用传统激光熔覆技术制备的涂层的厚度通常大于 0.5 mm,而采用高速激光熔覆技术制备的涂层厚度在 25~250 μm 之间,且表面粗糙度可降至原来的 1/10,仅需磨削加工即可满足要求。此外,高速激光熔覆与硬铬电镀相比,制备出的涂层无气孔、裂纹等缺陷,且更加环保;与热喷涂相比,其可节约 90% 的材料。因此高速激光熔覆技术逐渐在工业中获得应用,它也被誉为当前可替代电镀的最具竞争力的工艺。

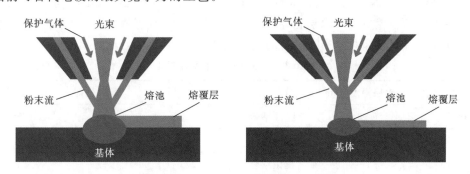

图 10-1　常规激光熔覆与高速激光熔覆原理

10.1.2　工艺特点

与传统的表面热处理技术相比,高速激光熔覆技术在提高工件的硬度、耐磨性、抗腐蚀性等方面有显著的经济效益。其已经在汽车加工、磨具修复等行业得到广泛的应用,主要有以下特点:

（1）冷却速度快,熔覆层组织细小,结构致密,可极大地提高零件表面的硬度、耐磨性、耐腐蚀性、耐疲劳性等性能。

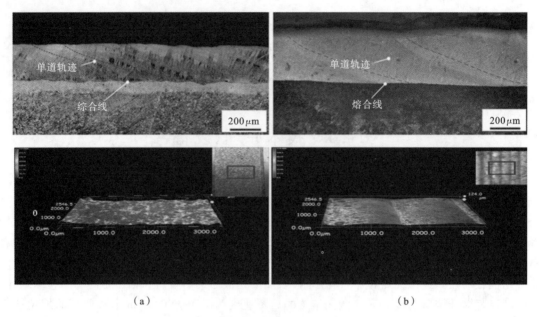

图 10-2　熔覆层截面和表面图像

(a) 高速激光熔覆；(b) 传统激光熔覆

（2）热输入和畸变较小，涂层稀释率低，与基体呈冶金结合。

（3）粉末的选择几乎没有任何限制，特别适合在低熔点金属表面熔覆高熔点合金材料。

（4）可用于修复局部受损的大型废品件，极大降低加工成本，可以选择在局部区域进行熔覆，材料消耗少，具有十分优越的性价比。

（5）激光熔覆的柔性很好，可以对人力难以接近的区域进行熔覆。

（6）工艺过程易于实现自动化，且熔覆层质量稳定。

表 10-1 所示为高速激光熔覆技术与部分现有涂层制备技术的综合比较，可以明显地看到利用高速激光熔覆技术制备的涂层在界面的结合强度、生产环保性、涂层寿命、生产成本等方面展现出了传统涂层制备技术所不具有的独特优势。

表 10-1　表面涂层技术特性对比

涂层制备技术	涂层厚度/mm	结合方式	工件变形量	环保性能	涂层寿命/年
电镀	<0.1	物理结合	无	差	1~1.5
等离子喷涂	0.3~0.4	机械结合	较大	较好	2~3
超音速喷涂	0.1~0.4	机械结合	较小	较差	2~3
激光熔覆	0.5~2	冶金结合	较小	好	>5
高速激光熔覆	0.02~2	冶金结合	很小	好	>5

10.1.3　设备

德国弗劳恩霍夫激光技术研究所联合德国 ACunity 公司于 2017 年推出了全球第一台高速激光熔覆设备。如图 10-3 所示，该设备主要由光学系统、运动单元、控制单元和其他辅助单元构成。其中光学系统包括激光器、传输光纤、高速熔覆头；运动单元主要由 xyz 三轴运动系统以及旋转机床组成,辅助单元主要包括送粉系统、水冷系统以及稳压系统。上述单元通过控制单元进行集中控制,实现高速激光熔覆功能。

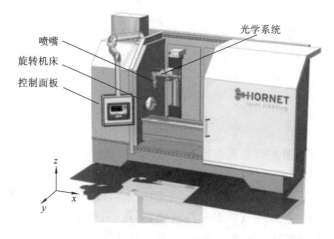

图 10-3　高速激光熔覆设备

在高速激光熔覆过程中基体处于高速运动状态,不适合采用预置铺粉法,因此高速激光熔覆采用同轴送粉法来制备涂层。在高速激光熔覆过程中同轴送粉喷嘴配合光学系统实现激光束与粉末的同步输出,制备表面涂层,所以送粉喷嘴是设备的关键部件,光束聚焦系统、粉流聚焦系统、冷却系统则是同轴送粉喷嘴的重要组成部分。光束聚焦系统主要通过调整光束汇聚的焦点以及光斑大小来提高光斑与粉流的耦合性,提高表面成形质量。

10.2　工　艺　参　数

激光熔覆过程中,熔覆材料在激光能量的作用下与基体材料结合形成熔覆层。熔覆层的制备是一个复杂的冶金转变过程,熔覆层成形效果难以准确控制,其中工艺参数的选择对熔覆层质量至关重要。激光熔覆过程中,工艺参数的选择不仅对熔覆层形貌、尺寸有着重要的影响,还决定了温度场的分布以及组织转变过程,从而决定了熔覆层成形形貌、微观组织变化及其力学性能。

为了获得良好的熔覆层质量,对工艺参数进行研究一直受到国内外研究人员的关注。在目前的研究中,主要关注激光功率、扫描速度、搭接率、送粉量等参数及其对熔覆层成形形貌、微观组织、显微硬度的影响规律的研究。

1. 激光功率对熔覆层质量的影响

激光功率的大小决定着激光束功率密度,随着激光功率的增大,激光束的功率密度会增大,熔覆层的深度会增大,熔池温度也会有所升高,这会导致部分粉末产生"汽化"现象。此外,激光功率过大还会使基材受热升温,并造成开裂等不良后果,影响质量,所以激光的功率不能过大。当然也不宜过小,使用太小功率的激光有可能造成材料熔化不彻底,导致出现空洞等不良结果,使成形质量下降。

2. 扫描速度对熔覆层质量的影响

扫描速度对熔覆工艺的影响体现在涂层的外观形貌、硬度、耐磨性等方面。扫描速度过大,会使激光与粉末接触的时间过短,容易使粉末飞离熔池,熔池的温度低,导致合金熔化不彻底,使涂层质量下降。扫描速度过小,便会使熔池温度过高,粉末容易过度熔化,使合金元素损失,此外基材温度升高,会产生更大的变形。所以,对扫描速度的控制是一个很关键的问题。

3. 光斑尺寸对熔覆层质量的影响

激光束一般是圆形,光斑尺寸不同,激光束的能量不同,会引起熔覆层表面能量分布不同。当光斑直径较小时,熔覆层的质量较好,随着光斑尺寸的增大,熔覆层质量也会随之下降。

这些参数对熔覆层质量的影响并不是各自不相关的,而是它们综合作用的,因此比能(E)的概念被提出,即

$$E=\frac{P}{DV} \tag{10-1}$$

式中:P 为激光功率;D 为激光束光斑直径;V 为激光扫描速度。

国内外研究表明,激光比能 E 过低,会导致稀释率过小,熔覆层和基体结合不牢,容易剥落,熔覆层表面出现局部起球、空洞等现象。激光比能 E 过高,会导致稀释率过大,严重降低熔覆层的耐磨性、耐腐蚀性能,导致熔覆材料过烧、蒸发,表面呈散裂状,涂层不平度增加。激光比能 E 适中,将稀释率控制在比较合适的范围,此时工艺参数之间匹配良好,熔覆层质量优良,与基体结合牢固。如图 10-4 所示,过高或过低的比能均会对涂层造成损伤。

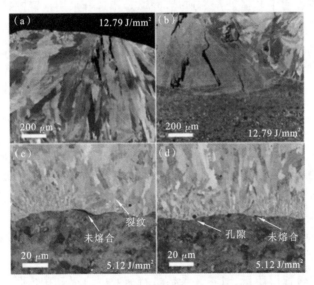

图 10-4　高速激光熔覆 stellite6 层中的缺陷
(a)(b)涂层出现裂纹;(c)(d)涂层出现孔隙

4. 搭接率对熔覆层质量的影响

要想得到大面积的激光熔覆层,只能从搭接率方面着手。这主要是因为激光束光斑尺寸较小,只能通过扫描带间的相互搭接来扩大熔覆层面积。除此之外,搭接率对多道激光熔覆层表面粗糙度的影响也很大。搭接率过小会使各熔覆道之间出现凹陷。相对大的搭接率,会使熔覆层表面变得平整,但是如果搭接率过大则可能会导致气孔和裂纹的产生。因此,选择合适的搭接率是相邻熔覆道获得相同高度的关键,也是获得具有平整表面成形件的关键。

5. 粉末特性对熔覆层质量的影响

由于高速激光熔覆过程中大部分激光能量都作用在飞行的粉末上,因此相比于常规激光熔覆,粉末对激光的遮蔽作用会对涂层表面形貌和性能造成更大的影响。在高速激光熔覆中,影响

激光束的遮光率的主要因素有粉末粒径、送粉速率等。粉末遮光率越大,激光照射到基体上的能量越少,稀释率越小。但是过大的粉末遮光率会影响粉末对能量的吸收,导致涂层出现多孔、黏粉等缺陷。

10.3　熔覆过程的数值模拟

激光熔覆过程是一个快速加热和快速凝固的过程,高能激光束在材料的表面快速移动时熔池中涉及多种物理与化学反应。目前,国内外许多学者对激光熔覆过程进行了许多模拟研究,包括同轴送粉气/固两相流、瞬态温度场、熔池流场以及多相耦合。

1. 气/固两相流的模拟研究

1)模型假设

同轴送粉喷嘴送粉过程具有气固两相流的特征,即存在连续相的载粉气和在连续相中运动的离散相固体粉末两种不同介质。因此,气/固两相流的仿真模型可以分为连续相模型和离散相模型,需要满足以下假设:

① 在入口边界条件处,气体相稳定且速度为常数;

② 除了重力、曳力和惯性力之外的力均不考虑;

③ 离散相占总体积分数的 10% 以下,由于离散相体积分数比较小,可认为离散相对连续相没有影响;

④ 粉末形状近似为球形,且粒径分布近似为罗辛-拉姆勒(Rosin-Rammler)分布;由于离散相的体积分数很小,不考虑离散相粉末之间的碰撞。

2)控制方程

在典型送粉工艺参数下气体相计算采用 Navier-Stokes 方程和 $K\text{-}\varepsilon$ 湍流模型,离散相计算求解基于粒子轨迹模型。连续相求解模型如下:

质量守恒方程为

$$\frac{\partial}{\partial x_i}(\rho u_i)=0 \tag{10-2}$$

动量守恒方程为

$$\frac{\partial}{\partial x_i}(\rho u_i u_j)=-\frac{\partial P}{\partial x_i}+\frac{\partial}{\partial x_j}\left[(\mu+\mu_t)\left(\frac{\partial u_i}{\partial x_j}+\frac{\partial u_j}{\partial x_i}\right)\right]+\rho g_i \tag{10-3}$$

式中:$i,j=1,2,3$;ρ 为气体密度;u_i 和 u_j 分别为速度和位置;P 为压力;g_i 为重力加速度;μ 为分子黏度;μ_t 是湍流黏度。

FLUENT 中用标准的 $K\text{-}\varepsilon$ 湍流模型来模拟湍流。

湍流动能守恒方程:

$$\frac{\partial(\rho K u_i)}{\partial x_i}=\frac{\partial}{\partial x_j}\left[\left(\mu+\frac{\mu_t}{\sigma_K}\right)\frac{\partial K}{\partial x_j}\right]+G_K+G_b-\rho\varepsilon \tag{10-4}$$

湍流动能耗散守恒方程:

$$\frac{\partial(\rho\varepsilon u_j)}{\partial x_j}=\frac{\partial}{\partial x_j}\left[\left(\mu+\frac{\mu_t}{\sigma_\varepsilon}\right)\frac{\partial\varepsilon}{\partial x_j}\right]+C_1\frac{\varepsilon}{K}(G_K+G_b)-C_2\rho\frac{\varepsilon^2}{K} \tag{10-5}$$

式中:G_K 为由平均速度梯度产生的湍流动能;G_b 为由浮力产生的湍流动能;σ_K、σ_ε、C_1、C_2 为常数。

对于离散部分,主要根据积分颗粒上的力平衡来预测离散相颗粒的轨迹,这种力平衡使粒

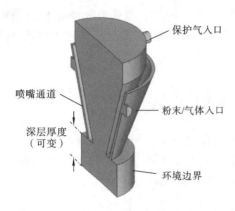

图 10-5 同轴送粉喷嘴的边界条件设置

子的惯性与作用在粒子上的力相等,可以写成

$$\frac{\mathrm{d}u_\mathrm{p}}{\mathrm{d}t} = F_\mathrm{D}(u - u_\mathrm{p}) + \frac{g_i(\rho_\mathrm{p} - \rho)}{\rho_\mathrm{p}} + F_i \quad (10\text{-}6)$$

式中:u_p 为粉末颗粒速度;u 是气体相速度;$F_\mathrm{D}(u - u_\mathrm{p})$ 为单位质量颗粒所受到的拉力;ρ_p 是粉末颗粒的密度;F_i 是附加力。

3) 边界条件

此外需设置同轴送粉喷嘴及周边的边界条件,如图 10-5 所示,上端为保护气入口,中部环形结构为环形粉末/气体入口,环形结构的下端接入一个圆柱形气/固两相流出口,底部为基体,剩余部分设置为反弹壁。

高速激光熔覆送粉过程如图 10-6 所示,数值模拟的粉末汇聚形状与试验结果的重合度较高,验证了模型的可靠性。

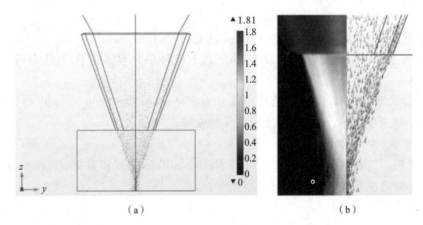

图 10-6 粉末颗粒运动轨迹和速度分布与试验结果对比

2. 瞬态温度场的模拟研究

1) 模型假设

熔覆过程主要以热传导为主,只考虑材料与空气的对流和热辐射,忽略粉末颗粒、材料汽化、保护气体和送粉气体对熔池的影响。

2) 控制方程

熔覆温度场的温度变化是典型的非线性瞬态传热过程,非线性瞬态热传导方程为

$$\rho c(T)\frac{\partial T}{\partial t} = \frac{\partial}{\partial x}\left(\lambda\frac{\partial T}{\partial x}\right) + \frac{\partial}{\partial y}\left(\lambda\frac{\partial T}{\partial y}\right) + \frac{\partial}{\partial z}\left(\lambda\frac{\partial T}{\partial z}\right) + Q \quad (10\text{-}7)$$

式中:c 为材料比热容;ρ 为材料密度;λ 为导热系数;T 为温度场分布函数;Q 为内热源;t 为传热时间。

在熔覆成形的过程中,熔覆层的上表面还有各个侧面都存在着热辐射、热对流形式的热交换,如图 10-7 所示。对流换热的热量采用牛顿冷却公式表示为

$$q_c = -h_c(T_s - T_0) \quad (10\text{-}8)$$

式中:h_c 为空气与涂层表面的对流换热系数;T_s 为涂层表面温度;T_0 为外界环境温度。

由于辐射换热而导致的热量散失根据斯特藩-玻尔兹曼(Stefan-Boltzmann)定律计算：

$$q_r = -\varepsilon\sigma(T_s^4 - T_0^4) \qquad (10\text{-}9)$$

式中：ε 为表面辐射发射率；σ 为 Stefan-Boltzmann 常数。

高速激光熔覆过程如图 10-8 所示，工件上出现"彗尾"现象，且越靠近中心位置，等温线越接近圆形，在远离激光束中心温度低的区域，等温线形状"彗尾"现象越严重，与实际激光热源运行特点一致。

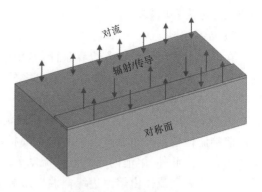

图 10-7　模型边界条件

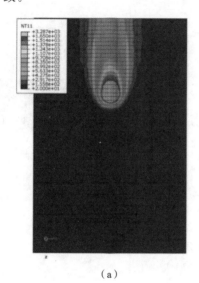　　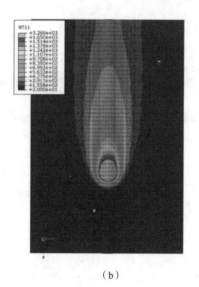

(a)　　　　　　　　　　　　　　(b)

图 10-8　不同时刻的温度场云图

3. 熔池流场的模拟研究

1) 模型假设

在熔覆过程中熔池流动较为复杂，为了降低熔池流场模拟研究的难度，需要假设熔池界面跟随热源移动且熔池界面不受送粉气体、保护气体和粉末颗粒撞击的影响，熔池的流体体积不随温度和压强的变化而变化，流动为层流。

2) 控制方程

在熔覆过程中熔池流体流动的控制方程组包括质量、动量和能量的守恒方程，其表达式如下：

$$\frac{\partial\rho}{\partial t} + \nabla\cdot(\rho\boldsymbol{u}) = 0 \qquad (10\text{-}10)$$

$$\rho\frac{\partial\boldsymbol{u}}{\partial t} + \rho(\boldsymbol{u}\cdot\nabla)\cdot\boldsymbol{u} = \nabla\cdot\left[-p\boldsymbol{I} + \mu(\nabla\boldsymbol{u} + (\nabla\boldsymbol{u})^{\mathrm{T}})\right] - K_0\frac{(1-f_i)^2}{f_i^3 + B}\boldsymbol{u} \qquad (10\text{-}11)$$

$$\rho c_p\left(\frac{\partial T}{\partial t} + \boldsymbol{u}\cdot\nabla T\right) = \nabla\cdot(k\nabla T) - \frac{\partial H}{\partial t} - \rho\boldsymbol{u}\cdot\nabla H \qquad (10\text{-}12)$$

式中：t、$\boldsymbol{u}$、ρ 分别为熔池中流体流动的时间、速度和流体密度；μ 是流体的黏度；p 为压力；T 为温度；H 为焓值；c_p 为比热；k 为热导率；$\boldsymbol{I}$ 为单位矩阵；f_i 为液体体积分数；K_0 是区域常数；B

是防止分母为零的数。

3）边界条件

在熔池上表面需要设置边界条件，其中包括界面追踪中的液/气移动界面和表面张力作用以及马兰戈尼（Marangoni）效应。除此之外，在相变所形成的固/液过渡区需设置动量的耗散项。

由图 10-9（a）可知，熔池后端过渡区域流体流速随温度降低而减慢。由图 10-9（b）可知，熔池前端流体速度大小分布由中间向四周扩散，流速由慢变快，发散后速度矢量有向熔池后方移动的趋势。此外，熔池内部的流体流动分布还受进入流体内活性元素的影响，过多的活性元素会使熔池表面流体由熔池边缘向温度最高的中心处汇聚，产生自上而下的流动循环。

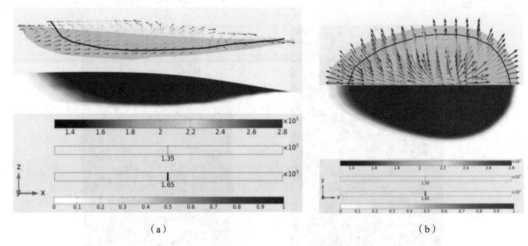

（a）　　　　　　　　　　　　　　（b）

图 10-9　熔池流场速度分布与相变图对比

（a）沿熔覆方向的纵截面；（b）俯视图

4. 多相耦合的模拟研究

当前大多数研究都将激光熔覆过程中的粉末流动以及熔池的动态演变过程进行单独分析，但是粉末流入熔池并跟随熔池流动发生动态熔化凝固等过程也是影响涂层形貌及其组织的重要因素。目前可以通过 CFD＋CAE 软件实现粉末、激光、基体三者交互作用的研究，其模型分为两个部分，第一部分是常规的气/粉两相流的模拟研究，第二部分是通过将前者的粉末流数据载入来实现粉末流和激光束之间的热相互作用以及沉积过程研究，其中涉及粉末、基体的受热以及流体的运动。

在激光束作用下，粉末粒子的加热过程可表示为

$$m_p c_p \frac{\mathrm{d}T_p}{\mathrm{d}t} = I\eta_p \pi r_p^2 - h(T_p - T_\infty)4\pi r_p^2 - \varepsilon\sigma(T_p^4 - T_\infty^4)4\pi r_p^2 \tag{10-13}$$

式中：m_p 为粉末颗粒的质量；c_p 为比热；T_p 为粒子在时间 T 的温度；η_p 为粒子吸收系数；h 为热对流系数；T_∞ 为周围气体的温度；ε 为粒子发射率；σ 为 Stefan-Boltzman 常数；r_p 为光束半径；I 为激光能量强度。

粉末流颗粒沉积到基体时，基体的加热过程可以采取以下函数表示：

$$\frac{\partial \rho h}{\partial t} + \nabla(\rho v h) = \nabla \cdot (K\nabla T) + \frac{\partial p}{\partial t} + \nabla v + S_h \tag{10-14}$$

式中：h 为焓；k 为热导率；v 为速度；S_h 为焓源项。

采用流体体积法对表面运动进行分析,函数为

$$\frac{\partial F}{\partial t}+v_x\frac{\partial F}{\partial x}+v_y\frac{\partial F}{\partial y}+v_z\frac{\partial F}{\partial z}=0 \tag{10-15}$$

式中:F 为表示单元内流体分数体积的函数。F 函数在每个时间步长都会更新,并受熔池中的流量和粉末颗粒的影响。将有限元法与拉格朗日粒子算法进行耦合,得到了图 10-10 所示具有较高真实性的粉末在基体上动态沉积的过程,并且通过对比发现实际轨迹和模型轨迹的轮廓线吻合度较高,涂层的高度也表现出良好的一致性。

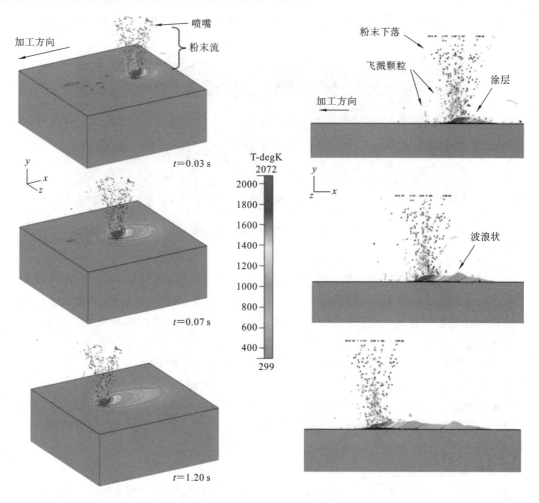

图 10-10　不同时间的沉积过程

10.4　表面涂层性能研究

高速激光熔覆技术利用激光在金属表面上辐照制备具有优异的物理、化学性能的涂层,提高涂层材料表面的性能。当前对高速激光熔覆涂层性能的研究主要集中在耐磨性、耐腐蚀性,以及高温抗氧化性上,未来生物相容性也是研究的热点。

1. 强化、表面耐磨性研究

磨损现象在工业领域中较为常见,是造成材料损失的重要原因之一,通常通过减少裂纹的

产生、提高弥散强化和细晶粒强化来提高耐磨性。在表面强化过程中涂层容易出现孔隙,孔隙会引起应力集中导致产生裂纹,而常规激光熔覆和高速激光熔覆都可以依靠控制热输入来抑制孔隙产生,减少裂纹。但是高速激光熔覆相比于常规激光熔覆加热和冷却速率更快,因此涂层的微观结构更加细腻,细晶粒强化程度更高。相对于常规激光熔覆,原位合成的增强相在涂层和基体中的分布也更均匀,弥散强化程度更高。

由图 10-11 可发现,相比于高速激光熔覆,常规激光熔覆下涂层中的 WC 颗粒分布不均匀且析出的不同形状的碳化物会提高涂层的裂纹敏感性,同时热分解析出的碳所生成 CO 和 CO_2 气泡容易被碳化物阻碍导致涂层孔隙的产生,因此在试验条件下涂层磨损失重比高速激光熔覆的高出 51%。

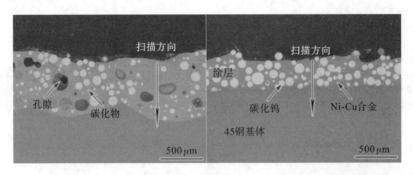

图 10-11　常规激光熔覆与高速激光熔覆镍基 WC 涂层断面的 BSE 图像对比

2. 表面耐腐蚀性研究

金属材料抵抗周围介质腐蚀破坏作用的能力称为耐腐蚀性,由材料的成分、化学性能、组织形态等决定。为了提高材料耐腐蚀性,往往利用激光熔覆技术在基体上熔覆含 Al、Ni、Cr 等易钝化元素的粉末材料,从而使涂层表面形成钝化膜,提高基体的耐腐蚀性。但是相对于常规激光熔覆,高速激光熔覆可以提高结晶驱动力使结晶形核率增加,从而使涂层晶粒更加细化,因此钝化元素在涂层表面可以迅速扩散并形成均匀致密的钝化膜。

图 10-12 对比研究了不同激光熔覆技术下 Ni45 涂层的组织与性能,可以发现涂层的微观结构呈现出相同的生长规律,但是采用高速激光熔覆技术制备的涂层组织更均匀致密,枝晶间距更窄。此外涂层表面出现的纳米晶体有助于铬元素的扩散并形成致密的钝化膜,所以涂层腐蚀速率远低于采用常规激光熔覆技术制备的涂层的。

3. 表面高温抗氧化性研究

金属与氧接触产生的化学反应称为氧化腐蚀,而金属材料在高温中抵抗氧化腐蚀的能力称为高温抗氧化性。工业生产中通常依靠制备高温防护涂层来提高材料表面的高温抗氧化性,其氧化机理和组织成分、显微结构、晶粒大小等有关。通常利用常规激光熔覆技术制备含 Si、Cr 或 Al 元素的高温防护涂层,以保证在氧化时形成完整的 SiO_2、Cr_2O_3 或 Al_2O_3 膜。相对于常规激光熔覆,采用高速激光熔覆技术制备的涂层组织稳定性更好、缺陷更少,基体与涂层的结合更加良好,保证了涂层的高温抗氧化性。

由图 10-13 可以发现,采用高速激光熔覆技术制备的 Ti-Cu-NiCoCrAlTaY 涂层的物相在氧化后由原本的 Cu、γ-Ni 和 $Cu_{3.8}Ni$ 增加了 $(Ni,Co)Cr_2O_4$、Al_2O_3、Cr_2O_3 等氧化物。内层致密的 Al_2O_3 可以提高抗氧化性,外层的 Cr_2O_3 可以降低氧的扩散速率,降低氧在氧化膜与涂层界面之间的活性。因此在氧化 50 h 后,涂层的增重仅是基体增重的 0.38 倍。

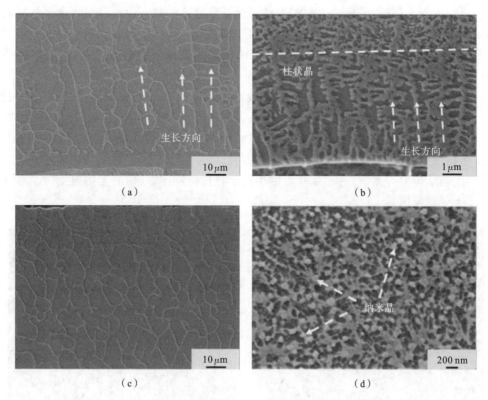

图 10-12　常规激光熔覆与高速激光熔覆涂层微结构对比

（a）（c）常规激光熔覆；（b）（d）高速激光熔覆

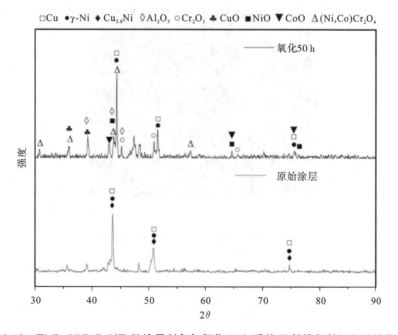

图 10-13　Ti-Cu-NiCoCrAlTaY 涂层制备与氧化 50 h 后的 X 射线衍射(XRD)结果对比

4. 生物相容性研究

目前不锈钢、纯钛及其合金作为医用金属材料被广泛用于骨骼修复和牙科植入物领域。

但是,当它们植入人体后,不良的生物相容性可能导致植入失败。为增强医用金属材料的生物活性,可利用激光熔覆技术在金属基材上制备羟基磷灰石(HA)、氟磷灰石(FA)和 β-磷酸三钙(β-TCP)的生物陶瓷涂层。激光熔覆技术不仅可提高涂层材料和基体之间冶金结合的能力,而且有助于得到合适的表面纹理以增强组织-植入物界面金属表面的生物相容性和生物活性。

图 10-14 是通过激光熔覆技术制备的磷酸钙生物涂层在体外模拟体液(SBF)中浸泡 14天的表面形态,可以发现涂层在 SBF 中浸泡后表面形成了鳞片状、棉花状以及松针状的磷灰石,也间接说明磷酸钙生物涂层具有良好的生物活性。可以通过工艺、成分、结构的改进与设计,减少生物涂层与人体骨骼之间的力学性能差异。另外,可增加生物涂层在生物体内的生物相容性等生物学研究与测试,并建立相应的生物学评价标准体系,使激光熔覆生物涂层材料尽快在临床上得到应用。

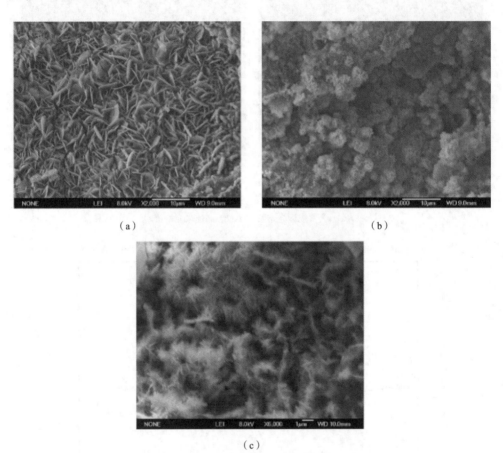

(a)　　　　　　　　　　　　　　　(b)

(c)

图 10-14　在 SBF 中浸泡 14 天的涂层的表面形态

(a) 鳞片状;(b) 棉花状;(c) 松针状

10.5　熔覆材料体系

在设计熔覆材料体系的时候,不仅要考虑涂层的使用性能,还需要考虑熔覆材料的各种成分与基体的相容性和匹配性。熔覆合金中的各种成分和基材的膨胀系数不一致,是熔覆层产生裂纹的重要因素。因此在设计熔覆层的材料体系时需要考虑熔覆层和基材之间热膨胀系数的差异,两者的差异越小,熔覆层产生裂纹的可能性就越小。当前高速激光熔覆的材料主要有自熔性合金、高熵合金以及复合材料。

1. 自熔性合金粉末

自熔性合金粉末中含有脱氧和自熔作用的 Si、B 等元素,可以在熔覆过程中降低涂层的熔点,增加熔体的流动性,改善熔体对基体金属的润湿能力,提高涂层的组织性能,如表 10-2 所示,当前自熔性合金在常规激光熔覆中对性能的提升作用已经得到验证。自熔性合金主要有镍基和铁基合金。镍基合金粉末因自熔性较好、耐冲击、耐热、价格适中,所以应用最为广泛。而铁基合金粉末虽然自熔性一般,但是也能够满足多数场合的耐磨、耐腐蚀性能提升的要求,且价格较低。图 10-15 所示是在高速激光熔覆下制备的铁基合金,可以发现涂层与基体之间同样保持了良好的冶金结合,并且因为涂层内部组织晶粒细小,所以在细晶强化作用下涂层的硬度相对基体硬度提高了 2 倍。

表 10-2　自熔性合金对涂层性能的影响

基　　体	涂　　层	性　　能
低碳钢	铁基合金	耐磨性
C45E4	Fe60	硬度
316 不锈钢	FeCrBSi	耐腐蚀性
Q235 钢	Inconel 625	耐腐蚀性、耐磨性
TP347H	C22	耐腐蚀性
6063 铝合金	Ni60	硬度

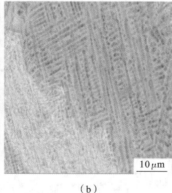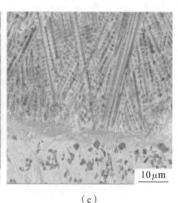

（a）　　　　　　　　　　　（b）　　　　　　　　　　　（c）

图 10-15　涂层不同位置组织形貌

（a）表层；（b）内部；（c）结合界面处

2. 高熵合金

高熵合金(high-entropy alloy)简称 HEA,由等摩尔或接近等摩尔比的多种元素组成,具有简单的微观结构,如面心立方(FCC)或体心立方(BCC)。由于其固有的反应性较低,扩散缓慢且强度和硬度极高,因此是未来增强涂层性能的极佳材料。如表 10-3 所示,当前高熵合金在激光熔覆中对性能的提升作用已经得到验证。

3. 复合材料

金属基复合材料(metal matrix composite,MMC)涂层是将金属粉末与陶瓷增强相结合,在激光束的作用下以金属粉末为过渡层(黏结相),使金属基底与涂层形成良好的冶金结合。因

表 10-3　高熵合金对涂层性能的影响

基　　体	涂　　层	性　　能
304 不锈钢	CoCrFeNiTi	硬度、耐腐蚀性
4Cr5MoSiV1	FeCoCrNiMnAl	抗塑性变形
45 钢	AlCoCrCuFeNi	硬度、耐腐蚀性
Q235 钢板	$Fe_{25}Co_{25}Ni_2(B_{0.7}Si_{0.3})_{25}$	耐磨性
AISI 1045 钢	FeNiCoAlCu	耐高温、耐磨性
Ti-6Al-4V	TiAlNiSiV	耐磨性

复合材料既具有金属的强韧性与工艺性,又具有陶瓷材料的耐热性、耐腐蚀性、高温抗氧化性能,所以可以用来制备高质量的涂层。如表 10-4 所示,当前复合材料在常规激光熔覆中对性能的提升作用已经得到验证。图 10-16 所示是利用高速激光熔覆技术在 45 钢基材上制备铁基+VC 陶瓷颗粒的涂层的 XRD 图,涂层中产生了初晶 Fe 固溶体、VC、弥散细小碳化物 $M_{23}C_6$ 以及 M_7C_3(M 为 Fe、Cr)等物相,有利于提高耐磨性。

表 10-4　复合材料对涂层性能的影响

基　　体	涂　　层	性　　能
Ti-6Al-4V	Ti-6Al-4V+WC	硬度
H13	Fe-VC	硬度
N1310	WC-FeNiCr	磁性能
碳钢	WC-Co/NiCrBSi(Ti)	耐腐蚀性
AZ91D	Al+Ti+B4C	耐磨性、耐腐蚀性
304 不锈钢	Stellite 12+Ti/B_4	耐磨性、抗氧化性

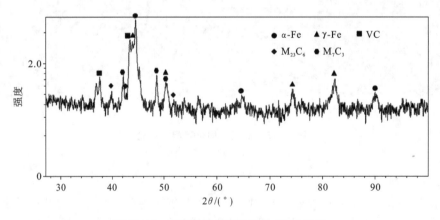

图 10-16　高速激光熔覆涂层的 XRD 图谱

4. 非晶材料

非晶态合金又称金属玻璃,由于非晶态合金内部原子无规则排列,在具有均匀各向同性的同时又具备玻璃和金属两种性质。另外与晶体材料相比,非晶态合金无晶界、位错和孪晶等晶体缺陷,因此在提高硬度、耐腐蚀性以及耐磨性等方面均有较大的优势,同时还具有一定的电磁性能。如表 10-5 所示，当前非晶材料在激光熔覆中对性能的提升作用已经得到验证。图 10-17 所示是用高速激光熔覆技术制备的铁基非晶合金涂层，可看出涂层中部区域光滑，无明显组织特征。

表 10-5　非晶合金对涂层性能的影响

基　体	涂　层	性　能
AISI 1045	$Fe_{38}Ni_{30}Si_{16}B_{14}V_2$	耐磨性
45 钢	Fe-Cr-Mo-Co-CB-Nb	硬度与耐腐蚀性
纯镁	$Zr_{65}Al_{7.5}Ni_{10}Cu_{17.5}$	耐磨性和耐腐蚀性
碳钢	$Fe_{41}Co_7Cr_{15}Mo_{14}C_{15}B_6Y_2$	耐腐蚀性
45 钢	$Fe_{37.5}Cr_{27.5}C_{12}B_{13}Mo_{10}$	耐磨性
TA2	Zr-Al-Ni-Cu	耐磨性

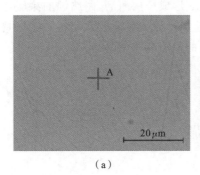 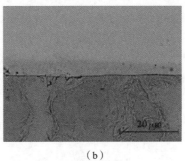

（a）　　　　　　　　　　　　　　　　（b）

图 10-17　高速激光熔覆下涂层横截面组织形貌

（a）熔覆层中部区域形貌图；（b）结合面区域形貌图

当前高速激光熔覆的专用材料体系研究还不够完善，目前材料研究主要集中在自熔性合金上，缺乏对多梯度涂层和稀土元素的研究。通过多梯度材料制备，可以使涂层微观组织界面呈现渐变的趋势，这有利于涂层和基体之间的结合，并且在增加涂层耐腐蚀性和耐磨性的同时因梯度材料的缓冲作用可一定程度上降低残余应力。稀土元素如 Y、Ce 和 La 等具有特殊的化学活性，可以和多元素发生反应，实现细化涂层微观结构并改善涂层性能，所以也是未来的研究热点。

10.6　工业应用

高速激光熔覆技术的效率要比传统形式的激光熔覆高 100～250 倍。这一技术的优势使得其能够广泛应用于各种金属器件的修护，比如在电力、航空航天、兵器、核工业、汽车制造业中需要提高或者修护的零件，主要包括以下几类。

1. 动力设备

在我国，提供能源和动力的各种规格涡轮动力设备在国民经济支柱产业中，尤其是在钢铁业中占有举足轻重的地位。利用高速激光熔覆技术在涡轮动力设备表面制备涂层，不仅能够满足工作条件对设备性能的要求，而且能提高设备的使用寿命，更重要的是可避免一些贵重金属元素的使用，绿色高效且降低了成本。

2. 要求载荷高、精度高的金属器件

在我国的钢铁行业中，每年的金属器件损耗高达百亿元。损耗的金属零部件无法修复只能更换，有时甚至需要更换整台机器。要保证及时更换零部件就必须大量储备零部件，不仅占用空间且消耗大量的财力。高速激光熔覆技术可应用于轧钢生产线上设备和零部件的修复，不仅能够完好地修复这些损坏或者失效的零部件，使其达到"起死回生"的效果，而且可以在新零件上高速激光熔覆高性能涂层，显著延长使用寿命。

3. 汽车工业中大型模具

在汽车制造领域，汽车驾驶室、引擎盖等外壳部件是通过冲压成形的。冲压过程中，模具表面会受到不同程度的磨损与冲击破坏，模具的磨损问题将影响外壳部件的质量。使用高速激光熔覆技术在模具表面制造高耐磨性涂层，不仅能够使模具的使用寿命得到延长，而且可减少模具的替换次数从而降低生产成本，使经济效益得到提高。

4. 煤矿开采机械零件

使用高速激光熔覆技术可以在液压支柱表面形成一层耐磨、耐腐蚀的涂层，且与支柱基体形成良好的冶金结合。与电镀涂层相比，使用超高速激光熔覆技术制备的涂层具有高硬度、高结合强度以及良好的耐磨、耐腐蚀特性，更重要的是不存在环境污染。因为涂层良好的耐磨、耐腐蚀特性，工件寿命可延长 3～4 倍。使用该技术可以减少零部件的检修及更换次数从而提高零部件利用率，进一步节约用于更换检修的资金。

复习思考题

（1）简述高速激光熔覆的原理。

（2）简述高速激光熔覆的特点。

（3）高速激光熔覆相对于传统激光熔覆的技术劣势是什么？

（4）高速激光熔覆和传统激光熔覆的共通点是什么？

（5）高速激光熔覆可以应用在哪些领域？

（6）高速激光熔覆可以提高涂层的哪些性能？原理是什么？

（7）高速激光熔覆常用的材料体系有哪些？

（8）影响高速激光熔覆工艺的参数有哪些？

第 11 章 超 声 加 工

声学枝叶繁茂,分支众多,应用领域涉及生产生活的方方面面。1847 年焦耳发现的磁致伸缩效应和 1880 年居里兄弟发现的压电效应奠定了超声发展的基础。Lewis Richardson 于 1912 年申请了超声回声定位/测距的专利,拉开了现代超声研究的序幕。

超声加工(ultrasonic machining,USM)是一种非传统的加工工艺。超声加工是利用超声振动工具在有磨料的液体介质或干磨料中产生磨料的冲击、抛磨以及由此产生的气蚀作用,实现材料去除,或者对工具或工件沿着一定方向施加超声频振动来进行振动加工,或利用超声振动使得工件相互黏结连接的加工方法。

与传统的热、化学或电加工过程可能会改变加工材料的物理特性不同,超声波焊头不会对工件产生热量,零件的物理特性将始终保持一致,在加工比金属更脆和更敏感的材料时,超声加工比传统加工具有明显的优势,因此有很多应用。通常进行超声加工的材料包括陶瓷、硬质合金、玻璃、宝石和硬化钢等。这些脆性材料多用于光学、电等需要严格保证尺寸精度和质量的领域。超声加工足够精确,可用于制造微机电系统组件,例如微结构玻璃晶片。除了小型部件外,超声振动加工方法可以提供高精度和高表面质量,结构部件也可使用超声振动加工方法。

超声加工的优点如下:

(1) 可以加工传统加工方法难以加工的硬、脆材料,制成高精度零件;

(2) 能够加工脆弱的材料,如玻璃和非导电金属,这些材料无法通过放电加工和电化学加工等替代方法进行加工;

(3) 因为加工材料没有变形,所以能够生产高公差等级的零件;

(4) 加工过程中不会产生毛刺,生产成品零件所需的工序少;

(5) 能够与多种加工方式组合,提高工作性能,扩大应用领域。

超声加工的缺点如下:

(1) 微碎屑或侵蚀机制会导致材料切割率低、功耗高、渗透率低,并且由于磨粒对工具的持续冲击,超声波发生器尖端会迅速磨损;

(2) 因为磨料浆无法有效地到达孔底,所以在零件上钻深孔很困难;

(3) 该加工方法仅限于加工小尺寸的表面;

(4) 超声振动加工只能用于硬度值至少为 45 HRC 的材料。

11.1 超声加工的基本原理

11.1.1 超声波的基本概念及其特性

声波是各种弹性介质中的机械波,由物体的振动产生,是一种重要的信息传递手段。声源和传声介质是声波产生的两个必要条件。声波传播过程中,介质的质点本身没有宏观的运动,只在平衡位置附近振动。声波有两个基本特点:声波是一种振动状态的传递,有物质才有振动,声波不能在真空中传播;声波碰到不同的介质会产生散射、衍射、反射。

　　声波在传播过程中,由于声源、介质、边界条件的差异会产生不同类型的波,最普遍的是纵波和横波,如图11-1所示。固体中的超声波也称为弹性波,固体介质与流体介质的基本差异在于固体能够承受切应力,因此固体中不但能传播与流体介质中类似的纵波,还能够传播流体介质中不能传播的横波。研究流体介质中的声波时常用声压作为基本的变量,固体介质中没有声压的概念,常采用固体介质的质点位移或速度作为基本变量。

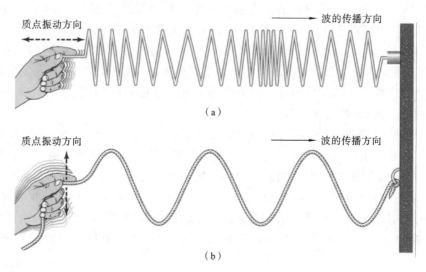

图 11-1　纵波与横波示意图
(a)纵波;(b)横波

存在声波的空间称为声场,声场的主要特征值包括以下几个。

1. 声压 P

　　声波扰动造成的介质中质点的压强 P' 是关于时间和空间的函数。介质中质点没有声波扰动时的静压强记作 P_0,把声波扰动后的压强与静压强之差 $P=P'-P_0$ 称为声压。介质中质点的声压随声波的传播时间和距离的变化为

$$P=\rho c u \tag{11-1}$$

式中:ρ 为介质的密度;c 为介质中的声速;u 为介质中质点的振动速度。

　　声压的测量是相对容易实现的,常用电子仪器的测量值基本都是有效声压,所以日常所说的声压无特殊说明均指有效声压。此外,通过声压的测量可以间接得出质点振速等其他物理量,因而声压成为声场描述中最普遍的物理量。

2. 声强 I

　　声强是指声波传播的能流密度,即在单位时间内通过垂直于传播方向上单位面积的声波能量。在均匀各向同性固体介质中传播的纵波声强与质点位移振幅 A 和质点振动的角频率 ω 乘积的平方成正比,即

$$I=\frac{1}{2}\rho c (A\omega)^2 \tag{11-2}$$

式中:ρ 为介质的密度;c 为介质中的声速;A 为介质质点位移振幅;ω 为质点振动的角频率。

3. 声阻抗 z

声阻抗表示声场中介质对质点振动的阻碍作用,通过声压和质点振动速度定义,如式 (11-3)所示。声阻抗由介质的参数决定,与波的参数无关。

$$z = \frac{P}{u} = \rho c \tag{11-3}$$

通常以人类的听觉频率(20 Hz～20 kHz)划分声波的频段,低于 20 Hz 的声波称为次声波,高于 20 kHz 的声波称为超声波,如图 11-2 所示。在标准大气压下的空气中,超声波的波长为 1.9 cm 或更短。正弦波的波长可以在任何两个具有相同相位的点之间测量,如图 11-3 所示。波长 λ 的计算公式为

$$\lambda = \frac{v}{f} \tag{11-4}$$

式中:v 是声波的速度;f 是声波的频率。

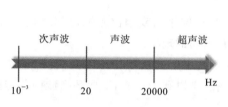

图 11-2　声波的频段划分

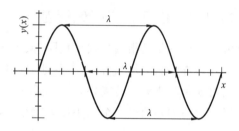

图 11-3　波长的示意图

驻波是一种随时间振荡但其峰值幅度分布在空间中不移动的波。空间任意点的波振荡的峰值幅度随时间是恒定的,并且整个波不同点的振荡是同相的。图 11-4 中黑色的波就是驻波,它是由传播方向相反的波叠加而成的,也就是由图中向右的波和向左的波叠加而成的。两列波振动方向相反、相互抵消的位置,即振幅绝对值最小的位置称为波节,而其中振动最剧烈的位置,即振幅绝对值最大的位置称为波腹。

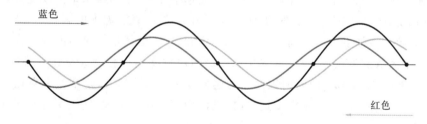

图 11-4　驻波示意图

11.1.2　超声波的衰减

声衰减是指声波能量随声波在介质中的传播距离增大而减小的现象。衰减程度的大小受声波的频率、介质的均匀程度和吸收程度以及传播距离的影响。一般将声衰减分为三类:扩散衰减、吸收衰减和散射衰减。

扩散衰减主要和声波的传播距离(声程)有关;散射衰减是由于固体或液体介质中的颗粒使声波产生散射,导致部分声波没有沿原有的传播方向传播,造成声能的衰减,散射引起的衰减程度与声波频率呈正相关关系;吸收衰减是由于声波在具有黏滞性的介质中传播时,介质中不同的质点产生摩擦,使一部分声能转换成热能,导致声能损耗。

衰减系数常用来定量描述超声波在不同介质中的衰减情况。其中平面波传播过程中不存在扩散衰减,其衰减系数等于散射衰减系数 α_s 与吸收衰减系数 α_a 之和。平面波在介质中传播一定距离后声压的衰减规律可表示为

$$P = P_0 e^{-\alpha X} \tag{11-5}$$

式中:X 为测量点到声源的距离;P 为距离声源 X 处的声压;P_0 为声源处的辐射声压;α 为衰减系数。

$$\alpha_a = c_1 f \tag{11-6}$$

$$\begin{cases} \alpha_s = c_2 F d^3 f^4 & (d \leqslant \lambda) \\ \alpha_s = c_3 F d^3 f^2 & (d \approx \lambda) \end{cases} \tag{11-7}$$

式中:f 为超声波频率;c_1 为材料吸收系数;c_2、c_3 为散射系数;F 为材料各向异性因素;d 为晶粒直径;λ 为波长。

11.1.3 超声波的干涉、衍射

波的干涉现象是指两列频率相同、振动方向相同、相位相同或相位差恒定的波相遇时,介质中某些地方的振动加强,而另一些地方的振动互相减弱的现象。

衍射现象是指波在传播中,如果被一个大小接近或小于波长的物体阻挡,就绕过这个物体,继续进行;如果通过一个大小接近或小于波长的孔,则以孔为中心,形成环形波向前传播。

11.1.4 超声波的空化效应

超声波在液体介质中传播时,将以极高的频率压迫液体质点振动,在液体介质中会连续形成压缩和稀疏区域,形成微小的空泡或气泡。超声空化是指液体介质中的微小气泡核在强超声波的作用下,经历生长振荡而最终迅速崩溃的过程。在超声空化气泡的崩溃过程中,在非常有限的体积内会瞬间产生巨大的压力梯度和温度梯度,从而引发一系列的化学、物理和生物等效应,如腐蚀金属表面、产生光脉冲辐射、化学反应速率加快、生物组织结构改变等。

超声空化受到超声波强度、频率、液体表面张力与黏滞系数、温度的影响。在空化饱和前,空化强度随着超声波强度的增加而增大,但到达饱和之后,继续增加超声波强度会产生大量的无效气泡,将增大散射衰减,反而降低空化强度。超声频率增加会增大空化的难度,一般采用的频率范围为 20～40 kHz。液体的表面张力越大或黏滞系数越大,越难产生空化。液体温度越高,对空化的产生越有利,但是温度过高时,气泡中蒸汽压力增大,气泡闭合时缓冲作用增强而使空化减弱。

11.2 超声加工基本原理

超声波加工是利用加工工具端面作超声高频振动,通过磨料悬浮液加工硬脆材料的一种加工方法。图 11-5 所示为传统超声波加工基本原理,在工件和加工工具间加入磨料悬浮液,由超声波发生器产生超声振荡信号,经超声换能器将超声振荡信号转换成高频机械振动,使悬浮液中的磨料不断地撞击待加工表面,使硬而脆的被加工材料局部破坏而被撞击下来。同时,在工件表面瞬间正负交替的正压冲击波和负压空化作用下加工过程得以强化。因此,超声波加工实质上是磨料的机械冲击与超声波冲击及空化作用的综合结果。

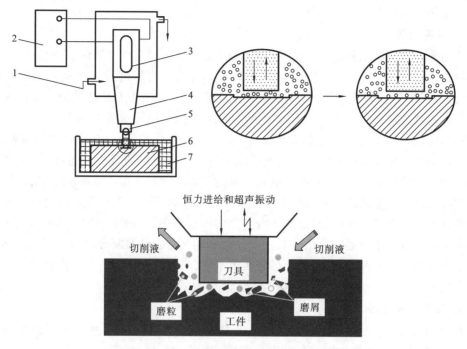

图 11-5 超声波加工原理示意图

1—冷却水;2—超声波发生器;3—换能器;4—变幅杆;5—工具;6—工件;7—磨料悬浮液

11.3 典型超声加工系统的组成

11.3.1 超声波发生器

超声波发生器,通常称为超声波发生源或者超声波电源。它的作用是把市电(220 V 或 380 V,50 或 60 Hz)转换成与超声波换能器相匹配的高频交流电信号。放大电路可以采用线性放大电路和开关电源电路,从转换效率方面考虑,大功率超声波电源一般采用开关电源的形式。

频率自动跟踪和振幅控制特性是影响超声波发生器性能的关键因素。

1. 频率跟踪

随着负载和工具磨损情况的变化,振动装置的谐振频率会发生漂移。在没有反馈系统的情况下,超声波加工系统将处于失谐状态,超声电源的输出功率大多被转换为热,从而使超声波振动装置的振幅大大降低,甚至为零。为保证加工质量和保护超声系统,要求发生器具有根据负载调整输出功率的功能。

2. 振幅控制

供电电压的变化、负载的变化等均会影响超声波换能器的振幅和功率,导致加工误差变大,因而超声波发生器需要具备短时间自动调整振幅,以及使振幅恒定的能力。

11.3.2 超声换能器

超声换能器将传输的电信号转换为高频低振幅振动。从本质上看,换能器将电能转换为机械能。常用的换能器有下面两种。

1. 压电换能器

晶体的单晶具有压电和逆压电特性,即在一定方向受力时这些单晶的表面会产生电荷,而其在电场作用下会产生应变。1916年法国物理学家郎之万将压电石英片置于两块厚钢板之间,研制成功了第一个真正实用的压电换能器。直到现在,朗之万型换能器仍应用广泛。

厚度模纵波换能器是最简单常用的压电换能器,其内部结构如图11-6所示。由压电陶瓷制作的圆形压电晶片2是整个压电换能器的核心。保护膜1位于压电晶片2的前方,与介质接触。压电晶片与测试介质之间的声阻抗失配往往会影响声能的有效传递,因此有时会在保护膜和压电晶片之间加入匹配层,加强进入介质的声波。背衬3在压电晶片2的后面,用于增加换能器的带宽。压电晶片2的电极引线4接到外壳5的插座6上。压电换能器的振动模式取决于极化方向和电极位置,同时也和压电元件的形状有关,它的两个圆面为两个电极,极化方向与电极面垂直。电极通电后压电晶片产生沿厚度方向的伸缩振动,称为厚度模振动。

压电换能器的激励频率范围广,能量转换效率高(95%以上),但是功率相较于磁致伸缩换能器来说偏低。

2. 磁致伸缩换能器

磁致伸缩效应可描述由材料磁化强度变化引起的材料尺寸变化。常用的磁致伸缩材料有镍、铁镍、铁铝、铁钴钒和铁氧体等。由于自旋轨道耦合,磁-机械耦合发生在原子级别。从宏观层面来看,可以假设材料由许多微小的椭圆形磁体组成,这些磁体由于外加磁场的作用而旋转,进而导致尺寸的变化。

图11-7所示的典型磁致伸缩换能器具有一个钢壳,壳内封装了驱动线圈。磁致伸缩材料放置在结构中心,当通过驱动线圈的电流产生磁场时,磁致伸缩材料受磁场作用形成驱动器,产生超声波。

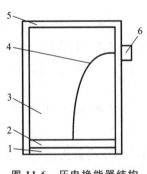

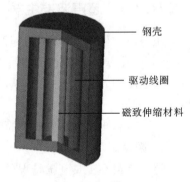

图 11-6　压电换能器结构　　　　　图 11-7　典型磁致伸缩换能器

1—保护膜;2—压电晶片;3—背衬;4—电极引线;5—外壳;6—插座

磁致伸缩换能器功率较大,但工作温度较高,需要进行冷却,体积相对来说偏大。由于磁致伸缩换能器的物理尺寸限制(频率取决于换能器的长度,而换能器频率越高,磁致伸缩材料越短),其以低于约30 kHz的频率工作。此外,磁致伸缩换能器的设计导致它的效率较低,通常低于50%。

近几年来,随着超磁致伸缩材料的发展,超磁致伸缩换能器成为新的研究方向。超磁致伸缩材料的磁致伸缩系数远大于传统磁致伸缩材料和压电陶瓷材料的,具有能量密度大、能量转换效率高、响应速度快等优点,这使它成为制造超声换能器的理想材料。试验研究表明,超磁致伸缩换能器比压电换能器的有效带宽大,稳定性好,相同电压下可以得到更大的超声振幅。但是在超声频下,超磁致伸缩换能器存在发热严重、能量损耗大等显著问题,其实际应用有待进一步研究。

11.3.3　超声变幅杆

压电换能器和磁致伸缩超声换能器的振幅微小,一般小于 0.01 mm,振幅不足以直接用来加工,需要用变幅杆来放大振幅。变幅杆连接超声换能器和工具,它实际上起到传输能量、放大振动的振幅的作用,如图 11-8 所示。变幅杆的选用材料应具有良好的声学性能,具有较高的抗疲劳裂纹能力。变幅杆可分为单一变幅杆和复合变幅杆。单一变幅杆的结构简单、放大倍数小、制造方便、生产周期短。常见的单一变幅杆有阶梯形、指数形和圆锥形等,如表11-1所示。图 11-9 中显示了在超声加工中常用的几种不同的变幅杆。

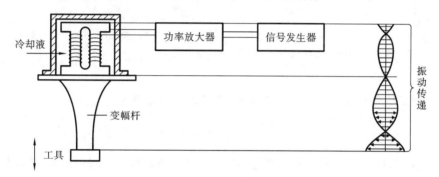

图 11-8　变幅杆连接示意图

表 11-1　单一变幅杆类型

变幅杆类型	特　　点	不　　足
指数形	工作稳定,振幅放大倍数低,阻抗易匹配,放大倍数一般为 10~20	放大倍数小,制造困难,截面不易变化
圆锥形	制造容易,频率稳定性好,机械强度大,放大倍数一般为 5~10	振幅放大倍数小,共振长度较长
阶梯形	结构简单,面积系数一定时振幅放大倍数最大,共振长度最短,放大倍数在 20 倍以上	截面处应力大,放大倍数不稳定,频率范围小

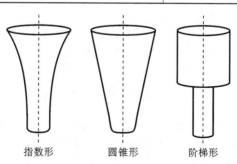

指数形　　　　　圆锥形　　　　　阶梯形

图 11-9　超声加工中常用的几种不同的变幅杆

复合变幅杆是由两种或两种以上不同形状的杆组合而成的,能提高形状因数,增大放大倍数,在生产加工中使用得较多。

11.3.4　工具

工具是由相对有韧性的材料(如黄铜、不锈钢或低碳钢)制成的,以尽量减少工具的磨损。工具磨损率与材料去除率的值取决于磨料的种类、工作材料和工具材料。

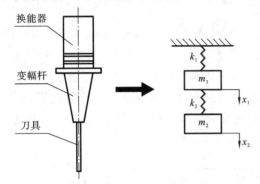

图 11-10　超声振动系统力学模型

为了探究换能器和变幅杆对系统谐振频率和放大能力的影响,在忽略阻尼的条件下,可将系统简化为一个具有双自由度的弹簧-等效质量模型,其结构和力学模型如图 11-10 所示。将由换能器和变幅杆组成的超声振子等效为质量块 m_1,将刀具等效为质量块 m_2,等效刚度分别为 k_1 和 k_2。

该系统的振动微分方程为

$$\begin{bmatrix} m_1 & 0 \\ 0 & m_2 \end{bmatrix}\begin{bmatrix} \ddot{x}_1 \\ \ddot{x}_2 \end{bmatrix}+\begin{bmatrix} k_1+k_2 & -k_2 \\ -k_2 & k_2 \end{bmatrix}\begin{bmatrix} x_1 \\ x_2 \end{bmatrix}=0$$

(11-8)

由超声电源发出的激励信号为正弦激励,设系统稳态时的响应为

$$\begin{bmatrix} x_1 \\ x_2 \end{bmatrix}=\begin{bmatrix} A_1 \\ A_2 \end{bmatrix}\sin\omega t$$

(11-9)

式中:ω 为角频率;A_1、A_2 分别代表超声振子和刀具的稳态振幅。将式(11-9)代入微分方程式(11-8),可得系统的谐振角频率方程和振幅 A_1、A_2,它们的表达式为

$$\begin{cases} f(\omega^2)=(-m_1\omega^2+k_1+k_2)(k_2-m_2\omega^2)-k_2^2 \\ A_1=\dfrac{k_2-m_2\omega^2}{f(\omega^2)} \\ A_2=\dfrac{k_2}{f(\omega^2)} \end{cases}$$

(11-10)

则超声振子和刀具的振幅比为

$$\frac{A_1}{A_2}=1-\frac{m_2\omega^2}{k_2}$$

(11-11)

解系统的角频率方程,显然 ω^2 有两个不同的根,分别为

$$\omega_a^2=\frac{k_2}{m_2}\cdot\frac{\left(1+\dfrac{m_2}{m_1}\Big/\dfrac{k_2}{k_1}+\dfrac{m_2}{m_1}\right)+\sqrt{\left(1+\dfrac{m_2}{m_1}\Big/\dfrac{k_2}{k_1}+\dfrac{m_2}{m_1}\right)^2-4\cdot\dfrac{m_2}{m_1}\Big/\dfrac{k_2}{k_1}}}{2}$$

(11-12)

$$\omega_b^2=\frac{k_2}{m_2}\cdot\frac{\left(1+\dfrac{m_2}{m_1}\Big/\dfrac{k_2}{k_1}+\dfrac{m_2}{m_1}\right)-\sqrt{\left(1+\dfrac{m_2}{m_1}\Big/\dfrac{k_2}{k_1}+\dfrac{m_2}{m_1}\right)^2-4\cdot\dfrac{m_2}{m_1}\Big/\dfrac{k_2}{k_1}}}{2}$$

(11-13)

当系统在 ω_a 处发生共振时,振子的振动方向与变幅杆的振动方向相反,工具的反向局部共振并不适用于超声加工的场景,因此舍弃解 ω_a。下面分析系统在 ω_b 处的振动特性。

刀具的谐振角频率 ω_2 为

$$\omega_2=\sqrt{\frac{k_2}{m_2}}$$

(11-14)

联立式(11-14)和式(11-13),得

$$\begin{cases} \dfrac{\omega_{\mathrm{b}}^2}{\omega_2^2}=\dfrac{\left(1+\dfrac{m_2}{m_1}\Big/\dfrac{k_2}{k_1}+\dfrac{m_2}{m_1}\right)-\sqrt{\left(1+\dfrac{m_2}{m_1}\Big/\dfrac{k_2}{k_1}+\dfrac{m_2}{m_1}\right)^2-4\cdot\dfrac{m_2}{m_1}\Big/\dfrac{k_2}{k_1}}}{2} \\ \dfrac{A_1}{A_2}=1-\left(\dfrac{\omega_{\mathrm{b}}}{\omega_2}\right)^2 \end{cases} \tag{11-15}$$

由此构建了 $\omega_{\mathrm{b}}/\omega_2$ 与 m_2/m_1、k_1/k_2 的关系。m_2/m_1 表示超声振子与刀具的等效质量之比,该值受到换能器、变幅杆结构形状和刀具尺寸的影响,k_1/k_2 表示刀具等效刚度和超声振子等效刚度的比值,该比值的大小主要受超声振子和刀具各自截面的影响,而受长度因素的影响小。当刀具和超声振子等效质量相差较大时,系统的谐振频率对等效质量变化较敏感;当刀具和超声振子等效刚度相差较大时,系统的谐振频率对等效刚度变化较敏感。因此,可根据实际加工情况,对换能器和变幅杆的形状进行优化,以确保超声加工系统在最佳的状态下工作。

11.4 超声加工的应用

11.4.1 超声切削

一般的难加工材料有高温合金、钛合金、高强钢、复合材料、陶瓷材料等,这些材料硬度高、强度高、不易磨损、不易氧化,具有良好的耐热性、耐腐蚀性,已经越来越广泛地应用于机械制造、国防以及航空工业等领域。但是由于这些材料具有极高的硬度和脆性,传统的加工方法难以加工,超声加工对难加工材料有着极强的切削能力,因此超声加工技术被广泛应用在难加工材料的加工领域中。

超声切削方法是指在传统切削过程中,在刀具上施加超声波振动的一种新型加工方法。超声车削装置有纵向振动超声车削装置、弯曲振动超声车削装置和扭转振动超声车削装置三种形式。其中,纵向振动超声车削装置不必测量和确定超声车刀的位移及节点,因而使用方便。但这种装置需要采用刚性固定变幅杆,且对变幅杆本身有一定的要求。弯曲振动超声车削装置则不同,它对刀杆节点的测定、压块的调解以及车刀的磨损等都有一定的要求,通常这种装置在实验室中使用较多。扭转振动超声车削装置由于国内研制开发扭转换能器和扭转振动系统的工作起步较晚,因此使用较少。

超声波振动系统通过超声波发射器将交流电转换成具有超声频率的正弦电振荡信号,然后利用换能器将电振荡信号转换成超声频率机械振动,最后使用变幅杆将换能器的小幅振动放大后传递给车削刀具。超声振动系统与车削刀具一同固定在刀架上,共同实现超声车削加工,如图 11-11 所示。其中,单次切削厚度为 d_{c},给刀具施加一个正弦规律的振动速度 v_{d},工件以恒定的速度 v_{c} 运动,刀具的振动叠加在工件的进给运动上。

在切削过程中,刀具在切削速度方向运动的同时还以超声频率振动,刀具前刀面与切屑之间的相对位置得以改变。设超声切削过程中,刀具在切削速度方向的位移 x 为

$$x=a\sin\omega t \tag{11-16}$$

式中:a 为振幅;ω 为振动角频率。

刀具振动的速度 v_v 为

$$v_v=\frac{\mathrm{d}x}{\mathrm{d}t}=a\omega\cos\omega t \tag{11-17}$$

刀具振动的加速度 a_v 为

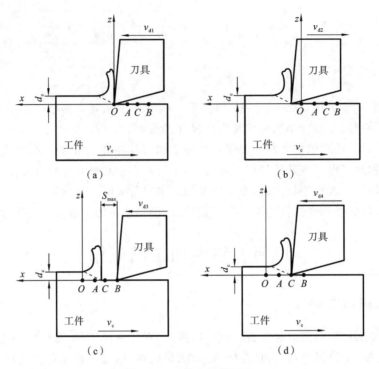

图 11-11 超声切削原理

(a) 初始时刻;(b) 开始分离;(c) 分离最远处;(d) 再次接触

$$a_v = \frac{\mathrm{d}^2 x}{\mathrm{d} t^2} = a\omega^2 \sin\omega t \tag{11-18}$$

工件的线速度即切削速度 v 为

$$v = \frac{\pi D n}{1000} \tag{11-19}$$

式中:D 为工件直径;n 为工件转速。

刀具与工件在切削速度方向的相对速度 v_r 为

$$v_r = v + v_v = v + a\omega\cos\omega t \tag{11-20}$$

由式(11-20)可知,当 $v < a\omega$ 时,刀具和切屑之间存在分离状态,称为分离型超声切削;当 $v > a\omega$ 时,刀具和切屑之间不存在分离状态,称为不分离型超声切削。$a\omega$ 称为临界切削速度 v_c:

$$v_c = a\omega = 2\pi a f \tag{11-21}$$

刀具在一个振动周期中的纯切削时间 t_c 与刀具的振动周期 T 的比值为

$$\frac{t_c}{T} = \frac{t_1}{T} - \frac{t_2}{T} + 1 \tag{11-22}$$

式中:t_1、t_2 可通过求解下面的方程组得到,即

$$\begin{cases} -v = a\omega\cos\omega t_1 \\ a\sin\omega t_1 + v t_1 = a\sin\omega t_2 + v t_2 \end{cases} \tag{11-23}$$

刀具在一个振动周期中沿切削方向的切削长度 l_T 为:

$$l_T = \frac{v}{f} \tag{11-24}$$

整体上来讲,超声切削是一种变速切削。相对于传统切削,不分离型超声切削仅仅在一个周期内变速,而分离型超声切削则完全是周期性切削。

11.4.2　超声表面光整强化

零件的表面质量显著影响零件的耐磨性、耐腐蚀性、配合性和密封性等性能。超声表面光整强化技术对精细光整表面有极微细的光整能力,对抗疲劳表面有极高的强化能力,对工件表面进行机械冷作硬化后,加工表面的硬度和耐磨性得以提高,表面粗糙度降低,且加工成本低,大大提高了生产效益。

1. 超声挤压强化

超声挤压强化的作用原理是将超声振动引入挤压工艺中,在此过程中工具头的运动轨迹由常规挤压轨迹和超声振动轨迹复合而成,能使加工表面塑性变形更均匀,从而提高加工表面的光洁程度和力学性能,进而提高加工零件的疲劳性能和抗腐蚀性能,如图 11-12 所示。

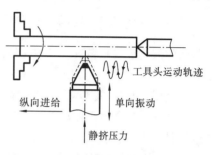

图 11-12　超声挤压强化原理

相较于其他强化工艺,超声挤压强化不仅强化了零件表面的力学性能,还增强了零件表面的光洁程度和完整性,细化了表面组织,增大了残余压应力,在多方面提高了零件的抗疲劳性能、耐磨损性能,在高强度合金强化领域有广阔的应用前景,然而传统超声挤压强化工艺存在刀具磨损严重的问题。

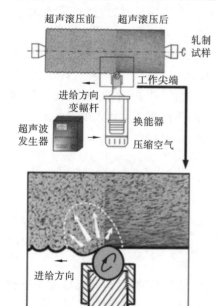

图 11-13　超声滚压强化工艺
及系统原理

2. 超声滚压强化

超声滚压强化是一种新型表面机械强化技术,兼具超声冲击和传统滚压两种技术的优势,在加工过程中同时对金属表面进行冲击和挤压,使加工表面产生较大的塑性变形,其原理如图 11-13 所示。该工艺可细化加工表面晶粒,提高表面硬度,并将残余应力改变为压应力,提升金属的抗疲劳性能,在航空航天、铁道交通、核电等领域均有广泛应用。

超声滚压加工兼具细化加工表面、降低表面粗糙度、提高疲劳强度、减小刀具磨损、降低加工成本等优势,在提高零件整体的耐磨损、耐腐蚀、抗疲劳等性能方面具有极好的应用前景,但目前也存在加工稳定性与效率较低、残余应力释放和疲劳强度提高机理研究不够深入等问题。这些问题应当重点研究,这对推广超声滚压技术有重要意义。

11.4.3　超声波焊接

超声波焊接,按焊接材料可以分为超声波金属焊接和超声波塑料焊接。超声波焊接的原理是利用超声振动产生的热效应实现焊接,如图 11-14 所示。在超声波金属焊接中,焊接区域

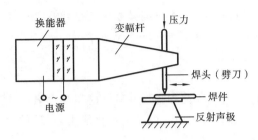

图 11-14 超声波焊接装置示意图

不通电,不使用焊条,不直接对焊接金属区加热,可以获得高精度的焊接件,并且超声波焊接还具有焊接速度快、焊点强度高、可实现自动焊接的优点。对于铝合金焊接,表面氧化膜的破除是关键,但是由于材料显微表面粗糙不平,很难去除位于材料表面凹处的氧化膜。为此,可运用超声波钎焊技术对铝合金进行焊接,采用能和铝发生共晶反应的材料作为钎料,钎料的熔化填充使位于凹处的氧化膜在低静压力下破碎,而且铝与钎料间可相互扩散形成共晶液相,促使氧化膜去除。

在金属焊接中,有以下超声波焊接方法:

(1) 采用两个超声振动系统进行超声点焊。该方法可以焊接 10 mm 厚的铝件,焊点强度能达到材料本身强度。

(2) 采用两个超声振动系统进行超声环焊。该方法可焊直径为 18 mm、厚度为 0.2~1 mm 的铝、不锈钢和碳素钢环。

(3) 超声对焊。该方法可焊 6~10 mm 厚的铝板、6 mm 厚的钢板,焊接强度为 200 MPa。

(4) 超声复合振动焊接。该方法主要用于导线焊接,可焊直径为 0.1 mm 的铝线和直径为 0.025 mm 的铜线。

(5) 超声精微焊接。该方法与其他焊接方法相比具有焊接方法质量高、焊接可靠等优点,在微电子元件的焊接生产中有很大的应用前景。

超声波塑料焊接是将声能转化为热能,将焊区塑料熔化并使之黏结在一起的焊接方法。它的优点是焊接速度快、焊接表面平整、不影响非焊接区,目前广泛应用于食品包装、航空航天等工业。超声波塑料焊接加工质量受到超声频率、振幅、焊接时间、焊接压力等参数的影响,低熔点、高摩擦系数的材料更易焊接。随着社会的不断发展,生活中对多种不同特性塑料之间相互连接的需求不断增加,需要持续发展超声波塑料焊接技术,扩大焊接技术的应用领域。

11.4.4 超声波增材制造

超声波增材制造基于传统的超声波焊接工艺,其原理是使高频振动波传递到两个需焊接的物体表面,在加压的情况下,使两个物体表面相互摩擦而形成分子层之间的熔合,如图 11-15 所示。

超声波增材制造以金属薄片为材料,能够实现真正冶金学意义上的熔合,并可以使用各种金属材料如铝、铜、不锈钢和钛等。超声波增材制造的过程包括利用超声波逐层连续焊接金属片,并通过机械加工实现指定的 3D 形状,从而形成坚实的金属物体。通过结合增材和减材处理能力,超声波增材制造可以制造出深槽、中空、栅格状或蜂窝状的内部结构,以及其他复杂的几何形状,这些结构和形状通常无法使用传统减材制造工艺完成。此外,该技术的重要优势是能够制造多金属零件,如图 11-16 所示的换热器。

同时,超声波增材制造工艺是固态的,不涉及熔化过程,这个工艺可以用来将导线、带、箔和"智能材料"比如传感器、电子电路和致动器等完全嵌入密实的金属结构中,而不会导致任何损坏,从而为电子器件的设计带来新的可能性。

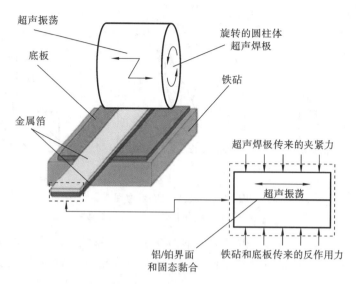

图 11-15 超声波增材制造原理

图 11-16 打印的铝铜复合材料换热器

11.4.5 超声钻削

超声钻削是指在传统钻削的过程中施加高频振动来辅助钻削过程。通过引入振动带来新的刀具运动轨迹,形成新的切削动力学过程,可使得钻削温度降低,磨损减小,加工的精度和质量都有所提高。超声钻削按振源、振动形式以及振动位置可分为不同的类别。

超声钻削按振源可分为自激振动和受迫振动超声钻削。自激振动中振动主要来自系统自身,如机床受到敲击后产生振动,将振动传递至工件上。自激振动受限于系统阻尼的影响无法持续,且无法控制和调节。受迫振动中振动来源于外部驱动电路,将振动传递给钻头或工件,其可调节性强。

超声钻削按振动形式可分为轴向振动、扭转振动和复合振动钻削。轴向振动是指振动方向与钻头轴线方向相同,该方法最为简单和常用。扭转振动是指振动方向总是与钻头的旋转方向相同,使得钻头不断进行欠切和过切。复合振动是指既进行轴向振动,同时也进行扭转振动,如图 11-17 所示。

超声钻削按振动位置不同可分为工件振动和刀具振动。工件振动需要使整个工件或者工

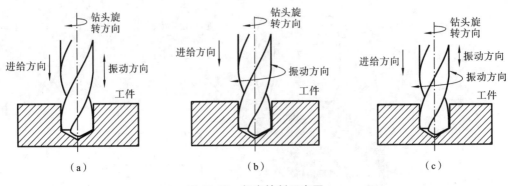

图 11-17　超声钻削示意图

（a）轴向振动；（b）扭转振动；（c）复合振动

作台振动，由于工件质量一般较大，振动导致的惯性较大，对系统稳定性及能量的要求较高，通常只在实验室中使用。刀具振动只需安装振动刀柄即可实现有效的振动辅助，在生产中较为常见。

11.4.6　超声磨削

　　超声磨削是指在磨削加工过程中引入超声振动形成的一种新的加工工艺。研究表明，超声磨削可以有效解决在加工过程中砂轮堵塞和磨削烧伤等问题，能有效提高磨削效率与磨削质量。

　　图 11-18 所示为一维超声振动磨削。在图 11-18（a）中，砂轮或工件沿砂轮的轴线方向振动，称为轴向超声振动磨削。在图 11-18（b）中，砂轮或工件沿砂轮的直径方向振动，称为径向超声振动磨削。在图 11-18（c）中，砂轮或工件沿砂轮与工件接触时的切线方向振动，称为切向超声振动磨削。无论是砂轮超声振动还是工件超声振动，它们之间的相对运动关系是相同的，不同之处在于工件做超声振动时，超声振动将降低工件的动态硬度，降低磨削力，提高表面质量；砂轮做超声振动时有助于黏附在工具上的切屑的脱落，有助于切屑的排出，砂轮超声振动会加速磨粒的脱落，一方面保持了良好的自锐性，但另一方面也加快了砂轮的磨损。磨削硬脆陶瓷材料时，振动方向垂直于被磨削表面的轴向超声振动磨削增加了磨粒对磨削表面的锤击作用，使磨削表面产生了许多细小的微裂纹，从而大大降低了磨削力。

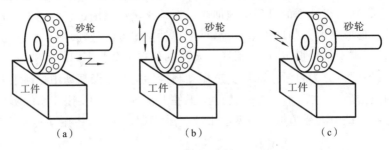

图 11-18　一维超声振动磨削

（a）轴向振动；（b）径向振动；（c）切向振动

11.4.7　超声清洗

　　超声清洗是一项应用广泛的功率超声方法和应用技术。普通超声清洗设备主要由三部分组成:超声信号发生器、超声换能器、清洗槽。结构示意图如图 11-19 所示。简单地讲,将被清洗的工件浸入盛有清洗液的清洗槽中,超声波信号发生器将 220 V 的交流电转换成超声频率电压振荡信号,并传送给超声换能器。超声换能器将高频电信号转换成同频率的机械振动,并通过清洗槽底部的钢板向清洗液中发射超声波。超声波清洗是利用超声波在液体中的空化效应、微声流及加速度冲击对液体和污物的作用,使污物层分离、乳化、剥离从而达到清洗的目的的。

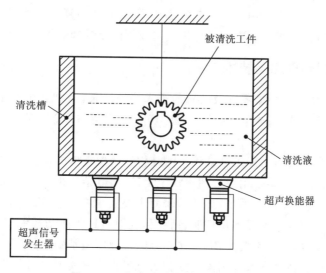

图 11-19　超声清洗设备结构示意图

为了不影响槽底钢板的振动,一般被清洗工件不是直接放置在清洗槽中,而是放在专用的清洗篮中或者挂在专用支架上悬于清洗液中。超声换能器使用专用胶直接粘在清洗槽底板上,或者根据清洗要求粘在槽壁板上。近些年来,螺栓焊机的应用解决了胶接的超声换能器从缸底脱落的问题,大大提高了清洗器的使用寿命。为了提高清洗效果,清洗槽上还常常装有加热器和温控器件等辅助设备。近年来常使用多频清洗、扫频清洗,使声场均匀化,进一步提高了清洗效果。

11.4.8　超声复合加工

随着产业不断升级变化,新材料尤其是超硬、脆等难加工材料不断出现,使用一般的超声技术加工这些硬脆材料几乎无法得到理想的效果,而将超声加工技术与其他的加工方法结合进行生产加工,可以综合利用超声加工技术和其他加工方法的优点,取得良好的加工效果。

1. 超声电火花复合加工

将超声振动引入电火花微细孔加工过程中,可以在火花放电的同时利用超声空化作用和泵吸作用,有效实时去除电蚀物,加快工作液循环,并且可以改善间隙放电条件,进而有效避免电弧放电,提高有效脉冲比例,提高被加工孔的深径比、生产率和脉冲电源的利用率,而且在振幅稳定的情况下,能够得到更高的加工精度。

2. 超声电解复合加工

将脉冲电解引入超声振动磨削进行生产加工,加工速度比一般的脉冲电解加工的速度更快,加工精度比一般超声振动磨削加工的精度更高。

3. 超声复合磁力研磨加工

超声复合磁力研磨加工技术是超声加工技术与磁力研磨加工技术相结合的新型加工技术。引入超声波振动,可以克服磁力研磨的尖点效应,磁性磨粒受到磁场力作用,同时,在工件表面施加脉冲压力,可以显著提高研磨效率。超声复合磁力加工中,磁性磨粒的运动由水平圆周运动变为水平旋转运动与垂直往复运动的合成运动,对工件原始表面波峰波谷的去除效果更好,使加工后的工件表面形貌更加光整,并且显著提高了去除效率。

超声复合加工可以综合多种加工工艺的优点,形成独特的复合加工工艺,能够显著提升加工效果,改善加工质量,必将是未来超声加工技术发展的重要趋势。

11.4.9 微细超声加工技术

近年来,随着市场对微小型零件及装置的需求快速增长,微细加工技术迅速发展,微型化技术已成功应用于航空航天、光学、通信、生物医学和汽车等诸多领域,成为机械制造方面的研究重点。

目前成形加工和分层扫描加工已被用于微结构和微型零件的加工。在脆硬材料上加工孔如成形孔、盲孔或通孔时主要采用成形超声加工工艺;而复杂三维曲面的加工主要采用分层扫描方法,这种加工方式存在很多不足,如基础研究主要集中在工艺特性的试验上,还没有建立关于材料去除率、工具损耗、表面损伤控制、精度和表面质量预测与控制等方面的理论数学模型,由于没有实用的材料去除率模型,需要在现有的常规模型基础上,综合考虑工具硬度、磨料粒度、材料韧性、进给和振动参数等因素建立新的材料去除率模型。目前关于微细超声加工的理论研究非常不足,仍需要科研人员做进一步研究。

11.4.10 旋转超声加工

为实现高效、高精度的旋转超声加工,超声振动系统作为超声加工机床的核心,应满足多方面的要求,其需要把超声能转化为高频振动的机械能,并且尽可能地减少传递过程中的能量损耗。超声振动系统主要由超声波发射器、超声换能器、超声变幅杆、刀具等组成,如图 11-20 所示。

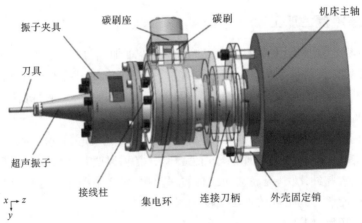

图 11-20 超声振动系统

旋转超声加工同常规超声加工相比,加工生产率更高。在加工参数相同的情况下,其加工孔的速度是传统超声波加工速度的 9～11 倍,是传统磨削加工的 7～9 倍,并且不需退刀排屑,易于实现孔的机械化加工。在加工硬脆材料时,不仅可以得到更深的小孔,而且在获得更高的加工精度和更小的表面粗糙度时所需的工作压力也小。这种加工方法是绿色经济低污染的,进而可减少对环境的危害。国内的旋转超声加工技术发展缓慢,先进超声加工机床的研制比较落后,距离工业化和商用化阶段较远。

旋转超声加工包含三种加工形式:钻孔、端面铣削和侧面铣削。其材料去除机理如图 11-21 所示。其中,钻孔与端面铣削加工中刀具端面的磨粒与工件材料在超声振动的作用下产生周期性的切削和分离,并附加有锤击效果。旋转超声加工中磨粒与工件有周期性的高频分离,可使切削区域被打开,切削液进入,改善了润滑和冷却情况,且加工过程中的高频锤击使加工表面粉末化,切削力降低。

1. 旋转超声铣削加工

旋转超声铣削加工属于振动铣削技术的一种,刀具的高速旋转运动、进给运动和高频振动复合成切削运动。旋转超声铣削加工原理如图 11-22 所示。在旋转超声铣削加工中,表面粗糙度随主轴精度的增加而增加,主轴转速是影响切削力的主要原因,其次为进给速度、切削深度。

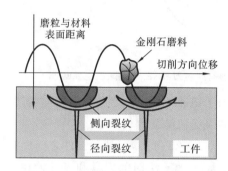

图 11-21　旋转超声加工中磨料运动
轨迹和材料去除机理

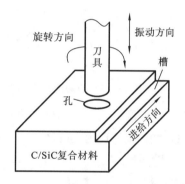

图 11-22　旋转超声铣削加工原理

2. 旋转超声磨削加工

进行旋转超声磨削加工时,超声波发生器输出高频电振荡信号,经换能器转换为超声频机械振动,变幅杆将换能器的振动放大后传至工具磨头,在砂轮的轴线与切线方向上施加一定振幅的超声频振动,通过工具磨头上的磨粒对工件进行磨削加工,如图 11-23 所示。

旋转超声磨削加工的周期往复作用及切削速度大、作用时间短等运动特性,使得表面质量和加工精度得以提高。从工件的动态位移情况来看,在旋转超声磨削加工中,表面粗糙度有所降低,工件振动系统的刚度有所提高,这也有助于提高加工表面质量和精度。

3. 旋转超声椭圆振动加工

旋转超声椭圆振动加工是在旋转超声的基础上改变刀具的振动运动轨迹而发展出的超声加工技术。超声振动下的切削力和表面粗糙度均有所降低。而大量试验表明,应用三维椭圆超声振动加工技术可进一步降低切削力和表面粗糙度。旋转超声椭圆振动加工刀具在切削材料的同时,在切削平面内做椭圆形状的二维振动。椭圆振动切削的基本原理如图 11-24 所示,切削周期内刀具-工件接触状态示意图如图 11-25 所示。在单个切削刃轨迹周期中,t_1 点时刀具和工件开始接触切削;t_2 点为刀具切削刃轨迹上的最低点;t_3 点时刀具的前刀面和切屑开始接触;t_4 点时刀具对切屑的摩擦力反向,t_4 点后刀具对切屑的摩擦力方向和刀具的运动方向

图 11-23　旋转超声磨削加工

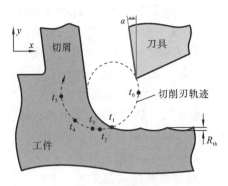

图 11-24　旋转超声椭圆振动加工原理

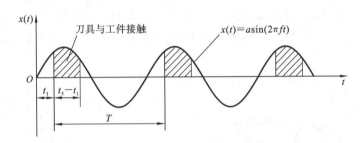

图 11-25　旋转超声椭圆振动加工中切削周期内刀具-工件接触状态示意图

相同,即超声椭圆振动加工的摩擦力反向效应有助于切屑的排出;t_5 点时单周期的切削结束。α 为刀具倾角;R_{th} 是理论上的超声椭圆振动引起的表面粗糙度。

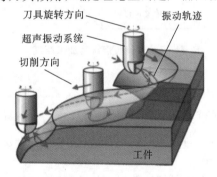

图 11-26　曲面旋转超声椭圆振动切削原理

由图 11-25 可知,刀具和工件之间周期性地接触和分离,在 $t_1 \sim t_5$ 时间刀具和工件接触。与普通切削加工相比,刀具的超声椭圆振动加工可以通过减小实际切屑厚度、摩擦力反向效应以及变切削角度/速度特性来显著减小切削力,减少加工缺陷,提高脆性材料的塑脆转变深度,减少刀具的磨损,提高其使用寿命,增强加工系统的稳定性,显著提高加工效率。曲面旋转超声椭圆振动切削原理如图 11-26 所示。

11.4.11　超声加工在医学中的应用

1. 超声骨切削技术

骨材料是由纤维蛋白质和矿物质等组成的各向异性的高强度纳米黏弹性复合材料,切削过程复杂。在临床骨外科手术(如切骨、钻骨、锯骨、磨骨等)中,主要问题为切削过程中的热损伤和力损伤。例如在钻骨过程中,钻头、骨组织以及骨屑之间相互摩擦生热,并且骨屑不易排出,从而导致钻削区温度过高。对人体而言,47～50 ℃的温度持续一分钟就会造成骨细胞热坏死。骨坏死会导致骨钻孔孔径扩大以致骨针松动,不同程度的骨损伤会影响骨愈合,加大病患痛苦,延长愈合时间。而力损伤主要表现为骨残余应力以及切削区域微裂纹的产生,易增大骨损伤程度。而在骨手术中采用超声振动切削,可以显著减小切削过程中产生的应力,降低手术温升,改善骨表面性能,减小骨损伤。所以近年来,将超声骨切削技术应用于微创脊柱手术、开颅手术、骨折修复术、颌骨囊肿手术、牙科坏牙剔除等已逐渐成为一种趋势。

超声骨刀是一种利用高强度聚焦超声波进行骨手术的医疗器械。使用中,刀头温度低于 $38\ ^{\circ}\text{C}$,影响距离小于 $200\ \mu m$。并且该高强度聚焦超声波只对特定硬度的骨组织具有破坏作用,不会破坏神经、血管及其他软组织,缩小了手术创口,提高了手术的精确性、可靠性和安全性。

2. 软组织超声切割

超声刀在切割组织的过程中可使创口处的蛋白质变性凝结,从而封闭血管,进而缩短手术时间,减少缝合次数,降低术后风险,对软组织尤其是大量血管、神经集中的腺体部位手术有重要作用,如图 11-27 所示。

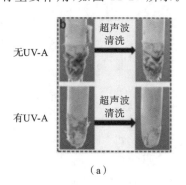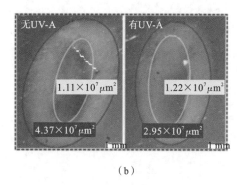

图 11-27 常规电刀和超声辅助在组织黏附量、损伤区域方面的对比

(a) 组织黏附量;(b) 操作区域

超声微创手术工具还在聚焦癌症治疗、活检穿刺、内窥检测等多个领域具有应用价值,并在临床医疗的多个方面取得应用,其具备的病人出血少、痛苦小、住院时间短、术后引流量与并发症少、恢复速度快等特点,有利于在手术中保证正常组织器官功能不受影响,降低机体的应激反应和免疫机能损伤,可减轻病人的痛感与对手术的恐惧感。当前,超声微创手术工具仍存在机理研究不透彻、部分产品稳定性不足、仅停留在试验阶段等问题。未来在微创手术工具研究中,可侧重超声振动的机理研究,以实现在手术中匹配最佳参数,最大程度优化手术过程,使手术更加安全、人性化、经济化。

复习思考题

(1) 超声加工相较于传统加工方式有何不同?

(2) 简述超声加工系统的组成和基本原理。

(3) 超声加工中,为什么要将超声振动系统调节成处于共振状态?

(4) 超声变幅杆有哪些类型?各有什么特点?

(5) 超声加工中,进给压力对其有何影响?

(6) 眼镜店里常利用超声波对眼镜进行清洗,请简单介绍其原理。

(7) 口罩是最常用和有效的新冠疫情防护工具。在口罩生产中,超声加工有何应用呢?

（8）试述超声波在医学治疗、医学病理检测等方面的应用实例。它们利用了超声的哪些特性？

（9）增材制造技术俗称 3D 打印，可以满足个性化、小批量的加工生产要求，当超声焊接方法被应用到 3D 打印机上时，也就成就了一项新的 3D 打印工艺——超声波增材制造。请简述其原理和特点。

（10）在某些工艺中加入超声振动系统后，可以创新发展出复合加工工艺，这对我们有何启迪？

第 12 章 射 流 加 工

12.1 水射流加工

12.1.1 水射流加工原理

水射流加工(water jet machining)是以一束从小口径孔中射出的高速水射流作用在材料上,通过将水射流的动能变成去除材料的机械能,对材料进行清洗、剥层、切割的加工技术。水射流是从喷嘴流出形成的不同形状的高速水流束,它的流速取决于喷嘴出口直径及出口截面前后的压力差。加工机理是由射流液滴与材料的相互作用过程,以及材料的失效机理所决定的。图 12-1 所示为高压水射流加工装置示意图。

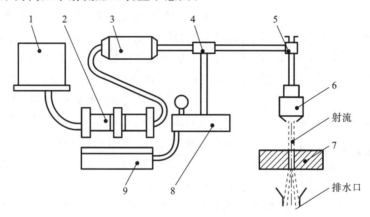

图 12-1 高压水射流加工装置示意图

1—水箱;2—水泵;3—蓄能器;4—控制器;5—阀;6—蓝宝石喷嘴;7—工件;8—液压装置;9—增压器

1. 射流液滴与材料的相互作用过程

射流液滴接触到物体表面时,速度发生突变,导致液滴状态、内部压力及接触点材料内部应力场也发生突变。在液/固接触面上存在着一个极高的压应力区域,它对材料的破坏过程起到重要的作用。射流液滴与材料的相互作用过程如图 12-2 所示。当液滴作用于物体表面时,仅仅在冲击的第一阶段射流才能保持平坦。液/固边缘的液体可自由径向流动。在高速液滴冲击下,材料表面受冲击处的中心产生微变形,从而形成突增的局部压力(即水锤压力),液滴的中心则在强大的水锤压力下处于受压状态。随着液/固边缘液体的径向流动,流体压力得到释放。同时,压缩波由液/固接触面边缘向中心传播。当其到达中心后,物体表面的压力全部从最高压力降至冲击液滴的滞止压力,液体内部的受压状态消失。上述作用过程取决于液滴的大小及压缩波的传递速度,维持的时间极短,仅是微秒量级。液滴与材料相互作用过程中液滴内部压力随时间波动,最大压力维持的时间也很短($1\sim2~\mu s$),它同射流压力、射流结构及压缩波速度有关。

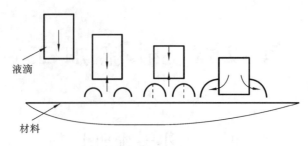

图 12-2　射流液滴与材料的相互作用过程

2. 材料的失效机理

材料的破坏形式大致可分为两类：一是以金属为代表的延展性材料在切应力作用下的塑性破坏；二是以岩石为代表的脆性材料在拉应力或应力波作用下的脆性破坏。有一些材料在破坏过程中，两种破坏形式会同时发生。射流作用的初始阶段有最大的破坏力，射流打击下，材料表面中心部位所产生的高压应力是材料失效的首要原因。水射流施加在材料表面极小的

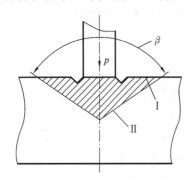

图 12-3　受射流冲击的硬质材料
表面的失效原理

区域内，会产生极高的压强，材料内应力随之增大，发生变形（见图 12-3）。最大应力点位于射流边界上，该区域内形成的切应力最大。当切应力达到临界值时（见区域Ⅰ），裂纹伴随切屑在材料的表面扩展，随着作用力进一步增大，材料失效，使得更大的应力集中在Ⅱ区即 β 角所限制的范围内。这一过程的特征是材料微粒在射流或磨料的冲击下迅速从本体分离。

在高压射流破坏材料的过程中，流体对材料的穿透能力也是一个重要影响因素。流体深入微小裂缝、细小通道和微小孔隙及其他缺陷处，使材料的强度降低。同时，液体穿透进入微观裂缝，在材料内部造成瞬时的强大压力，结果在拉应力作用下，微粒从大块材料上剥离出来。在射流打击应力作用下，特别是当作用应力超过材料的强度时，材料内部以及延伸到表面的裂缝数量均有所增加。裂缝的生成与扩展最终导致了材料的失效。

从上述分析可以看出，射流冲击力是材料破坏的首要因素，而材料的力学性能（抗拉强度、抗压强度等）和结构特性（微观裂缝、孔隙率等）以及液体对材料的渗透性等也是影响材料失效速度的重要因素。

12.1.2　水射流加工的特点

与其他高能束流加工技术相比，水射流切割技术具有独特的优越性。

（1）切割品质优异。水射流是一种冷加工方式，"水刀"不磨损且半径很小，能加工具有锐边轮廓的小圆弧。加工过程无热量产生且加工力小，加工表面不会出现热影响区，切割缝隙及切割斜边都很小，不需二次加工。

（2）几乎没有材料和厚度的限制。无论是金属类如普通钢板、不锈钢、铜、钛、铝合金等，还是非金属类如石材、陶瓷、玻璃、橡胶、纸张及复合材料，皆可适用。

（3）节约成本。该技术不需二次加工，既可钻孔亦可切割，降低了切割时间及制造成本。

（4）清洁环保无污染。在切割过程中不产生弧光、灰尘及有毒气体，操作环境整洁，符合环保要求。

12.1.3　水射流加工的应用

水射流的压力和流量取值范围很广,形式也多种多样,因此它的应用非常广泛,具体如下:

(1) 切割金属时表面粗糙度可达 Ra 1.6 μm,切割精度达±0.10 mm,可用于精密成形切制。

(2) 用于有色金属和不锈钢的切割时有独到之处,无反光影响和边缘损失。

(3) 可用于复合材料包括复合金属、不同熔点的金属复合体与非金属的一次成形切割。

(4) 可用于低熔点及易燃材料的切割,如纸、皮革、橡胶、尼龙、毛毡、木材、炸药等材料。

(5) 能适应特殊场地和环境下的切割,如水下、有可燃气体环境下的切割。

(6) 可用于高硬度和不可溶材料的切割,如石材、玻璃、陶瓷、硬质合金、金刚石等的切割。

12.2　磨料水射流加工技术

由于压力不能无限制地提高,因此纯水射流的切割应用受到一定限制。通过对工作介质进行改进,发展出了磨料水射流加工(abrasive water jet machining)。

12.2.1　磨料水射流加工的概念

磨料水射流是以水为介质,通过高压发生装置获得巨大能量,然后通过供料和混合装置把磨料加入高压水束中,形成液固两相流混合射流,依靠磨料和高压水束的高速冲击和冲刷作用,实现材料去除的一种特种加工方法。在磨料水射流加工过程中,起加工作用的主要是磨料粒子,水射流作为载体使磨料粒子加速,由于磨料质量大,硬度高,因此磨料水射流与纯水射流相比,其射流动能更大,加工效果更好。磨料水射流特种加工技术原理如图 12-4 所示。

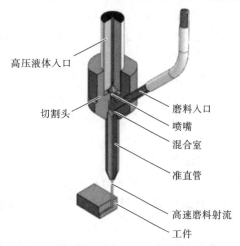

磨料水射流加工主要依靠磨料粒子锋利的棱角对被加工工件进行研磨、冲蚀来完成工件的加工。磨料是经专门筛选、大小一致的硬砂。常用的砂料是石榴石,另外还有石英砂、氧化铝等磨料。石榴石质硬、强度高并且便宜,优质的石榴石砂为红褐色,无粉尘杂质,颗粒边缘棱角分明。常用的磨料如表 12-1 所示。

图 12-4　磨料水射流加工原理示意图

表 12-1　几种常用的磨料

磨料名称	目数	粒径/μm	用　　途
石榴石	40	420	粗加工
石榴石	50	297	切割速度比 80 目的石榴石快一点,但表面稍粗糙一些
石榴石	80	178	最常用,一般性用途
石榴石	120	124	产生平滑的表面
石英砂	/	/	钢材表面理想的喷砂除锈磨料
氧化铝	/	/	抛光用品

12.2.2　磨料水射流加工的特点与组成

1. 磨料水射流特种加工的特点

磨料水射流技术能够迅速发展到今天与其具备鲜明的技术特点、对被加工材料无选择性是分不开的。与机械切割、火焰切割、激光切割、等离子切割相比,磨料水射流加工具有独特的优点。

(1) 冷态切割。几乎所有的国内外文献资料都表明,用磨料水射流切割后被加工工件无热影响区(HAZ)、热损伤、热变形与热变性,切口处材料组织结构性能不发生变化,这对热敏感材料来说是很重要的。因其加工后无热影响区,所以能避免二次加工,降低加工成本,提高工件的疲劳寿命。

(2) 单点切割。切割过程中工件受力很小。因为切割处为一点,所以可以全方位自由作业,切割过程中工件不需固定,可以从工件上任意一点开始,特别适合切割形状复杂的工件,也便于实现自动控制。

(3) 切割灵活,适用范围较广。虽然磨料水射流系统包括增压系统及高压水路、磨料供给系统、喷射系统、运动及其控制系统、工作台和收集器等,但最终的执行机构是切割头,其余均为辅助单元。因此利用高压软管将切割头和辅助设备分开,可以实现远距离、独立、灵活作业,并可根据材料性能和质量要求调整压力和磨料流量等。

(4) 多功能切割。切割材料种类齐全。磨料水射流加工的材料范围十分广泛,能切割各种陶瓷、大理石、硅酸盐玻璃、硬质合金、金属等材料,其在纤维复合材料的加工中也表现出优异的性能,同时在表面涂层剥离加工中也得到了成功应用。据不完全统计,目前磨料水射流切割材料种类多达 500 余种。

(5) 切割能力强,切口质量好。选择合适的切割速度和压力,可以切割 200 mm 厚的钢板、300 mm 厚的钛板、100 mm 厚的铝合金板,切口小至 0.075 mm,切口表面平整光滑,棱边无毛刺,切口公差可达 ±0.06～±0.25 mm。切割金属的表面粗糙度达 Ra 1.6 μm,可用于精密成形切割。

(6) 绿色加工。磨料水射流加工与其他加工方法相比,切割材料时无热、无烟、无味、无毒、无火花,有利于环境保护。水和磨料均为天然材料,只要切割的材料无毒、无害,切割的废水可以直接排放,废料可倾倒于标准垃圾场。加工过程较清洁卫生,对环境无污染,安全、绿色、环保。

水射流特种加工与其他加工方法的比较如表 12-2 所示。

2. 磨料水射流系统

磨料水射流系统包括以下几个主要模块:增压系统及高压管路、磨料供给系统、磨料水射流喷射系统、运动控制系统、机床主体和收集器。

(1) 增压系统。增压系统为磨料水射流提供压力水,其核心部件是增压器,一般采用油水往复式增压泵,增压比通常选用 10:1～20:1,增压器的输出水压可由液压系统的油压来调节。通过增压泵的增压,可使水的压力增至 100～400 MPa,甚至高达 700 MPa。

(2) 高压管路。高压管路连接增压系统和喷射系统,作用是输送高压水并适应喷射系统快速灵活运动的要求,高压管道通常采用具有挠性的耐超高压不锈钢管,并由若干旋转管接头组成。

(3) 磨料供给系统。磨料供给系统为磨料水射流供给磨料,它的基本构成包括料仓、磨料流量阀和输料管。

表 12-2　水射流特种加工与其他加工方法的比较

加工方法	水射流切割		机械切割	氧气切割	电火花线切割	等离子切割	激光切割
	纯水型	磨料型					
切割能量	动能	动能	机械能	热能	热能	热能	热能
切割特点及性能	切削力极小、切割无变形、切割方向自由度大。切割时不产生热量,切割厚度可以很大,也可以很小。它能够切割各种软质材料,包括食品、纸张、婴儿尿布、橡胶和泡棉	切割无变形、切割方向自由度大。无热影响区,无机械应力,切割毛刺很少或无毛刺。能切割几乎所有的硬质材料,例如钢材、复合材料、石材、玻璃	标准切割,适用于生产线中的大量切割。但不易编程且切割后存在机械应力	经济,设备简单,最适合碳素钢的大量切割	适用于气割难加工的不锈钢、有色金属,线切割有很高的精度,但速度很慢。还要求材料导电,切割后表面会产生热影响区。有时需要用其他方法另外穿孔、穿丝才能进行切割,而且切割尺寸受到很大局限	可切割全部导电材料,适用于不锈钢、铝、有色金属的切割,切割后有明显的热效应,精度低,切割表面不容易再进行二次加工	适用于薄钢板、金属、皮革、复合材料的精密加工。但激光切割时会在切缝处引起弧痕并引起热效应;另外对于有些材料,激光切割不理想,如铝、钢等有色金属、合金,尤其是对于较厚金属板材的切割,切割表面不理想,甚至无法切割
20 mm 厚的低碳钢切割速度 /(mm/min)	—	100～200	200～1000	450～500	100	1000～2000	—
金属材料 低碳钢、不锈钢	不适用	合适,切割厚度小于 300 mm	合适	适合低碳钢,不适合不锈钢	合适,有热影响区	合适,有热影响区	合适,但厚度一般在 20 mm 以下
金属材料 有色金属:镁、钛、铝合金	不适用	合适	合适	不适用	合适,有热影响区,用于焊接时需要机加工	合适,有热影响区,用于焊接时需机加工	合适,但厚度有限
非金属材料 有机材料:布、纸张、木材、橡胶、塑料、玻璃钢	合适	合适,用于厚件	切割玻璃钢时加工速度慢	不适用	不适用	不适用	可用
非金属材料 无机材料:岩石、混凝土、陶瓷	不适用	合适,也可切割钢筋混凝土	合适,但切割速度慢	不适用	不适用	不适用	可用

续表

加工方法		水射流切割		机械切割	氧气切割	电火花线切割	等离子切割	激光切割
		纯水型	磨料型					
切割质量对比	表面粗糙度	低	—	—	—	低	较低	—
	精度/mm	±0.2	—	—	—	±(0.2~1)	±0.2	—
	宽度/mm	0.9	—	—	—	0.65~0.75（精细切割）；25~50（普通切割）	0.2~0.8	—
	热影响区	无	—	—	—	中	小	—
	切制变形程度	无	—	—	—	小	很小	—
	垂直度	一般	—	—	—	小	好	—

（4）磨料水射流喷射系统。磨料水射流喷射系统包括高压水开关阀、宝石喷嘴和使水射流与磨料混合的混合管，有时在混合管外面还带有保护套。混合喷嘴要求耐磨性高，一般采用硬质合金制成。

（5）运动控制系统。运动控制系统直接控制喷射系统的移动轨迹，对加工系统的动态加工性能影响较大。喷射系统的运动控制方式一般采用 CNC 控制方式。

（6）机床主体。工作台用于装夹和固定工件。现在使用比较多的是用于大件加工的栅板和用于小件加工的水射流砖，有时也附以压板和平口钳用于固定。

（7）收集器。收集器位于工件下方，用于收集剩余的射流，具有消耗剩余的能量、降低噪声、防止飞溅和保证安全等功能。

12.2.3　磨料射流加工分类

根据射流的成分组成差异，磨料射流分为磨料水射流和磨料浆体射流这两类。磨料水射流中包含磨料颗粒和水，而磨料浆体射流中不仅包含了磨料颗粒和水，还包含一些高聚物作为添加剂。有研究表明磨料浆体射流比磨料水射流的能量利用率高，然而浆体的配比比较困难，直接限制着其加工性能。

磨料水射流按磨料与水的混合方式分为前混式和后混式，如图 12-5 所示。

（1）前混式（见图 12-5（a））。磨料箱设置在高压泵（增压器或离心泵）与喷嘴的中间管段。磨料箱处于泵压作用下，因此它必须是一个能承受一定压力的容器（罐或细长管）。磨料在泵的压力被切断后才能装入磨料箱内，之后接通高压水，使磨料与水混合，并通过输送管及喷嘴形成磨料水射流。在这种系统中，磨料与水在磨料箱内初步混合，使磨料处于似流体的流化状态，然后，在高压输送管的混合室内流化磨料与水混合，再通过喷嘴的加速作用使磨料获得较大的动能。由此可见，前混式磨料水射流主要改善了磨料与水介质的混合机理，使前混式磨料水射流的能量传输效率显著增大，但装置复杂，喷嘴等磨损严重。

（2）后混式（见图 12-5（b））。在驱动压力作用下，水介质通过第一个喷嘴（即水喷嘴）而形成高速射流，并在第二个喷嘴（即磨料喷嘴）的混合腔内产生一定的真空度。磨料箱与混合腔之间形成了一定的压力差，使磨料在其自重和压力差的共同作用下通过气力运输而进入混合腔,并与水射流发生剧烈的紊动扩散与掺混,再通过第二个喷嘴形成磨料水射流。其特点是混合效果稍差,所需压力大,但喷嘴磨损小。目前,后混式的理论研究和应用技术较为成熟。

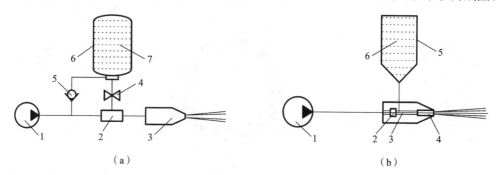

1—高压泵;2—混合腔;3—喷嘴;4—磨料控制阀;
5—单向阀;6—磨料箱;7—磨料

1—高压泵;2—水喷嘴;3—混合腔;
4—磨料喷嘴;5—磨料箱;6—磨料

图 12-5　磨料水射流系统原理
(a) 前混式;(b) 后混式

后混式磨料水射流的高压水从喷嘴中射出,其轴向速度很高,靠抽吸作用吸入的磨料很难进入射流的中心部分。射流能量的利用率很低,磨料不能很好地加速,且与水的混合效果较差,这种磨料射流的使用压力很高,射流能量未得到充分的发挥。例如在切割金属时,需 200 MPa 以上的压力,这就限制了其应用范围。同时这种混合方式还容易导致堵塞。前混式磨料水射流因磨料与水的混合更均匀、充分,磨料粒子的加速时间长,获得的能量高,对物料的作用效果更加突出,故其工作压力可以大大降低。

但是前混式磨料水射流也有缺点,其射流中含有更高动能的磨料粒子,喷嘴的磨损比后混式磨料水射流的明显,对喷嘴的设计要求也更高。但总的来说,前混式磨料水射流比后混式磨料水射流更有优势,因为其射流压力低,动力消耗少,系统简单可靠,成本低,并且切割品质更好,效率更高,更有利于推广应用。不同射流切割特性对比如表 12-3 所示。

表 12-3　纯水射流、前混式磨料水射流与后混式磨料水射流切割特性对比

射流类型		纯水射流	后混式磨料水射流	前混式磨料水射流
压力/MPa	切割钢板(切深 20 mm)	700	350	35
	钢板除锈	150	75	10

磨料水射流按射流加工时的环境条件分为淹没式和非淹没式。

(1) 淹没式。射流从喷出至到达工件都在水中。其特点是射流扩散快,速度和动压力分布均匀。

(2) 非淹没式。射流从喷出至到达工件是在空气自然状态下。其特点是射程大,核心段长度长,但速度分布不均匀。

12.2.4　磨料水射流加工的应用

依据加工方式与目的的不同,磨料水射流加工可分为切割、车削、铣削、钻削和抛光,如图 12-6 所示。

1. 磨料水射流切割

磨料水射流切割机制是近年来深受各国重视的研究课题。前期研究表明,磨料水射流切

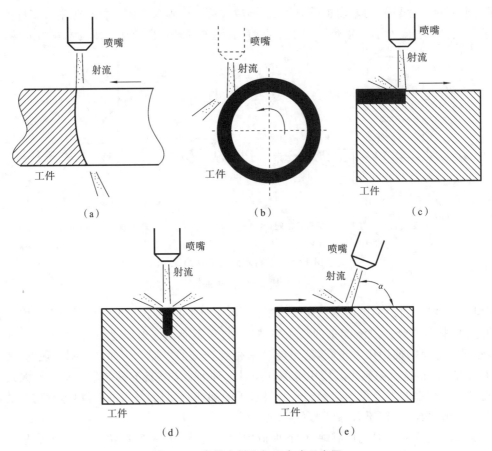

图 12-6 磨料水射流加工方式示意图

(a) 磨料水射流切割;(b) 磨料水射流车削;(c) 磨料水射流铣削;(d) 磨料水射流钻削;(e) 磨料水射流抛光

割过程是射流与材料之间的相互作用过程,材料的切割断面形貌是这一过程的结果,图 12-7 为根据试验结果给出的切割过程模型。

磨料水射流切割靶件时,在一定的射流横移速度下,水射流的一部分以恒定的速度射向靶件,另一部分则随着射入深度的增加而切割效力减弱,于是切割面沿射流横移相反方向出现弯

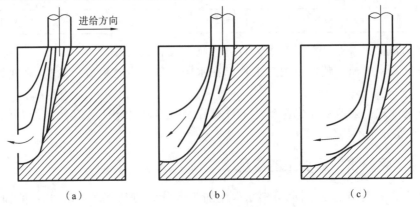

图 12-7 磨料水射流切割过程模型

(a) 切割面出现弯曲,主要为平滑切割磨削;(b) 切割面形成阶梯状,主要为冲蚀变形磨削;

(c) 切割面沿进给方向重新转变成平滑切割磨削

曲，如图 12-7(a)所示；弯曲切割面轴线与原射流轴线之间的角度，从射流进入靶件处开始逐渐增大，射流随之沿横移相反方向偏转越来越大。但由于磨粒自身惯性较大，并不随水射流载体偏转，从而导致磨粒与水射流分离，磨粒局部集中冲蚀。磨粒加速度越大，分离折射角越大，集中冲蚀作用也越剧烈。磨料局部集中冲蚀使得沿切割面的磨削量明显增加，从而在切割面上形成阶梯，因此，在形成阶梯的冲蚀中，阶梯以上水流偏转角不断增大，水射流偏转切割面越远，阶梯以下的磨削量越小，直至上阶梯与原射流方向垂直，如图 12-7(b)所示；随着射流横移送进，切割面重新变为光滑切割磨削，如图 12-7(c)所示。以后从平滑切割磨削过程到变形冲蚀磨削的过程重新开始，即进入切割循环过程。

在切割循环过程中，磨料水射流切割是一种流态磨削切割，随切割深度增加而出现偏转和分离，靶件断面上部为平滑切割区，下部为变形冲蚀磨削区。整个切割面继续转变为行程间隔，断面形貌受过程参量影响呈周期循环变化。由于磨料水射流在切割过程中的偏转近似弧线，因此沿射流横移方向形成波纹间隔的切割断面。

磨料水射流切割几乎没有材料和厚度的限制。无论是金属类（如普通钢板、不锈钢、铜、钛、铝合金等）还是非金属类（如石材、陶瓷、玻璃、橡胶、纸张及复合材料等）均可切割，如图 12-8 所示。

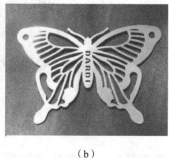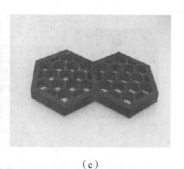

(a)　　　　　　　　　　　(b)　　　　　　　　　　　(c)

图 12-8　磨料水射流切割的应用实例

(a) 陶瓷切割；(b) 金属切割；(c) 复合材料切割

2. 磨料水射流车削

磨料水射流车削加工技术是在磨料水射流切割技术的基础上发展起来的。图 12-9 所示是磨料水射流车削示意图。类似于传统车削，磨料水射流车削是利用工件的旋转运动和切割头的直线或曲线运动来完成工件材料的去除的。磨料水射流车削采用特殊的"刀具"，相比传统车床需要各种刀具和较长的换刀时间，它只需使用一种"万能刀具"——磨料水射流就能实现加工。

常用的磨料水射流车削方式有径向模式和偏置模式两种，如图 12-10 所示。在径向车削模式下，磨料粒子沿工件回转体的几何中心方向垂直冲击工件表面。通过不同的工件旋转速度来改变冲蚀过程，可有效地加工延性或脆性材料。在这种车削模式下，工件旋转方向对加工效果没有影响。由于该车削模式的磨料粒子作用到工件上的冲击动能较大，故径向车削模式加工能获得较高的材料去除率。相比径向车削模式，在偏置车削模式中，磨料水射流的速度与工件的几何中心线偏置一定的距离，工件旋转方向对加工效果影响较大。该车削模式能较精准地控制切除深度。磨料水射流车削技术近年来得到了较快的发展，随着各种相关技术的成熟应用，磨料水射流车削的应用领域不断扩展，如图 12-11 所示。

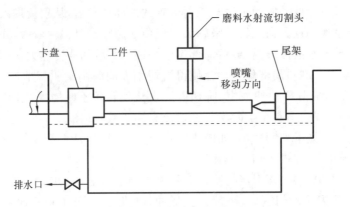

图 12-9　磨料水射流车削示意图

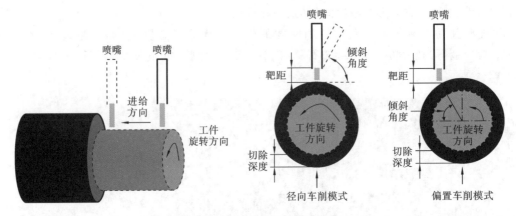

图 12-10　磨料水射流车削模式

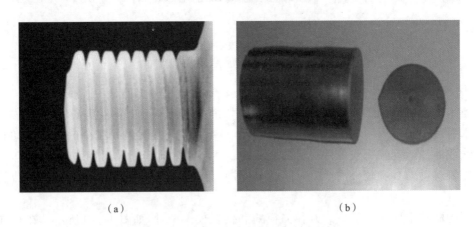

（a）　　　　　　　　　　　　　　（b）

图 12-11　磨料水射流车削的应用实例

（a）螺纹车削（玻璃）；（b）φ150 mm 棒料切片（单晶硅，5 mm 厚度）

3. 磨料水射流铣削

磨料水射流铣削是通过提高喷嘴的横移速度、降低射流压力或增加靶距以确保射流不切穿工件，在工件上只留下一定深度和宽度的切口，众多切口组合起来在工件上留下一定深度和一定形状的凹坑的加工工艺。铣削加工参数对磨料水射流铣削加工质量的影响很大。加工时，如果以去除材料为目的，如图 12-12（a）所示，则此时加工深度大，表面粗糙度很大；如果以保证表面质量为目的,如图 12-12(b)所示,则此时加工深度很小,但表面质量较好。为了保证既有很高的材料去除率和加工深度,又有好的加工表面质量,需要通过试验进一步分析和深入研究。

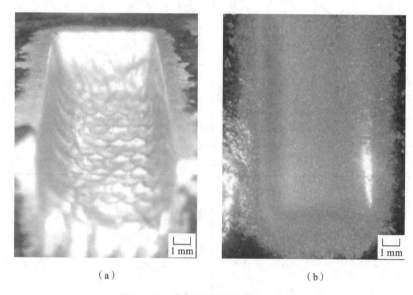

（a）　　　　　　　　　　　　　　　　（b）

图 12-12　磨料水射流铣削加工效果

（a）以去除材料为目的；（b）以保证表面质量为目的

4. 磨料水射流钻削

磨料水射流钻削加工主要有切孔和钻孔、铣孔等方法。切孔是在工件材料表面沿圆周曲线方向进行切割,形成直径较大的孔。该工艺是由磨料水射流轮廓切割演变而来的。钻孔则与传统钻削加工类似。磨料水射流在铝合金上的钻孔如图 12-13 所示。

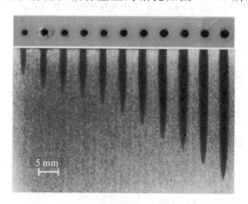

图 12-13　磨料水射流在铝合金上的钻孔

5. 磨料水射流抛光

磨料水射流抛光技术是由纯水射流技术发展而来的磨料水射流技术,现已发展成为面向高精度光学元件加工的一种新兴的高精度表面加工技术。

磨料水射流抛光是利用由喷嘴小孔高速喷出的混有细小磨料粒子的抛光液作用于工件表面,通过磨料粒子的高速碰撞剪切作用达到去除材料、降低表面粗糙度、提高表面质量的目的。最终抛光所获得的表面粗糙度主要受许多工艺参数的影响,如图 12-14 所示。

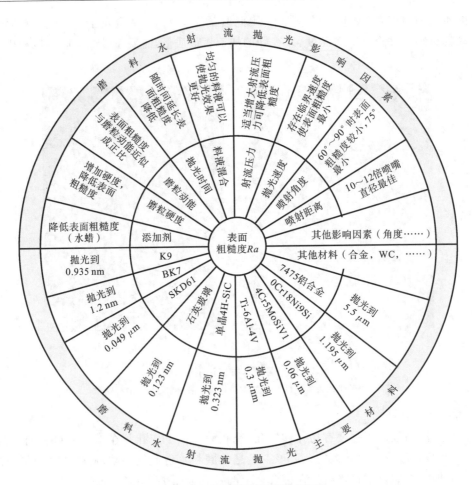

图 12-14　表面粗糙度的研究状况

12.2.5　磨料水射流复合加工技术

除上述介绍的磨料水射流加工技术外,国内外的研究学者在磨料水射流复合加工技术方面也进行了相关的研究。

1. 电化学辅助微磨料水射流加工

电化学辅助微磨料水射流加工的原理如图 12-15 所示。微磨料粒子与电解液($NaCl$ 或 $NaNO_3$)混合后从喷嘴喷出形成射流,在工件和喷嘴之间通直流电,构成闭合回路,通过电化学的阳极溶解和磨料射流的冲蚀以及这两种加工方式的协同作用实现材料去除,可以对一些难加工材料如钛、钴基合金和碳化钨等进行加工。

2. 水射流引导激光微细加工

水射流引导激光微细加工是将激光束与微细水射流相耦合的加工技术,原理如图 12-16 所示。脉冲激光束经聚焦后进入喷嘴,微细水射流作为光纤借助水与空气的界面使激光在水束内形成全反射,实现其在水射流内的传播,并由水射流将激光引导到工件表面进而对工件进行加工。水不仅可以起到冷却作用,还可以把切屑带走,防止其黏附在工件表面,大大提高了加工表面质量。该技术可用于加工 PCD、CBN、陶瓷等超硬材料和硅、砷化镓、碳化硅等脆性材料。

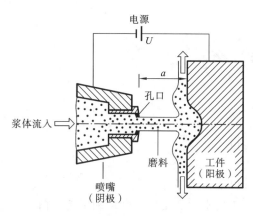

图 12-15 电化学辅助微磨料水射流加工原理

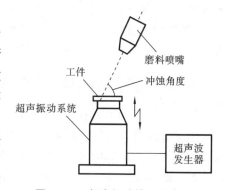

图 12-16 水射流引导激光微细加工原理

3. 超声振动辅助微磨料水射流加工

超声振动辅助微磨料水射流加工是通过在工作台上施加法向超声振动，引入超声振动源，如图 12-17 所示。超声振动可以通过波之间的干涉、对压力的释放效应和对射流气蚀的促进作用以及对滞止层的削弱作用来增强微磨料水射流对工件的冲蚀作用。

从目前的发展趋势来看，在某些加工领域中，磨料水射流技术已经实现了对传统加工工艺的部分替代和超越。在加工难加工材料时，相对于传统加工方式，它具有天然的优势（冷加工）。磨料水射流加工技术在钛合金切割加工中能做到高效的同时平均工作温度不高

图 12-17 超声振动辅助微磨料
水射流加工示意图

于 100 ℃，且不会对材料的内部组织产生影响。在加工硬脆材料时，工件表面的切口质量好，没有毛刺且表面光洁，同时切口窄。加工碳纤维复合材料时，其切割面质量较好，没有分层现象。不过虽然磨料水射流技术发展很快，但是其加工方式也存在诸多缺陷，还无法应用在某些只能使用传统加工工艺的领域中。

复习思考题

（1）水射流加工的原理是什么？
（2）水射流加工的特点有哪些？请简要概述。
（3）水射流加工的应用主要有哪些？
（4）简述磨料水射流加工的概念。
（5）磨料水射流加工的特点有哪些？
（6）简述磨料水射流加工的分类，并进行比较。
（7）简述磨料水射流加工的应用。

第 13 章　微 纳 加 工

13.1　微 细 加 工

微细加工技术与以集成电路制造为代表的微电子制造技术一起成长,其发展在许多领域引发了微型化、小型化革命,微型机械及微机电系统技术随之诞生。微细加工技术由于其加工对象尺度小到微米级,所加工对象的尺寸公差及几何公差小至数十纳米,表面粗糙度则低至纳米级,因此它往往兼具微小和超精密加工的特征。微细加工技术已受到人们的高度重视,被列为 21 世纪的关键技术之一。本节主要内容包括:硅微细加工、光刻加工、LIGA 及准 LIGA 技术、准分子激光加工和生物加工技术等。

13.1.1　微细加工概念与分类

微细加工(microfabrication)起源于半导体制造工艺,原来指加工尺度约在微米级范围的加工方式。在微机械研究领域中,它是微米级、亚微米级乃至纳米级微细加工的通称,即微米级微细加工(micro-fabrication)、亚微米级微细加工(sub-micro-fabrication)和纳米级微细加工(nano-fabrication)等。广义上的微细加工方式十分丰富,几乎涉及各种现代加工方式。微机械制造又往往是多种现代加工方式的组合。很多基本加工方法都可以从常规向微细延伸,因此微细加工技术中的加工方法种类繁多,可以按现代加工技术的一般分类方法将其分为四大类。

(1) 去除加工:将材料的某一部分分离出去的加工方式,如分解、蒸发、溅射、切削、破碎等。

(2) 增材加工:同种或不同材料的附和加工或相互结合加工,如蒸镀、沉积、掺入、生长、黏结等。

(3) 变形加工:使材料形状发生改变的加工方式,如塑性变形加工、流体变形加工等。

(4) 整体处理及表面改性等。

13.1.2　硅微细加工技术

半导体材料是制作半导体器件和集成电路的电子材料,是半导体工业的基础。利用半导体材料制作的各种各样的半导体器件和集成电路,促进了现代信息社会的飞速发展。

在 1947 年双极晶体管发明之前,半导体仅用作两端器件,例如整流器和光电二极管。在 20 世纪 50 年代初期,锗是主要的半导体材料。但是,事实证明,这种材料不适用于许多应用,因为由这种材料制成的设备在适度升高的温度下会产生高漏电流。自 20 世纪 60 年代初以来,硅已成为迄今为止使用最广泛的半导体,实际上其已经取代了锗作为器件制造的材料。造成这种情况的主要原因是硅器件的漏电流要低得多,二氧化硅(SiO_2)是一种高质量的绝缘体,很容易作为基于硅的器件的一部分进行整合。目前硅技术已经非常先进和普遍。

在半导体材料的发展历史上,20 世纪 90 年代之前,第一代半导体材料以硅材料为主,占绝对的统治地位。目前,半导体器件和集成电路仍然主要是用硅晶体材料制造的,硅器件占全球销售的所有半导体产品的 95% 以上。硅半导体材料及其集成电路的发展导致了微型计算机的出现和整个信息产业的飞跃。

1. 硅的特点

硅是地球上存储量最多的固体元素。单晶硅是微机电系统和微系统最常用的材料。纯净的单晶硅外观为浅灰色。硅有以下特点:

(1) 硅具有良好的传感性能,如光电效应、压阻效应、霍尔效应等。

(2) 单晶硅具有许多与金属相近甚至更为优良的特性,如它的杨氏模量、硬度和抗拉强度与不锈钢的非常相近,但其质量密度与铝相近。

(3) 硅材料是各向异性的,在各个方向上的特性相对独立。

表 13-1 给出了硅与其他材料的特性对比。

表 13-1　硅与其他材料的特性对比

材料	屈服强度 /($\times 10^9$ N/m²)	努氏硬度 /(kg/mm²)	杨氏模量 /GPa	密度 /(g/cm³)	热导率 /(W/(cm·K))	热膨胀系数 /($\times 10^{-6}$ K)
Si	7	850	190	2.3	1.57	2.33
W	4	485	410	19.3	1.78	4.5
不锈钢	2.1	660	200	7.9	0.329	17.3
Mo	2.1	275	343	10.3	1.38	5
Al	0.17	130	70	2.7	2.36	25

目前,微机电系统衬底材料必须采用单晶硅。在自然界中,硅主要以石英砂的形式存在。将硅原材料加热熔化,使种晶与熔化的硅接触并缓慢拉伸,形成单晶棒,将其切割成薄片并进行化学机械抛光,即制成硅晶片。目前,市场上销售的硅晶片直径为 $\phi100 \sim \phi300$ mm,厚度为 $0.5 \sim 1.0$ mm。

2. 硅微细加工技术的特点

硅微细加工(silicon micromachining)主要是指以硅材料为基础材料制作各种微机械零部件的加工技术。它总体上可分为体加工和面加工两大类。其中,体加工主要指各种硅刻蚀技术,而面加工则指各种薄膜制备技术。

体加工(bulk micromachining)指通过刻蚀(etching)等去除部分基体或衬底材料,从而得到所需的元件的体构形。它在微机械制造中应用最早,主要通过光刻和化学刻蚀等在硅基体上得到一些坑、凸台、带平面的孔洞等微结构,它们是建造悬臂梁、膜片、沟槽和其他结构单元的基础,最后利用这些结构单元研制出压力或加速度传感器等微型装置。面加工(surface micromachining)是以基底材料为机械支承,然后在其表面利用沉积(deposition)和牺牲层(sacrificial layer)等技术进行微机械元件的加工制造(fabrication)。它适合加工悬置于基体表面上、相对较小且有时具有一定活动自由度的薄膜元件,并且其加工对象相对体加工来说可以复杂得多。利用该技术可制成泵、阀门、薄壁梁、气体传感器、微电机等器件。

目前国内对硅微细加工尚未形成一个统一明确的定义,硅微细加工技术有以下特点:

(1) 从加工对象上看,硅微细加工不但加工尺度极小,而且被加工对象的整体尺寸也很微小。

（2）由于硅微机械的微小性和脆弱性，仅仅依靠控制和重复采用宏观的加工运动轨迹来达到加工目的，已经很不现实。必须针对不同对象和加工要求，考虑不同的加工方法和手段。

（3）硅微细加工在加工目的、加工设备、制造环境、材料选择与处理、测量方法和仪器等方面都有其特殊要求。

3. 硅微细加工技术的应用

硅是最基本的半导体材料，硅的微细加工技术主要用于制作集成电路（integrated circuit，IC）、微传感器、微制动器以及 MEMS。图 13-1 所示为一典型的微机械系统以及利用微细加工技术得到的静电力激励器。

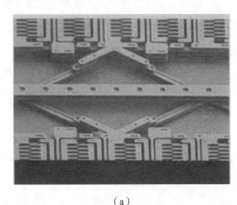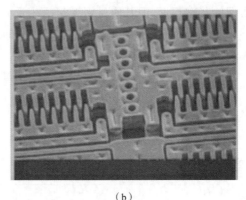

（a） （b）

图 13-1 典型微机械系统及静电力激励器

（a）典型微机械系统；（b）静电力激励器

13.1.3 光刻加工技术

1. 光刻加工的原理及其工艺流程

光刻（photolithography）也称照相平版印刷（术），它源于微电子的集成电路制造，是在微机械制造领域应用较早且不断发展的一类微细加工方法。光刻是加工制作半导体结构或器件和集成电路微图形结构的关键工艺技术，其原理与印刷技术中的照相制版相似：在硅等基体材料上涂覆光致抗蚀剂（或称光刻胶），然后使极限分辨率极高的能量束通过掩模对光致抗蚀剂层进行曝光（或称光刻）。经显影后，在光致抗蚀剂层上可获得与掩模图形相同的极微细的几何图形，再利用刻蚀等方法，在工件材料上制造出微型结构。

1958 年左右，光刻技术在半导体器件制造中得到成功应用，平面型晶体管研制成功，从而推动了集成电路的发明和飞速发展。数十年来，集成技术不断微小型化，其中光刻技术发挥了重要的作用。发展到现在，图形线条的宽度缩小了约 3 个数量级，目前已可实现小于 100 nm线宽的加工；集成度提高了约 6 个数量级，已经可制成包含百万个甚至千万个器件的集成电路芯片。

光刻技术一般由以下基本的工艺过程构成，如图 13-2 所示。

（1）原图制作：按照产品图纸的技术要求，采用 CAD 等技术对加工图案进行图形设计，并按工艺要求生成图形加工 NC 文件。

（2）光刻制母版：通过数控绘图机，利用激光光源按 NC 程序直接对照相底片曝光制作原图。为提高制版精度，常以单色绿光（$\lambda = 546$ nm）作透射光源对原图进行缩版，制成母版。

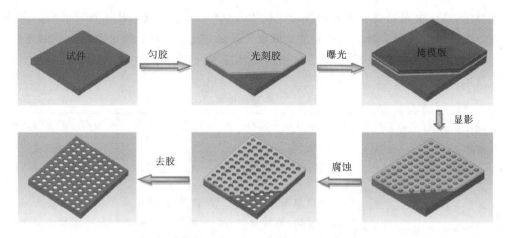

图 13-2　光刻加工基本流程

（3）预处理基底（多为硅片）或被加工材料表面：通过脱脂、抛光、酸洗、水洗的方法使被加工表面得以净化，使其干燥，以使光刻胶与硅片表面有良好的黏着力。

（4）涂覆光刻胶层：在待光刻的硅片表面均匀涂上一层黏附性好、厚度适当的光刻胶。

（5）前烘：使光刻胶膜干燥，以增加胶膜与硅片表面的黏附性和胶膜的耐磨性，同时使曝光时能进行充分的光化学反应。

（6）曝光：在涂好光刻胶的硅片表面覆盖掩模版，或将掩模置于光源与光刻胶之间，利用紫外光等透过掩模对光刻胶进行选择性照射。在受到光照的地方，光刻胶发生光化学反应，从而使感光部分的胶的性质改变。曝光时准确定位和严格控制曝光强度与时间是关键。

（7）显影及检查：显影的目的在于使曝过光的硅片表面的光刻胶膜呈现出与掩模相同（正性光刻胶）或相反（负性光刻胶）的图形。为保证质量，显影后的硅片要进行严格检查。

（8）坚膜：使胶膜与硅片紧密黏附，防止胶层脱落，并增强胶膜本身的抗蚀能力。

（9）腐蚀：以坚膜后的光刻胶为掩蔽层，对衬底进行干法或湿法腐蚀，得到期望的图形。

（10）去胶：用干法或湿法去除光刻胶膜。

2．光刻加工关键技术

光刻加工中的关键技术主要包括掩模制作、曝光技术、刻蚀技术等。以下分别介绍。

1）光刻掩模制作

当光束照在掩模上时，图形区和非图形区对光有不同的吸收和透射能力。理想的情况是图形区可让光完全透射过去，非图形区则将光完全吸收，或与之完全相反。

制造工艺可分为版图设计、掩模原版制造、主掩模制造和工作掩模制造四个主要阶段。

设计版图用绘图机制成标准的掩模放大图形，经缩小照相机得到比实际掩模图形大的掩模原版图形，最后通过步进重复制版机形成主掩模版（光刻掩模）图形。目前较先进的制版技术是由计算机辅助设计 CAD 版图，而后在计算机控制下经电子束曝光机直接制作主掩模版，或由计算机控制光学图形发生器制版。为提高掩模精度，绘图机→图形发生器→电子束曝光的流程正成为制造工艺发展的主流。

2）曝光技术

曝光技术可以从曝光能量束、掩模处于不同空间位置等来分类考察。本书仅从前者的角度进行阐述。

从能量束角度来看，目前微细光刻加工采用的主要技术有紫外准分子激光曝光技术、电子束曝光技术、离子束曝光技术和 X 射线曝光技术。其中,离子束曝光技术具有最高的分辨率;电子束曝光技术则代表了最成熟的亚微米级曝光技术;紫外准分子激光曝光技术则具有最佳的经济性,是近年来发展极快且实用性较强的曝光技术,已在大批量生产中处于主导地位。几种曝光技术的比较如表 13-2 所示。

表 13-2　几种曝光技术的比较

曝光技术	电子束曝光技术	离子束曝光技术	X 射线曝光技术	准分子激光曝光技术
目前达到的曝光尺寸	0.01 μm(试验) 0.1 μm(生产)	0.012 μm(试验) 0.1 μm(生产)	0.2 μm(试验) 0.3 μm(生产)	0.3 μm(试验) 0.5 μm(生产)
技术经济性比较	曝光缓慢,设备昂贵,生产效益较差,用于产品研制和小批量生产	分辨率最高,曝光速度较高,掩模选材难,可用于生产	设备庞大,成本昂贵,掩模制造困难,生产应用受到限制	曝光速度快,质量较好,可进行高效率加工,实用性强

3) 刻蚀技术

刻蚀技术是独立于光刻的一类重要的微细加工技术,但刻蚀技术经常需要使用曝光技术形成特定的抗蚀剂膜,而光刻之后一般也要利用刻蚀技术得到基体上的微细图形或结构,所以刻蚀技术经常与光刻技术配对出现。

常用湿法刻蚀方法,它具有独特的横向欠刻蚀特性,可以使材料刻蚀速度依赖于晶体取向的特点得以充分发挥。干法刻蚀是指利用一些高能束进行刻蚀。

13.1.4　LIGA 技术及准 LIGA 技术

LIGA 是德文的制版术 Lithographie、电铸成形 Galvanoformung 和注塑 Abformung 的缩写。自 20 世纪 80 年代德国卡尔斯鲁厄原子核研究所为制造微喷嘴开发 LIGA 技术以来,对其感兴趣的国家日益增多,德、日、美相继投入巨资进行开发研究。该技术被认为是最有前途的三维微细加工方法,具有广阔的应用前景。

1. LIGA 技术原理

1) LIGA 技术原理及特点

LIGA 技术是一种利用同步辐射 X 射线制造三维微器件的先进制造技术,它包括涂光刻胶、X 光曝光、显影、微电铸、去除光刻胶、去除隔离层以及制造微塑铸模具、微塑铸和第二次微电铸等多道工序,利用此技术可以进行微器件的大批量生产。

图 13-3　PZT 的 SEM 图片
(25 μm 宽,250 μm 深)

与传统微细加工方法相比,用 LIGA 技术进行超微细加工有如下特点:

(1) 可制造有较大深宽比的微结构,图 13-3 所示是用 LIGA 技术加工的锆钛酸铅压电陶瓷(PZT)的扫描电镜(SEM)图,其深宽比达 10;

(2) 取材广泛,可以是金属、陶瓷、聚合物、玻璃等;

(3) 可制作任意复杂图形结构,精度高;

(4) 可重复复制,符合工业上大批量生产要求,成本低。

　　LIGA 技术的主要工艺如图 13-4 所示,包括深层同步辐射 X 射线光刻、电铸成形和注塑三个工艺过程。

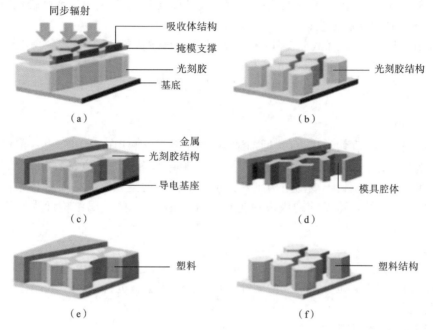

图 13-4　LIGA 主要工艺

2) 深层同步辐射 X 射线光刻

　　利用同步辐射 X 射线透过掩模对固定于金属基底上的厚度可高达几百微米的 X 射线抗蚀剂层进行曝光,然后将其显影制成初级模板。由于被曝光过的抗蚀剂将被显影除去,因此被模板即掩模覆盖的未曝光部分的抗蚀剂层具有与掩模图形相同的平面几何图形。

　　X 射线的特性决定了 X 射线光刻掩模与普通光学光刻掩模的情况完全不同,它应具有对 X 射线足够高的反差(大于 10)。有两个重要的物理事实使 X 射线光刻掩模的制作比光学光刻掩模的制作困难得多:其一是目前找不到这样一种材料,使之可像光学掩模上的铬层吸收光一样,在很薄时就能完全吸收 X 射线;同时,也找不到像光学掩模上光学玻璃一样的材料,使之在比较厚时对 X 射线有很高的透过率;其二是还未能实现一个 X 射线聚光镜系统,使曝光面能得到均匀照射。因此,X 射线光刻掩模通常是由低原子序数的轻元素材料形成的薄膜衬基及在其上面用高原子序数的重元素材料制成的吸收体图形构成的。在材料的选用上应保证有尽量大的反差。

　　掩模反差 C 可表示为掩模透明区和不透明区的透射率之比,即

$$C = T_s / (T_a \cdot T_s) = 1/T_a = C_a \tag{13-1}$$

式中:T_s 为薄膜衬基的透射率;T_a 为吸收体的透射率。

　　由此可见,掩模反差可简单地由吸收体的反差特性(C_a)决定,并等于吸收体透射率的倒数。对同步辐射光源而言,它是一定波长范围内各种波长 X 射线作用的平均结果。

　　近年来国际上试验研究的 X 射线光刻掩模衬底材料主要有 Si、Si_xN_y、SiC 及以聚酰亚胺、聚酯树脂等为代表的高分子材料等。吸收体则常采用 Au、Ta、W 等,对于深层同步辐射 X 射线光刻其厚度要求在 10 μm 左右。

　　同步辐射 X 射线除具有普通 X 射线所具有的波长短、分辨率高、穿透力强等优点外,还具

有特定的优点，主要包括：

（1）X 射线辐射几乎完全平行，可进行大焦深曝光（大于 10 μm），降低几何畸变的影响；

（2）辐射强度高，比普通 X 射线强度高两个数量级以上，便于利用灵敏度较低但稳定性较好的光刻胶来实现单层胶工艺；

（3）发射带谱宽，可以降低菲涅耳（Fresnel）衍射的影响，有利于获得高分辨率，并可根据掩模材料和抗蚀剂性质选用最佳曝光波长；

（4）曝光时间短，生产率高，时间上具有准均匀辐射特性，有利于曝光过程中掩模的热消散。

3）电铸成形

在 LIGA 技术中，在初级模板（抗蚀剂结构）模腔底面上利用电镀法形成一层镍或其他金属层，将由此形成的金属基底作为阴极，所要成形的微结构金属的供应材料（如 Ni、Cu、Ag）作为阳极进行电铸，直到电铸形成的结构刚好把抗蚀剂模板的型腔填满。而后将它们整个浸入剥离溶剂中，对由抗蚀剂形成的初级模板进行腐蚀剥离，剩下的金属结构即为所需要的微结构件。

4）注塑

将电铸制成的金属微结构作为二级模板，将塑性材料注入二级模板的模腔，形成微结构塑性件，从金属模中取出。也可用形成的塑性件作为模板再进行电铸，利用 LIGA 技术进行三维微结构件的批量生产。

2. 准 LIGA 技术原理

LIGA 技术虽然具有突出的优点，但是它的工艺步骤比较复杂，成本高。为了获得 X 光源，需要复杂而又昂贵的同步加速器，而这只在一些大的研究机构中才有；用于 X 射线光刻的掩模版本身就是 3D 微结构，需要先用 LIGA 技术制备出来，费时又复杂；可用的光刻胶种类少。这使得 LIGA 技术的发展在一定程度上受到限制，阻碍了它工业化应用的进程。为此，人们开展了一系列准 LIGA 技术（又称 LIGA 技术的变体）的研究，即在取代昂贵的 X 光源和特制掩模版的基础上开发新的三维微加工技术。其中有紫外光（UV）-LIGA、深等离子体刻蚀、激光（Laser）-LIGA 等。

1）UV-LIGA

该技术使用紫外光源对光刻胶曝光，光源来自汞灯，所用的掩模版是简单的铬掩模版。其原理步骤如图 13-5 所示。

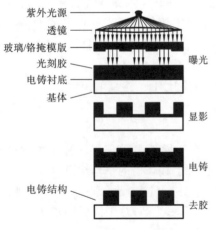

图 13-5　UV-LIGA 工艺原理

该工艺分为两个主要的部分：厚胶的深层 UV 光刻和图形中结构材料的电镀。其主要难点在于稳定、侧壁陡峭、高精度的厚胶膜的形成。对于 UV-LIGA 适用光刻胶，研究较多的是 SU-8 胶。SU-8 胶是一种负性胶，即曝光时，胶中含有的少量光催化剂（PAG）发生化学反应，产生一种强酸，能使 SU-8 胶发生热交联。SU-8 胶具有高的热稳定性、化学稳定性和良好的力学性能，在近紫外光范围内光吸收度低，整个光刻胶层可获得均匀一致的曝光量。因此，将 SU-8 胶用于 UV-LIGA，可以形成图形结构复杂、深宽比大、侧壁陡峭的微结构。其不足之处是存在张应力，以及烘烤量大时在工艺的后段难以除去。值得指出的是，

SU-8 胶在 X 光辐照下无膨胀、龟裂等现象,且对 X 光的灵敏度比 PMMA 高几百倍,因此有人研究将它用于标准 LIGA 技术中替代 PMMA,以降低光刻过程的成本费用。

UV-LIGA 技术也可以采用商品化的 AZ4562 光刻胶。该光刻胶黏性大、透过性好,涂胶厚度可以达到 100 μm。

厚胶的烘烤工艺要求很严格,它将决定结构图形的最小特征尺寸和最大深宽比。烘烤温度和时间取决于光刻胶的厚度。但是为了获得无龟裂的光刻胶,其温度一般不能超过 120 ℃。

一般情况下,用紫外光对光刻胶进行大剂量曝光时,光刻胶不宜太厚。用紫外光作光源和多层光刻胶技术来代替同步辐射 X 射线深层光刻的多层光刻胶 LIGA 工艺,可以看作改进型的 UV-LIGA 技术。此技术是先对最上层胶用紫外光刻蚀的方法加工出图形,然后以此作掩模用反应离子刻蚀(RIE)技术刻蚀下面部分,实现光刻图形向下层的转移。

2) 深等离子体刻蚀

深等离子体刻蚀,也称大深宽比刻蚀(high aspect ratio etching,HARE),一般选用 Si 为刻蚀微结构的加工对象,它有别于超大规模集成电路(VLSI)中的硅刻蚀,因此又称为先进硅刻蚀(advanced silicon etching,ASE)工艺。它由于采用了感应耦合等离子体(inductively coupled plasma,ICP),因此与传统的反应离子刻蚀、电子回旋共振(ECR)等刻蚀技术相比,具有更大的各向异性刻蚀速率比和更高的刻蚀速率,且系统结构简单。由于硅材料本身较脆,需要将加工了的硅微结构作为模具,对塑料进行模压加工,再利用塑料微结构进行微电铸后,才能用得到的金属模具进行微结构器件的批量生产,或者直接从硅片上进行微电铸,获得金属微复制模具。

受硅的深反应离子刻蚀的启发,有人用等离子体直接刻蚀聚合体材料来获得高深宽比的微结构,所不同的是硅的刻蚀用的刻蚀剂是 SF,而聚合体的刻蚀用的是氧。高能氧分子与聚合体反应生成 CO_2 和水。由于该过程是多步反应,比 Si 与 SF 的化学反应过程复杂,因此其刻蚀速率比 Si 的低。无论是标准 LIGA 技术还是 UV-LIGA 技术,其光刻手段都限制了所用聚合体材料的种类,而该方法可以扩大用于微加工的聚合体的数量。将直接氧离子刻蚀与各向同性 C、F、聚合物淀积相结合,相比于模铸技术,可以实现更大密度器件的封装以及将器件与底层电子集成。利用此方法已经制作出 Bio-MEMS 和 CMOS-MEMS。

3) Laser-LIGA

第三个适宜生成光刻胶模型的准 LIGA 技术是受激准分子激光剥离。在这里光刻胶直接用脉冲 UV 辐射刻蚀,可以在光刻胶表面使用扫描光束,或者透射掩模来形成三维结构。受激准分子激光器用的是气态卤化物激光器,脉冲间隙为 10~15 ns,能够产生每平方厘米数百焦的光束。由于波长小于 250 nm 时,光刻胶等有机物材料就可以熔化,因此在这里常用的两个激光波长是 248 nm(氟化氪)和 193 nm(氟化氩)。每一个激光脉冲可以腐蚀 0.1~0.2 μm,不需重调镜头焦距系统,就可以剥离几百微米。该方法有许多优点:

(1)它不像 UV 光刻那样在深度上受限制,因为曝光后的材料在下一个脉冲到来之前都被除去;

(2)改变扫描速度和光束形状或者利用发射系统中的变速传动掩模,可以在光刻胶中形成复杂的三维结构;

(3)聚合体材料可以大范围剥离,增大了多级加工技术和与其他微工程技术集成的可能性。

LIGA 技术是目前加工高深宽比微结构最好的一种方法。与 LIGA 技术相比,准 LIGA 技术虽然能简化操作,大大降低成本费用,但却以牺牲准确度、深宽比为代价;紫外光厚胶光刻可达到毫米量级,但深宽比不超过 20;等离子体刻蚀深宽比较大,但是一般深度不超过 300 μm;Laser-LIGA 技术的加工准确度在一定程度上受聚焦光斑的影响。因此,准 LIGA 技术只适用于对垂直度和深度要求不太高的微结构的加工。尽管如此,在大深宽比微结构的加工中,低成本的准 LIGA 技术进入工业生产的可能性仍然最高。

3. LIGA 和准 LIGA 技术的应用

LIGA 技术和准 LIGA 技术的主要区别如表 13-3 所示。

表 13-3　LIGA 技术和准 LIGA 技术的主要区别

特　　点	LIGA 技术	准 LIGA 技术
光源	同步辐射 X 射线(波长为 0.1～1 nm)	常规紫外光(波长为 350～450 nm)
掩模版	以 Au 为吸收体的 X 射线掩模版	标准 Cr 掩模版
光刻胶	常用聚甲基丙烯酸甲酯(PMMA)	聚酰亚胺、正性和负性光刻胶
深宽比	一般小于或等于 100,最高可达 500	一般小于或等于 10,最高可达 30
胶膜厚度	几十微米至 1000 μm	几微米至几十微米,最厚可达 300 μm
生产成本	较高	较低,约为 LIGA 技术的 1/100
生产周期	较长	较短
侧壁垂直度	可大于 89.9°	可达 88°
最小尺寸	亚微米	1 μm 到数微米
加工材料	多种金属、陶瓷及塑料等材料	多种金属、陶瓷及塑料等材料

除了所用光刻光源和掩模外,准 LIGA 的工艺过程与 LIGA 工艺的基本相同。由于 LIGA 技术和准 LIGA 技术具有上述特点,因此它们具有极为广泛的工程应用。表 13-4 所示为 LIGA 及准 LIGA 技术的部分工业应用。

表 13-4　LIGA 技术和准 LIGA 技术的部分工业应用

能制作的元器件	应 用 领 域	备　　注
微齿轮	微机械	模数为 40,高 130 μm
微铣刀	外科医疗器械	厚度达 200 μm
微线圈	接近式、触觉传感器、振荡器	高 55 μm,平面及三维线图
微马达	微电机	可分静电和电磁马达两种
微喷嘴	分析仪器	高 87 μm
微打印头	打印机	宽 4 μm,螺距 8 μm,高 40 μm
微管道	微分析仪器	外径 40 μm,内径 30 μm,高 40 μm
微阀	微流量计	6.25 mm×6.25 mm×0.5 mm
微开关	传感器、继电器	厚度为 2 μm 的铝作为牺牲层
电容式加速度计	汽车行业等	悬臂梁长 660 μm,镀金,低温漂
谐振式陀螺	汽车业、玩具等	振环结构
超声波传感器	医疗器械	压电陶瓷阵列

13.1.5　准分子激光微细加工技术

准分子激光(excimer laser)属于冷光源,在微细加工方面极具发展潜力。准分子激光直写(direct writing)为微细加工技术提供了一个新的发展方向。利用高分辨率的准分子激光束结合数控技术可直接在硅片等基体上刻出微细图形,或直接加工出微型结构。

1. 准分子激光

1) 准分子

与通常的分子不同,准分子是束缚在电子激发态下的分子,没有稳定的基态。即准分子是一种只在激发态下才能暂时结合成不稳定分子,而在正常的基态下会迅速离解的不稳定的缔合物。它从产生到消失总共只有几十纳秒时间,很快就会自动离解成原子或其他分子团。

准分子有两类:一类是同核准分子,如稀有气体准分子 Ar_2^*、Kr_2^*、Xe_2^* 和金属准分子 Hg_2^* 等,其中“ * ”表示准分子;另一类是异核准分子,如稀有气体氧化物和卤化物 XeO^*、KrO^*、ArO^*、ArF^*、KrF^*、$XeCl^*$ 等,以及金属卤化物 $HgCl^*$、CuF^* 等。

2) 准分子激光器

准分子激光器能够发射各种不同的特别是紫外谱波段的激光(目前已实现激光振荡的激光器,除少数 XeO^*、KrO^*、ArO^* 等准分子激光器产生绿色激光振荡外,其他输出激光波长多分布在紫外、远紫外和真空紫外波段,因此准分子激光器常被称作紫外激光器),同时在发射短波长激光时能保持最佳的转换效率,并具有较高的单次激射脉冲能量,这些特点使其得以飞速发展,并在微细加工等领域表现出巨大的应用潜力。其中稀有气体卤化物准分子激光器的效率最高,输出功率也最高,因而得到广泛应用。已成功运转的一些准分子激光器及其波长如表 13-5 所示。

表 13-5　准分子激光及其波长

同核二聚物准分子		异核准分子			
名称	波长/nm	名称	波长/nm	名称	波长/nm
Ar_2^*	126.1	ArF^*	193.3	XeF^*	351.1
Kr_2^*	145.7	$KrCl^*$	223	XeO^*	550
F_2^*	157	KrF^*	248.4	ArO^*	557.6
Xe_2^*	169~176	$XeBr^*$	281.8	KrO^*	557.8
Hg_2^*	335	$XeCl^*$	308	$HgCl^*$	558.4

3) 准分子激光加工特点

准分子激光具有很好的方向性,其发散角达到 10^{-2} rad。这有利于在光学系统中获取较小的光斑和较高的能量密度,从而改善加工质量。此外,准分子激光还具有很高的光子能量和功率密度。准分子激光波段处于紫外区,可通过光化学反应作用,即在加工中利用单个光子的高能量,直接打断材料的分子结合键,而不是通过热作用熔化和蒸发达到消融材料的目的。

另外,准分子激光还具有如下特点:

(1) 激光脉宽一般在纳秒之间,重复频率可达 1000 Hz;

(2) 激光波形轮廓为矩形,因而照射在工件表面上的各部分能量相等,与高斯光束不同;

（3）脉冲能量可达到几十焦，其功率密度至少可达 $10^9 \sim 10^{10}$ W/cm²。

上述准分子激光的特点使其具有广泛的应用领域和优良的加工特点。在材料加工领域，由于准分子激光的光化学消融机理、极高的激光功率密度及掩模技术的使用，使其比 CO_2 等红外激光器具有更明显的优点。

2. 准分子激光直写微细加工工艺

直写主要是相对于利用曝光原理来加工而言的。凡应用曝光原理的微细加工，不管其具体方式（如各种制版术、LIGA 和准 LIGA 技术等）如何，都要涉及掩模-抗蚀剂-工件材料的图形转印过程，而不是直接在被加工件上得到所需图形和结构，这必然会引入掩模和抗蚀剂的选材、制造、检验，以及前期和后期处理等中间环节。这些环节在整个研制和生产过程中占很大比重，仅制作掩模就需要计算机辅助设计和辅助制版、中间掩模版制作、工作掩模版制作、缩微掩模图形合成、掩模缺陷检查、掩模缺陷修补等专项技术。这些中间步骤在时间、成本、加工精度上都会造成严重的负面影响。

直写加工是利用激光等高能束以不同手段直接在被加工件上制造微型结构，它将大大简化整个生产过程。在聚焦激光直写微细加工的基础上，加进扫描运动、深度进给、控制软件等必要的辅助环节，建立起直写微细加工系统，这会显示出巨大的应用潜力。

利用准分子激光可以对材料实现直接刻蚀。最初刻蚀被视为纯粹的光化学过程，称为光解剥离（ablative photo decomposition，APD）。利用高能量紫外激光使材料化学键断裂，生成物所占据的体积迅速膨胀，最终以体爆炸的形式脱离母体并带走过剩的能量，如图 13-6 所示。由于光化学过程无热量产生，因此许多研究者将紫外准分子激光称为"冷加工工具"。20 世纪 80 年代末，一些研究者认为应该将热效应包含在内。

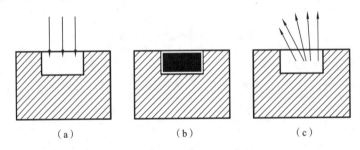

图 13-6 准分子激光 APD 过程

(a) 被吸收的能量超过材料阈值；(b) 化学键断裂使极细微的粒子呈类气体态；(c) 体积急剧膨胀导致材料微粒喷出

国外利用聚焦准分子激光直接在硅材料上获得最小宽度为 1.3 μm、深 380 μm 的网格结构。我国吉林大学张玉书教授对聚酰亚胺、InP、Al 和 Au 等材料进行了准分子激光直接刻蚀的研究。上海光学精密机械研究所也利用 XeCl 激光对 Al、Fe 和 Ti 等金属材料进行了直接刻蚀研究。安徽光学精密机械研究所研究了准分子激光对陶瓷材料的刻蚀作用。

图 13-7 所示是准分子激光在聚酯基上刻蚀的边长为 150 μm、深为 40 μm 的方槽。

13.1.6 生物加工

在众多种类微生物的生命活动中存在着各种各样的材料加工机能，以获得维持其生命和繁殖所需的能量与营养物质。如果能利用微生物对工程材料的加工作用来对工件表面预定部分进行预定量的去除或沉积，那么它可以作为一种微小的"工具"（大部分微生物的大小只有 0.1～0.5 μm）来进行微细加工，从而形成一种新的加工方法——生物加工法（biological pro-

图 13-7　准分子激光在聚酯基上刻蚀的方槽

cessing technology)。

1. 生物加工的分类

1）生物加工简介

生物加工是目前物理与化学形式的加工方法之外的第三种加工形式,属加工技术的新分支。1996 年北京航空航天大学提出"生物加工"。在国外,近些年也有大量的学者和研究机构进行这方面的研究。日本冈山大学农学部杉尾刚(Sugio T)阐明了氧化亚铁硫杆菌对 S^0 与 Fe^{2+} 的氧化路径及铁氧化酶与硫氧化酶的作用机理。英国圣安德鲁斯(St. Andrews)大学 Ingledew 用生物能学分析了氧化亚铁硫杆菌的电子传递链及 Fe^{2+} 生物氧化的能量守恒机理,并提出了该细菌的能量转换模型。

采用微生物进行加工具有许多优点:

(1) 加工工件的材料种类非常广泛,不受限制,既可以加工金属也可以加工非金属,只要找到合适的菌种就可以;

(2) 采用微生物进行加工的设备简单、价格低廉;

(3) 这种加工方法对环境没有太大的污染,基本属于绿色加工;

(4) 材料的加工精度可以很高。

2）生物加工的分类

生物加工方法可分为生物去除加工(biomachining)、生物沉积加工(biodeposition)和生物成形加工(bioforming)。

(1) 生物去除加工。

生物去除加工是利用微生物代谢过程中一些复杂的生物化学反应来去除材料的一种生物加工方法。

生物去除加工的机理如图 13-8 所示,氧化亚铁硫杆菌的生物膜(biomembrane)由外膜、肽聚糖、周质区和内膜构成,周质区和内膜内存在铁氧化酶(iron oxidase),从培养液跨膜运送到周质区的 Fe^{2+} 离子在铁氧化酶的催化下失去一个电子,这个电子经过铜蛋白质、细胞色素 c (cyto. c)、色素氧化酶(cyto. a_1),最终传给电子受体分子氧,并伴随着细胞内 H^+ 及能量的吸收。这一能量使细胞内 ADP(腺苷二磷酸)和 Pi(无机磷)结合成高能化合物 ATP(腺苷三磷酸),并使细菌生长繁殖。这一电子传递链构成 Fe^{2+} 的酶促氧化系统,其反应式为

$$2Fe^{2+} \xrightarrow{\text{氧化亚铁硫杆菌}} 2Fe^{3+} + 2e^- \tag{13-2}$$

$$2e^- + \frac{1}{2}O_2 + 2H^+ \longrightarrow H_2O \tag{13-3}$$

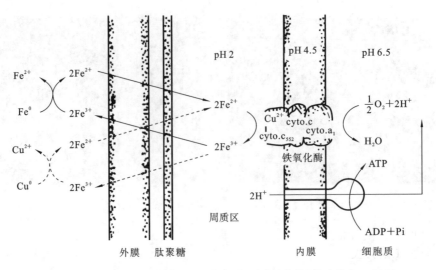

图 13-8　Fe^{2+} 的生物氧化路径及铁(实线)和铜(虚线)的生物加工机理

$$2Fe^{2+} + \frac{1}{2}O_2 + 2H^+ \longrightarrow 2Fe^{3+} + H_2O \qquad (13\text{-}4)$$

　　氧化亚铁硫杆菌代谢过程中通过生物膜将代谢产物 Fe^{3+} 排出体外。这种 Fe^{3+} 离子是一种强氧化剂,可以将金属 Fe^0 或 Cu^0 氧化为 Fe^{2+} 或 Cu^{2+},使固体金属材料溶解,实现金属材料的生物去除加工,其反应式为

$$Fe^0 + 2Fe^{3+} \longrightarrow 3Fe^{2+} \qquad (13\text{-}5)$$
$$Cu^0 + 2Fe^{3+} \longrightarrow Cu^{2+} + 2Fe^{2+} \qquad (13\text{-}6)$$

　　之后 Fe^{2+} 又被细菌氧化为 Fe^{3+}。在这一生物加工的物质循环中,最重要的一个环节是 Fe^{3+} 的生物氧化,如果出于某种原因或人为控制使铁氧化酶的反应受到阻碍,Fe^{3+} 不能再生,则金属的生物去除加工将中止,因此,这种生物加工中细菌相当于一种有生命的“微小加工工具”。它既不同于单纯氧化金属材料的化学加工,又不同于外加电源迫使金属失去电子的电化学加工。生物加工的主要特征表现在可以通过细菌的生长控制加工量甚至加工区域。如果能够人为地对细菌个体或群体加以精确地控制,或者人工仿制生物膜的代谢机制(如制作微小酶电极),则可以实现更复杂的生物微细加工。

　　(2) 生物沉积加工。

　　生物沉积加工是用化学沉积方法制备具有一定强度和外形的空心金属化菌体,并以此为构形单体构造微结构或功能材料,也有学者称其为生物约束成形加工方法。

　　目前已发现的微生物中大部分细菌直径只有 1 μm 左右,最小的病毒和纳米微生物直径为 50 nm。菌体有各种各样的标准几何外形(如球状、杆状、丝状、螺旋状、管状、轮状、玉米状、香蕉状、刺猬状等),用任何现有加工手段都很难加工出这么小的标准三维形状。这些不同种类菌体的金属化有以下微/纳米尺度的用途:

　　① 构造微管道、微电极、微导线等;

　　② 菌体排序与固定,构造蜂窝结构、复合材料、多孔材料、磁性功能材料等;

　　③ 去除蜂窝结构表面,构造微孔过滤膜、光学衍射孔等。

　　德国的德累斯顿工业大学成功地进行了人工蛋白质微丝(直径 50 nm)镀镍。美国海军研究实验室进行了脂质微管(直径 500 nm)镀镍研究。

（3）生物成形加工。

目前,国际上利用蛋白质晶体重组和细胞生长进行了不少有意义的探索性研究。英国巴斯大学和奥地利维也纳农业大学合作研究了古细菌外膜(S-layers)蛋白质重组,在电镜格栅上自组装出具有 5 nm 直径孔有序阵列的二维蛋白质膜,在膜的两侧分别为 $CdCl_2$ 和 H_2S,结果在纳米孔口处形成了 5 nm 左右的 CdS 纳米颗粒,有望成为纳米存储单元。德国德累斯顿工业大学利用猪脑蛋白质重组出 25 nm 直径的微管,并实现了磁性镀镍,但纳米管的变形较大。日本国立循环器官病研究中心利用表面细胞修饰技术,在一定活性修饰表面上接种神经细胞,结果生长出了微米级六边形阵列的人工神经网络,有可能实现活体神经网络的 0/1 控制。细胞团的三维生长控制一般采用凝胶状或海绵状三维培养框架结构,在一定的外形约束、培养介质、培养条件(压力、温度、刺激因子等)下,对接种细胞进行三维组织培养,目前国际上已成功地实现了皮肤细胞的二维生物组织构造,正处于产品开发阶段。软骨、血管、肝脏等细胞的三维生物组织构造技术正处于研究阶段。目前人类已能控制在老鼠身上某个部位长出耳廓形状的组织。相信在不远的将来,可以通过控制基因的遗传形状特征和遗传生理特征,生长出所需外形和生理功能的人工器官,用于延长人类生命或构造生物型微机电系统。

3）生物加工的特点

（1）自组织性。

生物加工具有自组织的特性,不管系统的规模和复杂性如何,都可以很容易地由独立的个体组成整体。

（2）生物型 AI 技术。

基于规则的人工智能(AI)系统在搜索规则(A～B、B～C)时,为了确定 A 而对所有规则的先决条件进行彻底搜索,从中选择一条规则用于 A～B,其结论 B 又作为新的事实,这个过程将重复许多次。在生物加工中,每条规则是自治的,对规则的操作是并行的,可以分别检验和激活事实,以确定其(规则)是否被选中。由于规则的操作是自激的,因此规则的形式有很高的自由度。生物型智能系统有可能为人工智能技术打开一个新的世界。

（3）真正的分布式系统。

人们常说,自治分布式系统将代替集中式系统,但自治分布式系统的实现并不那么简单。至今所标榜的一些自治分布式系统,其系统单元的自治度并不高。因为提高了系统单元的自治度,系统功能的内聚将消失。虽然“协调”可以弥补,但还没有一种有效的信息融合的协调方法。真正的自治分布式系统的实现依赖于系统的自组织机制。生物加工是实现自组织的一种方法。

（4）生物模型。

生物加工的基础是激励-响应的联系主义模型。生物的功能是由酶和其他生物化学物质的激励-响应链所引起的。在信息系统中,对这些由生物单元的网络组成的输入/输出链的结构进行抽象化,可以得到生物加工的基本模型。神经网络就是生物系统的一种最简单模型。如果采用生物模型代替至今所使用的微分方程模型,那么所能信息化的对象将大大增加。

（5）动态稳定性。

生物体中存在各种节律,这种节律保持着生物体的稳定性。在生物加工中也具有这种节律和循环。循环的稳定状态为系统的目标。

（6）基因化。

生物体的所有信息都浓缩在其基因中，生物加工也将以稳定的方式用基因武装自己，当然这需要很长的时间来实现。

2. 生物加工实例

目前国内学者们对生物加工研究较多的是生物去除加工，下面主要介绍一个生物去除加工的例子和一个生物沉积加工的例子。

1）氧化亚铁硫杆菌对纯铁的生物去除加工

（1）细菌和培养。

采用中国科学院微生物研究所保存的氧化亚铁硫杆菌（T. ferrooxidans）T-9 菌株。该菌是中温、好氧、嗜酸、专性无机化能自养菌，其主要生物特性是将亚铁离子氧化成高价铁离子以及将其他低价无机硫化物氧化成硫酸和硫酸盐，并从中获得生长所需要的能量；以 CO_2 为唯一碳源，最佳生长温度为 30～35 ℃，最佳 pH 值为 2.5。

使用 Leathen 培养基，其组成（g/L）为：$(NH_4)_2SO_4$，0.15；$MgSO_4 \cdot 7H_2O$，0.50；K_2HPO_4，0.05；KCl，0.05；$Ca(NO_3)_2$，0.01；$FeSO_4 \cdot 7H_2O$，25.0。用 1:1 H_2SO_4 调到 pH 2.0。振荡培养，30 ℃，160 r/min，将培养 45 h 后的氧化亚铁硫杆菌培养液用来加工金属材料。

（2）试件制备。

采用的工件材料为纯铁（纯度 98.4%）、纯铜（纯度 99.9%）、铜镍合金。为了控制细菌加工金属的方向性和区域性，加工出二维金属零件，需在工件表面上用光刻法制作所需形状（如微小齿轮）的抗蚀剂膜。

（3）生物加工。

金属试件的生物加工试验过程如图 13-9 所示。

抗蚀剂　试件　　　　培养液　振荡　　　　千分表　　　　SEM（扫描电镜）

试件制作　　　　　生物加工　　　　加工深度测量　　　微观分析

图 13-9　金属试件的生物加工试验过程

将制作好抗蚀剂膜的金属试件放入装有上述氧化亚铁硫杆菌培养液的三角瓶中，再将此三角瓶放入恒温摇床内，以上述培养条件进行振荡，就可以对试件外露部分金属进行二维生物加工。每加工一段时间用千分表测量一次试件的加工深度。最后将加工好表面图形的试件用 3%～5% 的氢氧化钠水溶液去膜，用扫描电镜进行微观分析与放大拍照。

图 13-10 所示是利用生物去除加工方法加工出的纯铜齿轮与沟槽的 SEM 照片。

2）生物沉积成形加工

（1）微生物培养和细胞搜集。

采用中国科学院微生物研究所保存的固囊酵母菌（citeromyces matrilensis）和蜡状芽孢杆菌（bacillus cereus）为金属化模板。固囊酵母菌细胞形态呈椭球形，长轴为 4.8～5.5 μm，短轴为 2.6～3.1 μm，可有一个或两个芽。蜡状芽孢杆菌细胞形态呈杆状，长 3.0～5.0 μm，宽 1.0～1.2 μm，革兰氏阳性菌。其培养均采用常规方法，对数期后离心搜集菌体。

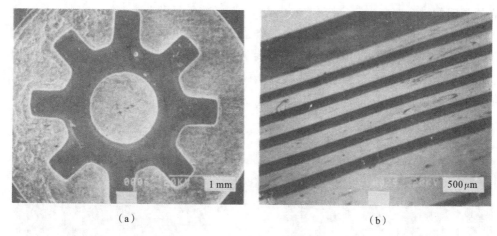

图 13-10　用生物去除加工方法加工出的纯铜齿轮与沟槽的 SEM 照片

(a) 纯铜齿轮；(b) 沟槽

（2）细胞固定。

为保持细胞原形和增加力学强度，在金属化前对搜集的菌体细胞进行戊二醛固定和锇酸固定。首先在温度为 4 ℃、浓度为 2.5%（质量分数）的戊二醛溶液中固定 6 h，经磷酸缓冲液洗涤后，再在温度为 4 ℃、浓度为 1%（质量分数）的锇酸溶液中固定 3 h。其中蜡状芽孢杆菌经戊二醛固定，固囊酵母菌经戊二醛及锇酸固定，再经乙醇系列脱水、环氧丙烷浸透、树脂包埋及固化等处理，最后制备成超薄切片。

（3）菌体金属化前处理方法。

为使固定后菌体表面化学镀镍时一开始就有镍离子还原，必须采用敏化、活化及解胶等前处理工艺，最终在菌体表面上吸附钯颗粒，以形成化学镀镍的活化中心，使之具有自催化性。

活化溶液是可将敏化与活化合为一步的胶态钯活化液。菌体用胶态钯活化液在室温下活化 10 min 左右。解胶溶液为 30 g/L 的 $NaH_2PO_2 \cdot 2H_2O$，用水稀释到 1 L。用胶态钯活化后的菌体在室温下用解胶溶液解胶 1 min 左右。这样，钯颗粒周围的二价锡离子水解胶层脱去，使其充分暴露出来，成为化学镀镍的催化中心。

（4）菌体金属化——化学镀镍磷。

采用镍磷化学镀实现菌体金属化，镀液 1 和镀液 2 均用 NaOH 或 NH_4OH 调到 pH 9，在 40 ℃下化学镀镍磷 60 min。镀液配方如表 13-6 所示。

表 13-6　化学镀镍磷的镀液配方　　　　　　　　　　　　　　　　（mol/L）

镀液	氯化镍	硫酸镍	次磷酸钠	焦磷酸钠	三乙醇胺	柠檬酸钠	氯化铵	氟化物	硫脲
1 号	0.09	无	0.24	无	无	0.15	0.56	少量	少量
2 号	无	0.09	0.24	0.13	0.67	0.05	0.56	少量	少量

硫酸镍或氯化镍是镀层中镍的来源。次磷酸钠通过催化脱氢，提供活泼的新生态氢原子，从而把镍离子还原成金属镍，此外还使镀层中含有磷，形成镍磷合金镀层。柠檬酸钠、焦磷酸钠、三乙醇胺及氯化铵等使 Ni^{2+} 生成稳定络合物，防止生成氢氧化物及亚磷酸盐沉淀。硫脲可掩蔽镀液中产生的活性结晶核心，防止镀液分解，增加镀液稳定性。氟化物使亚磷酸分子中

氢和磷原子间的键合变弱,氢容易在被催化表面移动,提高沉积速度。

图 13-11(a)所示是固囊酵母菌金属化细胞超薄切片的透射电子显微镜照片,在细胞壁外镀上了一层金属镍。图 13-11(b)所示是蜡状芽孢杆菌金属化后的细胞形态。可以看出虽然在蜡状芽孢杆菌的细胞上镀上了一层金属,但菌体仍然保持了原有的形态,这就使得制造各种各样形态的金属微管成为可能。

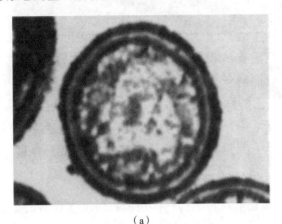

(a)　　　　　　　　　　　　　　　　(b)

图 13-11　生物约束成形

(a) 透射电子显微镜照片;(b) 金属化后的细胞形态

13.2　纳米技术和纳米加工

13.2.1　纳米技术概述

1 nm 是 10^{-9} m。一般人类头发丝的直径为 $70\sim100$ μm,即 $7\times10^4\sim10\times10^4$ nm。氢原子的直径为 0.1 nm,一般金属原子的直径为 $0.3\sim0.4$ nm。

当微粒达到纳米量级($0.1\sim100$ nm)时,其本身会具有如下特性。

1. 量子尺寸效应

粒子尺寸达到纳米量级时,其光、电、磁、热、声及超导电性与宏观特性显著不同。例如,纳米 Ag 微粒在热力学温度为 1 K 时出现量子尺寸效应(即由导体变为绝缘体),其临界尺寸为 20 nm。

2. 小尺寸效应

(1) 光吸收显著增加,并产生吸收峰的等离子共振频移。

(2) 磁有序态转变为磁无序态。

(3) 超导相变为正常相。

(4) 声子谱发生变化等。

3. 表面和界面效应

纳米微粒尺寸小,表面积大,表面能高,位于表面的原子占相当大的比例。这些表面原子处于严重的缺位状态,其活性极高,极不稳定,很容易与其他原子结合,从而产生一些新的效应。

4. 宏观量子隧道效应

微观粒子具有贯穿势垒的能力,称为隧道效应。近年来,人们发现一些宏观量如微颗粒的磁化强度、量子相干器件中的磁通量等也具有隧道效应,称为宏观量子效应。量子尺寸效应、宏观量子隧道效应将会是未来微电子器件的基础,或者可以说它确立了现有微电子器件进一步微型化的极限。

科学研究表明,当微粒尺寸小于 100 nm 时,由于以上所说的特性,物质的很多性能将发生质变,从而呈现出既不同于宏观物体,又不同于单个独立原子的奇异现象:熔点降低,活性增大,声、光、电、磁、热力学等物理性能出现异常。

13.2.2 纳米加工

1. 纳米加工机理

纳米加工的物理实质和传统的切削、磨削加工有很大的不同,一些传统的切削、磨削加工方法和规律已经不能用在纳米加工领域中。

欲达到 1 nm 的加工精度,加工的最小单位必然在亚微米级。由于原子间的距离为 $0.1 \sim 0.3$ nm,纳米加工实际上已达到加工精度的极限。纳米加工的物理实质就是要切断原子间的结合,实现原子或分子的去除。各种物质是以共价键、金属键、离子键或分子结构形式结合的,要切断这种结合,所需的能量必然要超过该物质的原子或分子间的结合能,因此所需能量密度很大。

表 13-7 所示是不同材料的原子间结合能密度。在机械加工中工具材料的原子间结合能密度必须大于被加工材料的原子间结合能密度。

表 13-7 不同材料的原子间结合能密度

材料	结合能密度/(J/cm^2)	备注	材料	结合能密度/(J/cm^2)	备注
Fe	2.6×10^3	拉伸	SiC	7.5×10^5	拉伸
SiO_2	5×10^2	剪切	B_4C	2.09×10^6	拉伸
Al	3.34×10^2	剪切	CBN	2.26×10^8	拉伸
Al_2O_3	6.2×10^5	拉伸	金刚石	$5.64 \times 10^8 \sim 1.02 \times 10^9$	晶体各向异性

在纳米加工中需要切断原子间结合,故需要很大的能量密度,为 $10^5 \sim 10^6$ J/cm³,传统切削、磨削加工消耗的能量密度较小,实际上是利用原子、分子或晶格连接处的缺陷来进行加工的。用传统的切削、磨削加工方法进行纳米加工,要切断原子间的结合相当困难。因此,直接利用光子、电子、离子等基本能子进行加工,必然是纳米加工的主要方向和主要方法。但纳米加工要求达到极高的精度,使用基本能子进行加工时,如何有效地控制以达到原子级的去除,是实现原子级加工的关键。

2. 纳米加工精度

纳米加工精度包括:纳米级尺寸精度、纳米级几何形状精度和纳米级表面质量。

1) 纳米级尺寸精度

(1) 较大尺寸的绝对精度很难达到纳米级。零件材料的稳定性、内应力、本身质量造成的变形等内部因素和环境的温度变化、气压变化、测量误差等都会导致尺寸误差。因此现在的长度基准不采用标准尺寸为基准,而采用光速和时间为长度基准。1 m 长的实用基准尺的精度要达到绝对长度误差为 0.1 μm 已非常不易。

(2) 较大尺寸的相对精度或重复精度指标达到纳米级,这在某些超精密加工中会遇到。

如特高精度孔与轴的配合;精密零件的个别关键尺寸;超大规模集成电路制造过程中的重复定位精度等。使用激光干涉测量和 X 射线干涉测量法都可以达到原子级的测量分辨率和重复精度,可以满足加工精度的要求。

(3) 微小尺寸加工达到纳米级精度,这是精密机械、微型机械和超微型机械中会遇到的问题,需要进一步研究和发展。

表 13-8 所示为几种不同加工方法可达到的尺寸精度。

表 13-8　几种不同加工方法可达到的尺寸精度

加 工 方 法	可 达 到 的 水 平
精密电火花加工	约 1 μm
金刚石刀具超精密切削	Ra 0.02～0.002 μm 的镜面,可切削 1 nm 的切屑
精密研磨、抛光	Ra 0.02～0.002 μm 的镜面,用于量块、光学平晶、集成电路硅基加工
电子束刻蚀	0.1 μm 线宽
离子束加工	纳米级
紫外线光刻	0.35 μm
LIGA 技术	0.1 μm
扫描隧道显微镜(STM)加工和原子力显微镜(AFM)加工	0.1 μm

2) 纳米级几何形状精度

如精密孔与轴的圆度、圆柱度;精密球(如陀螺球、计量用标准球)的球度;单晶硅基片的平面度;光学、激光、X 射线的透镜和反射镜的平面度等。这些精密零件的几何形状直接影响其工作性能和效果。

3) 纳米级表面质量

表面质量不仅指零件的表面粗糙度,而且包含内在的表层物理状态。如对于制造大规模集成电路的单晶硅基片,不仅要求有很高的平面度、很小的表面粗糙度和无划伤,而且要求无表面变质层(或极小的变质层)、无表面残余应力、无组织缺陷。高精度反射镜的表面粗糙度、变质层影响其反射效率。对微型机械和超微型机械的零件的表面质量也有严格的要求。

3. 纳米加工技术分类

纳米加工技术包括切削加工、化学腐蚀、能量束加工、复合加工、扫描隧道显微镜加工等多种方法。纳米加工技术近年来有了突破性进展,现已成为现实的、有广阔发展前景的全新加工技术。

4. 纳米加工的关键技术

1) 检测技术

常规的机电测量仪在纳米级检测中,一方面受分辨率和测量精度的限制,达不到预期精度;另一方面还会损伤被检测元件表面,因此必须采用其他技术。现在纳米级测量技术主要有两个发展方向。

(1) 光干涉测量技术:如双频激光干涉测量、激光外差干涉测量、X 射线干涉测量、衍射光栅尺测量。

(2)扫描显微测量技术:如扫描隧道显微镜(STM)、原子力显微镜(AFM)、磁力显微镜(MFM)、激光力显微镜(LFM)、静电力显微镜(EFM)、光子扫描隧道显微镜(PSTM)等。

2)环境条件控制

纳米加工对环境的要求较高,必须在恒温、恒湿、防振、超净环境下进行。空气中的尘埃可能会划伤被加工表面,从而达不到预期效果,因此要进行空气洁净处理。振动对加工表面质量的影响也很大。在纳米加工中,振动一般来自两方面:一是机床等加工设备产生的振动;二是来自加工设备外部由地基传入的振动。这就要求加工设备必须安装在带防振沟和隔振器的防振地基上,这样对高频振动可以起到较好的隔离作用,但对于低频振动则难以隔离。因此,在安放机床时必须对周围的低频振源予以足够重视。

3)机床及工具

纳米加工对机床的基本要求如下:

(1)高精度。要求机床有高精度的进给系统,实现无爬行的纳米级进给;有回转运动时应保证有纳米级的回转精度。

(2)高刚度。要求机床具有足够高的刚度,以保证工件和加工工具之间的相对位置不因外力作用而改变。

(3)高稳定性。要求设备在使用过程中能长时间保持高精度、抗干扰、抗振动等,保证稳定工作。

对于加工工件,如果其具有固定形状,则要求工具必须具有纳米级的表面粗糙度和小的刀尖圆弧半径,否则必须采用高能密度的束流。

13.2.3 纳米级测量和扫描探针测量技术

1. 纳米级测量方法简介

由于常规的机械量仪、机电量仪和光学显微镜等不易达到要求的测量分辨率和测量精度,且常规的接触法测量很容易损伤被测表面,因此在许多领域越来越多地采用纳米级测量。目前纳米级测量技术主要有以下两个发展方向。

1)光干涉测量技术

此法利用光的干涉条纹提高测量分辨率。可见光和紫外光的波长较长,干涉条纹间距达数百纳米,不能满足测量的精度要求。纳米级测量用波长很短的激光或 X 射线,有很高的测量分辨率。光干涉测量技术可用于长度和位移的精确测量,也可用于表面显微形貌的测量。应用这种原理的测量方法有:双频激光干涉测量、激光外差干涉测量、超短波长(如 X 射线等)干涉测量等。

2)扫描显微测量技术

此法主要用于测量表面的微观形貌和尺寸。它的原理是用极尖的探针(或类似的方法和零件)对被测表面进行移动扫描(探针和被测表面不接触或准接触),借助纳米级的三维位移定位控制系统测出该表面的三维微观立体形貌。应用这种原理的测量方法有:扫描隧道显微镜、原子力显微镜、磁力显微镜、激光力显微镜、热敏显微镜(TSM)、光子扫描隧道显微镜(PSTM)、扫描近场超声波显微镜、扫描离子传导显微镜等。

为了使读者对这些纳米级测量方法的测量分辨率、测量精度、测量范围等性能有更好的了解,表 13-9 给出了几种主要的纳米级测量方法的对比。

表 13-9　　几种主要的纳米级测量方法的对比

测 量 方 法	分辨率/nm	精度/nm	测量范围/nm	最大速度/(nm/s)
双频激光干涉测量法	0.600	2.00	1×10^{12}	5×10^{10}
激光外差干涉测量法	0.100	0.10	5×10^{7}	2.5×10^{3}
F-P 标准具测量法	0.001	0.001	5	$5 \sim 10$
X 射线干涉测量法	0.005	0.010	2×10^{5}	3×10^{-3}
衍射光栅尺	1.0	5.0	5×10^{7}	10^{6}
扫描隧道显微镜	0.050	0.050	3×10^{4}	10

2. 扫描隧道显微镜测量技术

1）扫描隧道显微镜简介

STM 是 1981 年由瑞士苏黎世实验室首创和发明的。它可用于观察、测量物体表面 0.1 nm 级的表面形貌，也就是说，它能观察、测量物质表面单个原子和分子的排列状态以及电子在表面的行为，为表面物理、表面化学、生命科学和新材料研究提供了一种全新的研究方法。随着研究的深入，STM 还可用于纳米尺度下的单个原子搬迁、去除、添加和重组，构造出具有新结构的物质。这一成就被公认为 20 世纪 80 年代世界十大科技成果之一，发明者因此荣获 1986 年诺贝尔物理学奖。

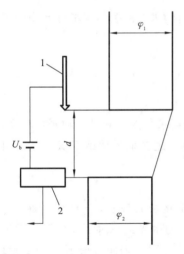

图 13-12　STM 的隧道结示意图
1—STM 探针；2—试件

STM 的基本原理是量子力学的隧道效应。在正常情况下互不接触的两个电极之间是绝缘的，然而当把这两个电极之间的距离缩短到 1 nm 以内时，由于量子力学中粒子的波动性，电流会在外加电场的作用下穿过绝缘势垒，从一个电极流向另一个电极，犹如不必爬过高山，而是穿越隧道从山下通过一样。当其中一个电极是非常尖锐的探针时，由于尖端放电隧道电流对隧道间隙更敏感。用探针在试件表面扫描，将它"感觉"到的原子高低和电子状态信息采集起来，经过计算机数据处理，即可得到纳米级三维表面形貌。

2）STM 的工作原理、方法及系统组成

当探针的针尖与试件表面的距离（即隧道间隙）d 约为 1 nm 时，将形成图 13-12 所示的隧道结。在探针和试件间加偏压 U_b，当隧道间隙为 d，势垒高度为 φ，且 $U_b < \varphi$ 时，隧道电流密度 j 为

$$j = \frac{e^2}{h} \frac{k_a}{4\pi^2 d} U_b e^{-2k_0 \varphi} \tag{13-7}$$

$$\varphi = (\varphi_1 + \varphi_2)/2 \tag{13-8}$$

式中：h 为普朗克常数；e 为电子电量；k_a、k_0 为系数。

由式（13-7）可见，隧道电流密度 j 对针尖与试件间的距离 d 非常敏感。距离每减小 0.1 nm，隧道电流密度 j 将增大一个数量级。这种隧道电流对隧道间隙的极端敏感性就是 STM 的基础。

STM 有恒流测量和恒高测量两种模式，如图 13-13 所示。

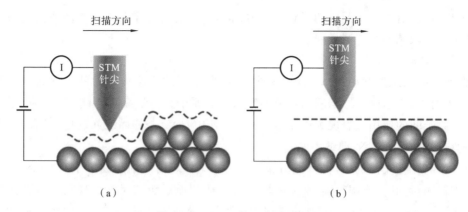

图 13-13　STM 的工作原理框图

(a) 恒流模式；(b) 恒高模式

(1) 恒流测量模式：探针在试件表面扫描时，保持隧道电流恒定不变。即使用反电路驱动探针，探针将随试件表面的高低起伏而上下移动，并跟踪其高低起伏状态，使探针与试件表面的距离在扫描过程中保持不变，记录反馈的驱动信号即可得到试件表面的形貌信息。这种方法避免了等高测量模式中的非线性，提高了纵向测量的测量范围和测量灵敏度。现在 STM 大都采用这种测量模式，纵向测量分辨率最高可以达到 0.01 nm。

(2) 恒高测量模式：采用这种模式时，探针以不变的高度在试件表面扫描，隧道电流将随试件表面的高低起伏而变化，因此测量隧道电流的变化就能得到试件的表面形貌信息。这种测量方法只能用于测量表面高低起伏很小（小于 1 nm）的试件，且隧道电流的大小与试件表面高低的关系是非线性的。上述限制使得这种测量模式很少使用。

获得表面微观形貌的信息后，利用计算机进行信息数据处理，最后得到试件表面微观形貌的三维图形和相应的尺寸。

一般情况下，STM 的隧道电流通过探针尖端的一个原子，因而 STM 的横向分辨率最高可以达到原子级尺寸。

从上述 STM 的工作原理可知，它由以下几部分组成：

(1) 探针和控制隧道电流恒定的自动反馈控制系统；

(2) 纳米级三维位移定位系统，用于控制探针的自动升降和形成扫描运动；

(3) 信息采集和数据处理系统，这部分主要由计算机软件完成。

① STM 的探针。探针都用金属制成，要求顶端极为尖锐，这是因为顶端尖锐时可以形成尖端放电以加强隧道电流，此外还希望隧道电流通过探针顶端的一个原子流出，这样可使 STM 有极高的横向分辨率。探针可用金属丝经电化学腐蚀方法制造，在金属丝腐蚀断裂的瞬间切断电流，从而获得极为尖锐的顶端；另一种制造方法是金属丝（带）经机械剪切，在剪断处自然形成尖端，要求针尖曲率半径在 30～50 nm 或以下。现在使用碳纳米管制造探针，针尖曲率半径可小到几纳米，因而大大提高了 STM 测量的横向分辨率。

② STM 的隧道电流控制系统。在探针和试件间加上不同（变化）的偏压 U_b，以形成预定的隧道电流。所加偏压必须小于势垒高度 φ，一般情况所加偏压为数十毫伏。

3. 微观表面形貌的扫描探针测量和其他扫描测量技术

扫描隧道显微镜虽然有极高的测量灵敏度，但它是靠隧道电流进行测量的，因此不能用于非导体材料的测量。1986 年研究人员发明了依靠探针尖和试件表面间的原子作用力来测量的原子力显微镜,后来又研制成功了利用磁力、静电力、激光力等来测量的多种扫描探针显微镜,解决了不同领域的微观测量问题。

1) AFM 的测量原理

当两原子间的距离缩小到 0.1 nm 数量级时,原子间的相互作用力就显现出来。两者之间先产生吸引力,当这两个原子间的距离继续减小到原子直径量级时,由于原子间电子云的不相容性,两原子间的作用力表现为排斥力。在 AFM 中,探针与样品之间的原子间的吸引力和排斥力的典型值在 10^{-9} N,即纳牛左右。

AFM 常利用原子间的排斥力(即当探针针尖和试件表面间的距离小于 0.3 nm 时产生的排斥力)进行测量,其分辨率很高,在微距离上可以达到原子级的尺寸。现在有多种方法可测量 AFM 探针和弹簧片的位移值,如位敏光电元件法、激光法、电容法等,其中激光反射偏移法因灵敏度高而得到较多应用,工作原理如图 13-14 所示。当探针与样品表面接近时,样品和针尖产生微弱的作用力(吸引力或排斥力),导致悬臂梁发生偏转,激光照射到悬臂梁的末端,反射的激光可反映偏转角的大小,并被激光检测器收集,再由反馈系统分析处理,获得样品表面的形貌。

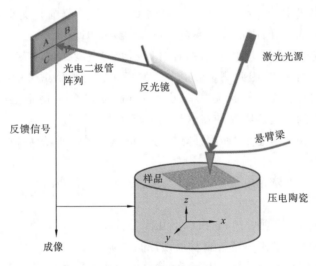

图 13-14 AFM 原理

微力传感弹簧片将探针压向试件表面的力很小,在 10^{-9} N 左右,因弹簧力不超过原子间的排斥力,故不会划伤试件表面。

AFM 不仅可以检测非导体试件的微观形貌(横向分辨率达原子级,纵向分辨率达 0.01~0.001 nm),而且可以在液体中检测,故现在应用较多。

2) 其他扫描探针显微镜和多功能扫描探针显微镜

基于 STM 的基本原理,随后又发展出一系列扫描探针显微镜,如扫描力显微镜(scanning force microscope,SFM)、弹道电子发射显微镜(ballistic electron emission microscope,BEEM)、扫描近场光学显微镜(scanning near-field optical microscope,SNOM)等。这些新型显微镜都是利用探针与样品的不同相互作用,如电的相互作用、磁的相互作用、力的相互作用等,来探测表面或界面在纳米尺度上表现出的物理性质和化学性质。

各种扫描探针显微镜比较如表 13-10 所示。

表 13-10　各种扫描探针显微镜

名　　称	相互作用 (检测信号)	横向 分辨率	特　　点
扫描隧道显微镜(STM)	隧道电流	0.1 nm	导电性试样表面凹凸三维图像
原子力显微镜(AFM)	原子间力	0.1 nm	(非)导电性试样表面凹凸三维图像
扫描隧道谱分光(STS)	隧道电流	0.1 nm	导电试样表面及表面物理图像
磁力显微镜(MFM)	磁力	25 nm	磁性体表面的磁分布图像
摩擦力显微镜(FFM)	摩擦力	—	试件表面横向力分布图像
扫描电容显微镜(SCM)	静电容量	25 nm	试件表面的静电容量分布图像
扫描近场光学显微镜(SNOM)	衰减光	50 nm	用光纤探头在样品表面上方进行扫描成像
扫描近场超声波显微镜(SNAM)	超声波	0.1 μm	试样内部的声波相互作用图像
扫描离子传导显微镜(SICM)	离子电流	0.2 μm	溶液中离子浓度,溶液中试样表面的凹凸图像
扫描隧道电位计(STP)	电位	10 μV	试样表面的电位分布图像
扫描热轮廓仪(SThP)	热传导	100 nm (10^4℃)	试样表面的温度分布图像
光子扫描隧道显微镜(PSTM)	光	亚波长级	试样表面的光相互作用图像
弹道电子发射显微镜(BEEM)	弹道电子	1 nm	表面形貌的获取同 STM
激光力显微镜(LFM)	范德瓦尔斯力	5 nm	测量表面性质对受迫振动的微悬臂 所产生的影响成像
静电力显微镜(EFM)	静电力	100 nm	使带电荷的探针在其共振频率附近 受迫振动,测量静电力而成像

4. 扫描探针显微技术的关键问题和特点

1) 扫描探针显微技术的关键问题

以上几种扫描探针显微技术从原理上讲比较简单,但试验并不容易,需要解决一些关键问题。

(1) 振动的影响。一般情况下地面振动在微米量级,可是要产生稳定的隧道电流,针尖和样品间距必须小于 1 nm。微小的振动就会使针尖撞上样品,甚至难以严格控制它在精细位置上的扫描,所以要尽量减小振动。

(2) 噪声的影响。因为产生的电流是纳安级的,要取得原子分辨率(约为 0.01 nm),就必须控制针尖以实现扫描,这就要求仪器本身稳定,隔绝电子噪声。

(3) 针尖的要求。如果针尖很钝,就不可能探测到单个的原子,达不到原子分辨率,所以针尖必须很尖锐。一般要求针尖具有纳米尺度,这就要求极高的微细加工技术。

(4) 对样品的要求。扫描隧道显微镜(STM)工作时需要产生隧道电流,所以样品必须是导体或半导体,否则就不能用 STM 直接观察。对于不导电的样品,虽然可以在表面覆盖一层导电膜,如镀金膜、镀碳膜,但是金膜和碳膜的粒度和均匀性等问题均限制了图像对真实表面的分辨率。而原子力显微镜可检测非导体,但要求样品黏度不能过大,否则针尖扫描时就会带着样品一起移动,达不到高的分辨率。

2）扫描探针显微技术的特点

扫描探针显微技术具有以下几个特点：

（1）扫描探针显微镜可以在各种条件，如真空、大气、常温、低温、高温、熔温下和在纳米尺度上对表面进行加工。

（2）STM 是目前能提供具有纳米尺度的低能电子束的唯一手段，在控制和研究诸如迁移、化学反应等过程中有着很高的重要性，为人们提供了在微观甚至原子、分子领域进行观察、研究、操作的技术手段。

13.2.4　单原子操纵

1. 原子排列

扫描隧道显微镜不仅可以在样品表面进行直接刻写、诱导沉积和刻蚀，还可以对吸附在表面上的物质，如金属颗粒、原子团及单个原子和分子进行操作，使它们从表面某处移向另一处，或改变它们的性质，从而为微型器件的构造提供研究手段。单原子和单分子操纵还可以用来在纳米尺度上研究粒子和粒子之间或粒子与基底之间的相互作用。

这方面的开创性工作已经有了良好的开端，科学家们研究了金属镍表面吸附的氙原子。选择该体系的原因在于氙原子易于在表面移动。为了减小热扰动对氙原子运动的影响，试验在超高真空和极低温度下进行。在经过一定程度的氙气暴露后，镍表面上吸附了氙原子，在低偏压和小隧道电流的情况下，针尖和单个氙原子间的作用力非常弱，因此在成像过程中原子基本不移动。为了移动一个原子，必须增大针尖与原子间的作用力。

具体试验方法是：当针尖扫描至该原子上方时停止移动，然后增大参考电流，此时扫描隧道显微镜的反馈控制系统驱动针尖向这个氙原子移动，以增大隧道电流，最后达到新的稳定状态。此时针尖与该原子间的作用力增大了，在移动针尖时，这个原子就被针尖拉动并随之移动到新的位置。当停止移动针尖，并将其恢复到原来高度时，由于作用力减小，对应的氙原子将停留在新的位置，不再随针尖运动而移动。此后，针尖可以移向别的原子进行重复操作。图13-15 所示是采用这个方法成功排列出的 IBM 图样，其中每个字母的长度为 5 nm。

研究人员采用同样的方法，把 48 个铁原子在铜表面上一个接一个地排列，最终形成一个圆环（见图 13-16）。铁原子间的距离为 0.9 nm，是基底铜原子最近距离 0.225 nm 的 4 倍，这是因为原子间的排斥力使它们不能排列得更紧密，铜基底上的吸附位是六角网格对称的，理论计算表明，在这种吸附位上能达到的最佳圆环形的铁原子间距正好是 0.9 nm。

图 13-15　STM 针尖操纵氙原子排列成有序结构

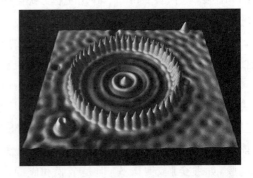

图 13-16　由 48 个铁原子在铜表面排列成的圆环

前述单原子操纵都是在低温和超高真空条件下进行的，苛刻的试验条件限制了这种方法的应用范围,因而许多科学家致力于开发其他种类的原子和分子级的操作方法。有人通过在金针尖上加一个短时脉冲,将金蒸发到基底金表面上,在空气中实现了金表面上有序金原子簇的沉积。采用类似方法,德国科学家首次实现了电解质溶液中的分子转化。如图 13-17 所示,他们利用一个粘有铜原子簇的 STM 针尖,使其在铜离子溶液中与基底金发生电化学反应。所生成的铜原子簇高度在 2~4 个铜原子之间,如图 13-18 所示。

图 13-17　溶液中 STM 针尖在金表面上沉积铜原子簇的示意图

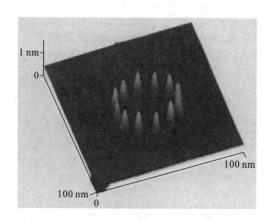

图 13-18　铜原子簇的 STM 图

2. DNA 单分子操纵

脱氧核糖核酸(DNA)是生命活动的主要遗传物质,在整个生命科学研究中处于核心位置。对 DNA 单分子进行操纵可以应用于杂交探针的制备、特异性文库和精细物理图谱的构建等方面,而且在临床遗传诊断和致病基因的定位克隆中有特别的应用价值。

1) DNA 单分子的拉伸

一般我们可以将单分子的一端连接在固体基体上,然后采用黏滞拖拉、电泳作用和光学镊子等对单分子进行拉伸,下面介绍一种由法国科学家发明的分子梳技术。

首先,在玻璃基体上通过自组装形成硅烷化的单分子层,暴露出末端的乙烯基团(其特点是对 DNA 末端具有很高的亲和力,同时还具有结合蛋白质的能力)。将一滴 DNA 溶液滴到修饰后的表面上,再使一个未经修饰的玻璃片漂浮在液滴上,强迫液滴铺展成液膜,5 min 后用双蒸汽水淋洗玻璃表面并吹干,溶液蒸发时,后退的气液界面将分子链拉直,最后留在干燥的表面上,而那些未结合的分子被移动的界面带走。DNA 分子可以两端锚定,也可以一端锚定,利用分子梳方法拉直的 DNA 分子结合在被修饰的基体表面上,并且可通过 DNA 链上的毛细力将单个分子完全拉直,且不破坏 DNA 分子,这种方法的毛细力不受分子长度的影响,在整个分子链上具有均匀分布的特点。用这种方法还可以灵敏地检测出溶液中的 DNA 分子。

2) DNA 单分子的剪切

对 DNA 单分子的剪切是基于原子力显微镜的隔行(interleave)扫描来完成的,其主要原理是通过隔行扫描的开关来改变压电陶瓷的扫描方式,当打开隔行扫描时,在每次主扫描后都跟随一次隔行扫描,如果关掉主扫描,就来回执行单线隔行扫描。在主扫描获取 DNA 样品高度信息后,可通过执行提升模式(lift mode)来逐渐改变针尖与样品之间的距离,切割 DNA 时,首先通过原子力显微镜轻敲模式(tapping mode)对拉直的 DNA 分子进行成像并选取要分离的 DNA 片段所在的区域,待原子力显微镜针尖再次扫描到预定目标位置后,激活提升模式,开始执行单线扫描(oneline scan)并且以接触模式(contact mode)实现对 DNA 单分子的纳米切割,切割 DNA 时施加在原子力显微镜探针上的力大约为 20 nN。方法为:关闭系统反馈,同时增大针尖对样品的扫描力,使 DNA 链上的特定部位所受的横向剪切力大大增大,从而完成对 DNA 单分子的定点剪切。DNA 长度越短,越容易被切断,而且在丙醇和水混合的溶液中比在纯水中更容易切断。对 DNA 分子进行定点切割,把所得到的片段进行扩增放大,再进行生化分析,这种方法可用在基因治疗上。

3) DNA 单分子的迁移

研究表明,可以把一个预先选定的单根 DNA 分子用光学镊子连接到硅片表面上。首先将 DNA 分子在水中连接在一个微米尺度的小球上,然后采用激光镊子找到并且抓住一个连接有 DNA 分子的小球,使原子力显微镜针尖(硅片)与小球接触,这时激光的热量会将它们焊接在一起。这种结合激光镊子和原子力显微镜的方法,使得对 DNA 的操作变得十分灵活,而且在保持 DNA 生物学功能的同时,提供了研究 DNA 与蛋白质相互作用的方法。例如,可以将已知序列的 DNA 链连接在一个规则排列的硅片上,形成由 DNA 组成的生物芯片,用于高效率的基因分析和疾病诊断。

3. 单根碳纳米管的操作

1991 年,日本科学家 S. Iijima 在直流电弧放电后沉积的炭黑中,意外地发现了碳纳米管。它是一种新型的碳结构,是由碳原子形成的石墨烯片层卷成的无缝、中空的管体。图 13-19 所示是试验中发现的三种层(壁)数不同的碳纳米管(分别为 5、2 和 7 层)的高分辨率电子显微镜图片,它们都是多壁碳纳米管。如果碳纳米管仅由一层石墨卷曲而成,即为最简单的碳纳米管——单壁碳纳米管,图 13-20 所示是单壁碳纳米管结构示意图。碳纳米管具有独特的拓扑结构、良好的导电性能、极高的力学强度等优异的光学、电学和力学性能,从而呈现出广泛的应用前景。

根据纳米器件对碳纳米管形状、尺寸等的要求,需要对碳纳米管进行搬迁、弯曲、拉直、移位、旋转和剪切等微操作。根据不同的操纵对象、环境和设备,纳米级微操纵技术可分为接触式操纵(以 AFM 为代表的纳米操纵仪)和非接触式操纵(STM、光钳等)。

1) 单根碳纳米管的搬迁

在对碳纳米管进行力学特性的研究时,应对碳纳米管进行操纵。方法为:将碳纳米管的悬浮液和光刻胶溶液相混合,将混合液铺展在基体上,制成薄膜,然后用光刻方法在薄膜上刻画

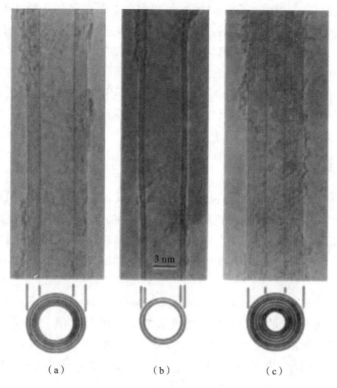

图 13-19　多壁碳纳米管的电子显微镜图片

(a) 5 层；(b) 2 层；(c) 7 层

出许多规则的天窗,此时,天窗上将伸出大量的碳纳米管,一端在未被腐蚀的墙上,另一端悬空,找到一根碳纳米管,利用 AFM 对横向力敏感的特点,用针尖从远端向根部拨动碳纳米管,同时记录反射光斑位置的变化,直到碳纳米管断裂为止,这样就得到与距离有关的弹性分布,这时的碳纳米管就像一根一端固定的机械梁,可以按照静力学的方法求出它的弹性模量。

2）单根碳纳米管的弯曲

在对碳纳米管进行弯曲前,需使它在基体上得到一定程度的固定,这样才能对其进行可控操作,否则,它就会在针尖的作用下移动,或被吸附到针

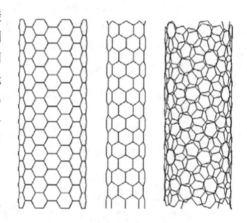

图 13-20　单壁碳纳米管的结构示意图

尖上,然后用原子力显微镜观察基体上碳纳米管的形貌相。在形貌相的基础上选择合适的区域进行纳米操纵,操纵时,关闭反馈,再减小针尖与样品间的距离以增大针尖的压力,按预先确定的操纵方向进行扫描,扫描结束后,把反馈和针尖的压力恢复到原来水平,重新扫描,再观察操纵后碳纳米管的形貌相。

3）单根碳纳米管的剪切

直接生成的碳纳米管一般很长,然而中等长度的碳纳米管的应用更为广泛,另外,直接生成的碳纳米管有晶格缺陷,这都需要将碳纳米管进行剪切,从而得到长度适中、管径分布均匀、

晶格较完整的纳米材料。利用原子力显微镜,可以完成对单根碳纳米管的剪切,但这种方法效率较低。有人采用化学方法对大量制备的单壁碳纳米管进行切割,方法如下:首先除去单壁碳纳米管中的球形和无定形碳,将高度缠绕的很长的分子放入浓硫酸和硝酸混合液中,通过超声振荡进行切割。超声产生的微观气泡在破裂时会产生局部高温,使单壁碳纳米管的表面出现缺口,随后氧化性的酸将进攻缺口,使管子完全断开。利用这种方法剪切的碳纳米管的末端具有大量的羧基官能团,可以通过化学反应将这些官能团与金纳米粒子连接在一起。采用这种方法很容易将碳纳米管直接组装到分子器件中。

13.2.5　纳米薄膜沉积

在传统的微纳加工中,沉积工艺包括蒸发、溅射沉积、化学气相沉积和电化学沉积等,利用这些技术可将各种导电材料、绝缘材料、半导体和其他功能材料逐层沉积到衬底上。经过精心设计和优化,上述这些技术可用于制作纳米级结构,近年来还出现了一系列可用于纳米增材制造的新技术。与传统的气相沉积技术相比,这些技术很大程度上依赖于湿法化学方法。

常用的技术是原子层沉积(atomic layer deposition,ALD)技术。虽然沉积的薄膜不是纳米结构,但它们是单层可控的,这一特点在纳米加工中极具价值。单层可控特性是通过两种自限性的吸附反应来实现的,当两种反应交替工作时,可逐步向衬底表面叠加单层膜。因为吸附步骤是饱和的,所以可以在具有极高深宽比和复杂表面形貌的衬底上实现共形沉积。

在自限性单层沉积领域,表面功能化也是研究的热点。尽管表面上仅沉积了一层单分子层,但它通常会增加对目标生物分子的高度特异性亲和力或表现出其他的生物功能。这展现了纳米技术在健康和安全相关领域中的应用潜力。表面调控的参数包括润湿性、覆盖性、表面形貌、化学反应活性、电子活跃度和热稳定性等。

复习思考题

(1) 什么是微细加工? 简述微细加工的分类。

(2) 简述硅微细加工的特点。

(3) 什么是光刻加工?

(4) 简述光刻掩模制作工艺流程。

(5) 简述 LIGA 技术的原理、特点及主要工艺。

(6) 简述纳米加工的机理、分类。

(7) 简述扫描隧道显微镜的基本原理。

(8) 试举出八种以上扫描探针显微镜,并进行比较。

参 考 文 献

［1］白基成，郭永丰，刘晋春. 特种加工技术［M］.哈尔滨：哈尔滨工业大学出版社，2006.

［2］曹凤国. 电化学加工［M］. 北京：北京科学技术出版社，2014.

［3］冯宪章. 先进制造技术基础［M］. 北京：北京大学出版社，2009.

［4］郭东明，王晓明，赵福令，等. 面向快速制造的特种加工技术［J］. 中国机械工程，2000（Z1）：215-219.

［5］李荣钟，雷玉勇，易北华. 水射流特种加工技术应用［J］. 中国测试技术，2007（04）：37-43.

［6］刘正埙. 我国特种加工技术的回顾与展望［J］. 电加工，1999(05)：6-11.

［7］王杰，樊军，王永兵，等. 特种加工技术的新进展［J］. 轻工机械，2008(04)：5-7.

［8］王丽娜，杨平，夏伟军，等. 特殊成形工艺下 AZ31 镁合金的织构及变形机制［J］. 金属学报，2009，45(01)：58-62.

［9］CHAKRABORTY S, DEY V, GHOSH S K. A review on the use of dielectric fluids and their effects in electrical discharge machining characteristics［J］. Precision Engineering Journal of the International Societies for Precision Engineering and Nanotechnology, 2015, 40: 1-6.

［10］XU Z, WANG Y. Electrochemical machining of complex components of aero-engines: Developments, trends, and technological advances［J］. Chinese Journal of Aeronautics, 2021, 34(2): 28-53.

［11］ZHOU X R, NING J, NA S J, et al. Microstructures and properties of the dissimilar joint of pure molybdenum/T2 copper by single-mode laser welding［J］. International Journal of Refractory Metals & Hard Materials, 2021, 101: 1-11.

［12］吴雁，肖礼军，郭立新，等. 铜/铝异种材料激光焊接的研究综述［J］. 应用激光，2021，41(02)：261-270.

［13］廖卓. AZ91 镁合金激光焊接研究综述［J］. 锻压装备与制造技术，2020，55(05)：128-131.

［14］李晓丹，李长富，刘艳梅，等. 选区激光熔化 Ti-6Al-4V 钛合金的拉伸断裂行为研究［J］. 稀有金属，2021，45(03)：279-287.

［15］周传浩，康宇辰，付志强，等. 基于生死单元法的 BOPP 薄膜激光打孔数值模拟［J］. 包装工程，2021，42(07)：120-124.

［16］PRASANNA J, KARUNAMOORTHY L, RAMAN M V, et al. Optimization of process parameters of small hole dry drilling in Ti-6Al-4V using Taguchi and grey relational analysis［J］. Measurement, 2014, 48: 346-354.

［17］陈博，宫静. 响应面法优化 304 不锈钢激光切割工艺参数［J］. 模具技术，2021 (05)：55-61.

［18］SALEEM A, ALATAWNEH N, RAHMAN T, et al. Effects of laser cutting on microstructure and magnetic properties of non-orientation electrical steel laminations [J]. IEEE Transactions on Magnetics，2020，56(12)：1-9.

[19] 周旭，岳双成. 选择性激光烧结技术在汽车空调试验领域的应用 [J]. 汽车工艺与材料，2021(08)：28-31.

[20] 肖林林，任雁，高秋华，等. 浅谈激光熔覆技术研究进展 [J]. 新技术新工艺，2021(07)：5-7.

[21] 范玉殿. 电子束和离子束加工 [M]. 北京：机械工业出版社，1989.

[22] 刘金声. 离子束沉积薄膜技术及应用 [M]. 北京：国防工业出版社，2003.

[23] 陈元芳，鲜杨，金铁玉，等. 电子束加工技术及其应用 [J]. 现代制造工程，2009 (08)：153-156.

[24] SLOBODYAN M. Resistance, electron- and laser-beam welding of zirconium alloys for nuclear applications：A review [J]. Nuclear Engineering and Technology，2021，53(4)：1049-1078.

[25] 刘金声. 离子束技术及应用 [M]. 北京：国防工业出版社，1995.

[26] GALATI M，IULIANO L. A literature review of powder-based electron beam melting focusing on numerical simulations [J]. Additive Manufacturing，2018，19：1-20.

[27] 赵玉清. 电子束离子束技术 [M]. 陕西：西安交通大学出版社，2002.

[28] 张以忱. 电子枪与离子束技术 [M]. 北京：冶金工业出版社，2004.

[29] 佟硕. 离子束沉积 TiN 薄膜及其结构和形貌研究 [D]. 北京：北京理工大学，2016.

[30] PATON B E，TRYGUB M P，AKHONIN S V，等. 钛、锆及其合金的电子束熔炼 [M]. 北京：机械工业出版社，2014.

[31] DEBROY T，WEI H L，ZUBACK J S，et al. Additive manufacturing of metallic components—Process, structure and properties [J]. Progress in Materials Science，2018，92：112-124.

[32] WU B，PAN Z，DING D，et al. A review of the wire arc additive manufacturing of metals：Properties, defects and quality improvement [J]. Journal of Manufacturing Processes，2018，35：127-139.

[33] RAM G，ROBINSON C，YANG Y，et al. Use of ultrasonic consolidation for fabrication of multi-material structures [J]. Rapid Prototyping Journal，2007，13 (4)：226-235.

[34] WU L，ZHAO L，JIAN M，et al. EHMP-DLP：multi-projector DLP with energy homogenization for large-size 3D printing [J]. Rapid Prototyping Journal，2018，24(9)：1500-1510.

[35] WANG J，GOYANES A，GAISFORD S，et al. Stereolithographic (SLA) 3D printing of oral modified-release dosage forms [J]. International Journal of Pharmaceutics，2016，503(1-2)：207-212.

[36] TUMBLESTON J R，SHIRVANYANTS D，ERMOSHKIN N，et al. Continuous liquid interface production of 3D objects [J]. Science，2015，347(6228)：1349-1352.

[37] BLANCO D，FERNANDEZ P，NORIEGA A. Nonisotropic experimental characterization of the relaxation modulus for PolyJet manufactured parts [J]. Journal of Materials

Research，2014，29(17)：1876-1882.

［38］IBRAHIM D, BROILO T L, HEITZ C, et al. Dimensional error of selective laser sin-
tering, three-dimensional printing and PolyJet（TM）models in the reproduction of
mandibular anatomy［J］. Journal of Cranio-Maxillofacial Surgery，2009，37（3）：
167-173.

［39］RASHEED S, LUGHMANI W A, OBEIDI M A，et al. Additive manufacturing of
bone scaffolds using polyJet and stereolithography techniques［J］. Applied Sciences-
Basel，2021，11(16)：1-24.

［40］沈妍汝，陈虎，马珂楠，等.多色多硬度牙颌模型感光聚合物喷射一体化三维打印精度初
探［J］.中华口腔医学杂志，2021，56(07)：652-658.

［41］杨国梁，杨磊.3DP 技术在快速铸造方面的创新应用［J］.铸造设备与工艺，2021（04）：
44-46.

［42］冯志龙.3D 技术在肝脏肿瘤临床和教学中的应用［D］.保定：河北大学，2019.

［43］孙薇卿.基于 3D 打印技术的船用零部件设计［J］.舰船科学技术，2021，43(04)：
214-216.

［44］郭紫琪，李晓文，张瑾，等.熔融沉积成型的 3D 打印专利技术综述［J］.山东化工，
2018，47(11)：53-54.

［45］李新，孙良双，杨亮，等.FDM 3D 打印高分子材料改性及应用进展［J］.胶体与聚合
物，2017，35(03)：139-141.

［46］赵德陈，林峰.金属粉末床熔融工艺在线监测技术综述［J］.中国机械工程，2018，29
(17)：2100-2110,18.

［47］WANG D, WU S, FU F, et al. Mechanisms and characteristics of spatter generation in
SLM processing and its effect on the properties［J］. Materials & Design，2018，137：
33-37.

［48］HOJJATZADEH S M H, PARAB N D, YAN W，et al. Pore elimination mechanisms
during 3D printing of metals［J］. Nature Communications，2019，10：1-8.

［49］冯一琦，谢国印，张璧，等.激光功率与底面状态对选区激光熔化球化的影响［J］.航空
学报，2019，40(12)：234-243.

［50］REN K, CHEW Y, FUH J Y H, et al. Thermo-mechanical analyses for optimized path
planning in laser aided additive manufacturing processes［J］. Materials & Design，
2019，162：80-93.

［51］PAVLOV M, DOUBENSKAIA M, SMUROV I. Pyrometric analysis of thermal
processes in SLM technology［C］//6th International Conference on Laser Assisted Net
Shape Engineering，2010：523-531.

［52］ZHENG L, ZHANG Q, CAO H, et al. Melt pool boundary extraction and its width
prediction from infrared images in selective laser melting［J］. Materials & Design，
2019，183：1-10.

［53］FURUMOTO T, UEDA T, ALKAHARI M R, et al. Investigation of laser consolida-
tion process for metal powder by two-color pyrometer and high-speed video camera［J］.
CIRP Annals Manufacturing Technology，2013，62(1)：223-226.

[54] GAO W, ZHANG Y, NAZZETTA D C, et al. RevoMaker: enabling multi-directional and functionally-embedded 3D printing using a rotational cuboidal platform[C]//28th Annual ACM Symposium on User Interface Software and Technology (UIST), 2015: 437-446.

[55] MILEWSKI J O, LEWIS G K, THOMA D J, et al. Directed light fabrication of a solid metal hemisphere using 5-axis powder deposition [J]. Journal of Materials Processing Technology, 1998, 75(1-3): 165-172.

[56] ZHANG J, LIOU F. Adaptive slicing for a multi-axis laser aided manufacturing process [J]. Journal of Mechanical Design, 2004, 126(2): 254-261.

[57] LEE K, JEE H. Slicing algorithms for multi-axis 3D metal printing of overhangs [J]. Journal of Mechanical Science and Technology, 2015, 29(12): 5139-5144.

[58] OH W J, LEE W J, KIM M S, et al. Repairing additive-manufactured 316L stainless steel using direct energy deposition [J]. Optics and Laser Technology, 2019, 117: 6-17.

[59] SHEN H, YE X, FU J. Research on the flexible support platform for fused deposition modeling [J]. International Journal of Advanced Manufacturing Technology, 2018, 97 (9-12): 3205-3221.

[60] SONG X, PAN Y, CHEN Y. Development of a low-cost parallel kinematic machine for multidirectional additive manufacturing [J]. Journal of Manufacturing Science and Engineering-Transactions of the ASME, 2015, 137(2) : 1-13.

[61] EVJEMO L D, MOE S, GRAVDAHL J T, et al. Additive manufacturing by robot manipilator: an overview of the state-of-the-art and proof-of-concept result[C]//22nd IEEE International Conference on Emerging Technologies and Factory Automation (ETFA), 2017.

[62] COUPEK D, FRIEDRICH J, BATTRAN D, et al. Reduction of support structures and building time by optimized path planning algorithms in multi-axis additive manufacturing[C]//1th CIRP Conference on Intelligent Computation in Manufacturing Engineering (CIRP ICME), 2017: 221-226.

[63] ZHANG X, LI M, LIM J H, et al. Large-scale 3D printing by a team of mobile robots [J]. Automation in Construction, 2018, 95: 98-106.

[64] SINGH P, DUTTA D. Multi-direction slicing for layered manufacturing [J]. Journal of Computing & Information Science in Engineering, 2001, 1(2): 129-142.

[65] YANG Y, FUH J Y H, LOH H T, et al. Multi-orientational deposition to minimize support in the layered manufacturing process [J]. Journal of Manufacturing Systems, 2003, 22(2): 116-129.

[66] SINGH P, DUTTA D. Offset slices for multidirection layered deposition [J]. Journal of Manufacturing Science and Engineering-Transactions of the ASME, 2008, 130(1) : 284-284.

[67] RUAN J, TANG L, LIOU F W, et al. Direct three-dimensional layer metal deposition [J]. Journal of Manufacturing Science and Engineering-Transactions of the ASME,

2010，132(6)：1-6.

[68] 王炳杰，郝小忠，许可，等. 基于形心轴的多轴增材制造工艺规划方法 [J]. 航空制造技术，2020，63(11)：64-68,75.

[69] WANG M, ZHANG H, HU Q, et al. Research and implementation of a non-supporting 3D printing method based on 5-axis dynamic slice algorithm [J]. Robotics and Computer-Integrated Manufacturing, 2019, 57：496-505.

[70] HU R, LI H, ZHANG H, et al. Approximate pyramidal shape decomposition [J]. ACM Transactions on Graphics, 2014, 33(6):1-12.

[71] WEI X, QIU S, ZHU L, et al. Toward support-free 3D printing：A skeletal approach for partitioning models [J]. IEEE Transactions on Visualization and Computer Graphics, 2018, 24(10)：2799-2812.

[72] WU C, DAI C, FANG G, et al. General support-effective decomposition for multi-directional 3D printing [J]. IEEE Transactions on Automation Science and Engineering, 2020, 17(2)：599-610.

[73] HU Q, FENG D, ZHANG H, et al. Oriented to multi-branched structure unsupported 3D printing method research [J]. Materials, 2020, 13(9)：1-15.

[74] LIU H, LIU L, LI D, et al. An approach to partition workpiece CAD model towards 5-axis support-free 3D printing [J]. International Journal of Advanced Manufacturing Technology, 2020, 106(1-2)：683-699.

[75] ETIENNE J, RAY N, PANOZZO D, et al. CurviSlicer：Slightly curved slicing for 3-axis printers [J]. ACM Transactions on Graphics, 2019, 38(4)：1-11.

[76] XU K, LI Y, CHEN L, et al. Curved layer based process planning for multi-axis volume printing of free form parts [J]. Computer-Aided Design, 2019, 114：51-63.

[77] COURANT R. Variational methods for the solution of problems of equilibrium and vibrations [J]. Transactions of the American Mathematical Society, 1942, 49(1)：2165-2187.

[78] 王新荣，初旭宏. ANSYS 有限元基础教程 [M]. 北京：电子工业出版社，2011.

[79] ZHANG Z, HUANG Y, KASINATHAN A R, et al. 3-Dimensional heat transfer modeling for laser powder-bed fusion additive manufacturing with volumetric heat sources based on varied thermal conductivity and absorptivity [J]. Optics and Laser Technology, 2019, 109：297-312.

[80] HUSSEIN A, HAO L, YAN C, et al. Finite element simulation of the temperature and stress fields in single layers built without-support in selective laser melting [J]. Materials & Design, 2013, 52：638-647.

[81] 李人宪. 有限体积法基础 [M]. 北京：国防工业出版社，2005.

[82] 刘国勇. 流体力学数值方法 [M]. 北京：冶金工业出版社，2016.

[83] 阎超. 计算流体力学方法及应用 [M]. 北京：北京航空航天大学出版社，2006.

[84] KHAIRALLAH S A, ANDERSON A. Mesoscopic simulation model of selective laser melting of stainless steel powder [J]. Journal of Materials Processing Technology, 2014, 214(11)：2627-2636.

［85］KOERNER C，MARKL M，KOEPF J A. Modeling and simulation of microstructure evolution for additive manufacturing of metals：A critical review［J］. Metallurgical and Materials Transactions A：Physical Metallurgy and Materials Science，2020，51(10)：4970-4983.

［86］CAGINALP G，FIFE P. Phase-field methods for interfacial boundaries［J］. Physical Review B：Condensed Matter，1986，33(11)：7792-7794.

［87］CAGINALP G. Stefan and Hele-Shaw type models as asymptotic limits of the phase-field equations［J］. Physical Review A：General Physics，1989，39(11)：5887-5896.

［88］CAGINALP G，FIFE P. Higher-order phase field models and detailed anisotropy［J］. Physical Review B：Condensed Matter，1986，34(7)：4940-4943.

［89］COLLINS J B，LEVINE H. Diffuse interface model of diffusion-limited crystal growth［J］. Physical Review B：Condensed Matter，1985，31(9)：6119-6122.

［90］罗伯. 计算材料学［M］. 项金钟，吴兴惠，译. 北京：化学工业出版社，2002.

［91］杨玉娟，严彪. 多相场模拟技术在共晶凝固研究中的应用［M］. 北京：冶金工业出版社，2010.

［92］ZHAO P H，HEINRICH J C，POIRIER D R. Stability of numerical simulations of dendritic solidification［J］. JSME International Journal Series B：Fluids and Thermal Engineering，2003，46(4)：586-592.

［93］WHEELER A，MURRAY B T，SCHAEFER R J. Computation of dendrites using a phase field model［J］. Physica D：Nonlinear Phenomena，1993，66(1-2)：243-262.

［94］张玉妥，李殿中，李依依，等. 用相场方法模拟纯物质等轴枝晶生长［J］. 金属学报，2000(06)：589-591.

［95］张光跃，荆涛，柳百成，等. 铝合金枝晶生长形貌数值模拟研究［J］. 铸造，2002(12)：764-766.

［96］刘小刚，王承志，莫春立. Al-Cu 合金等温凝固的相场法模拟［J］. 铸造设备研究，2002，(06)：15-18,22.

［97］徐涛，水鸿寿. 一种二维自适应网格构造方法及其实现［J］. 计算物理，1999(01)：68-78.

［98］JEONG J H，GOLDENFELD N，DANTZIG J A. Phase field model for three-dimensional dendritic growth with fluid flow［J］. Physical Review E，2001，64(4)：1-14.

［99］LAN C W，HSU C M，LIU C C. Efficient adaptive phase field simulation of dendritic growth in a forced flow at low supercooling［J］. Journal of Crystal Growth，2002，241(3)：379-386.

［100］LAN C W，SHIH C J. Phase field simulation of non-isothermal free dendritic growth of a binary alloy in a forced flow［J］. Journal of Crystal Growth，2004，264(1-3)：472-482.

［101］王颖硕，陈长乐. 对流作用下纯物质枝晶生长的相场法模拟［J］.铸造，2008(03)：249-252,58.

［102］LU Y. Phase-field modeling of three-dimensional dendritic solidification coupled with fluid flow［D］. Lowa：The University of Iowa，2003.

[103] WHEELER A A, BOETTINGER W J, MCFADDEN G B. Phase-field model for isothermal phase transitions in binary alloys [J]. Physical Review A: Atomic, Molecular, and Optical Physics, 1992, 45(10): 7424-7439.

[104] WHEELER A A, BOETTINGER W J, MCFADDEN G B. Phase-field model of solute trapping during solidification [J]. Physical Review E: Statistical Physics, Plasmas, fluids, and Related Interdisciplinary Topics, 1993, 47(3): 1893-1909.

[105] WARREN J A, BOETTINGER W J. Prediction of dendritic growth and microsegregation patterns in a binary alloy using the phase-field method [J]. ACTA Metallurgica et Materialia, 1995, 43(2): 689-703.

[106] Loginova I, Amberg G, Gren J. Phase-field simulations of non-isothermal binary alloy solidification[J]. ACTA Materialia, 2001, 49(4):573-581.

[107] 段晓东, 王存睿, 刘向东. 元胞自动机理论研究及其仿真应用[M]. 北京:科学出版社, 2012.

[108] Lesar R. Introduction to computational materials science: fundamentals to applications[M]. Cambridge: Cambridge University Press, 2013.

[109] Karzazi M A, Lemarchand A, Mareschal M. Fluctuation effects on chemical wave fronts[J]. Physical Review E, 1996, 54(5): 4888-4895.

[110] Raabe D. Computational Materials Science—the simulation of materials microstructures and Properties[M]. Weinheim: Wiley-VCH, 1998.

[111] Papazoglou E L, Karkalos N E, Karmiris-Obratanski P, et al. On the modeling and simulation of SLM and SLS for metal and polymer powders: A review[J]. Archives of Computational Methods in Engineering, 2022, 29(2): 941-973.

[112] Tan J H K, Sing S L, Yeong W Y. Microstructure modelling for metallic additive manufacturing: A review[J]. Virtual and Physical Prototyping, 2020,15(1): 87-105.

[113] Körner C, Markl M, Koepf J A. Modeling and simulation of microstructure evolution for additive manufacturing of metals: A critical review[J]. Metallurgical and Materials Transactions A, 2020, 51(10): 4970-4983.

[114] Kurz W, Giovanola B, Trivedi R. Theory of microstructural development during rapid solidification[J]. ACTA Metallurgica, 1986, 34(5):823-830.

[115] Lian Y, Gan Z, Yu C, et al. A cellular automaton finite volume method for microstructure evolution during additive manufacturing[J]. Materials & Design, 2019, 169: 1-16.

[116] Koepf J A, Rasch M, Meyer A J, et al. 3D grain growth simulation and experimental verification in laser beam melting of IN718[J]. Procedia CIRP, 2018, 74: 82-86.

[117] Koepf J A, Gotterbarm M R, Markl M, et al. 3D multi-layer grain structure simulation of powder bed fusion additive manufacturing[J]. ACTA Materialia, 2018, 152: 56-71.

[118] Ao X, Xia H, Liu J, et al. Simulations of microstructure coupling with moving molten pool by selective laser melting using a cellular automaton[J]. Materials & design, 2019, 185: 119-126.

［119］Krzyzanowski M，Svyetlichnyy D．A multiphysics simulation approach to selective laser melting modelling based on cellular automata and lattice Boltzmann methods［J］．Computational Particle Mechanics，2021，34(1)：1-17.

［120］Leary M，Mazur M，Watson M，et al．Voxel-based support structures for additive manufacture of topologically optimal geometries［J］．The International Journal of Advanced Manufacturing Technology，2019，105(1-4)：1-26.

［121］Markl M，Rausch A M，Kueng V E，et al．SAMPLE：A software suite to predict consolidation and microstructure for powder bed fusion additive manufacturing［J］．Advanced Engineering Materials，2020，22(9)：166-1681.

［122］Svyetlichnyy D，Krzyzanowski M，Straka R，et al．Application of cellular automata and Lattice Boltzmann methods for modelling of additive layer manufacturing［J］．International Journal of Numerical Methods for Heat & Fluid Flow，2018，28(1)：31-46.

［123］Svyetlichnyy D，Krzyzanowski M．Development of holistic homogeneous model of selective laser melting based on Lattice Boltzmann method：Qualitative simulation［C］//International Conference on Numerical Analysis and Applied Mathematics (IC-NAAM)，2019：171-191.

［124］Zinoviev A，Zinovieva O，Ploshikhin V，et al．Evolution of grain structure during laser additive manufacturing：Simulation by a cellular automata method［J］．Materials & Design，2016，106：321-329.

［125］Zinovieva O，Zinoviev A，Ploshikhin V，et al．Computational study of the mechanical behavior of steel produced by selective laser melting［C］//Proceedings of the International Conference on Advanced Materials with Hierarchical Structure for New Technologies and Reliable Structures 2016，2016：57-66.

［126］Zinovieva O，Zinoviev A，Ploshikhin V．Three-dimensional modeling of the microstructure evolution during metal additive manufacturing［J］．Computational Materials Science，2018，141：207-220.

［127］Zinovieva O，Zinoviev A．Numerical analysis of the grain morphology and texture in 316L steel produced by selective laser melting［C］//International Conference on Advanced Materials with Hierarchical Structure for New Technologies and Reliable Structures，2019：223-231.

［128］Oz A，Aza B，Vr B，et al．Three-dimensional analysis of grain structure and texture of additively manufactured 316L austenitic stainless steel［J］．Additive Manufacturing，2020，36：1-23.

［129］Zinovieva O，Romanova V，Balokhonov R．Effect of hatch distance on the microstructure of additively manufactured 316L steel［C］//International Conference on Physical Mesomechanics—Materials with Multilevel Hierarchical Structure and Intelligent Manufacturing Technology，2020：97-108.

［130］坚增运，刘翠霞，吕志刚. 计算材料学［M］. 北京：化学工业出版社，2012.

［131］江建军. 计算材料学：设计实践方法［M］. 北京：高等教育出版社，2010.

[132] Lozanovski, Bill, et al. A Monte Carlo simulation-based approach to realistic modelling of additively manufactured lattice structures[J]. Additive Manufacturing, 2020, 32: 1-21.

[133] Francois M M, Sun A, King W E, et al. Modeling of additive manufacturing processes for metals: Challenges and opportunities[J]. Current Opinion in Solid State and Materials Science, 2017, 21(4): 198-206.

[134] Tran H C, Lo Y L. Heat transfer simulations of selective laser melting process based on volumetric heat source with powder size consideration[J]. Journal of Materials Processing Technology, 2018, 255: 411-425.

[135] Sunny S, Yu H, Mathews R, et al. Improved grain structure prediction in metal additive manufacturing using a dynamic kinetic Monte Carlo framework[J]. Additive Manufacturing, 2021, 37: 1-16.

[136] Zhang Y, Xiao X, Zhang J. Kinetic Monte Carlo simulation of sintering behavior of additively manufactured stainless steel powder particles using reconstructed microstructures from synchrotron X-ray microtomography[J]. Results in Physics, 2019, 13: 1-17.

[137] Zheng A Z, Bian S J, Chaudhry E, et al. Voronoi diagram and Monte-Carlo simulation based finite element optimization for cost-effective 3D printing[J]. Journal of Computational Science, 2021, 50: 1-22.

[138] Ramdin M, Chen Q, Balaji S P, et al. Solubilities of CO_2, CH_4, C_2H_6, and SO_2 in ionic liquids and Selexol from Monte Carlo simulations[J]. Journal of Computational Science, 2016, 15: 74-80.

[139] Khaldi K E, Saleeby E G. On the tangent model for the density of lines and a Monte Carlo method for computing hypersurface area[J]. Monte Carlo Methods and Applications, 2017, 23(1): 13-20.

[140] Sawhney R, Crane K. Monte Carlo geometry processing: A grid-free approach to PDE-based methods on volumetric domains[J]. ACM Transactions on Graphics, 2020, 39(4): 156-167.

[141] Xie G. A novel Monte Carlo simulation procedure for modelling COVID-19 spread over time[J]. Scientific Reports, 2020, 10(1): 1-15.

[142] Nagai Y, Okumura M, Tanaka A. Self-learning Monte Carlo method with Behler-Parrinello neural networks[J]. Physical Review B, 2020, 101(11): 1-12.

[143] Heilmeier A, Graf M, Betz J, et al. Application of Monte Carlo methods to consider probabilistic effects in a race simulation for circuit motorsport[J]. Applied Sciences-Basel, 2020, 10(12): 1-21.

[144] Kurian S, Mirzaeifar R. Selective laser melting of aluminum nano-powder particles: A molecular dynamics study[J]. Additive Manufacturing, 2020, 35: 1-14.

[145] Xiong F Y, Huang C Y, Kafka O L, et al. Grain growth prediction in selective electron beam melting of Ti-6Al-4V with a cellular automaton method[J]. Materials & Design, 2021, 199: 1-17.

[146] Wang D, Wu S B, Fu F, et al. Mechanisms and characteristics of spatter generation in SLM processing and its effect on the properties[J]. Materials & Design, 2017, 117: 121-130.

[147] 冯一琦, 谢国印, 张璧, 等. 激光功率与底面状态对选区激光熔化球化的影响[J]. 航空学报, 2019, 40(12): 234-243.

[148] Ren K, Chew Y, Fuh J Y H, et al. Thermo-mechanical analyses for optimized path planning in laser aided additive manufacturing processes[J]. Materials & Design, 2019, 162: 80-93.

[149] Pavlov M, Doubenskaia M, Smurov I. Pyrometric analysis of thermal processes in SLM technology[C]// 6th International Conference on Laser Assisted Net Shape Engineering, 2010: 523-531.

[150] Zheng L P, Zhang Q, Cao H Z, et al. Melt pool boundary extraction and its width prediction from infrared images in selective laser melting[J]. Materials & Design, 2019, 183: 1-10.

[151] Furumoto T, Ueda T, Alkahari M R, et al. Investigation of laser consolidation process for metal powder by two-color pyrometer and high-speed video camera[J]. CIRP Annals—Manufacturing Technology, 2013, 62(1): 223-226.

[152] Neef A, Seyda V, Herzog D, et al. Low coherence interferometry in selective laser melting[C]//8th International Conference on Laser Assisted Net Shape Engineering (LANE), 2014: 82-89.

[153] Rieder H, Spies M, Bamberg J, et al. On- and offline ultrasonic characterization of components built by SLM additive manufacturing[C]//42nd Annual Review of Progress in Quantitative Nondestructive Evaluation (QNDE), 2015.

[154] Millon C, Vanhoye A, Obaton A F, et al. Development of laser ultrasonics inspection for online monitoring of additive manufacturing[J]. Welding in the World, 2018, 62 (3): 653-561.

[155] Levesque D, Bescond C, Lord M, et al. Inspection of additive manufactured parts using laser ultrasonics[C]//42nd Annual Review of Progress in Quantitative Nondestructive Evaluation (QNDE), 2015.

[156] Cerniglia D, Scafidi M, Pantano A, et al. Inspection of additive-manufactured layered components[J]. Ultrasonics, 2015, 62: 292-298.

[157] Shevchik S A, Kenel C, Leinenbach C, et al. Acoustic emission for in situ quality monitoring in additive manufacturing using spectral convolutional neural networks[J]. Additive Manufacturing, 2018, 21: 598-604.

[158] Gruber S, Grunert C, Riede M, et al. Comparison of dimensional accuracy and tolerances of powder bed based and nozzle based additive manufacturing processes[J]. Journal of Laser Applications, 2020, 32(3): 12-21.

[159] Van Bael S, Kerckhofs G, Moesen M, et al. Micro-CT-based improvement of geometrical and mechanical controllability of selective laser melted Ti6Al4V porous structures [J]. Materials Science and Engineering A—Structural Materials Properties Micro-

structure and Processing，2011，528(24)：7423-4731.

[160] Lavery L，Harris W，Gelb J，et al. Recent advancements in 3D X-ray microscopes for additive manufacturing[J]. Microscopy and Microanalysis，2015，21(S3)：131-132.

[161] Sukal J，Palousek D，Koutny D. The effect of recycling powder steel on porosity and surface roughness of SLM parts[J]. MM Science Journal，2018，2018：2643-2647.

[162] Todorov E，Boulware P，Gaah K. Demonstration of array eddy current technology for real-time monitoring of laser powder bed fusion additive manufacturing process[C]// Conference on Nondestructive Characterization and Monitoring of Advanced Materials，Aerospace，Civil Infrastructure，and Transportation XII，2018：221-244.

[163] 王豫跃，牛强，杨冠军，等. 超高速激光熔覆技术绿色制造耐蚀抗磨涂层[J]. 材料研究与应用，2019，13(03)：165-172.

[164] 贾云杰. 超高速激光熔覆铁基合金数值模拟研究[D]. 天津：天津职业技术师范大学，2020.

[165] 刘德来，王博，周攀虎，等. 激光功率对高速激光熔覆 Ni/316L 层组织与力学性能的影响[J]. 金属热处理，2021，46(05)：213-218.

[166] Wu Z F，Qian M，Brandt M，et al. Ultra-high-speed laser cladding of stellite(R)6 alloy on mild steel[J]. JOM，2020，72(12)：4632-4638.

[167] 王暑光. 激光内送粉高速熔覆 Fe55 合金涂层及性能研究[D]. 苏州：苏州大学，2020.

[168] 于海航. 高速激光熔覆及后处理表面完整性研究[D]. 徐州：中国矿业大学，2020.

[169] 张煜，娄丽艳，徐庆龙，等. 超高速激光熔覆镍基 WC 涂层的显微结构与耐磨性能[J]. 金属学报，2020，56(11)：1530-1540.

[170] 李朝晖，李美艳，韩彬，等. 高压柱塞高速激光熔覆镍基合金涂层组织和耐磨性[J]. 表面技术，2020，49(10)：45-54.

[171] Asghar O，Lou L Y，Yasir M，et al. Enhanced tribological properties of LA43M magnesium alloy by Ni60 coating via ultra-high-speed laser cladding[J]. Coatings，2020，10(7)：638-648.

[172] Xu Q L，Zhang Y，Liu S H，et al. High-temperature oxidation behavior of CuAlNiCrFe high-entropy alloy bond coats deposited using high-speed laser cladding process [J]. Surface & Coatings Technology，2020，398：11-27.

[173] 董学珍，莫健华，张李超. 光固化快速成形中柱形支撑生成算法的研究[J]. 华中科技大学学报(自然科学版)，2004(08)：16-18.

[174] Guo X，Zhou J H，Zhang W S，et al. Self-supporting structure design in additive manufacturing through explicit topology optimization[J]. Computer Methods in Applied Mechanics and Engineering，2017，323：27-63.

[175] Jamieson R，Hacker H. Direct slicing of CAD models for rapid prototyping[J]. Rapid Prototyping Journal，1995，1(2)：4-12.

[176] Arisoy Y M，Criales L E，Ozel T，et al. Influence of scan strategy and process parameters on microstructure and its optimization in additively manufactured nickel alloy 625 via laser powder bed fusion[J]. International Journal of Advanced Manufacturing Technology，2017，90(5-8)：1393-1417.

[177] Ramos D, Belblidia F, Sienz J. New scanning strategy to reduce warpage in additive manufacturing[J]. Additive Manufacturing, 2019, 28: 554-564.

[178] Yang Y, Loh H T, Fuh J Y H, et al. Equidistant path generation for improving scanning efficiency in layered manufacturing[J]. Rapid Prototyping Journal, 2002, 8(1): 30-37.

[179] Shi Y, Zhang W, Cheng Y, et al. Compound scan mode developed from subarea and contour scan mode for selective laser sintering[J]. International Journal of Machine Tools & Manufacture, 2007, 47(6): 873-883.

[180] Xia L W, Lin S, Ma G W. Stress-based tool-path planning methodology for fused filament fabrication[J]. Additive Manufacturing, 2020, 32: 1-13.

[181] Li S S, Wang S, Yu Y, et al. Design of heterogeneous mesoscale structure for high mechanical properties based on force-flow: 2D geometries[J]. Additive Manufacturing, 2021, 46: 255-269.

[182] Yang Y, Zhan J B, Sui J B, et al. Functionally graded NiTi alloy with exceptional strain-hardening effect fabricated by SLM method[J]. Scripta Materialia, 2020, 188: 130-134.

[183] Cheng C W, Jhang Jian W Y, Makala B P R. Selective laser melting of maraging steel using synchronized three-spot scanning strategies[J]. Materials, 2021, 14(8): 1-24.

[184] Ramos D, Belblidia F, Sienz J. New scanning strategy to reduce warpage in additive manufacturing[J]. Additive Manufacturing, 2019, 28: 554-564.

[185] Fang S, Zhao H, Zhang Q. The application status and development trends of ultrasonic machining technology[J]. Journal of Mechanical Engineering, 2017, 53(19): 22-32.

[186] 杨朋伟, 魏智, 彭程, 等. 304 不锈钢超声辅助切削研究[J]. 工具技术, 2021, 55(07): 92-97.

[187] 张卫锋, 刘致君, 张灿祥, 等. 旋转超声加工的研究现状及发展趋势[J]. 机械制造与自动化, 2021, 50(3): 1-19.

[188] 倪陈兵, 朱立达, 宁晋生, 等. 超声振动辅助铣削钛合金铣削力信号及切屑特征研究[J]. 机械工程学报, 2019, 55(7): 207-216.

[189] 李泉洲, 王成勇, 张月, 等. 口腔医学中的超声加工技术[J]. 金刚石与磨料磨具工程, 2019, 39(5): 112-122.

[190] 冯平法, 王健健, 张建富, 等. 硬脆材料旋转超声加工技术的研究现状及展望[J]. 机械工程学报, 2017, 53(19): 3-21.

[191] Yang Z C, Zhu L D, Zhang G X, et al. Review of ultrasonic vibration-assisted machining in advanced materials[J]. International Journal of Machine Tools & Manufacture, 2020, 156: 1-63.

[192] Lotfi M, Akbari J. Finite element simulation of ultrasonic-assisted machining: A review[J]. International Journal of Advanced Manufacturing Technology, 2021, 116(9-10): 2777-2796.

[193] Sabyrov N, Jahan M P, Bilal A, et al. Ultrasonic vibration assisted electro-discharge

machining (EDM)：An overview[J]. Materials，2019，12(3)：1-18.

[194] Sabareesan S，Vasudevan D，Sridhar S，et al. Response analysis of ultrasonic machining process under different materials-Review[C]//International Conference on Advances in Materials Research (ICAMR)，2019：2340-2342.

[195] 王吉，张文武，张广义，等. 水射流激光加工对 7075 铝合金影响规律的试验研究[J]. 电加工与模具，2021(05)：47-51.

[196] 张丽. 基于磨料水射流抛光铝合金质量的研究[J]. 内燃机与配件，2021(20)：50-52.

[197] 张西洋. 前混合磨料水射流精密加工的表面粗糙度研究[D]. 淮南：安徽理工大学，2020.

[198] 李华，任坤，殷振，等. 超声振动辅助磨料流抛光技术研究综述[J]. 机械工程学报，2021，57(9)：233-253.

[199] Babu M N，Muthukrishnan N. Investigation of multiple process parameters in abrasive water jet machining of tiles[J]. Journal of the Chinese Institute of Engineers，2015，38(6)：692-700.

[200] Nouraei H，Kowsari K，Papini M，et al. Operating parameters to minimize feature size in abrasive slurry jet micro-machining[J]. Precision Engineering-Journal of the International Societies for Precision Engineering and Nanotechnology，2016，44：109-123.

[201] 于洋. 磨料水射流切割工艺参数优化实验研究[D]. 大连：大连理工大学，2020.

[202] 陈正雄. 磨料水射流抛光加工工艺参数优化研究[D]. 无锡：江南大学，2017.

[203] 刘盾. 磨粒高速冲击陶瓷的响应和磨料水射流车削工艺参数优化研究[D]. 济南：山东大学，2016.

[204] 李兆泽. 磨料水射流抛光技术研究[D]. 长沙：国防科学技术大学，2011.

[205] Gao S，Huang H. Recent advances in micro- and nano-machining technologies[J]. Frontiers of Mechanical Engineering，2017，12(1)：18-32.

[206] 刘珠明，顾文琪，李艳秋. DY-2001A 型纳米级电子束曝光机中静电偏转器的设计[J]. 微细加工技术，2004(1)：23-27.

[207] 徐宗伟，房丰洲，张少婧，等. 基于聚焦离子束注入的微纳加工技术研究[J]. 电子显微学报，2009，28(1)：62-67.

[208] 严飞，陈涛，崔巍，等. 基于飞秒激光微纳加工技术制备的光纤布拉格光栅的带宽特性[J]. 中国激光，2013，40(11)：155-160.

[209] 李杜娟，陈慧嫡，刘超然，等. 基于微纳加工技术的生物传感器研究进展[J]. 电子学报，2021，49(6)：1228-1236.

[210] 贾雁鹏，郑美玲，董贤子，等. 双光子微纳加工技术结合化学镀工艺制备三维金属微弹簧结构[J]. 影像科学与光化学，2014，32(6)：542-549.

[211] Zhang J G，Cui T，Ge C，et al. Review of micro/nano machining by utilizing elliptical vibration cutting[J]. International Journal of Machine Tools & Manufacture，2016，106：109-126.

[212] 王凌云，杜晓辉，张方方，等. 航空微机电系统非硅材料微纳加工技术[J]. 航空制造技术，2016(17)：16-22.

[213] Kim K, Choi Y M, Gweon D G, et al. A novel laser micro/nano-machining system for FPD process[J]. Journal of Materials Processing Technology, 2008, 201 (1-3): 497-501.

[214] Zhan D P, Han L H, Zhang J, et al. Electrochemical micro/nano-machining: principles and practices[J]. Chemical Society Reviews, 2017, 46(5): 1526-1544.

[215] Gao S, Huang H. Recent advances in micro- and nano-machining technologies[J]. Frontiers of Mechanical Engineering, 2017, 12(1): 18-32.

[216] Rajurkar K P, Levy G, Malshe A, et al. Micro and nano machining by electro-physical and chemical processes[J]. CIRP Annals—Manufacturing Technology, 2006, 55 (2): 643-666.

[217] Chu W S, Kim C S, Lee H T, et al. Hybrid manufacturing in micro/nano scale: A review[J]. International Journal of Precision Engineering and Manufacturing-Green Technology, 2014, 1(1): 75-92.

[218] Xu Z W, He Z D, Song Y, et al. Topic review: application of Raman spectroscopy characterization in micro/nano-machining[J]. Micromachines, 2018, 9(7): 1-23.

[219] Cheng X, Wang Z G, Nakamoto K, et al. Design and development of a micro polycrystalline diamond ball end mill for micro/nano freeform machining of hard and brittle materials[J]. Journal of Micromechanics and Microengineering, 2009, 19 (11): 114-127.

二维码资源使用说明

　　本书配套数字资源以二维码的形式在书中呈现,读者第一次利用智能手机在微信端扫码成功后提示微信登录,授权后进入注册页面,填写注册信息。按照提示输入手机号后点击获取手机验证码,稍等片刻收到 4 位数的验证码短信,在提示位置输入验证码成功后,重复输入两遍设置密码,点击"立即注册",注册成功(若手机已经注册,则在"注册"页面底部选择"已有账号? 绑定账号",进入"账号绑定"页面,直接输入手机号和密码,提示登录成功)。接着提示输入学习码,需刮开教材封底防伪涂层,输入 13 位学习码(正版图书拥有的一次性使用学习码),输入正确后提示绑定成功,即可查看二维码数字资源。手机第一次登录查看资源成功,以后便可直接在微信端扫码登录,重复查看本书所有的数字资源。

　　友好提示:如果读者忘记登录密码,请在 PC 端输入以下链接 http://jixie.hustp.com/index.php? m＝Login,先输入自己的手机号,再单击"忘记密码",通过短信验证码重新设置密码即可。